150 Jahre
Wissen für die Zukunft
Oldenbourg Verlag

Mathematica kompakt

Einführung – Funktionsumfang – Praxisbeispiele

von
Dipl.-Math. Christian H. Weiß

Oldenbourg Verlag München

Dipl.-Math. Christian H. Weiß, geboren 1977, hat Mathematik und Physik an den Universitäten Würzburg und Helsinki (Finnland) studiert. Er ist Wissenschaftlicher Mitarbeiter am Lehrstuhl für Statistik der Julius-Maximilians-Universität Würzburg.

Bibliografische Information der Deutschen Nationalbibliothek

Die Deutsche Nationalbibliothek verzeichnet diese Publikation in der Deutschen Nationalbibliografie; detaillierte bibliografische Daten sind im Internet über <http://dnb.d-nb.de> abrufbar.

Rosenheimer Straße 145, D-81671 München
Telefon: (089) 45051-0
oldenbourg.de

Lektorat: Anton Schmid
Herstellung: Anna Grosser
Coverentwurf: Kochan & Partner, München
Gedruckt auf säure- und chlorfreiem Papier
Druck: Grafik + Druck, München
Bindung: Thomas Buchbinderei GmbH, Augsburg

ISBN 978-3-486-58667-1

Wenn der Kubus mit den Coßen daneben
gleich ist einer diskreten Zahl,
finden sich als Differenz zwei andere in dieser.
Dann halte es wie gewöhnlich,
daß nämlich ihr Produkt gleich sei
dem Kubus des Drittels der Coßen,
Und der Rest dann, so die Regel,
ihrer Kubusseiten wohl subtrahiert
wird sein deine Hauptcoß.
In dem zweiten von diesen Fällen,
wenn der Kubus allein steht
und du betrachtest die anderen zusammengezogen,
Von der Zahl mache wieder zwei solche Teile,
daß der eine in den anderen multipliziert
den Kubus des Drittels der Coßen ergibt.
Von jenen dann, so die gemeine Vorschrift,
nimm die Kubusseiten zusammen vereint
und diese Summe wird dein Konzept sein.
Die dritte nun von diesen unseren Rechnungen
löst sich wie die zweite, wenn du wohl beachtest,
daß sie von Natur aus gleichsam verwandt sind.
Dieses fand ich, nicht schwerfälligen Schritts,
im Jahre tausendfünfhundertvierunddreißig
mit Begründungen triftig und fest
In der Stadt vom Meer rings umgürtet.

Tartaglias Lösung der kubischen Gleichung,
in deutscher Übersetzung (Lüneburg, 2008, Bd. 1, Kap. 4).

Vorwort

Was ist Mathematica? Im Untertitel der zwei ersten Auflagen seines Buches beschrieb Wolfram (2003) Mathematica als *a system for doing mathematics by computer.* Dies trifft sicherlich das Haupteinsatzgebiet von Mathematica als sog. Computeralgebrasystem (CAS) recht gut. Tatsächlich ist der Funktionsumfang von Mathematica mittlerweile derart angewachsen, dass es weit über die pure Mathematik hinaus eingesetzt werden kann. Dem versucht die jüngere Selbstbeschreibung, Mathematica als *fully integrated environment for technical computing* (Wolfram, 2003, S. IX), Rechnung zu tragen. Und auch dieses Buch wird sehr ausführlich auf nichtmathematische Themen eingehen, was weiter unten genauer erläutert werden soll. Die Entwicklung von Mathematica durch Stephen Wolfram begann im Jahre 1986. Nach Gründung der Firma Wolfram Research 1987 erschien dann die erste Version von Mathematica im Jahre 1988. Diese wurde gleich als großer Fortschritt im Vergleich zu bis dato gängigen CAS erkannt und erfreute sich bald großer Beliebtheit, zumindest in den Bereichen Physik, Ingenieurwissenschaften und Mathematik. Weitere Versionen, noch immer unter der Leitung von Stephen Wolfram, folgten dann in den Jahren 1991 (Version 2), 1996 (Version 3), 1999 (Version 4) und 2003 (Version 5) (Hilbe, 2006). Das bis dato jüngste Glied in dieser Ahnenreihe stellt Version 6 dar, welche am 1. Mai 2007 das Licht der Welt erblickte. Diese Version, bzw. genau genommen die erst seit Februar 2008 verfügbare Version 6.0.2, stellt die Grundlage für dieses Buch dar, obwohl es, wie unten genauer erläutert, auch für Benutzer früherer Version uneingeschränkt geeignet ist.

Mathematica ist für alle gängigen Betriebssysteme (Windows, Linux, MacOS) erhältlich, wobei bei dem vorliegenden Buch die Windows-Variante zu Grunde gelegt wurde. Trotzdem dürften die Unterschiede zu den anderen Varianten gering sein, vielleicht abgesehen von modifizierten Tastenkürzeln. Die neue Version 6.0 von Mathematica wird vom Hersteller als *computing revolution* beworben – und tatsächlich hat sich Mathematica mit dieser Version gravierend geändert. Während der Neueinsteiger dies uneingeschränkt begrüßen wird, ergeben sich für den langjährigen Nutzer erstaunlich viele Gelegenheiten zur mehr oder weniger radikalen Umgewöhnung. Derartige Änderungen sowie mögliche Probleme der Kompatibilität zwischen verschiedenen Versionen sollen im vorliegenden Buch angesprochen werden. Diesem Zweck dienen insbesondere auch die grau unterlegten Boxen zu den Vorgängerversionen. Sie ermöglichen dem Benutzer einer Version vor 6.0, dieses Buch uneingeschränkt einzusetzen.

Mit dem Hilfesystem von Mathematica wurde bis Version 5.2 eine elektronische Version des auch gedruckt erhältlichen Buches von Wolfram (2003) ausgeliefert, welches Mathematica detailliert beschreibt und einem jeden Leser (noch immer) als Nachschlagewerk und Referenz empfohlen sei. Warum also dieses Buch zu Mathematica? Abgesehen davon, dass das Buch von Wolfram (2003) mittlerweile in mancher Hinsicht veraltet ist,

Wolfram Research Documentation Center:
`http://reference.wolfram.com/siteindex.html`
`http://documents.wolfram.com/mathematica/`
Verschiedenste Online-Dokumentationen.

Wolfram MathWorld:
`http://mathworld.wolfram.com/`
Umfangreiche mathematische Enzyklopädie.

Wolfram Demonstrations Project:
`http://demonstrations.wolfram.com/`
Sammlung von Notebooks zu verschiedenen Themengebieten. Auch:
`http://library.wolfram.com/`

Wolfram Mathematica Player:
`http://www.wolfram.com/products/player/`
Kostenfreies Programm zum Betrachten von Notebooks.

ADDITIVE GmbH:
`http://www.additive-mathematica.de`
Links und deutschsprachige Materialien.

Tabelle 1: *Wichtige Adressen rund um* Mathematica.

ist es nur auf Englisch verfügbar, und mit einem Umfang von 1500 Seiten sicherlich kein *kompaktes* Nachschlagewerk, welches den Mathematica-Neuling zu spontaner Lektüre ermutigen mag. In dieser Hinsicht sollte das vorliegende Buch durch Konzentration auf die nach Meinung des Autors wesentlichen Aspekte durchaus attraktiver sein. All jenen Lesern, die etwas über die hinter Mathematica ablaufende Computeralgebra wissen wollen, sei ferner die gut lesbare Einführung zu diesem Thema von Koepf (2006) empfohlen, welcher seine Beispiele mit Mathematica präsentiert. Ferner sei noch erwähnt, dass die Firma Wolfram Research eine Reihe von Ressourcen im Internet zur Verfügung stellt. Wichtige Adressen dazu sind in Tabelle 1 zusammengestellt.

Das vorliegende Buch versucht also zweierlei: Einerseits soll der mit Mathematica bisher noch nicht vertraute Leser zügig und leicht verständlich an Mathematica herangeführt werden. Andererseits soll es dem fortgeschrittenen Mathematica-Nutzer auch als breit aufgestelltes und zugleich kompaktes Nachschlagewerk dienen, welches möglichst viele Facetten des Funktionsumfanges von Mathematica ansprechen möchte. Um beide Ziele zu erreichen, werden anfangs, reich bebildert, die wesentlichen Aspekte von Mathematica besprochen, stets mit einfachen Beispielen illustriert, ohne dabei zu sehr auf mathematische Details einzugehen. Funktionalitäten von Mathematica, die auf spezielle mathematische Teilgebiete zugeschnitten sind, und die dann entsprechende mathematische Kenntnisse voraussetzen, werden bewusst isoliert in späteren Abschnitten behandelt. In diesem Zusammenhang wird der Leser stets auch Literaturhinweise finden, die ihm helfen sollen, ebendiese Kenntnisse aufzufrischen. Nach diesem mathematischen Teil folgen dann wieder eine Reihe eher nichtmathematischer Anwendungen und Einsatzgebiete, die ein jeder Leser leicht nachvollziehen kann. Weitere Details zu Inhalten werden in Abschnitt 1 dargelegt. Dem Charakter eines Nachschlagewerks schließlich dienen die in Tabellen zusammengestellten Befehlsübersichten zum Ende einzelner Abschnitte hin. Einen Überblick bietet das Tabellenverzeichnis auf Seite XVIII. Anhänge zur Funktionsweise von Mathematica und zur Arbeit mit SQL-Datenbanken runden das Buch ab und machen es möglich, das Buch ohne weitere Begleitlektüre vollständig durchzuarbeiten.

Um die Übersicht und Lesbarkeit zu erhöhen, ist das vorliegende Buch klar untergliedert. So sind zwar manche Beispiele häppchenweise in den Text eingepflegt, umfangreichere und thematisch zusammenhängende Beispiele werden aber speziell ausgezeichnet und ebenso zusammenhängend präsentiert. Diese Beispiele sollte der Leser übrigens stets selbst mit Mathematica nachvollziehen, muss dazu aber nicht unbedingt den entsprechenden Code eigenhändig eintippen, sondern kann diesen aus der passenden Mathematica-Datei übernehmen. Alle diese Beispieldateien können von der Verlags-Website

`www.oldenbourg-wissenschaftsverlag.de`

heruntergeladen werden. Neben den bereits erwähnten, grau unterlegten Boxen zu den Vorgängerversionen und den Befehlsübersichten werden ferner spezielle Tipps zu effizienter oder trickreicher Arbeitsweise durch ein Glühbirnensymbol hervorgehoben. Weiterführende Informationen und Verweise auf Hilfeeinträge bei Mathematica werden in umrahmten Kästen präsentiert, die zudem durch ein Fragezeichensymbol gekennzeichnet sind. Einen Ausblick auf weitere Anwendungen oder Funktionalitäten von Mathematica erkennt man dagegen am Pfeilsymbol, wie es auf der rechten Seite zu sehen ist.

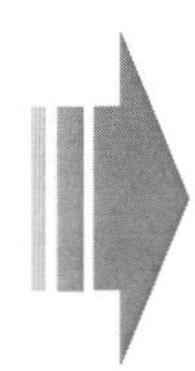

Zu guter Letzt möchte ich einige Worte des Dankes aussprechen. Ein großer Dank geht an Herrn Prof. Dr. Robert Kragler (HS Weingarten), der sich trotz der großen zeitlichen Belastung, die aus seiner Tätigkeit als Prorektor resultierte, die Zeit nahm für eine sorgfältige Durchsicht des Manuskripts, welche zu wertvollen Änderungs- und Ergänzungsvorschlägen führte. Auch Herrn Dipl.-Math. Wolfgang Sans (Universität Würzburg) und Herrn Marcel Schuster möchte ich meinen Dank aussprechen, welche Teile des Manuskripts einer gründlichen Lektüre unterzogen haben, aus der zahlreiche wichtige Anregungen resultierten. Zudem möchte ich Frau Maryam Karbalai (ADDITIVE GmbH) für wertvolle Ratschläge und aktuelle Informationen zu Mathematica danken. Ferner gilt mein Dank dem R. Oldenbourg Verlag, vor allem meinem Lektor, Herrn Anton Schmid, für den Einsatz für dieses Buchprojekt und für die äußerst gründliche Lektüre des Manuskripts. Und natürlich möchte ich meiner Frau Miia und meinem Sohn Maximilian dafür danken, dass sie mir die nötige Kraft zum Verfassen dieses Buches gaben und Verständnis zeigten, wenn ich große Teile meiner Freizeit dem Buchprojekt opfern musste.

Würzburg, im Sommer 2008 Christian H. Weiß

Inhaltsverzeichnis

Tabellenverzeichnis

1 Einleitung

Die *Algebra* ist neben der Arithmetik und der Geometrie eines der ältesten Teilgebiete der Mathematik. Alten et al. (2003) geben ihr Alter mit etwa 4000 Jahren an. Der Begriff Algebra selbst dagegen ist wesentlich jüngeren Datums. Er geht zurück auf ein Buch des aus Choresmien stammenden persischen Mathematikers al-Ḫwārizmī, welcher ungefähr zwischen 780 und 850 n. Chr. lebte: al-Kitāb al-muḫtaṣar fīḥisāb al-ǧabr wa-l-muqābala (Ein kurzgefasstes Buch über die Rechenverfahren durch Ergänzen und Ausgleichen). Bei diesem Buch handelt es sich um das erste eigenständige Werk zur Algebra. Der Titel des Buches nennt dabei bereits zwei wesentliche Techniken algebraischer Umformungen: *al-ǧabr* (das Ergänzen), aus dem sich das Wort Algebra ableitet, bedeutet die Addition eines Termes auf beiden Seiten einer Gleichung, um so subtraktive Glieder zu entfernen, *al-muqābala* (das Ausgleichen) meint das Zusammenfassen gleichartiger Terme. (Alten et al., 2003, S. 158ff)

In einem etwas weiteren Sinne sind mit al-ǧabr also Äquivalenzumformungen zur Vereinfachung von Gleichungen gemeint. Damit ist ganz gut eine wesentliche Motivation der Algebra über den längsten Teil ihrer Entwicklungsgeschichte hinweg beschrieben: Das exakte Lösen von Gleichungen mit Hilfe geeigneter Umformungen. Bis vor wenigen hundert Jahren bestanden neuartige Erkenntnisse auf dem Gebiet der Algebra oftmals darin, eine detaillierte Vorschrift zur schrittweisen Lösung einer Gleichung anzugeben und zu beweisen, wenn dies auch nicht unbedingt in der uns heute vertrauten Notation geschah: Tartaglia (der 'Stotterer') beispielsweise übermittelte Cardano um 1539 herum sein Lösungsschema der Gleichung dritten Grades in Gedichtform![1] Ein derartiges Lösungsschema bezeichnet man heute als *Algorithmus*, eine Bezeichnung, die sich aus dem Namen des oben genannten al-Ḫwārizmī ableitet. Auch dies ein deutlicher Hinweis auf die ursprüngliche Ausrichtung der Disziplin Algebra. Erst im 19. Jahrhundert setzte dann ein inhaltlicher Wandel ein, der die Algebra immer stärker zu einer Wissenschaft der mathematischen Strukturen (wie Gruppen, Ringe, Körper) werden ließ. Während Schüler die Algebra noch immer eher traditionell kennenlernen, erfahren Studenten die Algebra heutzutage nahezu ausschließlich als eine ebensolche Strukturtheorie.

Insofern kann man die sehr junge Disziplin der *Computeralgebra* als eine Rückbesinnung auf die Wurzeln der Algebra verstehen. Die Computeralgebra beschäftigt sich verstärkt wieder mit algorithmischen Aspekten der Algebra. Laut (Kaplan, 2005, S. 2) *versteht man heute unter Computeralgebra den Grenzbereich zwischen Algebra und Informatik, der sich mit Entwurf, Analyse, Implementierung und Anwendung algebraischer Algorithmen befasst.* Insofern mag es verwundern, dass alle gängigen *Computeralgebra-*

[1] Eine deutsche Übersetzung dieses Gedichts, siehe Lüneburg (2008), findet der Leser ganz zu Beginn des vorliegenden Buches.

Teil I

Grundlagen der Arbeit mit Mathematica

In diesem Teil wollen wir grundlegende Fragen zur Benutzung von Mathematica klären. Dazu wollen wir in Kapitel 2 ein wenig in Mathematica 'hineinschnuppern' und erste Erfahrungen sammeln, um dann in Kapitel 3 die Programmstruktur und den Dateityp des Notebooks (so heißen die Mathematica-Dateien) etwas detaillierter zu erkunden. Datenstrukturen wie Variablen und Listen sollen in Kapitel 4 behandelt werden. Kapitel 5 stellt dann vor, wie Mathematica als Rechenwerkzeug eingesetzt werden kann, ob symbolisch oder numerisch. In Kapitel 6 werden wir uns schließlich erstmals ausführlich mit den grafischen Fähigkeiten von Mathematica auseinandersetzen.

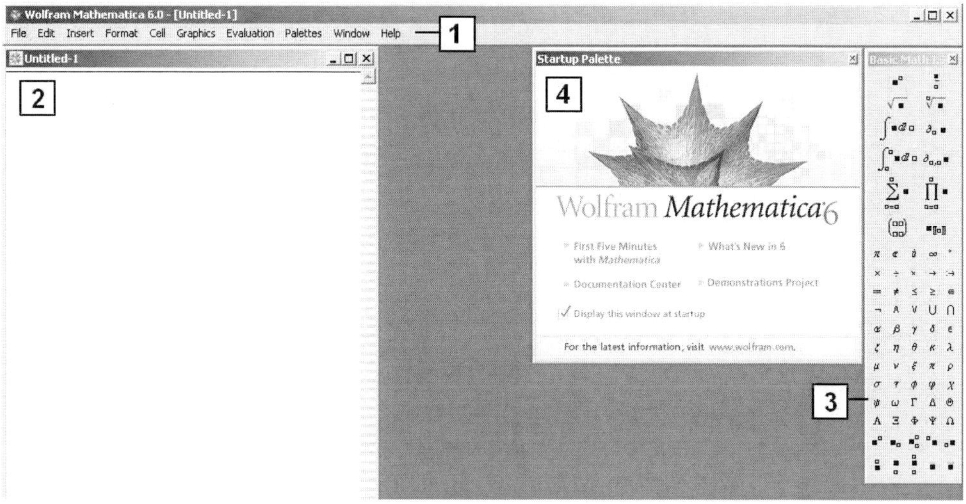

Abb. 2.1: *Der Startbildschirm von* Mathematica, *Version 6.*

2 Erste Schritte in Mathematica

Wenn wir Mathematica zum ersten Mal starten, erscheint ein Startbildschirm wie in Abbildung 2.1, wo jener der Version 6.0 gezeigt ist. Dieser unterscheidet sich übrigens nur marginal von dem früherer Versionen. Für den Benutzer vielleicht etwas ungewohnt ist es beim ersten Mal, dass Mathematica keine geschlossene Oberfläche aufweist, sondern sich aus vielen Teilfenstern zusammensetzt. Am oberen Bildschirmende ist die Hauptmenüleiste (1) zu sehen, über die sich das Programm steuern lässt. Auf der linken Seite befindet sich in einem eigenen Fenster ein leeres *Notebook* (2), der Mathematica-Dateityp, der nach dem Abspeichern die Endung `.nb` erhält. Mit diesem Dateityp werden wir uns später insbesondere in Abschnitt 3.3 beschäftigen. Ganz auf der rechten Seite ist die Standard-*Eingabepalette* (*BasicInput*) (3) zu sehen, zumindest bei Benutzern bis Version 5.2. Benutzer ab Version 6.0 müssen diese möglicherweise manuell aktivieren, über das Menü *Palettes*, Eintrag *BasicMathInput*. Diese Eingabepalette erlaubt es, durch simples Anklicken mit der linken Maustaste mathematische Objekte wie etwa leere Brüche oder Wurzeln anzulegen, die dann entsprechend zu füllen sind. Außerdem mag zusätzlich, wie in Abbildung 2.1, ein Willkommensdialog (4) geöffnet sein, den man durch Entfernen des Häkchens bei *Display this window …* dauerhaft unterdrücken kann.

Versuchen wir als Allererstes, die Rechnung $3^2 + 1$ einzugeben, diese sollte den Wert 10 ergeben. Dazu klicken wir auf das Potenzsymbol links oben in der Eingabepalette, siehe Abbildung 2.1, was zur Folge hat, dass im bis dato leeren Notebook eine *Zelle* angelegt wird, symbolisiert durch die Klammer auf der ganz rechten Seite, in der sich ein Platzhalter für Basis und Exponent befindet. Zu Beginn sollte dabei die Basis markiert sein, wie dies in der folgenden Bilderfolge ganz links zu sehen ist:

Nun durchlaufen wir Schritt für Schritt diese Folge. Wir tippen die Zahl '3' ein und markieren anschließend das Feld für den Exponenten. Dies erreichen wir, indem wir dieses Feld entweder mit der Maus anklicken, oder die Tabulatortaste betätigen. Solange sich ein Objekt mit leeren Platzhaltern in der Zelle befindet, kann man stets mit dieser Taste von Feld zu Feld springen. Wir befinden uns jetzt also bei Bild Nr. 3 der Bilderfolge. Nun tippen wir die Zahl '2' ein. Da damit die Potenz abgeschlossen ist, bewegen wir den Cursor mit der Pfeiltaste [→] nach rechts, so dass wir wieder auf Ebene der '3' sind (vorletztes Bild). Nun können wir noch '+1' eintippen, dann ist die gewünschte Rechnung fertig eingegeben.

Um diese Rechnung nun auszuführen, betätigen wir die Tastenkombination [⇧]+[↵], d. h. wir halten die Umschalt-/Shifttaste [⇧] gedrückt und drücken zusätzlich auf die Eingabe-/Entertaste [↵]. Mit dieser Tastenkombination löst man stets die Berechnung einer *Input-Zelle* aus, solange sich nur der Cursor irgendwo in dieser Zelle befindet bzw. die Zellklammer markiert ist. Nun passiert zweierlei: Da es sich um die allererste Rechnung seit Programmstart handelt, vergeht eine Gedenksekunde, in welcher der sog. *Kernel* startet. Dessen erfolgreiche Aktivierung erkennt man bis Version 5.2 in der Windows-Schnellstartleiste, wo sich nun rechts neben der Schaltfläche von Mathematica eine weitere für den Kernel befindet, siehe Abbildung 2.2. Der Kernel ist ein von der Benutzeroberfläche getrennt laufendes Programm, welches ausschließlich für die Berechnungen zuständig ist. Wie wir später in Abschnitt 3.3 besprechen werden, hat diese strikte Trennung einige praktische Vorteile.

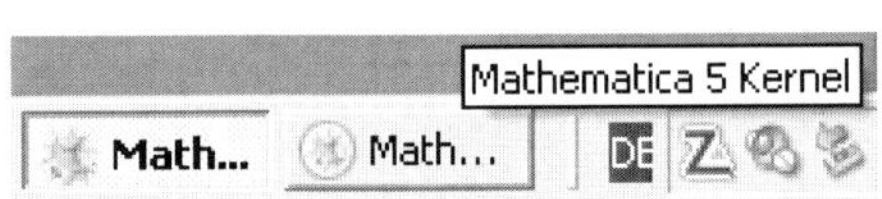

Abb. 2.2: *Schaltfläche für Kernel in der Schnellstartleiste.*

Das zweite Ereignis, welches eintritt, findet im Notebook statt. Dort wird die von uns erstellte Zelle mit der Beschriftung In[1] versehen, da es die erste Input-Zelle darstellt. Ferner wird eine neue Zelle angelegt, in welcher das Resultat '10' ausgegeben wird: die *Output-Zelle* Out[1]. Da beide Zellen zusammengehören, wird um beide herum eine weitere Zellklammer angelegt, so dass diese beiden Elementarzellen zu einer übergeordneten Zelle zusammengeschlossen sind. Es entsteht eine Zellhierarchie. Im Notebook ist nun Folgendes zu lesen:

```
In[1]:= 3²+1
Out[1]= 10
```

Wir erkennen, dass nun im Notebook unterhalb der Ausgabe, über die ganze Fensterbreite hinweg, eine waagrechte Linie gezogen ist. Diese Linie zeigt uns die Position des Cursors an, er ist nun unterhalb der Zelle Out[1]. Um eine weitere Rechnung einzugeben, tippen wir einfach los: An jener Stelle des Notebooks, wo sich die waagrechte Linie befand, wird eine neue Zelle angelegt. Um eine bestehende Zelle zu manipulieren, müsste man direkt in diese hineinklicken. Nach möglicher Änderung könnte man diese via [⇧]+[↵] neu auswerten lassen. Mehr zu Zellen auch in Abschnitt 3.3 und 15.2.1.

Wir aber wollen unterhalb von Out[1] eine neue Rechnung anlegen, etwa $4 \cdot 5$, was 20 ergeben sollte. Also tippen wir **4*5** ein und lösen aus, als Resultat erscheint 20. An Stelle des expliziten Multiplikationszeichens '*' hätten wir auch einfach ein Leerzeichen eintippen können, dieses wird als Multiplikation interpretiert. Seit Version 6.0 ersetzt Mathematica übrigens ein solches Leerzeichen *zwischen Zahlen* während der Eingabe durch das Multiplikationszeichen $\times$. Probieren wir dies gleich aus:

```
In[2]:= 4*5
Out[2]= 20
In[3]:= 4 5
Out[3]= 20
```

Tipp!!! Achtung! Die Eingabe **x y** mit Leerzeichen wird als $x \cdot y$ interpretiert, wogegen **xy** ohne Leerzeichen als *ein* Symbol namens '*xy*' verstanden wird. Ein vergessenes Leerzeichen ist eine beliebte Fehlerquelle!

Wie wir in Abschnitt 3.3, insbesondere Bemerkung 3.3.2, noch besprechen werden, nummeriert Mathematica die Ein- und Ausgaben fortlaufend durch, allerdings werden diese Nummern nicht mit abgespeichert. Da sie im Allgemeinen ohne weitere Bedeutung sind, eher der eigenen Orientierung dienen, werden wir sie im Folgenden aus Platzgründen meist weglassen. Aus selbigem Grund werden wir auch häufig die Ausgabe einer Berechnung neben die Eingabe schreiben, nicht darunter.

Dass beide Rechnungen zum gleichen Resultat führen, hätten wir auch per

```
4 5==4*5                                    True
```

nachprüfen können, wobei wir die Eingabe wie immer via [⇧]+[↵] ausgelöst haben. Dagegen wird folgende Ungleichung korrekterweise als falsch erkannt:

```
4 5>20                                      False
```

Befehl	Beschreibung
`a+b` bzw. `a-b`	Summe bzw. Differenz von a und b.
`a*b` bzw. `a b`	Produkt von a und b.
`a/b` bzw. $\frac{a}{b}$	Quotient von a und b, Letzteres mit Hilfe der Eingabepalette oder per Strg + /.
`a^b` bzw. a^b	Potenz a^b, Letzteres mit Hilfe der Eingabepalette oder per Strg + ^.
`a==b`	Prüft Gleichheit von a und b.
`a!=b`	Prüft Ungleichheit von a und b.
`a>b` bzw. `a>=b`	Prüft Ungleichung $a > b$ (größer) bzw. $a \geq b$ (größer gleich).
`a<b` bzw. `a<=b`	Prüft Ungleichung $a < b$ (kleiner) bzw. $a \leq b$ (kleiner gleich).

Tabelle 2.1: *Elementare Rechen- und Vergleichsoperatoren.*

Man beachte, dass man durch `==` auf Gleichheit prüft, wogegen `=` allein eine Wertzuweisung darstellt. Weitere elementare Rechen- und Vergleichsoperatoren sind in Tabelle 2.1 zusammengefasst.

Wenden wir uns nochmal der Standard-*Eingabepalette* zu. Die der Version 5 ist in Abbildung 2.3 (a) zu sehen und unterscheidet sich von der in früheren Versionen nur dadurch, dass in der Statusleiste am unteren Ende der Palette auch das zugehörige Tastenkürzel angezeigt wird, mit dem man das gleiche Objekt auch per Tastatur einfügen kann. Bedauerlicherweise hat man diese nützliche Erweiterung bei Version 6.0 wieder weggelassen.

Die Standard-Eingabepalette, siehe Abbildung 2.3 (a), ist viergeteilt. Im obersten Teil befinden sich mathematische Ausdrücke wie Brüche, Summen, Integrale, mit deren Hilfe man Formeln grafisch eingeben kann, in der gleichen Form, wie man sie auch per Hand auf Papier notieren würde. Wir werden in späteren Abschnitten, je nach Thema, auf die eine oder andere Schaltfläche und deren Tastenkürzel zu sprechen kommen. Im zweiten Block kann man Konstanten wie die Kreiszahl π (=Pi) oder mathematische Operatoren per Klick auswählen, im dritten Block sind griechische Buchstaben aufgelistet. Diese können, genau wie solche des lateinischen Alphabets, zur Eingabe von Formeln verwendet werden. So macht Mathematica keinen Unterschied zwischen

Expand[(a+b)^2]	a^2+2 a b+b^2
Expand[(α+β)^2]	α^2+2 α β+β^2

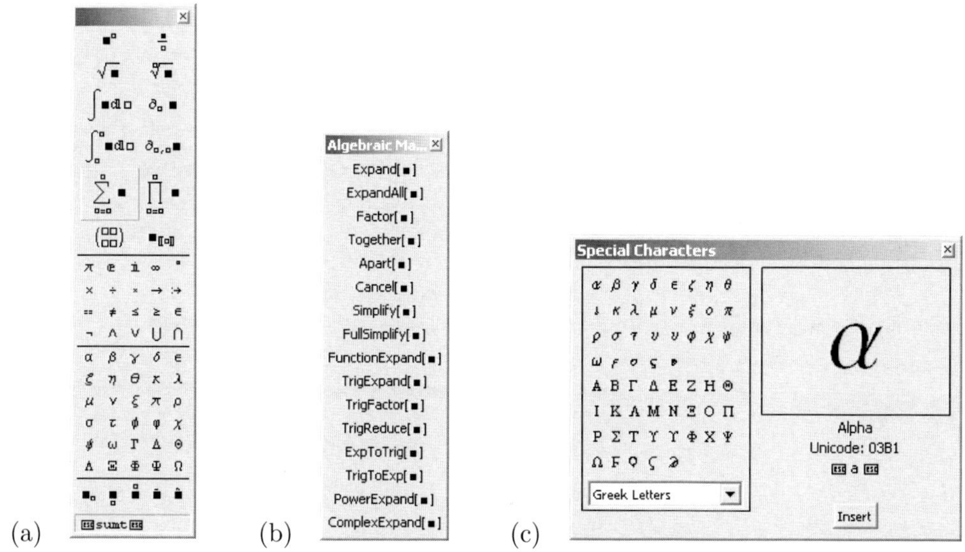

Abb. 2.3: *BasicInput (Ver. 5), AlgebraicManipulation und SpecialCharacters (Ver. 6.0).*

In beiden Fällen wird die erste binomische Formel korrekt angewendet. Griechische Buchstaben lassen sich übrigens auch leicht über die Tastatur eingeben, indem man hintereinander tippt: Esc+*Buchstabe*+Esc (Wichtig: Esc nicht gedrückt halten!). So ergibt z. B. Esc+a+Esc ein kleines Alpha: α. Die Schaltflächen des untersten Bereichs der Eingabepalette dienen schließlich der Eingabe von Indizes u. Ä. Der Leser sei an dieser Stelle dazu aufgefordert, ein wenig mit der Palette herumzuspielen.

Ferner gibt es neben der Standardpalette *BasicInput*, je nach Version, eine Reihe weiterer Paletten, die man über *File* → *Palettes* (bis Version 5.2) bzw. *Palettes* (seit Version 6.0) aufrufen kann, etwa *AlgebraicManipulation* für die Termumformungen aus Abschnitt 5.4 oder *SpecialCharacters* für Sonderzeichen, siehe die Abbildungen 2.3 (b) und (c). Auch hier sei der Leser zu Experimentierfreude angeregt.

Im zuletzt betrachteten Beispiel hatten wir eine Fähigkeit von Mathematica kennengelernt, die es vom gewöhnlichen Taschenrechner unterscheidet, nämlich die zum *symbolischen Rechnen* ('Buchstabenrechnen'). Das im Beispiel verwendete Kommando `Expand` dient dem Ausmultiplizieren von Formeln. In Abschnitt 5.4 werden wir diese Thematik weiter vertiefen.

Bemerkung 2.1

An dieser Stelle soll ein anderer Punkt angeschnitten werden, nämlich das *Setzen von Klammern*. Im Wesentlichen gibt es drei Arten von Klammern: runde $(\cdot)$, eckige $[\cdot]$ und geschweifte $\{\cdot\}$. Während man diese Klammern auf dem Papier völlig gleichberechtigt zur Strukturierung von Formeln einsetzen kann, darf man bei Mathematica hierfür *nur runde Klammern* verwenden! Die eckigen Klammern sind, wie oben bei Expand, den Mathematica-internen Kommandos vorbehalten, die geschweiften Klammern werden für Listen verwendet, siehe Abschnitt 4.2. •

Um trotzdem Übersichtlichkeit zu erlauben, passt Mathematica die Größe eingesetzter Klammern den Ausdrücken an, die sie umklammern. Ferner hilft eine Farbkodierung dabei, festzustellen, ob alle geöffneten Klammern auch wirklich geschlossen wurden, und umgekehrt: Eine einzelne Klammer, egal welcher Form, wird immer solange in einer Art Rosa/Violett dargestellt, bis ihr gleichartiges Gegenstück eingegeben wurde. Diese Erfahrung machen wir auch, wenn wir folgendes Kommando eintippen:

```
Plot[x², {x,-2,2}]
```

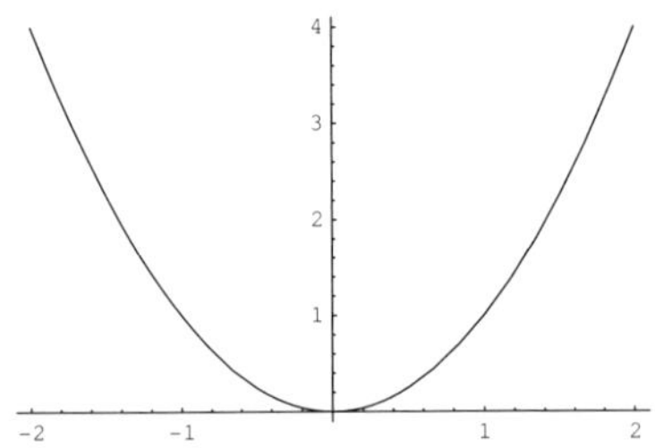

Hierbei wird der Graph der Normalparabel x^2 im Bereich $x \in [-2; 2]$ gezeichnet. Wie wir später in Abschnitt 6 sehen werden, verfügt Mathematica über ein umfangreiches Repertoire von grafischen Methoden.

Vorgängerversionen: Benutzer früherer Versionen werden im aktuellen Beispiel ein leicht abweichendes Resultat erhalten haben: Der Grafikausgabe folgte eine weitere Ausgabe mit dem Inhalt `-Graphics-`. Diese zumindest vom Autor als überflüssig empfundene Ausgabe kann man durch Hintanstellen eines Semikolons '`;`' unterdrücken, siehe auch die weiter unten erläuterte Bedeutung des Semikolons. Umsteiger auf Version 6 sollten sich ein Semikolon hinter einem Grafikbefehl aber wieder abgewöhnen, denn seit Version 6 wird damit die Grafikausgabe komplett unterbunden. Der Leser probiere dies durch Ausführung von **`Plot[x², {x,-2,2}];`**.

Eine Bemerkung noch zu den Farben: Benutzer von Version 6.0 werden bereits bemerkt haben, dass sich bei ihnen die Farbgebung nicht nur auf offene Klammern bezieht, sondern wesentlich weiter reicht: Die neuartige *Syntaxhervorhebung* unterscheidet lokale von globalen Variablen, hebt Funktionen hervor, u. Ä. Die dabei verwendeten Farben kann der Benutzer seinen eigenen Vorstellungen anpassen, siehe auch Abschnitt 3.4.

Wir haben bereits kennengelernt, dass man Berechnungen durch ⇧+↵ auslöst, durch alleiniges Drücken der Eingabetaste ↵ wird dagegen einfach ein *Zeilenumbruch* in die Zelle eingefügt[1]. Ein Zeilenumbruch wird kontextabhängig unterschiedlich interpretiert. Wenn für Mathematica klar ist, dass der bis zum Zeilenende eingegebene Ausdruck noch unvollständig ist, wird es den Zeilenumbruch ignorieren, d. h. man kann

[1]Bei MAPLE ist es übrigens genau umgekehrt, siehe Walz (2002)!

den Zeilenumbruch in solchen Fällen zum Strukturieren der Eingabe verwenden. Dies ist bei langen Befehlsketten auch durchaus zu empfehlen, und Mathematica unterstützt die Lesbarkeit solcher Eingaben durch zusätzliche Einrückungen. Ist der Ausdruck am Zeilenende (gewollt oder ungewollt) dagegen abgeschlossen, so führt Mathematica den Ausdruck der Zeile aus, erzeugt auch eine entsprechende Ausgabe, und widmet sich dann der nächsten Zeile. Eine Eingabe kann also durchaus mehrere Ausgaben erzeugen, welche durch eine entsprechende Zellklammer aber allesamt der Eingabe zugeordnet werden. Der Leser gebe etwa mit Zeilenumbrüchen ein:

```
In[9]:=  2+2
         2+3
         2+4
Out[9]=  4
Out[10]= 5
Out[11]= 6
```

Hier wird für jede Zeile eine eigene Ausgabe erzeugt. Häufig ist man jedoch nicht daran interessiert, dass wirklich zu jeder Zeile eine Ausgabe erzeugt wird, etwa dann, wenn es sich nur um Nebenrechnungen handelt. Dann kann man die Eingaben durch ein *Semikolon* ';' trennen: Für ein Kommando, das mit einem Semikolon beendet wird, wird die Ausgabe unterdrückt.

```
In[12]:= x=2+3;
         2 x
Out[12]= 10
```

Im Falle des obigen Grafikkommandos entscheidet sich die Auswirkung eines Semikolons an der vorliegenden Version von Mathematica, wie oben bereits erläutert: Bis einschließlich Version 5.2 bewirkt ein Semikolon, dass die Grafik zwar erzeugt, aber die Ausgabe `-Graphics-` nicht angezeigt wird. Ab Version 6.0 wird `-Graphics-` ohnehin nicht mehr ausgegeben, ein Semikolon unterdrückt dann tatsächlich das Erzeugen der Grafik.

Zum Schluss, oder besser auch schon während der Arbeit, kann das Notebook abgespeichert werden. Dies erreicht man, wie von anderer Software her gewöhnt, über das Menü *File* → *Save*. Der eingegebene Dateiname wird automatisch mit der Endung `.nb` versehen.

3 Das Programm Mathematica

Nachdem wir im vorigen Abschnitt 2 bereits erste Erfahrungen mit Mathematica sammeln konnten, wollen wir uns in diesem Abschnitt mit der Programmoberfläche etwas vertrauter machen. Das Hauptmenü weicht dabei nicht allzu sehr von dem anderer Programme ab. Auch hier können wir z. B. über das Menü *File* Dateien öffnen, speichern oder schließen, über *Edit* die aktive Datei durchsuchen und Ersetzungen vornehmen lassen, und die Zoomfunktion *Magnification* → *xx%* findet man im Menü *Window*.

Vorgängerversionen: Benutzer früherer Versionen, bis einschließlich 5.2, werden dagegen auf die eine oder andere Skurrilität stoßen. So muss man zum Durchsuchen von Dateien nicht das *Edit*-Menü öffnen, stattdessen existiert ein eigenes *Find*-Menü. Auch die Zoomfunktion *Magnification* → *xx%* hätte man vielleicht nicht im *Format*-Menü erwartet.

Einiger tiefergehenderer Hinweise bedarf dagegen das Hilfesystem von Mathematica, welches wir in Abschnitt 3.2 besprechen wollen. In Abschnitt 3.3 befassen wir uns dann mit Notebooks und Berechnungen, die man in diesen anstellen kann, und in Abschnitt 3.4 mit der Konfiguration von Mathematica. Ferner klären wir in Abschnitt 3.5, wie man Pakete mit zusätzlichen Funktionen in Mathematica einbinden kann. Zu Beginn wollen wir uns jedoch erst einmal mit den verschiedenen Versionen von Mathematica beschäftigen.

3.1 Versionen und Kompatibilität

Das vorliegende Buch verspricht laut Vorwort, für Mathematica-Nutzer quer über alle Versionen hinweg geeignet zu sein, und auch bereits die zur Zeit aktuellste Version 6.0 zu behandeln. Die Versionen bis 5.2 brachten zwar jeweils eine Reihe neuer Funktionen mit sich, welche im Folgenden auch als solche gekennzeichnet werden sollen, die Programmstruktur blieb dabei aber weitgehend unverändert. Mit Version 6.0 dagegen gab es einige tiefgreifende Veränderungen, auf die wir in diesem Buch an den passenden Stellen zu sprechen kommen werden. Eine dieser Änderungen betrifft etwa das im nächsten Abschnitt zu besprechende Hilfesystem. Ansonsten sind insbesondere Grafiken, siehe Abschnitt 6, und die statistischen Verfahren, siehe die Kapitel 13 und 17, in großem Ausmaße betroffen.

Einhergehend mit den verschiedenen Versionen stellt sich natürlich die Frage, inwieweit Notebooks, die mit einer Version erstellt wurden, mit einer anderen weiterbearbeitet werden können. Bis Version 5.2 gibt es i. Allg. keine Konflikte, diese Versionen sind

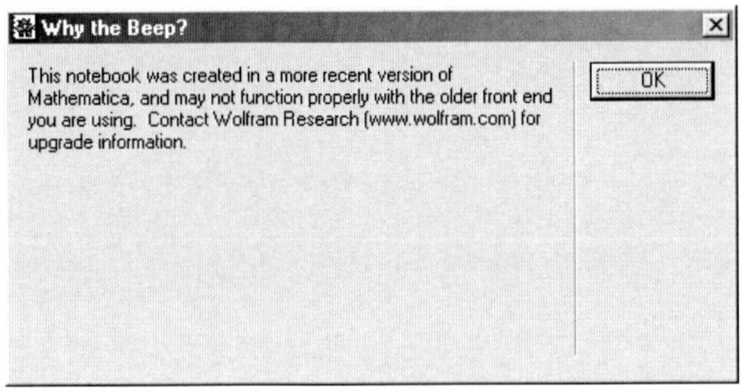

Abb. 3.1: *Warnhinweis: Notebook mit neuerer Version von* Mathematica *erstellt.*

Abb. 3.2: *Version 6.0: Prüfung älterer Notebooks.*

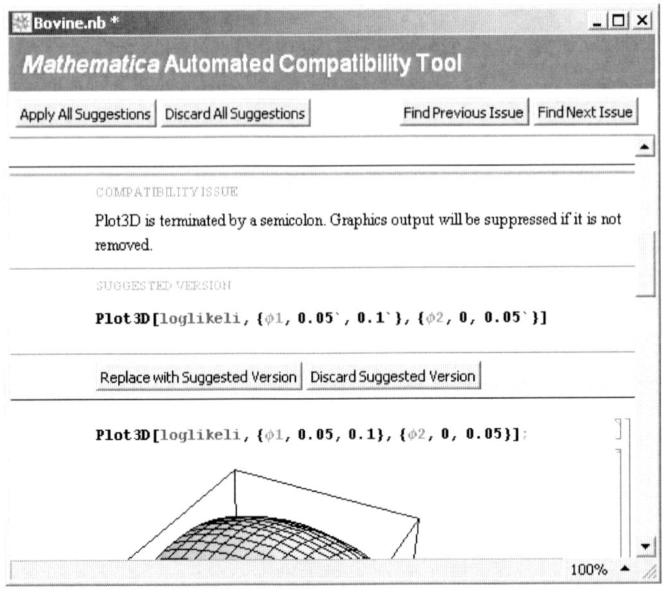

Abb. 3.3: *Version 6.0: Prüfung älterer Notebooks, Änderungsvorschlag.*

insbesondere abwärtskompatibel gestaltet: Gewöhnlich kann man mit einer älteren Version von Mathematica ein mit einer neueren Version erstelltes Notebook problemlos öffnen und bearbeiten. Es erscheint lediglich ein Warnhinweis, ähnlich wie in Abbildung 3.1. Natürlich können dabei nur jene Funktionalitäten ausgeführt werden, welche bereits in der alten Version implementiert waren. Ansonsten treten, wie gesagt, selten Schwierigkeiten auf. Seit Version 6.0 heißt die Regel leider, dass erzeugte Grafiken *nicht* mehr mit alten Versionen angezeigt werden können, schlimmer: Es wird auch keine Möglichkeit geboten, ein in Version 6 erzeugtes Notebook ins alte Dateiformat zu exportieren. Insofern muss man in einem solchen Falle den Code manuell an die alte Version anpassen, wenn möglich, und die Grafiken dort neu erzeugen lassen.

Umgekehrt konnte man bisher ein mit einer älteren Version erzeugtes Notebook mit einer neueren Version 'wortlos' öffnen, d. h. für den Benutzer wurde überhaupt nicht sichtbar, dass hier ein Versionsunterschied bestand. Dies hat sich mit Version 6.0 geändert: Wie Abbildung 3.2 zeigt, erscheint ein recht farbenfroher Dialog am oberen Ende des Notebooks, mit dem man dieses auf mögliche Probleme hin prüfen lassen kann, oder nicht, oder von nun an überhaupt kein Notebook mehr einer derartigen Prüfung unterzieht. Lässt man das Notebook prüfen und ein Problem wird entdeckt, so erscheint ein Dialog wie in Abbildung 3.3. Im mittleren Teil wird das Problem erläutert und Abhilfe vorgeschlagen, die man annehmen oder verwerfen kann. Mit den Schaltflächen des oberen rechten Teils kann man zwischen den Änderungsvorschlägen hin- und herspringen, mit denen des oberen linken Teils pauschal alle Vorschläge akzeptieren bzw. ablehnen. Im konkreten Beispiel bezog sich der Warnhinweis übrigens auf das Semikolon am Ende des `Plot3D`-Kommandos, siehe auch Seite 12. Nach eigenen Erfahrungen des Autors sollten die gemachten Vorschläge stets einzeln geprüft werden, nicht jeder Vorschlag ist sinnvoll.

Tipp!!!

Besitzern einer Mathematica-Version vor 6.0 wird vor dem Umstieg dringend empfohlen, sich den Inhalt des damaligen Ordners `\AddOns\StandardPackages` zu sichern. Da viele Funktionalitäten dieser Pakete mit Version 6.0 nicht mehr verfügbar sind, können sonst alte Notebooks evtl. nicht mehr ausgeführt werden. Den genannten Ordnerinhalt kopiert man später z. B. in einen Ordner namens `\AddOns\ExtraPackages\AltePakete`. Dann kann man die Pakete wie früher laden, indem man einfach ein ``AltePakete` `` voranstellt, siehe auch Abschnitt 3.5.

3.2 Die Mathematica-Hilfe nutzen

Mathematica ist ein äußerst komplexes Softwarepaket mit einer sehr umfangreichen Sprache. Deshalb ist man bei der Benutzung von Mathematica zwangsweise regelmäßig auf die Hilfe angewiesen, und sei es nur zum Nachschlagen der korrekten Syntax. Aus diesem Grund wollen wir auch gleich an dieser Stelle das Hilfesystem von Mathematica vorstellen.

Seit Version 6.0 heißt das Hilfesystem *Documentation Center* und kann über das Menü *Help* aufgerufen werden, woraufhin das Fenster aus Abbildung 3.4 erscheint. Im

Eingabefeld am oberen Fensterrand kann man einen Suchbegriff eintippen, oder man klickt sich über die thematisch angeordneten Links im übrigen Bereich des Fensters durch: Zum Befehl `Simplify` etwa würde man durch den Pfad *Mathematics and Algorithms: Formula Manipulation → Simplify* gelangen. Da die Pfade im Documentation Center manchmal recht undurchsichtig sind, werden wir im Folgenden stattdessen bevorzugt die genaue Adresse angeben, die man einfach im am oberen Fensterende befindlichen Eingabefeld eintippt, im Beispiel *ref/Simplify*. Neben Eingaben im Documentation Center kann man zu einem im Notebook getippten Kommando auch direkt Hilfe erfragen, indem man den Cursor im Kommando platziert und dann [F1] drückt.

Die zwei Schaltflächen direkt neben dem Eingabefeld des Documentation Center, siehe Abbildung 3.4, sind übrigens erst seit Version 6.0.2 vorhanden. Die erste dieser beiden Schaltflächen führt zum *Function Navigator* (auch über das Menü *Help* erreichbar), der die in Abbildung 3.4 gezeigten Navigationsmöglichkeiten nochmals separat in Listenform präsentiert. Auf die zweite Schaltfläche geht untenstehender Tipp ein.

Vorgängerversionen: Bis Version 5.2 hieß die Mathematica-Hilfe *Help Browser* und sah, je nach Version, ähnlich wie in Abbildung 3.5 aus. Das Hilfesystem ist in eine Reihe von Kategorien untergliedert: Die Rubrik *Built-in Functions* beschreibt die standardmäßig implementierten Funktionen, wogegen Funktionen, die erst nach Laden eines entsprechenden Paketes verfügbar sind, siehe Abschnitt 3.5, unter *Add-ons* beschrieben werden. Die Rubrik *The Mathematica-Book* ist selbsterklärend, der *Master Index* vereint alle übrigen Kategorien, indem er einen im Textfeld eingegebenen Suchbegriff kategorienübergreifend sucht.

Wenn wir im Text auf eine Stelle des ehemaligen Help Browsers verweisen wollen, werden wir dies wie folgt tun: Auf den in Abbildung 3.5 dargestellten Text etwa würden wir durch den Pfad *Built-in Functions: Algebraic Computation → Basic Algebra → Simplify* verweisen.

Mit Version 6.0 ist leider das *Mathematica-Book* von Wolfram (2003) weggefallen, welches zuvor immer in elektronischer Form mit Mathematica ausgeliefert wurde. Einen gewissen Ersatz stellt *The Virtual Mathematica Book (v6)* dar, welches Thomas Münch bei Diskussionen der *MathGroup* vorstellte. Durch Ausführen des Notebooks `MathematicaBookV6_Erzeugung.nb` kann dieses erzeugt werden. Es enthält, thematisch geordnet, Links auf die Tutorien des neuen Documentation Centers. Das Notebook findet sich zusammen mit anderen Materialien auf der Verlags-Website `www.oldenbourg-wissenschaftsverlag.de`. Seit Version 6.0.2 ist ein derartiges virtuelles Mathematica-Buch auch wieder über das Hilfesystem verfügbar; man betätige im Documentation Center die Schaltfläche direkt neben dem Eingabefeld, siehe Abbildung 3.4, oder wähle *Help → Virtual Book*.

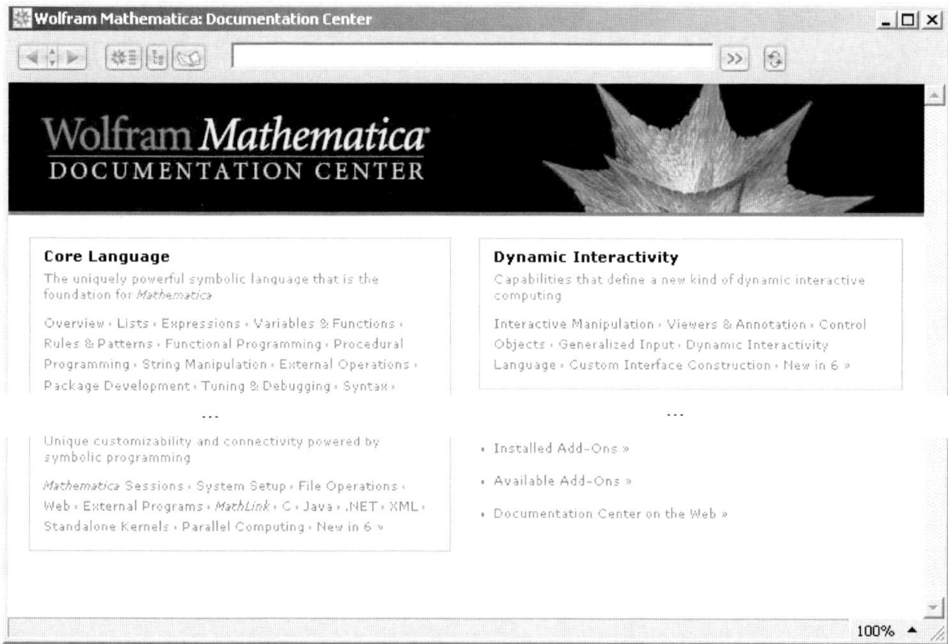

Abb. 3.4: *Die Mathematica-Hilfe der Version 6.*

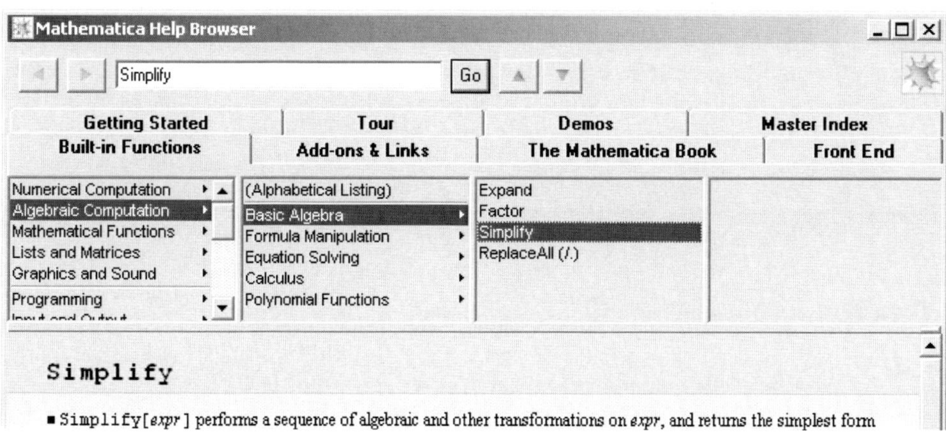

Abb. 3.5: *Die Mathematica-Hilfe der Version 5.*

Die Texte des Hilfesystems sind selbst mit Mathematica geschrieben worden. Die zahlreichen dort verfügbaren Beispiele kann der Leser entweder in der Hilfe selbst ausführen und auch manipulieren (ohne dass Änderungen dauerhaft gespeichert würden), oder einfach in sein eigenes Notebook kopieren und dort seinen Bedürfnissen anpassen.

3.3 Berechnungen in Notebooks

Genau wie die Oberfläche von Mathematica bereits vermuten lässt, ist Mathematica ein modulares System, welches zuallererst einmal in einen *Kernel* und eine *Benutzeroberfläche* untergliedert ist. Die eigentlichen Berechnungen werden immer durch den Kernel ausgeführt, der aber für den Benutzer unsichtbar[1] bleibt. Die Schnittstelle zwischen Benutzer und Kernel bildet dann die eigentliche Oberfläche, welche auch die Notebooks verwaltet. Diese strikte Trennung hat zumindest schon einmal den Vorteil, dass ein Absturz des Kernels i. Allg. nicht zu einem größeren Datenverlust führt. Ferner kann man bei laufender Rechnung ohne Probleme am Notebook weiterarbeiten, die Berechnung wird dadurch nicht gestört.

Der grundlegende Dateityp von Mathematica ist das *Notebook*, welches alle Ein- und Ausgaben sammelt. Ein Notebook ist in Zellen unterteilt, was für den Benutzer an Hand der eckigen Klammern auf der rechten Seite sichtbar wird, siehe Abbildung 3.6. Diese Klammern kann man mit der Maus markieren und markiert auf diese Weise die gesamte Zelle. Im Beispiel gibt es fünf elementare Zellen, die hierarchisch zu größeren Einheiten verbunden werden. Eine jede Elementarzelle weist einen bestimmten Typ auf; im Beispiel der Abbildung 3.6 sind dies der Reihe nach *Section*, *Text*, *Input*, *Output* und erneut *Input*. Den Typ kann man unter dem Menüpunkt *Style* einsehen bzw. ändern, welchen man nach Markierung der Zelle und Klick mit der rechten Maustaste im sich öffnenden PopUp-Menü findet, oder alternativ im Menü *Format*. Wir werden darauf u. a. noch in Kapitel 15 zu sprechen kommen. Im Fenster aus Abbildung 3.6 ist übrigens in der Kopfzeile am Ende des Dateinamens ein Sternchen zu sehen. Dieses zeigt an, dass seit dem letzten Speichern Änderungen am Notebook vorgenommen wurden.

Notebooks können auch an Computern gelesen werden, auf welchen Mathematica nicht installiert ist. Dazu benötigt man lediglich den kostenlos verfügbaren *Mathematica Player*, siehe Tabelle 1, mit welchem man zwar keine Berechnungen ausführen, aber zumindest ein gegebenes Notebook betrachten kann. Als Alternative kann man auch den *Mathematica Player Pro* verwenden, der einen wesentlich größeren Funktionsumfang bietet, dafür aber kostenpflichtig ist.

[1] Bis Version 5.2 war eine Schaltfläche in der Windows-Schnellstartleiste zu sehen, vgl. Abb. 2.2.

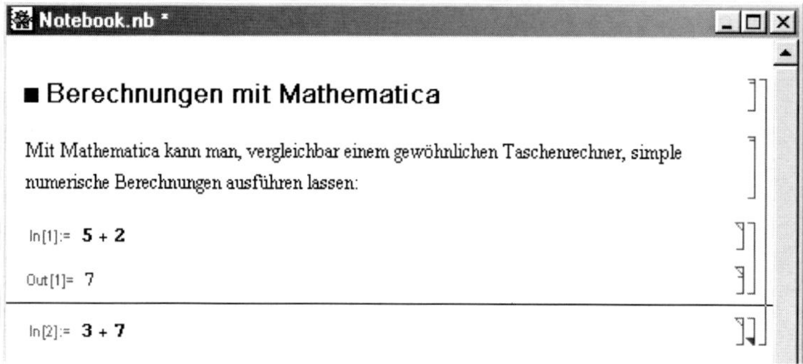

Abb. 3.6: *Beispiel eines Notebooks.*

Bemerkung 3.3.1

Durch Doppelklick auf Zellklammern kann man Zellsysteme öffnen und schließen. Im Beispiel aus Abbildung 3.6 etwa wurde die mit 2 nummerierte Ein- und Ausgabe geschlossen, was man an der pfeilförmigen Gestalt der zweiten Klammer von links erkennt. Ein erneuter Doppelklick würde das Zellsystem wieder öffnen. In anderen Fällen wiederum, speziell am Ende von Texten der Hilfedatei, Rubrik *Further Examples*, findet man ganz links ein nach rechts zeigendes Dreieck. Klickt man dieses einfach an, zeigt es nach unten und das Zellsystem klappt auf. Erneuter Klick schließt es wieder. Für weitere Informationen siehe auch Abschnitt 16.1. •

Wie bereits in Kapitel 2 erwähnt, werden ausgeführte Berechnungen der Reihe nach durchnummeriert. Diese Nummern werden jedoch nicht im Notebook abgespeichert, und mit jedem Neustart des Kernels beginnt die Nummerierung wieder bei Eins. Solange der Kernel aktiv ist, wird jedoch die Nummerierung selbst über mehrere Notebooks hinweg fortgeführt. Auch bleiben Resultate im Kernel verfügbar, die vielleicht ursprünglich von einem Notebook aus ausgelöst wurden, welches mittlerweile längst geschlossen ist. Dies kann manchmal auch störend sein, wenn sich etwa noch Variablen- oder Funktionsdefinitionen im Kernel befinden, die der Benutzer nicht mehr benötigt. Wie man die Belegung einzelner Variablen löscht, wird in Abschnitt 4.1 erläutert. Einen Neustart des Kernels kann man erzwingen, indem man diesen über *Kernel* → *Quit Kernel* → *Local* (bis Version 5.2) bzw. *Evaluation* → *Quit Kernel* → *Local* (seit Version 6.0) beendet. Mit der nächsten Berechnung wird der Kernel neu gestartet.

Bemerkung 3.3.2

Mathematica bietet eine einfache Möglichkeit an, auf frühere Ausgaben zurückzugreifen, nämlich unter Einsatz des %-Zeichens. Die Syntax ist denkbar einfach: % allein ergibt die letzte Ausgabe, %% die zweitletzte, %. . .% (k-mal) die k-letzte, usw. Dabei richtet sich das Ganze nicht nach der Position im Notebook, sondern nach der Reihenfolge der Ausführung. Alternativ kann man über %k gezielt auf die k-te Ausgabe Out[k] zugreifen. Folgendes Beispiel verdeutlicht die Anwendung des %-Operators:

```
In[1]:= 2+2
Out[1]= 4
In[2]:= %+1     (*Greift auf letzte Ausgabe, den Wert 4, zurück.*)
Out[2]= 5
In[3]:= %%-1     (*Greift auf zweitletzte Ausgabe, den Wert 4, zurück.*)
Out[3]= 3
In[4]:= %2-%%%     (*Greift auf zweite und drittletzte Ausgabe zurück.*)
Out[4]= 1
```

Obwohl der %-Operator recht komfortabel ist, wird von dessen ausufernder Verwendung abgeraten. Das Problem ist nämlich, dass bei späterer, erneuter Ausführung des Notebooks die einzelnen Zellen in einer anderen Reihenfolge ausgeführt werden könnten, und dann ggf. nicht mehr die Ausgabe abgerufen wird, auf die ursprünglich abgezielt wurde. Ferner werden die Nummern der Ein- und Ausgaben auch nicht abgespeichert, so dass später nicht mehr klar sein mag, was man überhaupt mit einem bestimmten Ausdruck bezwecken wollte. Eine bessere Lösung ist es dagegen, Resultate in Variablen abzulegen und dann über den Variablennamen darauf zuzugreifen, siehe Abschnitt 4.1. •

Neue Zellen muss man übrigens nicht zwangsweise am Ende eines Notebooks anhängen. Auch zwischen bestehenden Zellen kann man eine neue Zelle einfügen. Dazu führt man den Mauszeiger zwischen zwei Zellen, so dass er waagrechte Gestalt annimmt. Nach einem Klick mit der linken Maustaste erscheint zwischen den beiden Zellen eine durchgezogene waagrechte Linie. Mit dem Eintippen des ersten Zeichens wird eine neue Zelle begonnen. Ferner kann man bestehende Zellen auch abändern, und Input-Zellen via ⇧+↵ erneut ausführen lassen.

Mit wachsender Länge und Komplexität eines Notebooks wird es, speziell bei erneuter Betrachtung nach längerer Zeit, oftmals schwerfallen, sich die Bedeutung bestimmter Formeln auf Anhieb zu erschließen. Deshalb ist es wichtig, seine Berechnungen stets gut zu kommentieren. Eine einfache derartige Möglichkeit besteht darin, direkt in die Input-Zellen erläuternden Text einzugeben, wobei dieser zwischen den *Kommentierungszeichen* `(*...*)` geschrieben werden muss, wie im Beispiel aus Bemerkung 3.3.2. Mathematica erkennt dann, dass es sich bei diesem Abschnitt der Eingabe nicht um Kommandos handelt und versucht auch nicht, diesen zu interpretieren.

Tipp!!! Mit wachsender Länge der Kommentare werden nun allerdings die entsprechenden Input-Zellen immer unübersichtlicher. Deswegen empfiehlt der Autor folgendes Vorgehen: Man lege vor der betroffenen Input-Zelle eine neue Zelle vom Typ *Text* an, siehe auch Abbildung 3.6. Dazu markiert man nach Eintippen des Textes (nicht ausführen!) die Zellklammer und wählt, wie oben beschrieben, *Style* → *Text*, oder gibt einfach die Tastenkombination Alt+7 ein.

Bei größeren Projekten ist es absehbar, dass die zu erwartenden Rechenzeiten so lang sein werden, dass man diese besser über Nacht oder über das Wochenende ungestört laufen lassen möchte, ohne sich währenddessen um die Berechnungen kümmern zu müssen. Dazu bereitet man das gewünschte Notebook vor, ohne jedoch Eingaben auszuführen. Stattdessen kann man zu einem gewünschten Zeitpunkt das komplette Notebook von Mathematica eigenständig, Zelle für Zelle *der Reihe nach*, ausführen lassen, indem man *Kernel → Evaluation → Evaluate Notebook* (bis Version 5.2) bzw. *Evaluation → Evaluate Notebook* (seit Version 6.0) auswählt. Weitere Eingriffe des Benutzers werden dann nicht mehr erwartet. Dabei kann man auch mehrere Notebooks zugleich aktivieren, diese werden in der Reihenfolge des Aufrufs vom Kernel abgearbeitet. Man bedenke dabei, dass der Kernel u. U. Definitionen oder Resultate aus zuvor ausgeführten Notebooks im Speicher behält.

Um sich dabei gegenüber Stromausfällen oder Systemabstürzen einigermaßen abzusichern, empfiehlt es sich, am besten gleich an erster Stelle des Notebooks `NotebookAutoSave->True` einzugeben. Dann speichert Mathematica nach jeder Ausgabe den aktuellen Stand des Notebooks ab, so dass einem einmal gemachte Ausgaben nicht mehr verloren gehen können. Alternativ kann man in den Befehlstext immer wieder die Zeile `NotebookSave[SelectedNotebook[]];` einfügen, welche bei Ausführung den aktuellen Stand sichert.

Gelegentlich möchte man eine gerade laufende Berechnung abbrechen, da sich diese als zu langwierig erweist, oder weil man einen Fehler im Input-Kommando entdeckt hat. Um dies zu erreichen, wählt man *Kernel → Abort Evaluation* (bis Version 5.2) bzw. *Evaluation → Abort Evaluation* (seit Version 6.0), oder kurz Alt+. . Sollte dies aus irgendeinem Grund erfolglos bleiben, kann man im gleichen Menü über *Quit Kernel → Local* den Kernel schließen, siehe oben.

3.4 Mathematica konfigurieren

Um Mathematica den eigenen Bedürfnissen anzupassen, steht das Menü *Edit → Preferences...* zur Verfügung. Der sich öffnende Dialog sieht bis Version 5.2 ähnlich wie in Abbildung 3.7 aus. Insbesondere der Punkt *Global Options* ist von Interesse, erlaubt er doch Einstellungen zu treffen, die das Programm Mathematica insgesamt betreffen. Eine zweite Möglichkeit besteht darin, Änderungen in der Konfigurationsdatei `init.m` vorzunehmen, wie dies beispielhaft im Tipp auf Seite 29 vorgestellt wird.

Mit Version 6.0 hat sich auch dieser Dialog grundlegend geändert, siehe Abbildung 3.8. Nach Meinung des Autors ist die Änderung durchaus gelungen, der Dialog ist übersichtlicher und benutzerfreundlicher geworden. Im Beispiel der Abbildung 3.8 ist die bereits in Abschnitt 2 beschriebene, neue *Syntaxhervorhebung* einsehbar. Es ist dargelegt, in welcher Situation welcher Teil wie farblich hervorgehoben wird. Es obliegt dem Benutzer, hier Änderungen nach eigenem Farbgeschmack vorzunehmen.

Ganz ist der Dialog aus Abbildung 3.7 aber auch mit Version 6.0 noch nicht verschwunden: Im Dialog aus Abbildung 3.8 wechselt man auf die Karte *Advanced* und klickt *Open Option Inspector*, dann öffnet sich der altbekannte Dialog.

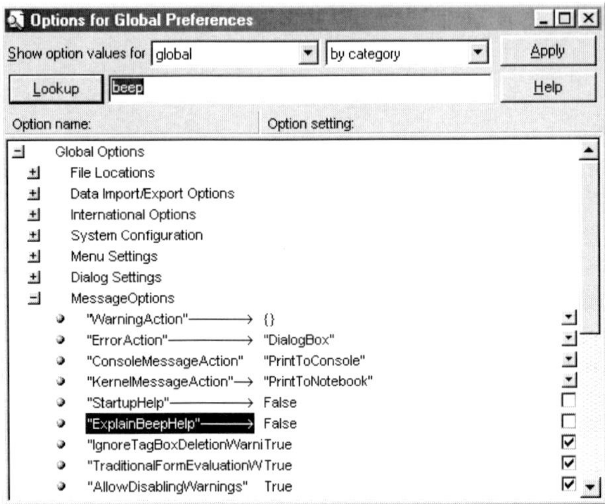

Abb. 3.7: *Mathematica konfigurieren, bis Version 5.2.*

Sollte der Leser der Meinung sein, dass es Mathematica mit seinen Warnhinweisen manchmal etwas zu gut meint, so kann er diese im *Preferences*-Dialog deaktivieren. Dazu ist bis Version 5.2 unter *Global Options* → *MessageOptions* → *ExplainBeepHelp* der Wert *False* zu setzen (Häkchen entfernen), siehe auch Abbildung 3.7. Analog kann man auch die *StartupHelp* unterdrücken. Seit Version 6.0 wird der Leser auf den Karten *Interface* und *Evaluation*, jeweils Rubrik *Message and Warning Actions*, fündig.

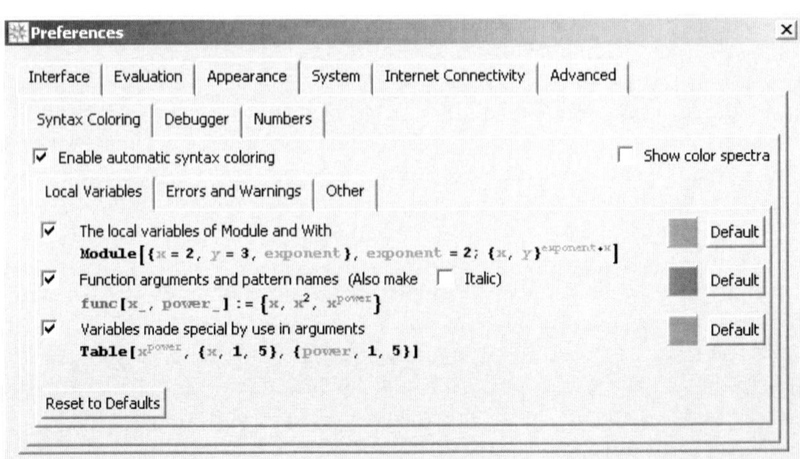

Abb. 3.8: *Mathematica konfigurieren, seit Version 6.0.*

3.5 Pakete laden

Mathematica bietet eine große Auswahl von Befehlen bereits unmittelbar an (Kategorie *Built-in Functions*). Andere wiederum, insbesondere solche zu mathematischen Spezialgebieten oder grafischen Zusatzfunktionen, kann man erst nutzen, wenn man zuvor ein entsprechendes Paket geladen hat. Dabei stehen u. a. folgende Möglichkeiten zur Verfügung:

`<<`*`Kategorie`*`` ` ``*`Paket`*`` ` `` oder **`Needs["`***`Kategorie`*`` ` ``*`Paket`*`` ` ``**`"]`**.

Der erstgenannte Befehl lädt das gewünschte Paket ohne Zögern, der zweite prüft erst, ob das Paket nicht vielleicht schon geladen ist, was potentielle Konflikte durch wiederholtes Laden vermeidet. Deswegen werden wir im Folgenden stets `Needs` verwenden. Man beachte, dass `Needs` als Argument eine Zeichenkette erwartet, weshalb die Paketbezeichnung in doppelten Anführungszeichen zu schreiben ist. Der einfache Apostroph, der am Ende der Kategorie bzw. des Paketes verwendet wird, ist ein Gravis '`'. Die Angabe einer Kategorie ist dabei seit Version 6.0 meist nicht mehr nötig. Als Beispiel wollen wir ein Paket zu kalendarischen Berechnungen betrachten, siehe auch Abschnitt 19.1. Der 3. Oktober 1990 erweist sich dabei als Mittwoch:[2]

```
Needs["Calendar`"]

DayOfWeek[{1990,10,3}]                    Wednesday
```

Die im Moment aktiven Pakete kann man jederzeit einsehen:

```
$Packages          {Calendar`,ResourceLocator`,...,System`,Global`}
```

Bemerkung 3.5.1

Probleme können auftreten, wenn ein in einem Paket enthaltener Befehl bereits vor Laden des Paketes verwendet wurde. Dann tritt auf Grund drohender Doppelbelegung (Shadowing) eine Fehlermeldung der folgenden Art auf:

```
DayOfWeek[{1990,10,3}]                    DayOfWeek[{1990,10,3}]

Needs["Calendar`"]

DayOfWeek::shdw:
Symbol DayOfWeek appears in multiple contexts {Calendar`, Global`}; definitions in
context Calendar` may shadow or be shadowed by other definitions. ≫
```

[2]Benutzer früherer Versionen müssen **`Needs["Miscellaneous`Calendar`"]`** ausführen.

Um nun DayOfWeek wieder freizugeben, verwendet man Remove:

```
Remove[DayOfWeek]; DayOfWeek[{1990,10,3}]
```

```
Remove::rmptc: Symbol DayOfWeek is Protected and cannot be removed. ≫
```

```
Wednesday
```

Trotz erneuter Fehlermeldung funktioniert nun der Befehl DayOfWeek wieder fehlerfrei. •

Dieses und ähnliche Pakete, die mit Mathematica ausgeliefert werden, finden sich auf der Festplatte im Mathematica-Ordner, im Unterordner ...\AddOns\StandardPackages (bis Version 5.2) bzw. ...\AddOns\Packages (ab Version 6.0). Neben vorgefertigten Paketen kann man natürlich auch selbst erstellte verwenden. Dieses Thema werden wir in Abschnitt 21.4 besprechen.

Mit Version 6.0 wird das Laden eines Paketes viel seltener nötig sein, da viele der früher nur über ein Paket verfügbaren Befehle standardmäßig implementiert wurden. Die verbliebenen Pakete sind nun gewöhnlich nicht mehr nach Kategorien sortiert, so dass sich das Argument des Needs-Befehls entsprechend verkürzt, wie oben gesehen. Einen Überblick bietet der Hilfeeintrag *Compatibility/guide/StandardPackageCompatibilityGuide*. Im vorliegenden Text wird in solchen Fällen für Benutzer früherer Versionen trotzdem das entsprechende Paket angegeben, vom Fließtext getrennt in einem grau unterlegten Kasten mit der Bezeichnung „Vorgängerversionen“. Benutzer von Version 6.0 sollten das entsprechende Paket *nicht* zu laden versuchen.

Tipp!!!

Mit der geänderten Paketstruktur ab Version 6.0 sind einige der bisher verfügbaren Funktionalitäten leider ganz verschwunden. Allerdings bietet die Firma Wolfram die alten Pakete zum Herunterladen an, ein Angebot, welches wir im Laufe des Buches des Öfteren annehmen wollen. Für solche Fälle empfiehlt es sich, analog dem Tipp auf Seite 17 einen Ordner anzulegen, etwa namens \AddOns\ExtraPackages\AusWeb. Ein Paket Abc.m, welches man dort ablegt, kann man im Notebook via **Needs["AusWeb`Abc`"]** laden.

---

4 Datenverwaltung bei Mathematica

In diesem Abschnitt wollen wir uns damit befassen, wie Mathematica mit Daten umgeht. Um Zugriff auf Daten jeglicher Form zu haben, benötigt man das Konzept der Variablen, siehe Abschnitt 4.1. Größere und ggf. hochdimensionale Datenmengen kann man in Listenstrukturen ablegen, siehe Abschnitt 4.2. Abschnitt 4.3 schließlich beschäftigt sich mit der Frage des Imports und Exports von Daten, wobei die Frage des Imports aus SQL-Datenbanken im gesonderten Anhang B behandelt wird.

4.1 Variablen

Variablen sind benannte Behälter. Auf diese knappe Definition kann man alle weiteren Erläuterungen reduzieren. Eine Variable besitzt einen Namen, über welche man diese ansprechen kann. Man kann einen Wert in einem solchen Behälter ablegen (korrekte Sprechweise: ihr einen Wert zuweisen), man kann den darin befindlichen Wert abfragen, und man kann den Behälter leeren (die Belegung löschen). Mit 'Wert' ist hierbei nicht nur ein Zahlenwert gemeint. Es kann sich dabei auch um eine Liste von anderen Werten handeln, siehe auch Abschnitt 4.2, um eine Zeichenkette, einen ganzen Text, ein Bild, einen symbolischen Ausdruck, usw. Variablen werden bei Mathematica äußerst flexibel behandelt: Im Gegensatz zu einer Programmiersprache wie C muss man nicht festlegen, für welche Art von Werteformat man eine bestimmte Variable nutzen will.

Wir werden im Laufe der nächsten Abschnitte eine Reihe von verschiedenen Einsatzmöglichkeiten von Variablen kennenlernen, so dass wir uns hier auf wenige Beispiele beschränken können. Zuerst aber ein paar Hinweise zur Namensgebung: Der Name einer Variablen sollte mit einem Buchstaben anfangen, bevorzugt mit einem Kleinbuchstaben, um so Verwirrung mit Befehlen von Mathematica zu vermeiden, welche immer mit einem Großbuchstaben anfangen. Erlaubt sind dabei durchaus auch griechische Buchstaben. Anschließend dürfen auch Zahlen folgen, jedoch wird ein Leerzeichen oder ein anderweitig vergebenes Symbol wie der Unterstrich '_' oder die Operatoren '=', '+', u. Ä., von Mathematica stets als Hinweis auf das vorige Ende des Variablennamens interpretiert. Um potentiellen Konflikten aus dem Weg zu gehen, sollte man folgende Empfehlung beherzigen: Für Variablennamen nur Buchstaben und Zahlen verwenden, wobei an erster Stelle ein (Klein-)Buchstabe steht.

Beispiel 4.1.1

Man kann in einer Variablen namens x den Wert 5 ablegen, indem man **x=5** schreibt. Gibt man dann beispielsweise nur **x** ein und führt dieses Kommando aus, so erscheint als Ausgabe schlicht 5. Weitere Beispiele:

```
Print["Wert von x: ", x]          Wert von x: 5

x+2                               7
```

Der hierbei verwendete `Print`-Befehl kann beliebig viele Argumente umfassen, die er der Reihe nach ausgibt, d. h. Zahlen und Zeichenketten (in Anführungszeichen) werden direkt, bei Variablen deren Wert ausgegeben. Die Belegung von x löscht man, indem man `Clear` verwendet:

```
Clear[x]; x                       x
```

Alternativ könnte man auch **x=.** (`Unset`) an Stelle von **Clear[x]** ausführen. Es sei dem Leser empfohlen, nach jedem der obigen Schritte die Eigenschaften von x via **?x** abzufragen, vgl. Bemerkung 7.2.4. •

Bei Wolfram (2003) findet man in diesem Zusammenhang den sicherlich sinnvollen Hinweis: *Remove values you assign to variables as soon as you finish using them.* Denn so lange eine Variable mit einem Wert belegt ist, belastet dieser den Arbeitsspeicher.

Vergibt man einen Variablennamen, der dem einer anderen Variable sehr ähnelt (der Leser probiere die Zeilen **varx=5;** und **vary=5;**), oder gar einer bei Mathematica implementierten Funktion, wird dies je nach Version mit einer Warnmeldung quittiert:

```
log=4;

General::spell1:
Possible spelling error: new symbol name "log" is similar to existing symbol "Log".

log                               4
```

Trotzdem funktioniert die Variable aber offenbar fehlerfrei, was im speziellen Beispiel daran liegt, dass Mathematica zwischen Groß- und Kleinschreibung unterscheidet. Später in Abschnitt 5.4 werden wir im Rahmen des symbolischen Rechnens das Thema Variablen nochmals aufgreifen.

Bemerkung 4.1.2

Der Tipp zum Unterdücken des `General::spell`-Fehlers lässt sich leicht an andere Arten von Fehlermeldungen anpassen. Fehlermeldungen sind bei Mathematica immer in der Form *Kategorie*::*Meldung* benannt. Mit **Off[*Kategorie*::*Meldung*]** kann

Tipp!!!

Wer dieser Warnmeldungen überdrüssig ist, kann sie unterdrücken, indem er die Kommandos **Off[General::spell]** und **Off[General::spell1]** ausführt. Für den Rest der Sitzung gibt es dann keine derartigen Meldungen mehr. Dauerhaft ausstellen kann man die Meldungen, wenn man einen entsprechenden Eintrag in der Konfigurationsdatei `init.m` vornimmt, welche sich bis Version 5.2 im Unterordner `...\Configuration\Kernel` findet, also z. B. unter einem Pfad der Art `C:\Programme\Mathematica\Configuration\Kernel`. Seit Version 6.0 ist `init.m` unter `C:\Dokumente und Einstellungen\All Users\Anwendungsdaten\Mathematica\Kernel` anzutreffen. Die Datei kann mit einem gewöhnlichen Texteditor bearbeitet werden.

man die entsprechende Meldung unterdrücken, mit `On` wieder zulassen. Benutzer ab Version 6.0 können aber auch weniger radikal verfahren, indem Sie das neu implementierte Kommando `Quiet` verwenden: **Quiet[*Ausdruck*]** führt den innenstehenden Ausdruck bei Unterdrückung möglicher Fehlermeldungen aus. •

4.2 Listen

Um einen einzelnen Wert, im allgemeinen Sinne aus Abschnitt 4.1, abzulegen, kann man diesen einfach einer Variablen direkt zuweisen. Zum Verwalten einer größeren Zahl von Werten bietet Mathematica das äußerst flexible Listenkonzept an. Flexibel ist dieses Konzept nicht nur, weil man innerhalb einer Liste verschiedene Werteformate ablegen kann, sondern weil man Listen auch nach Belieben verschachteln kann. Zwei wichtige Spezialfälle von Listen, Vektoren und Matrizen, werden wir später in Abschnitt 7.1 besprechen.

4.2.1 Eindimensionale Listen erstellen

Eine eindimensionale Liste, die der Variablen *liste* zugewiesen wird, legt man beispielsweise wie folgt an:

```
liste={1,2.5,3,7.2};
```

liste	**TableForm[liste]**	**MatrixForm[liste]**
{1,2.5,3,7.2}	1 2.5 3 7.2	$\begin{pmatrix} 1 \\ 2.5 \\ 3 \\ 7.2 \end{pmatrix}$

Die zweite Zeile mit Befehlen zeigt dann, auf welche Weise man sich eine Liste ausgeben lassen kann, siehe auch Abschnitt 5.3: Platzsparend in eigentlicher Listenform, übersichtlich als Tabelle oder ähnlich einem Vektor. Bei `TableForm` kann man noch optional via `TableDirections` die Ausrichtung der Tabelle ändern. Standardeinstellung ist hierbei `{Column, Row}`, bei Vertauschung der Argumente ergibt sich

Befehl	Beschreibung
Range[min, max, $schritt$**]**	Erzeugt Liste mit Werten zwischen *min* und *max* mit Schrittweite *schritt*. Lässt man *schritt* weg, beträgt die Schrittweite 1, lässt man zusätzlich *min* weg, fängt die Liste bei 1 an.
CharacterRange["$s1$**", "**$s2$**"]**	Erzeugt Liste mit Zeichen zwischen *s1* und *s2*, abhängig vom bei `$CharacterEncoding` gewählten Zeichensatz.
Table[$f[i]$**, {**$i,min,max,schritt$**}]**	Erzeugt Liste mit gemäß $f(i)$ berechneten Werten. Für die Bereichswahl {*i,min,max,schritt*} gelten die gleichen Regeln wie bei `Range`.

Tabelle 4.1: Befehle zum Erzeugen von Listen.

```
TableForm[liste, TableDirections→{Row, Column}]        1  2.5  3  7.2
```

Auf einzelne Elemente einer Liste kann man zugreifen, indem man an den Namen `[[·]]` anhängt und innerhalb dieser Klammern die Koordinaten des gewünschten Elementes angibt; bei negativen Koordinaten wird von hinten gezählt. Intern wird diese Abfrage als Funktion `Part` abgespeichert. Man kann sogar eine Liste mit Koordinaten angeben. Hierbei ist zu beachten, dass Listen standardmäßig mit 1 beginnend indiziert werden, im Gegensatz etwa zu Feldern bei der Programmiersprache C.

```
liste[[2]]                      2.5

liste[[{4,2,2}]]                {7.2,2.5,2.5}
```

Im letzten Beispiel wird einmal der vierte Listenwert, dann zweimal der zweite abgefragt. Seit Version 6.0 gibt es ferner noch die Möglichkeit, Segmente der Liste komfortabel mit Hilfe des `Span`-Operators '`;;`' abzufragen: Ausführung von *liste* **[[***k* **;;** *l***]]** ergibt eine Liste vom k-ten bis zum l-ten Element der Liste *liste*. Ein Beispiel:

```
liste=Table[k^2,{k,1,10}];
liste[[3;;7]]                   {9,16,25,36,49}
```

Listen muss man nicht per Hand anlegen. Oft kann man sich auch der Befehle `Table` und `Range` bzw. `CharacterRange` bedienen, wie im Beispiel eben geschehen. Die Syntax ist in Tabelle 4.1 zusammengefasst. Die `Range`-Befehle können immer dann verwendet werden, wenn es um einen zusammenhängenden Wertebereich geht. Letztlich kann man dies aber auch mit dem flexibleren `Table`-Befehl erreichen. Einige Beispiele:

```
Range[2,5]                           {2,3,4,5}

Range[2,5,0.7]                       {2,2.7,3.4,4.1,4.8}

Table[i, {i,2,5,0.7}]                {2,2.7,3.4,4.1,4.8}

Table[k^2, {k,1,5}]                  {1,4,9,16,25}

CharacterRange["a", "g"]             {a,b,c,d,e,f,g}

CharacterRange["Y", "a"]             {Y,Z,[,\,],^,_,`,a}
```

Bei all diesen Beispielen hätte man analog oben die Ausgabeform ändern und/oder die Liste in einer Variablen ablegen können.

Weiterführende Informationen ... zur Zeichencodierung und Manipulation von Zeichenketten findet der Leser in Kapitel 20, und ferner in der Mathematica-Hilfe unter *Built-in Functions: Programming → String Manipulation* (bis Version 5.2) bzw. *guide/StringManipulation* (seit Version 6.0).

Mit Version 6.0 wurde das `Table`-Kommando übrigens um eine interessante Eigenschaft erweitert: Der Laufindex muss nicht zwangsweise über einen zusammenhängenden Bereich gehen, sondern kann auch Werte einer explizit vorgebbaren Liste annehmen. Die entsprechende Syntax ist **Table[*f[k]*,{*k*,{*k1*,*k2*,...}}]**, d. h. die Funktion f wird der Reihe nach in den Stellen $k_1, k_2, \ldots$ ausgewertet. Ein Beispiel:

```
Table[k², {k,{7,3,7,5,9}}]           {49,9,49,25,81}
```

Ausblick: Mathematica kennt noch ein weiteres, nach Meinung des Autors aber weniger intuitives Kommando zur Erzeugung von Listen: `Array`. Durch **Array[f,n]** wird eine Liste der Funktionswerte `{f[1],...,f[n]}` erzeugt, was man gleichwertig aber auch mit `Table` erreichen könnte: **Table[f[k], {k,1,n}]**. Aus diesem Grund wollen wir an dieser Stelle nicht näher auf **Array** eingehen. Der interessierte Leser sei stattdessen auf den entsprechenden Hilfeeintrag *Built-in Functions: Lists and Matrices → List Construction → Array* (bis Version 5.2) bzw. *ref/Array* (seit Version 6.0) verwiesen.

4.2.2 Mit Listen arbeiten

Mathematica erlaubt es auf vielfältigste Weise, mit Listen zu arbeiten und diese zu manipulieren. All diese Möglichkeiten aufzuzählen würde den Rahmen dieses Buches sprengen, weshalb der interessierte Leser auf die Mathematica-Hilfe, Kategorie *Built-in Functions: Lists and Matrices* (bis Version 5.2) bzw. Adresse *guide/MatricesAndLinearAlgebra* (seit Version 6.0) verwiesen sei. Im Folgenden soll nur eine Auswahl der nach Meinung des Autors wichtigsten Befehle vorgestellt werden. Diese sind in Tabelle 4.2 zusammengefasst. Man beachte, dass die Anwendung dieser Befehle, mit zwei entsprechend vermerkten Ausnahmen, die Liste *liste* unverändert lässt. Will man tatsächlich *liste* manipulieren, so muss man ein Kommando der Art `liste=Befehl[liste, ...]` ausführen. Betrachten wir ein paar Beispiele:

`Clear[liste]; liste=Table[i^2, {i,1,5}]`	{1,4,9,16,25}
`Length[liste]`	5
`Take[liste, {2,4}]`	{4,9,16}
`Drop[liste, {2,4}]`	{1,25}
`Select[liste, EvenQ]`	{4,16}
`TakeWhile[liste, OddQ]`	{1}
`LengthWhile[liste, OddQ]`	1

Man beachte, dass die Liste *liste* die ganze Zeit über unverändert bleibt. Mögliche Kriterien für die Anweisungen `Select`, `TakeWhile` und `LengthWhile` kann man in der Hilfe unter *Built-in Functions: Programming* → *Tests* (bis Version 5.2) bzw. *guide/TestingExpressions* (seit Version 6.0) nachschlagen. Insbesondere sind dies `NumberQ` (prüft ob Zahl), `IntegerQ` (prüft ob ganzzahlig), `EvenQ` (geradzahlig), `OddQ` (ungeradzahlig), `PrimeQ` (Primzahl), `Positive` (positiv), `Negative` (negativ).

Nun wird die Originalliste *liste* erstmals verändert, indem `AppendTo` Anwendung findet:

`AppendTo[liste, 36]`	{1,4,9,16,25,36}

Die sukzessiven Summen berechnen sich via `Accumulate` als 1, 1+4, 1+4+9, usw.:

`Accumulate[liste]`	{1,5,14,30,55,91}

Die benachbarten Differenzen erhält man bei erstmaliger Anwendung von `Differences` analog zu $4-1$, $9-4$, usw., siehe Tabelle 4.2:

`Differences[liste]`	{3,5,7,9,11}
`Differences[%]`	{2,2,2,2}
`Differences[liste,2]`	{2,2,2,2}

Die Originalliste *liste* wurde durch diese Berechnungen nicht verändert, genau wie in den folgenden Beispielen:

`Reverse[liste]`	{36,25,16,9,4,1}
`Join[liste, {2,5}]`	{1,4,9,16,25,36,2,5}

Befehl	Beschreibung
Length[*liste*]	Länge der äußersten (d. h. umschließenden) Liste.
Depth[*liste*]	Verschachtelungstiefe der Liste, d. h. maximal nötige Zahl an Indizes, um ein Element bestimmen zu können, plus 1.
Take[*liste*,{*m*,*n*}]	Erzeugt Liste, welche nur die mit m bis n indizierten Elemente aus *liste* umfasst.
Drop[*liste*,{*m*,*n*}]	Erzeugt Liste, welcher die mit m bis n indizierten Elemente aus *liste* fehlen.
Delete[*liste*,*n*]	Erz. Liste, welcher das mit n indiz. Element aus *liste* fehlt.
Select[*liste*,*krit*,*n*]	Erzeugt Liste, welche die ersten n Elemente aus *liste* enthält, die das Kriterium *krit* erfüllen. Fehlt das Argument n, werden alle diese Werte gewählt.
Append[*liste*,*elem*]	Erzeugt Liste, welche die Elemente aus *liste* enthält, mit *elem* an letzter Position ergänzt. Bei `AppendTo` wird direkt *liste* verändert.
Prepend[*liste*,*elem*]	Erzeugt Liste, welche die Elemente aus *liste* enthält, mit *elem* an erster Position ergänzt. Bei `PrependTo` wird direkt *liste* verändert.
Insert[*liste*,*elem*,*n*]	Erzeugt Liste, welche die Elemente aus *liste* enthält, mit *elem* an n-ter Position ergänzt.
PadLeft[*liste*,*elem*,*n*]	Erz. Kopie von *liste* und fügt zu Beginn der neuen Liste so oft *elem* ein, bis neue Liste von Länge n. Analog `PadRight`.
ReplacePart[*liste*,*elem*,*n*]	Erzeugt Liste, welche die Elemente aus *liste* enthält, mit *elem* an Stelle des n-ten Elementes.
Join[*liste1*,*liste2*]	Erzeugt Liste, indem *liste2* an *liste1* angehängt wird.
Sort[*liste*]	Erzeugt Liste, indem *liste* aufsteigend sortiert wird.
Reverse[*liste*]	Erzeugt Liste durch Umkehrung der Anordnung von *liste*.
Union[*liste1*,...]	Erz. sortierte Liste ohne Duplikate der Elemente von *liste1*, ...
Intersection[*liste1*,...]	Erzeugt sortierte Liste ohne Duplikate jener Elemente, die in allen Listen *liste1*, ... zugleich enthalten sind.
Complement[*listall*,*liste1*,...]	Erzeugt sortierte Liste ohne Duplikate jener Elemente aus *listall*, die in keiner der anderen Listen *liste1*, ... enthalten sind.

Tabelle 4.2: *Mit Listen arbeiten. (Fortsetzung auf nächster Seite)*

Befehl	Beschreibung
Accumulate[*liste*]	Erzeugt neue Liste, deren Elemente durch sukzessives Aufsummieren entstehen. (seit V. 6)
Differences[*liste,n*]	n optional, Voreinstellung $n = 1$. Für $n = 1$ wird neue Liste erz., die Differenzen benachbarter Elemente enthält. $n > 1$ entspricht n-facher Anwendung der einfachen Differenzen. (seit V. 6)
Bis Version 5.2 nur über `Statistics`DataManipulation`` verfügbar:	
TakeWhile[*liste,krit*]	Erzeugt neue Liste aus den ersten Elementen von *liste*, bis erstmals das Kriterium verletzt ist. **LengthWhile[*liste,krit*]** gibt die Länge dieser Teilliste an.

Tabelle 4.2: (Fortsetzung) Mit Listen arbeiten.

Vorgängerversionen: Benutzer früherer Versionen bis einschließlich 5.2 finden weitere Befehle zur Manipulation von Listen im Paket `Statistics`DataManipulation``, welches seit Version 6.0 nicht mehr ausgeliefert wird. Einige der Befehle wurden nun, zumindest in ähnlicher Form, fest implementiert, andere erhält man durch mehr oder weniger komplexe Kombination anderer Befehle. Einen Überblick bietet der Hilfeeintrag *Compatibility/tutorial/Statistics/DataManipulation.*

Nicht nur die bisher besprochenen eindimensionalen Listen, sondern generell beliebige Listen gleicher Dimensionalität können mit Hilfe der gewöhnlichen Rechenoperationen verknüpft werden, siehe auch Abschnitt 7.1. So wird mit '+', '-', '*', '/' *komponentenweise* addiert, subtrahiert, multipliziert bzw. dividiert:

```
liste2=Table[i, {i,6,1,-1}]          {6,5,4,3,2,1}

liste+liste2                         {7,9,13,19,27,37}

liste/liste2                         {1/6, 4/5, 9/4, 16/3, 25/2, 36}
```

Mit den Rechenoperationen '+', '-', '*', '/' kann man aber auch eine einzelne Zahl (Skalar) zu jeder Komponente hinzufügen:

```
liste-3                              {-2,1,6,13,22,33}

2*liste2                             {12,10,8,6,4,2}
```

Ausblick: Mathematica bietet noch weit mehr als die bisher besprochenen Möglichkeiten zur Manipulation und Auswertung von Listen an. Weitere Möglichkeiten zur Manipulation von Listen werden wir im Rahmen der statistischen Datenanalyse in Abschnitt 17.1 besprechen, teilweise auch in Abschnitt 7.1 für den Spezialfall von Matrizen. In puncto Auswertung von Listen sind einerseits wieder statistische Auswertungen (z. B. Mittelwertberechnung, Bestimmung des Maximums, o. Ä.) zu nennen, siehe Abschnitt 17.3. Dazu gehören aber auch Kennzahlen der linearen Algebra wie etwa die Norm von Vektoren und Matrizen, siehe Abschnitt 7.1.

4.2.3 Höherdimensionale Listen

Listen kann man beliebig ineinander verschachteln und erhöht dadurch die Dimension des Gebildes. Auskunft über die Verschachtelungstiefe gibt `Depth`, siehe Tabelle 4.2. Um aus einer höherdimensionalen Liste einzelne Elemente abzufragen, muss man entsprechend mehr Koordinaten angeben. Andernfalls greift man auf die Teillisten zu:

liste={{7,8,9}, {10,11,12}}; Depth[liste]	3
liste[[1,2]]	8
liste[[1]]	{7,8,9}
TableForm[liste]	7 8 9 10 11 12
MatrixForm[liste]	$\begin{pmatrix} 7 & 8 & 9 \\ 10 & 11 & 12 \end{pmatrix}$

Die Koordinatenwahl **[[1,2]]** bedeutet, dass aus der äußersten, alles umschließenden Liste die erste Teilliste, und daraus wiederum das zweite Element ausgewählt wird. Gibt man nur **[[1]]** an, wird entsprechend die erste Teilliste insgesamt ausgewählt. Gerade beim obigen zweidimensionalen Beispiel kann man die Indizes auch noch anders charakterisieren, vgl. auch die beiden Ausgabeformen: Bei **[[*i*, *j*]]** ist i der Zeilenindex und j der Spaltenindex.

Segmente einer Liste kann man, genau wie in Abschnitt 4.2.1, mit Hilfe des `Span`-Operators '`;;`' abfragen. Will man eine Koordinate alle möglichen Werte von 1 bis n durchlaufen lassen, kann man statt **1;;*n*** auch kurz `All` einsetzen.

liste[[2,1;;2]]	{10,11}
liste[[All,2]]	{8,11}

Das `TableForm`-Kommando erlaubt ferner die Angabe optionaler Formatierungsanweisungen. Mit **TableAlignments->** *Art* kann man die Ausrichtung innerhalb der Zellen bestimmen (`Left`, `Center`, `Right`), mit **TableSpacing->**{*werte*} den Abstand zwischen den Zeilen und Spalten. Schließlich erlaubt **TableHeadings->**{*texte*} die Beschriftung der Tabelle. Ein Beispiel:

```
TableForm[liste,
TableAlignments -> Right, TableSpacing -> {3,1},
TableHeadings -> {{"a", "b"}, {"A", "B", "C"}}]
```

	A	B	C
a	7	8	9
b	10	11	12

Die Linien werden dabei erst seit Version 6.0 angezeigt. Weitere Formatierungsmöglichkeiten seit Version 6.0 werden in Abschnitt 4.2.4 besprochen.

Mehrdimensionale Listen kann man auch durch Schachtelung der Kommandos aus Tabelle 4.1 erzeugen, hier ein etwas anspruchsvolleres Beispiel:

```
TableForm[
Table[Table[i+j, {j,1,i}], {i,1,4}]]
```

```
2
3  4
4  5  6
5  6  7  8
```

Bemerkung 4.2.3.1

Zwei bedeutende Spezialfälle von Listen, mit denen wir uns noch detailliert in Abschnitt 7.1 beschäftigen werden, sind *Vektoren* und *Matrizen*. Ein Vektor ist schlicht eine eindimensionale Liste, und eine gegebene Liste kann man auf mögliches Vektorsein mittels `VectorQ` prüfen: **`VectorQ[`*`liste`*`]`**. Eine Matrix ist eine zweidimensionale Liste, bei der alle Teillisten (=Zeilen) *von gleicher Länge* sind. Hier steht zum Testen das Kommando `MatrixQ` zur Verfügung. Das letzte, oben diskutierte Beispiel ergibt demnach keine Matrix. Man beachte: Wider alle Mathematik ist bei Mathematica eine einspaltige Matrix kein Vektor! Denn: `{{a}, {b}, {c}}` ≠ `{a, b, c}`. •

Wie schon in Abschnitt 4.2.2 erwähnt, können nicht nur Vektoren und Matrizen, sondern auch beliebige Listen gleicher Dimensionalität mit den Rechenoperationen verknüpft werden.

4.2.4 Formatierung von Listen

Im vorigen Abschnitt 4.2.3 hatten wir das `TableForm`-Kommando besprochen, welches eine elementare Formatierung von Listen erlaubt. Mit Version 6.0 wurde für *zwei*dimensionale Listen ein neues Kommando ergänzt, welches weitaus mehr Formatierungsmöglichkeiten bietet: `Grid`. Die Syntax ist denkbar einfach: **`Grid[`*`liste, Optionen`*`]`**. Wir wollen im Folgenden ein paar der zahlreichen Optionen vorstellen, weitere Informationen findet der Leser in der Hilfe unter *ref/Grid*.

Zumeist sind die Optionen dabei von der Form *`Option`* `->` `{`*`Spalten,Zeilen`*`}`, d. h. die Einstellungen an erster Position betreffen die einzelnen Spalten, die an zweiter die Zeilen. Wichtige Beispiele von Optionen sind `Frame` und `Dividers`, mit denen man Zeilen/Spalten umranden bzw. zwischen ihnen Linien ziehen kann. Über `Background` kann man ferner Hintergrundfarben zuordnen, mit `Alignment` die Ausrichtung festlegen.

Betrachten wir folgendes Beispiel, welches gegen Ende des Jahres 2006 seine Gültigkeit[1] verlor:

```
liste={{Mein,Vater,erklärt},
{mir,jeden,Sonntag}, {unsere,neun,Planeten}};
Grid[liste, Frame -> True]
```

Mein	Vater	erklärt
mir	jeden	Sonntag
unsere	neun	Planeten

```
Grid[liste, Frame -> {All,False},
Alignment -> Right]
```

Mein	Vater	erklärt
mir	jeden	Sonntag
unsere	neun	Planeten

```
Grid[liste, Frame -> All,
Alignment -> Left]
```

Mein	Vater	erklärt
mir	jeden	Sonntag
unsere	neun	Planeten

```
Grid[liste,
Dividers -> {False, {True,True,False,True}}]
```

Mein	Vater	erklärt
mir	jeden	Sonntag
unsere	neun	Planeten

Schließlich ergänzen wir die letzte Tabelle noch um Grautöne im Hintergrund, indem wir allen Spalten (und damit der gesamten Tabelle) ein 30 %iges Grau zuordnen, das Ganze aber in der ersten Zeile mit einem 60 %igen Grau überschreiben:

```
Grid[liste,
Dividers -> {False, {True,True,False,True}}
Background -> {GrayLevel[0.7],
{1 -> GrayLevel[0.4]}}]
```

Mein	Vater	erklärt
mir	jeden	Sonntag
unsere	neun	Planeten

4.3 Import und Export von Daten

Für den Import und Export von Daten stellt Mathematica u. a. die zwei folgenden, sehr mächtigen und zugleich leicht bedienbaren Befehle zur Verfügung: **Import["*Dateipfad*", "*Format*"]** und **Export["*Dateipfad*", *ausdruck*, "*Format*"]**. Bei beiden Befehlen ist das Argument *Format* optional: Wenn die Dateiendung den Dateityp erkennen lässt, kann *Format* auch weggelassen werden. Die anderen Argumente sind verpflichtend: An Stelle von *Dateipfad* muss Selbiger angegeben werden, wobei zumindest bei älteren Versionen statt des einfachen, verzeichnistrennenden Schrägstrichs '\' dieser doppelt geschrieben werden muss: '\\', siehe auch die folgenden Beispiele. Beim Export-Befehl muss ferner durch den *ausdruck* klar gestellt werden, welches Objekt denn exportiert werden soll.

Welche Dateitypen können nun importiert und exportiert werden? Um dies festzustellen, gebe der Leser einfach die zwei folgenden Befehle ein, wobei sich die Ausgabe von der hier abgedruckten unterscheiden kann:

[1] Seither gilt Pluto nicht mehr als Planet, sondern nur noch als Zwergplanet.

```
$ImportFormats
```

{3DS,ACO,...,BMP,...,GIF,...,HTML,ICO,...,JPEG,JPEG2000,JVX,LaTeX,...,MDB,..., ODS,...,PDF,...,RTF,...,WAV,Wave64,WDX,XBM,XHTML,XHTMLMathML,XLS,XML,ZIP}

```
$ExportFormats
```

{3DS,ACO,AIFF,AU,AVI,...,ZIP,ZPR}

Neben verschiedenen Varianten von Textdaten sind so ziemlich alle gängigen Grafikformate möglich. Falls aus der Dateiendung bei *Dateipfad* nicht klar wird, welcher Dateityp gemeint ist, muss man an Stelle von *Format* ein Kürzel aus obiger Liste angeben, etwa BMP für Bitmapdateien.

Beispiel 4.3.1

Als ein erstes Beispiel versuchen wir die Datei Uniwue4c.gif[2] zu importieren. Da die Dateiendung den Dateityp, das GIF-Format, korrekt zu erkennen gibt, braucht man dieses Format nicht nochmal extra anzugeben. Je nachdem, wo der Leser die Datei abgelegt hat, könnte der Importbefehl bei ihm so oder so ähnlich aussehen:

```
unilogo=Import["C:\\Eigene Dateien
\\Arbeit\\MATHEMATICA\\Beispiele\\Uniwue4c.gif"];
Show[unilogo]
```

Die importierte Grafik wird dabei zuerst in der Variablen *unilogo* abgelegt und anschließend angezeigt. Alternativ hätte man das Show[·] auch direkt um den Import-Befehl herumschreiben können. •

Wer die Eingabe von Dateipfaden scheut, kann auch über *File* → *Open...* sein Glück versuchen, wobei hier deutlich weniger Dateitypen angeboten werden. Alternativ, aber komplizierter, ist der Weg über *Insert* → *Object...* möglich. Im sich öffnenden Dialog wählt man *Aus Datei erstellen* und kann dann über *Durchsuchen...* die gewünschte Datei auswählen. Zuletzt bestätigt man mit *OK*.

Vorgängerversionen: Benutzer früherer Version als 6.0 verfahren im Prinzip ganz genauso, nur müssen diese die Menüs *File* → *Import...* bzw. *Edit* → *Insert Object...* aufsuchen.

Für den Spezialfall von Textdaten kann man durch Angabe des entsprechenden Formates die Organisation der Textdatei angeben: Während etwa Lines (und ähnlich auch List) dazu führt, dass eine Textdatei zeilenweise in einer Liste abgelegt wird bzw. eine Liste zeilenweise in einer Textdatei gespeichert wird, erwartet Table ein zweidimensionales Arrangement. Text dagegen bewirkt, dass der gesamte Text als eine einzige Zeichenkette importiert bzw. exportiert wird.

[2] Diese ist, wie alle übrigen Materialien auch, unter www.oldenbourg-wissenschaftsverlag.de zu finden.

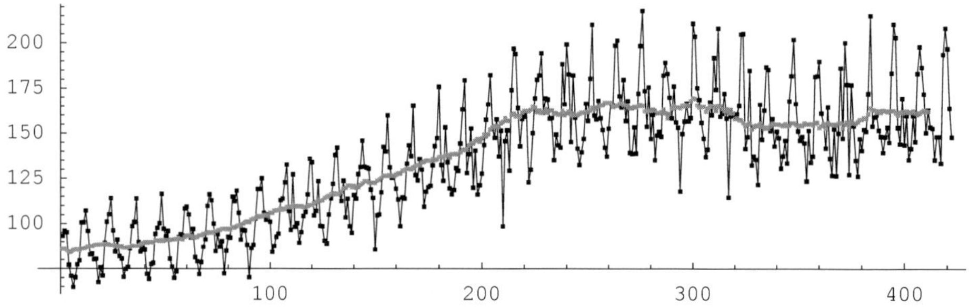

Abb. 4.1: *Originaldaten und geglättete Zeitreihe aus Beispiel 4.3.2.*

Beispiel 4.3.2

Betrachten wir als zweites Beispiel den Import einer Datendatei, wie er insbesondere im Rahmen der statistischen Datenanalyse, siehe Abschnitt 17, von Bedeutung ist. Die Datei `Bier.txt`[3] beschreibt die monatliche Bierproduktion in Australien in Megalitern, zwischen Januar 1956 und April 1990. Die Daten sollen als eindimensionale Liste eingelesen werden, abgelegt in der Variablen *daten*:

```
daten=Import["C:\\Eigene Dateien\\...\\Bier.txt",
"List"]; Length[daten]                                    422
```

Die Länge der Liste, also die Länge der Zeitreihe, beträgt 422. Wenn sich nun der Leser die Zeitreihe über **ListPlot[daten, PlotJoined → True]** grafisch darstellen lässt, wird er feststellen, dass recht regelmäßige saisonale Schwankungen zu beobachten sind. Da es sich um monatlich aufgenommene Daten handelt, liegt es nahe, dass die Daten mit Periode 12 schwanken. Um die Schwankungen herauszuglätten und so den zu Grunde liegenden Trend besser analysieren zu können, kann man ein gleitendes Mittel der Länge 12 anwenden. Ein Lösungsvorschlag ab Version 6.0:

```
daten2=MovingAverage[daten,12];

bierplot=ListPlot[{daten, daten2}, Joined -> True,
PlotMarkers -> {{■,3},{■,3}}, PlotStyle -> {GrayLevel[0],GrayLevel[0.5]},
BaseStyle -> {FontSize -> 10}];
Export["C:\\Eigene Dateien\\...\\bierplot.gif", bierplot];
```

Das Symbol ■ kann man dabei als `\[FilledSquare]` eintippen, siehe auch die Hilfeeinträge unter *guide/ShapesIconsAndRelatedCharacters*. In der ausgegebenen Grafik, siehe Abbildung 4.1, ist schwarz die Originalzeitreihe und grau die geglättete Zeitreihe zu sehen. Offenbar war der Bierkonsum zuerst stark zunehmend, erreichte aber zum Ende hin eine Sättigungsphase. Die Grafik wurde im obigen Beispiel in der Variablen *bierplot* abgelegt und anschließend in eine GIF-Datei exportiert. •

[3] Aus: Brockwell & Davis, *Introduction to Time Series and Forecasting*, Springer-Verlag, 2002.

Vorgängerversionen: Auf Grund der geänderten Paketstruktur und modifizierter Grafikbefehle müssen Benutzer bis Version 5.2 einen stark abweichenden Code eingeben, um zum gleichen Resultat zu gelangen:

```
Needs["Statistics`DataSmoothing`"];
daten2=MovingAverage[daten,12];
Needs["Graphics`MultipleListPlot`"];
bierplot=MultipleListPlot[daten, daten2, PlotJoined->True,
SymbolShape->{PlotSymbol[Box, 1], PlotSymbol[Box, 1]},
SymbolStyle->{GrayLevel[0], GrayLevel[.5]}, TextStyle->{FontSize->10}];
```

Informationen zu den in Beispiel 4.3.2 verwendeten Grafikoptionen findet der Leser übrigens in Kapitel 6 und Abschnitt 17.2.1; für den Moment benötigen wir diese aber nicht weiter.

Je nach Version werden auch das textbasierte CSV-Format (comma-separated values), die Tabellenformate ODS (Open Document Spreadsheet, verwendet u. a. von OpenOffice) und XLS (Excel-Dateien), oder Access-Datenbankdateien (MDB) unterstützt. Bei ODS- oder XLS-Dateien, die mehrere Datenblätter umfassen können, werden durch einen Befehl der Art **Import["...*daten.xls*"]** oder **Import["...*daten*", "XLS"]** alle Tabellen zugleich importiert, abgelegt als Teile einer umschließenden Liste. Nur das k-te Datenblatt dagegen erhält man seit Version 6.0 bei einem Befehl der Art **Import["...*daten.ods*", {"Data", *k*}]**, bzw. durch Ausführung von **Import["...*daten.ods*", {"Sheets", "*abc*"}]** das Datenblatt namens *abc*. Ferner kann man auch nur auf einzelne Zellen eines Datenblattes zugreifen, wie Beispiel 4.3.3 zeigen wird.

Weiterführende Informationen ... zum Import spezieller Dateitypen und der dabei möglichen Optionen kann der Leser in der Hilfe nachschlagen. Bis Version 5.2 wird der Leser fündig unter *Built-in Functions: Input and Output* → *Import and Export* → *Import*, und dort insbesondere in den Einträgen unter *Additional Information* zu den einzelnen Dateitypen. Seit Version 6.0 dagegen finden sich Informationen bei einem Pfad der Art *ref/format/...*, also z. B. *ref/format/MDB*, *ref/format/ODS*, *ref/format/XLS*.

Beispiel 4.3.3

Betrachten wir als Beispiel die Excel-Datei `Verkauf.xls`, vgl. die Anhänge B und C, von der ein Bildschirmausdruck in Abbildung 4.2 zu sehen ist. Offenbar besitzt die Datei zwei Tabellenblätter mit den Namen *deckung* und *transaktionen*, und im jeweiligen Tabellenblatt finden sich in der ersten Zeile die Spaltenbeschriftungen.

Versuchen wir nun Teile dieser Datei nach Mathematica zu importieren:

```
Import["D:\\...\\Verkauf.xls", "Sheets"]        {deckung,transaktionen}
```

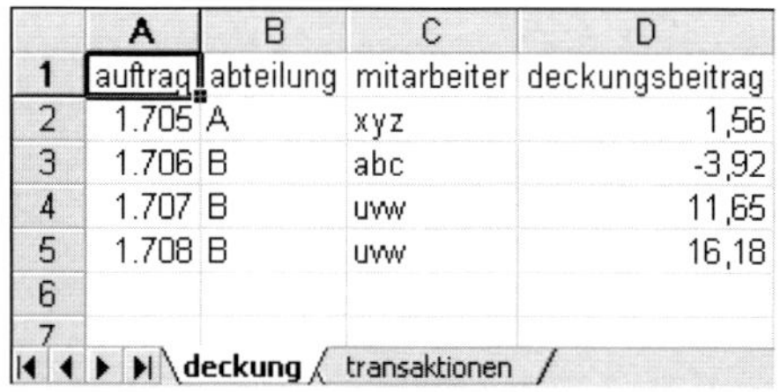

	A	B	C	D
1	auftrag	abteilung	mitarbeiter	deckungsbeitrag
2	1.705	A	xyz	1,56
3	1.706	B	abc	-3,92
4	1.707	B	uvw	11,65
5	1.708	B	uvw	16,18
6				
7				

Abb. 4.2: *Die Excel-Datei* `Verkauf.xls` *aus Beispiel 4.3.3.*

```
Import["D:\\...\\Verkauf.xls", {"Sheets", "deckung"}]
```

{{auftrag,abteilung,mitarbeiter,deckungsbeitrag},{1705.,A,xyz,1.56},
{1706.,B,abc,-3.92},{1707.,B,uvw,11.65},{1708.,B,uvw,16.18}}

Das erste Kommando liefert Namen und Reihenfolge der verfügbaren Tabellen zurück, im zweiten Beispiel fragen wir dann den Inhalt der Tabelle *deckung* ab. Exakt das gleiche Resultat hätten wir durch **`Import["D:\\...\\Verkauf.xls",{"Data",1}]`** erhalten, da es sich dabei um das erste Tabellenblatt handelt. Nur die dritte Zeile dieses Blattes erhält man durch zusätzliches Anhängen des Zeilenindexes 3:

```
Import["D:\\...\\Verkauf.xls", {"Data",1,3}]
```

{1706.,B,abc,-3.92}

```
Import["D:\\...\\Verkauf.xls", {"Data",1,3,3}]
```

abc

Zu guter Letzt haben wir aus der dritten Zeile die dritte Zelle importiert. •

Analoges gilt auch für MDB-Dateien, nur verwendet man hier `Datasets` an Stelle von `Sheets`: **`Import["...`*`daten.mdb`*`", {"Datasets", "`*`abc`*`"}]`**. Die dabei möglichen Optionen werden durch Beispiel 4.3.4 unten erläutert. Für mächtigere Datenbanksysteme wie etwa MySQL bietet Mathematica seit Version 5.1 den `DatabaseLink`` an, siehe Anhang B.

Beispiel 4.3.4

Betrachten wir die Access-Datei `Verkauf.mdb`, welche der Excel-Datei `Verkauf.xls` aus Beispiel 4.3.3 entspricht, d. h. sie besteht aus den zwei dort genannten Tabellen, mit dem Unterschied, dass die Spaltenbeschriftungen nun nicht in der ersten Datenzeile stehen, sondern dort, wo sie hingehören, nämlich in den jeweiligen Variablennamen.

```
Import["D:\\...\\Verkauf.mdb", "Datasets"]
```

{deckung,transaktionen}

```
Import["D:\\...\\Verkauf.mdb", {"Datasets", "deckung"}]

{{1705,A,xyz,1.56}, ..., {1708,B,uvw,16.18}}
```

Das erste Kommando liefert Namen und Reihenfolge der verfügbaren Tabellen zurück, im zweiten Beispiel fragen wir dann den Inhalt der Tabelle *deckung* ab. Im Gegensatz zur Excel-Datei aus Beispiel 4.3.3 stehen die Variablennamen nun nicht im Datenfeld. Exakt das gleiche Resultat hätten wir durch **Import["D:\\...\\Verkauf.mdb", {"Datasets",1}]** erhalten, da es sich bei *deckung* um das erste Datenblatt handelt. Nur die zweite Zeile dieses Blattes erhält man durch zusätzliches Anhängen des Zeilenindexes 2:

```
Import["D:\\...\\Verkauf.mdb", {"Datasets",1,2}]        {1706,B,abc,-3.92}

Import["D:\\...\\Verkauf.mdb", {"Datasets",1,2,3}]      abc
```

Zu guter Letzt haben wir aus der zweiten Zeile die dritte Zelle importiert. Auch die Namen der verfügbaren Variablen können abgefragt werden:

```
Import["D:\\...\\Verkauf.mdb", {"Datasets",1,"Labels"}]

{auftrag,abteilung,mitarbeiter,deckungsbeitrag}

Import["D:\\...\\Verkauf.mdb", {"Datasets",1,"LabeledData"}]

{auftrag→{1705,1706,1707,1708}, ...}
```

Ferner bietet Mathematica die Möglichkeit, die Daten auch spaltenweise abzufragen, wie letztes Kommando zeigt. •

Eine weitere, simple Möglichkeit des Exportes besteht natürlich auch in der Verwendung von Kopieren & Einfügen. Eingegebene Kommandos und ausgegebene (Text-)Resultate kann man markieren, über *Copy As → Plain Text* als reinen Text in die Zwischenablage kopieren und dann entsprechend in einem Texteditor einfügen. Seit Version 6.0 erreicht man Gleiches auch über das Tastenkürzel [⇧]+[Strg]+[C], ferner wird *Copy As → LaTeX* angeboten. *Copy As* ist sowohl im Menü *Edit* zu finden als auch im PopUp-Menü, welches sich bei Klick mit der rechten Maustaste in den markierten Text öffnet. Die Verwendung des gewöhnlichen Kopierbefehls ([Strg]+[C]) dagegen kann zu eher unerwünschten Resultaten führen, da sich dann, je nach Ausgabeart und Mathematica-Version, noch Formatierungsanweisungen in den eigentlichen Text mischen können.

? **Weiterführende Informationen ...** auch zu zusätzlichen Befehlen, findet der Leser in Abschnitt 15.6 und in der Mathematica-Hilfe unter *Built-in Functions: Input and Output → Import and Export* (bis Version 5.2) bzw. *guide/ImportingAndExportingInNotebooks* (seit Version 6.0).

5 Mathematica als Rechenwerkzeug

In diesem Abschnitt wollen wir erste mathematische Konzepte diskutieren und vorstellen, wie diese in Mathematica implementiert sind. Zu deren Verständnis wird nicht mehr als ein gewisses mathematisches Grundwissen benötigt, mathematisches Spezialwissen wird ausschließlich in Teil II vorausgesetzt. Beginnen wollen wir dabei mit dem Thema Zahlen und Zahlbereiche in Abschnitt 5.1. Abschnitt 5.2 beschäftigt sich dann mit dem mittlerweile beachtlichen Repertoire an numerischen Methoden, die Mathematica aufzuweisen hat. Schließlich gelangen wir in den Abschnitten 5.3 und 5.4 zu jenem Charakteristikum, das wohl als Minimalforderung an ein jedes Computeralgebrasystem anzusehen ist: die Fähigkeit zum symbolischen Rechnen. Später in Kapitel 7 werden wir das Thema Grundlagen der Mathematik weiter vertiefen.

5.1 Zahlen und Zahlbereiche

Wie nicht anders zu erwarten, spielen Zahlen bei einem Computeralgebrasystem wie Mathematica eine bedeutende Rolle, wobei die Zahlen unterschiedlichen Bereichen entstammen können. Mathematica kennt alle gängigen Zahlbereiche wie ganze, rationale oder reelle Zahlen, siehe Tabelle 5.2. Mit Hilfe von `TraditionalForm`, vgl. Abschnitt 5.3, kann man diese auch in der gewohnten Schreibweise ausgeben lassen:

```
TraditionalForm[Rationals]
```

$\mathbb{Q}$

Da es zwischen diesen Zahlbereichen gewisse Überlappungen gibt, existieren bei Mathematica aber letztlich nur vier Zahltypen: `Integer`, `Rational`, `Real` und `Complex`. Den Typ einer konkreten Zahl kann man übrigens mit `Head` abfragen. Ganzzahlige Eingaben werden automatisch als vom Typ `Integer` erkannt, eingegebene Brüche als rationale Zahlen. Dabei kann man einen Bruch entweder in der Form `a/b` oder $\frac{a}{b}$ eingeben, Letzteres unter Zuhilfenahme der Eingabepalette oder durch [Strg]+[/][1]. Zähler und Nenner kann man dabei getrennt mit `Numerator` und `Denominator` abfragen, siehe Tabelle 5.1.

Eine gewisse Besonderheit betrifft die Eingabe der reellen Zahlen: Immer, wenn eine Zahl unter Verwendung des Dezimaltrennzeichens '`.`' eingegeben wird, wird diese als vom Typ `Real` klassifiziert, obwohl etwa $3{,}5 = \frac{7}{2}$ eigentlich rational ist. Abhilfe schafft

[1]Man beachte, dass dies bei einer deutschen Tastatur äquivalent zu [Strg]+[⇧]+[7] ist.

Befehl	Beschreibung
Numerator[*term*]	Ergibt den Zähler des Bruchterms *term*.
Denominator[*term*]	Ergibt den Nenner des Bruchterms *term*.
Coefficient[*pol*, *term*]	Ergibt den zu *term* gehörigen Koeffizienten des Polynoms *pol*.
Exponent[*pol*, *term*]	Ergibt die höchste Potenz von *term* in *pol*.

Tabelle 5.1: *Abfragen von Termbestandteilen.*

Befehl	Beschreibung
Element[x,B]	Setzt/prüft die Zugehörigkeit $x \in B$. Alternative Eingabe: `x ∈ B`. Dabei kann man '∈' über die Palette, via Esc `elem` Esc oder als `\[Element]` eingeben.
Integers	Bereich $\mathbb{Z}$ der ganzen Zahlen. Analog: `Rationals` ($\mathbb{Q}$), `Reals` ($\mathbb{R}$), `Complexes` ($\mathbb{C}$), `Algebraics` (algebraische Zahlen), `Primes` (Primzahlen).
Head[x]	Typ der Zahl x.
Interval[{a,b}]	Repräsentiert das Intervall $[a;b]$.
IntervalMemberQ[I,x]	Prüft, ob x im Intervall I liegt.
Range[*min*, *max*, *s*]	Siehe Tabelle 4.1, Seite 30.

Tabelle 5.2: *Zugehörigkeit zu Zahlbereichen.*

hier `Rationalize`:

```
Head[3.5]                       Real
Rationalize[3.5]                7/2
Head[%]                         Rational
```

Diese und ähnliche Transformationen von Zahlen sind in Tabelle 5.3 zusammengefasst. Komplexe Zahlen werden schließlich als solche erkannt, wenn die imaginäre Einheit `ⅈ` miteingegeben wird, siehe auch Tabelle 5.4. Diese ist auf der Eingabepalette *BasicInput* vorhanden, man kann aber auch einfach nur `I` (=großes 'i') eintippen.

Befehl	Beschreibung
Rationalize[x]	Wandelt reelle Zahl x (bzw. Real- und Imaginärteil von x) in nächste rationale Zahl um, ausgehend von aktueller numerischer Präzision von x.
IntegerPart[x]	Bestimmt ganzzahligen Anteil von x durch Abschneiden der Nachkommastellen.
FractionalPart[x]	Übernimmt nur die Nachkommastellen von x.
Round[x]	Rundet x (bzw. Real- und Imaginärteil von x) auf nächste ganze Zahl.
Floor[x]	Rundet x ab.
Ceiling[x]	Rundet x auf.
Abs[x]	Absolutbetrag von x.
Sign[x]	Signumsfunktion, ergibt 1, 0, -1, wenn $x > 0$, $x = 0$, $x < 0$.
Re[z] bzw. **Im[z]**	Real- bzw. Imaginärteil von z.
Conjugate[z]	Ergibt konjugiert-komplexe Zahl $\bar{z}$ zu z.
Arg[z]	Argument φ der komplexen Zahl $z = \|z\| \cdot e^{i\varphi}$.

Tabelle 5.3: *Einfache Transformationen von Zahlen.*

```
3+4 I                                   3+4 i
```

Auch die Elementbeziehung ist bei Mathematica implementiert, siehe Tabelle 5.2. Bei Eingabe von **y∈Integers** wird entweder festgelegt, dass y eine ganze Zahl sein soll, falls y noch kein konkreter Wert zugewiesen wurde, andernfalls wird geprüft, ob der bei y abgelegte Wert ganzzahlig ist:

```
y∈Integers                              y∈Integers

y=3.5; y∈Integers                       False

Head[y]                                 Real
```

Alternative Tests auf einen bestimmten Zahlbereich (`PrimeQ`, etc.) hatten wir bereits in Abschnitt 4.2.2 besprochen. Die Zuweisung eines bestimmten Zahlbereichs kann auch beim symbolischen Rechnen Auswirkungen haben, vgl. Abschnitt 5.4 unten:

```
Simplify[Sin[k π]]                      Sin[k π]

Simplify[Sin[k π], k∈Integers]          0
```

Befehl	Beschreibung
Pi bzw. π	Kreiszahl, neben direkter Eingabe auch Esc p Esc.
E bzw. **e**	Eulersche Zahl, neben direkter Eingabe auch Esc ee Esc.
Degree	Umrechnungsfaktor von Grad in Radian: $\pi/180$.
GoldenRatio	Verhältnis des goldenen Schnittes $(1+\sqrt{5})/2$.
EulerGamma	Eulers γ.
I bzw. **i**	Imaginäre Einheit, Eingabe auch Esc ii Esc.
Infinity bzw. ∞	Positive Unendlichkeit, Eingabe auch Esc inf Esc.

Tabelle 5.4: *Auswahl verfügbarer mathematischer Konstanten und Symbole.*

Hierbei wird π von Mathematica automatisch als die Kreiszahl Pi erkannt, nicht einfach nur als ein simpler griechischer Buchstabe. Weitere spezielle Zahlen und Symbole, die bei Mathematica fest implementiert sind, sind in Tabelle 5.4 zusammengefasst. Durch Anwendung von N, siehe Abschnitt 5.2, können wir die ersten zwanzig Stellen von π anzeigen lassen:

```
N[π, 20]                              3.1415926535897932385
```

Schließlich gibt es noch eine Reihe von Möglichkeiten, das Ausgabeformat einer Zahl zu beeinflussen, siehe auch Abschnitt 5.3. Einen knappen Überblick über einige wichtige Vertreter bietet Tabelle 5.5. Die folgenden Beispiele mögen der Illustration dienen:

```
NumberForm[12345^2, DigitBlock->4,    1 5239 9025
NumberSeparator->" "]
ScientificForm[1234.5678, 4]          1.235 × 10^3
BaseForm[12.1, 2]                     1100.000110011001101_2
```

Wenn vielleicht auch im Alltag weniger gebräuchlich, so ist auch der *Kettenbruch* als eine spezielle Form der Zahldarstellung einer rationalen Zahl anzusehen. Gemeint ist hierbei eine Schreibweise der Art

$$a_1 + \frac{1}{a_2 + \frac{1}{a_3+\ldots}} = a_1 + 1/(a_2 + 1/(a_3 + \ldots)).$$

Mathematica wandelt eine gegebene Zahl x über **ContinuedFraction[*x*,*n*]** in einen Kettenbruch mit höchstens n Termen um, bzw. ohne das Argument n in die exakte Kettenbruchdarstellung, falls möglich. Ausgegeben wird dabei eine Liste {*a1*,*a2*, *a3*,...}. Umgekehrt berechnet **FromContinuedFraction[**{*a1*,*a2*,*a3*,...}**]** die zum gegebenen Kettenbruch gehörige rationale Zahl in Standardform. Die rationale Zahl

Befehl	Beschreibung
NumberForm[x, DigitBlock -> n, NumberSeparator -> "z"]	Darstellung der Zahl x in Blöcken der Länge n mit Trennzeichen z.
ScientificForm[x,n]	Zehnerpotenzschreibweise von x mit n gültigen Stellen.
EngineeringForm[x,n]	Analog, aber Potenzen Vielfaches von 3.
BaseForm[x,b]	Darstellung von x im Zahlsystem zur Basis b.

Tabelle 5.5: *Ausgabeformate von Zahlen.*

$\frac{2007}{1900}$ etwa besitzt eine exakte Kettenbruchdarstellung:

```
x=ContinuedFraction[2007/1900]                {1,17,1,3,8,1,2}
```

Die Kreiszahl π als irrationale Zahl dagegen nicht:

```
ContinuedFraction[π,10]                       {3,7,15,1,292,1,1,1,2,1}

FromContinuedFraction[%]                      1146408/364913

N[%, 20]                                      3.1415926535914039785
```

Man vergleiche diesen Näherungswert mit den oben angegebenen ersten zwanzig Stellen der exakten Kreiszahl π.

Einen Kettenbruch in expliziter Bruchschreibweise können Benutzer bis Version 5.2 mit Hilfe des Pakets `NumberTheory`ContinuedFractions`` ausgeben, welches seit Version 6.0 zwar nicht mehr ausgeliefert wird, zumindest aber im Internet erhältlich ist unter

`http://library.wolfram.com/infocenter/MathSource/6773`

Es sei dem Nutzer ab Version 6.0 empfohlen, dieses Paket herunterzuladen und, wie im Tipp am Ende von Abschnitt 3.5 beschrieben, in einem Ordner namens *AusWeb* abzulegen. Anschließend kann man den oben in der Variable x abgelegten Kettenbruch in Listenform umwandeln zu

```
Needs["AusWeb`ContinuedFractions`"]

ContinuedFractionForm[x]
```

$$1+\cfrac{1}{17+\cfrac{1}{1+\cfrac{1}{3+\cfrac{1}{8+\cfrac{1}{1+\frac{1}{2}}}}}}$$

Eine rationale Zahl mag in Dezimaldarstellung u. U. unendlich viele Nachkommastellen besitzen, diese müssen sich dann aber ab einer gewissen Position periodisch wiederholen. Diese Dezimalschreibweise kann man mit `RealDigits` in Listenform ausgeben lassen:

```
RealDigits[2007/1900]          {{1,0,5,{6,3,1,5,7,8,9,4,7,3,6,8,4,2,1,0,5,2}}, 1}
```

Diese Ausgabe repräsentiert die Zahl in der Schreibweise $0{,}xyz\ldots \cdot 10^d$, wobei die Zehnerpotenz d das letzte Element der ausgegebenen Liste ist, im Beispiel also 1, und die übrigen Listenelemente die Nachkommastellen darstellen, mit dem sich periodisch wiederholenden Teil in der innersten Liste. Zugegeben, richtig übersichlich ist dies nicht, weswegen das eben besprochene Paket auch den Befehl `PeriodicForm` anbietet, der die Dezimalbruchschreibweise ganz klassisch ausgibt:

`PeriodicForm[RealDigits[2007/1900]]` $\qquad 1.05\overline{631578947368421052}$

> **Weiterführende Informationen ...** zu in Abschnitt 5.1 angesprochenen Themen findet der Leser in der Mathematica-Hilfe. Bis Version 5.2 lohnt sich ein Blick auf folgende Texte der Kategorie *Built-in Functions*: *Algebraic Computation* → *Formula Manipulations*, *Mathematical Functions* → *Numerical Functions* und *Mathematical Constants*, und *Input and Output* → *Number Formatting.*
>
> Seit Version 6.0 wird man bei folgenden Adressen fündig: *guide/FormulaManipulation*, *guide/MathematicalFunctions*, *guide/MathematicalConstants*, und *tutorial/OutputFormatsForNumbers*

5.2 Numerische Berechnungen

Neben der Fähigkeit zum symbolischen Rechnen zeichnen sich Computeralgebrasysteme auch durch ihre Fähigkeit zum exakten Rechnen mit beliebig großen rationalen Zahlen aus. Wenn Zahlen als ganze Zahlen oder als Brüche eingegeben werden, also diese vom Typ `Integer` oder `Rational` sind, wird Mathematica *immer* exakt rechnen. Man beachte hierbei, siehe Abschnitt 5.1, dass die Dezimalbruchschreibweise dagegen als vom Typ `Real` interpretiert wird. In diesem Fall wird dann i. Allg. *nicht* mehr exakt gerechnet. Um dem Leser zu demonstrieren, dass Mathematica tatsächlich *beliebig große* ganze und rationale Zahlen zulässt, gebe dieser den folgenden Befehl ein:

```
Timing[10000 !]          {0.55 Second, 28462...000}
```

Das Kommando `Timing` bewirkt hierbei lediglich, dass Mathematica die Zeit misst, die es zum Berechnen des Ausdrucks, in diesem Fall $10000! = 10000 \cdot 9999 \cdots 1$, benötigt. Interessant: Führt der Leser das Kommando ein zweites Mal aus, wird `0. Second` angegeben, da Mathematica sich das Resultat für die aktuelle Sitzung gemerkt hat.

In manchen Fällen sind die auf diese Weise erhaltenen exakten Werte etwas unhandlich.

Um sich etwa die Größenordnung von

x=$((\frac{1}{76543} - 1) * 1234 + 1)/1357$	$-\frac{94376285}{103868851}$

klar zu machen, muss man schon ein wenig grübeln. Für solche und ähnliche Fälle bietet Mathematica das Kommando `N` an, welches einen gegebenen Ausdruck durch einen Dezimalbruch (Typ `Real`) annähert:

N[x]	-0.90861

Gibt man einfach **N[*ausdruck*]** ein, so wird der *ausdruck* auf Maschinengenauigkeit gerundet, standardmäßig aber mit noch weniger Stellen (im Beispiel sechs Stellen) ausgegeben. Trotzdem merkt sich Mathematica intern mehr Stellen, im Beispiel 16 Stellen: `-0.908610079840009‘`. Die Maschinengenauigkeit ist dabei über die Konstante `$MachinePrecision` einsehbar, üblich ist der Wert 16. Man kann den gewünschten Ausdruck aber auch auf eine selbst festlegbare Zahl n von Stellen berechnen lassen, dies leistet **N[*ausdruck*, *n*]**. Im Beispiel:

N[x, 30]	-0.908610079840009012904167005756

Der Wert von n muss zwischen `$MinPrecision` und `$MaxPrecision` liegen; es ist dabei jedoch erlaubt, `$MaxPrecision=Infinity` zu setzen. Ferner arbeitet Mathematica intern oft mit höherer Genauigkeit als `$MachinePrecision`, denn diese soll ja letztlich bei der Ausgabe erreicht werden. Um zu derartiger Ausgabegenauigkeit zu gelangen, kann Mathematica intern mit bis zu `$MaxExtraPrecision` Stellen mehr rechnen.

Die Genauigkeit einer Zahl kann man mit Hilfe der Befehle `Accuracy` und `Precision` erfragen. Ersteres gibt die Zahl gültiger Nachkommastellen an, Zweiteres die Zahl gültiger Stellen insgesamt. Umgekehrt kann man mit `SetAccuracy` bzw. `SetPrecision` festlegen, wieviele Stellen eine Zahl aufweisen soll.

x=$\sqrt{123}$**; Precision[x]**	∞
y=N[x]	11.0905
Precision[y]	16
Accuracy[y]	15

Rechnet man mit Näherungswerten, so werden sich die von Schritt zu Schritt gemachten Fehler fortsetzen:

x=N[π**]**	3.14159
Sin[x]	1.22461×10^{-16}

Exakt zu erwarten wäre natürlich $\sin(\pi) = 0$. Da aber bereits bei π durch Annäherung ein Fehler gemacht wird, kommt auch beim Sinus davon ein falscher Wert heraus. Um solchen durch Näherung bedingten Fehlern Abhilfe zu schaffen, bietet Mathematica die Funktion `Chop` an, die nur geringfügig von 0 abweichende Werte zu 0 rundet:

```
Chop[%]                                   0
```

Zu guter Letzt sei noch erwähnt, dass Mathematica zu einigen Befehlen, die gewisse symbolische Berechnungen ausführen, auch ein numerisches Gegenstück anbietet, welches dadurch gekennzeichnet ist, dass beim Befehl ein '`N`' vorangestellt ist.

Weiterführende Informationen ... zum Thema numerische Präzision findet der Leser in der Hilfe unter *Built-in Functions: Numerical Computations → Numerical Precision* (bis Version 5.2) bzw. *tutorial/NumericalPrecision* (seit Version 6.0).

Beispiel 5.2.1

Mathematica erlaubt es, Summen zu berechnen, selbst dann, wenn es sich dabei um unendlich viele Summanden, d. h. um eine Reihe und deren Grenzwert, handelt. Um die Summation exakt durchführen zu lassen, verwendet man entweder `Sum`, oder gibt gleichwertig das Summenzeichen Σ über die Eingabepalette ein (Tastatur: Esc `sumt` Esc).

Sum[k^2, {k, 1, n}] $\frac{1}{6}n(n+1)(1+2n)$

$\sum_{k=1}^{n} k^2$ $\frac{1}{6}n(n+1)(1+2n)$

Das numerische Gegenstück zu `Sum` ist `NSum`. Die Syntax ist im Prinzip die gleiche wie bei `Sum`, mit dem Unterschied, dass es noch eine Reihe zusätzlicher Optionen gibt, welche Einfluss auf die durchgeführte Numerik nehmen. So kann man z. B. mit `Method ->` *`Methode`* das gewünschte Verfahren auswählen oder über `AccuracyGoal ->` *`Wert`* bzw. `PrecisionGoal ->` *`Wert`* die anzustrebende Genauigkeit bestimmen. Mehr Informationen hierzu sind der Hilfe zu entnehmen: *Built-in Functions: Numerical Computations → Sums and Products* (bis Version 5.2) bzw. *tutorial/NumericalEvaluationOfSumsAndProducts* (seit Version 6.0). Den Unterschied macht folgendes Beispiel deutlich:

Sum[$\frac{1}{k^2}$, {k, 1, ∞}] $\frac{\pi^2}{6}$

NSum[$\frac{1}{k^2}$, {k, 1, ∞}] 1.64493

Dass `NSum` das exakte Resultat $\frac{\pi^2}{6}$ hierbei nicht nur einfach gerundet, sondern die Summe tatsächlich durch ein numerisches Verfahren bestimmt hat, wird deutlich, wenn man sich weitere Stellen des ausgegebenen Resultats anschaut: Dieses ergibt sich nämlich zu `1.6449340667600105‘`, wogegen $\frac{\pi^2}{6} \approx 1.6449340668482264365\ldots$ ist. Ab der zehnten Nachkommastelle zeigt sich eine Abweichung.

Völlig analog verhält es sich auch bei der Produktbildung: Hier gibt es `Product` bzw. `NProduct`, wobei man Ersteres auch wieder über die Eingabepalette eingeben kann, indem man auf das Produktzeichen Π klickt (Tastatur: [Esc] `prodt` [Esc]). •

Ferner gibt es auch zu den folgenden Befehlen, die wir später noch genauer besprechen werden, numerische Varianten: `Solve` vs. `NSolve` zum Lösen von Gleichungen, `DSolve` vs. `NDSolve` zum Lösen von Differentialgleichungen, `Integrate` vs. `NIntegrate` zum Integrieren von Funktionen, `D` vs. `ND` zum Differenzieren von Funktionen, `Limit` vs. `NLimit` zum Berechnen von Grenzwerten, etc.

5.3 Symbolische Ausdrücke ein- und ausgeben

Das Charakteristikum eines Computeralgebrasystems ist seine Fähigkeit zum symbolischen Rechnen. Um symbolische Ausdrücke eingeben zu können, benötigen wir das Konzept der Variablen, siehe Abschnitt 4.1. Damit Mathematica gewünschte Berechnungen ausführt, müssen wir diese in Form von Mathematica-Code in eine Input-Zelle eingeben. Löst man dann die Anweisungen dieser Input-Zelle aus, so wird das Resultat in einer Output-Zelle ausgegeben. Auch in diesem Fall wird uns das Resultat in Form von Mathematica-Code mitgeteilt. Um das Ganze an einem Beispiel zu erläutern: Wollen wir den Ausdruck $2\sin(x)\cos(x)$ vereinfachen lassen, geben wir *nicht* **`Simplify[2 sin(x) cos(x)]`** ein, sondern **`Simplify[2Sin[x] Cos[x]]`**. Genauso wird uns das Resultat nicht als `sin(2x)` ausgegeben, sondern als `Sin[2x]`.

Sicherlich ist der Unterschied nicht fundamental, trotzdem mag es Situationen geben, in denen wir uns zumindest die ausgegebenen Resultate in einer anderen Form als dem üblichen Mathematica-Code wünschen. Und für genau solche Situationen bietet Mathematica eine bemerkenswerte Vielfalt von Formatierungsmöglichkeiten an. Eine Reihe implementierter Formatierungskommandos, von denen wir manche nun ausführlicher behandeln wollen, sind in Tabelle 5.6 zusammengefasst. Ferner sei der Leser auch auf die Hilfe, Rubrik *Built-in Functions: Input and Output → Format Types* (bis Version 5.2) bzw. Adresse *tutorial/FormsOfInputAndOutput* (seit Version 6.0), verwiesen.

Wir wollen mit einem ähnlichen Beispiel wie oben beginnen, der Betrachtung des Polynoms $2x^2 - 3x + 1$. Wir geben dieses, abgelegt in der Variablen p, siehe Abschnitt 4.1, wie folgt ein:

```
p=2 x^2-3 x+1                                   1-3 x+2 x^2
```

Die Ausgabe mag etwas verwirrend scheinen, da Mathematica die Reihenfolge der Terme genau umgekehrt hat. Mathematica ordnet Potenzen immer aufsteigend an, während man dies traditionellerweise absteigend macht. Sollte dies als störend empfunden

Befehl	Beschreibung
FullForm[*Ausdruck*]	Ausgabe in der Mathematica-internen Darstellung.
TraditionalForm[*Ausdruck*]	Ausgabe in einer Form, wie sie im Alltag üblich ist.
CForm[*Ausdruck*]	Ausgabe als C-Code.
FortranForm[*Ausdruck*]	Ausgabe als Fortran-Code.
MathMLForm[*Ausdruck*]	Ausgabe als MathML-Code. (seit V. 4.1)
TeXForm[*Ausdruck*]	Ausgabe als TEX-Code.
Short[*Ausdruck*]	Auf ca. eine Zeile Länge gekürzte Fassung der Ausgabe.
Shallow[*Ausdruck*]	Gekürzte und 'flachere' Darstellung der Ausgabe, weniger stark verschachtelt.

Tabelle 5.6: *Kommandos zur Ausgabeformatierung.*

werden, so kann man den Befehl `TraditionalForm` verwenden, der Mathematica dazu zwingt, das Resultat in einer uns vertrauteren Weise auszugeben:

TraditionalForm[p] $2x^2 - 3x + 1$

Man beachte: Inhaltlich bewirkt `TraditionalForm` keine Änderung, das Resultat wird nur anders 'hingeschrieben'. Der Leser probiere aus, welche Wirkung `TraditionalForm` auf einen Ausdruck wie `Sin[x]` hat.

An dieser Stelle bietet sich nun die Möglichkeit zu einem kleinen Exkurs an. Bisher haben wir kennengelernt, dass man Mathematica-Kommandos immer in der Form ***Befehl* [Ausdruck]** eingibt, nennen wir dies die *Standardform.* Diese ist aber nur eine von mehreren Möglichkeiten. Eine andere, gleichwertige Variante ist die sog. *Postfixform*, bei der die Befehle hinten angehängt werden: ***Ausdruck //Befehl1 //Befehl2 ...*** entspricht ***Befehl2[Befehl1[Ausdruck]]*** in Standardform, wobei zuerst *Befehl1*, dann *Befehl2*, usw., ausgeführt wird. So ergibt z. B.

p //TraditionalForm $2x^2 - 3x + 1$

genau das gleiche Resultat wie oben. Man mag sich nun fragen, warum es überhaupt mehrere Varianten gibt bzw. warum der Autor nicht bei der Standardform bleibt. Darauf soll mit einer unverbindlichen Empfehlung geantwortet werden: Generell sollte die Standardform verwendet werden, insbesondere dann, wenn die Befehle das Ergebnis *inhaltlich* beeinflussen. Ein Befehl, der jedoch *nur die Ausgabe* beeinflusst und damit ohnehin zuletzt angewendet wird, sollte hinten angehängt werden. Dies hat für den

Betrachter den Vorteil, dass er auf einen Blick zwischen 'harten Fakten' und 'Kosmetik' trennen kann. Dieser Empfehlung wollen wir auch im Rest des Buches folgen.

Ein zweiter, interessanter Formatierungsbefehl ist `FullForm`. Dieser erlaubt es uns, gewissermaßen einen Blick hinter die Kulissen zu werfen, denn er gibt wieder, wie Mathematica Ausdrücke intern darstellt, siehe auch Anhang A. Ein Beispiel:

p //FullForm	`Plus[1,Times[-3,x],Times[2,Power[x,2]]]`

Die Ausgabe macht deutlich, dass bei Mathematica *alles* einheitlich wie eine Funktion dargestellt wird, in der Form *f* `[`*x1*`,` *x2*`, ...]`. Dabei ist f der *Kopf* des Ausdruckes, welchen man auch stets in der Form **Head[*Ausdruck*]** abfragen kann, innerhalb der eckigen Klammern stehen die Argumente. Wie das Beispiel zeigt, werden selbst die Rechenoperationen in dieser Form dargestellt, so ist $-3x$ gleich dem Ausdruck `Times[-3,x]` in obiger Ausgabe. Das Kommando **Head[-3 x]** liefert entsprechend `Times` zurück.

Von praktischem Nutzwert sind die beiden Befehle `TeXForm` und `CForm`. Diese geben einem die Ausgabe in so einer Form zurück, wie man sie im Schriftsatzsystem TeX bzw. in der Programmiersprache C eingeben würde. Betrachten wir auch hier wieder die Auswirkung am obigen Polynom p:

p //TeXForm	`1-3\,x+2\,x^2`
p //CForm	`1-3*x+2*Power(x,2)`

Auch der Befehl `Short` kann sehr nützlich sein. Die eigentliche Ausgabe ist manchmal sehr lang, füllt möglicherweise einige Seiten. Durch Anwendung von `Short` soll die Ausgabe so gekürzt werden, dass sie möglichst in eine Zeile passt, trotzdem aber ihre Struktur erkennen lässt. Will man etwa das Polynom $(x-a)^{50}$ ausmultiplizieren lassen, so resultiert ein Term der Art

Expand[(x-a)^{50}] //Short	$a^{50} - 50\,a^{49}\,x + \ll 69 \gg + 1225\,a^2\,x^{48} - 50\,a\,x^{49} + x^{50}$

wobei die mittleren 69 Terme (nach Mathematica-Zählweise) ausgeblendet wurden. Ähnlich funktioniert auch `Shallow` (von engl.: shallow = flach, seicht), welches ebenfalls eine reduzierte Darstellung erzeugt, dabei aber die Verschachtelungstiefe des Ausdrucks berücksichtigt.

Die Kommandos `TableForm` und `MatrixForm`, welche die formatierte Ausgabe von Listen erlauben, haben wir ferner bereits in Abschnitt 4.2.1 besprochen. Auch für diese gilt natürlich, dass sie, durch **//** getrennt, hinten angehängt werden können. Kommandos zur Formatierung von Zahlen sind dagegen in Tabelle 5.5 auf Seite 47 zusammengestellt.

5.4 Symbolisches Rechnen und Termumformungen

Sehr früh lernen Schulkinder, mit natürlichen Zahlen zu rechnen. Sie erfahren dabei, dass bei der Multiplikation zweier Zahlen deren Reihenfolge vertauscht werden kann, oder dass man bei einer Gleichung auf beiden Seiten ein und dieselbe Zahl addieren kann, ohne dass sich dabei an der Gleichheit etwas ändert. Später entwickelt sich dann die Fähigkeit zur Abstraktion: Weiß das Kind, dass sich hinter den Bezeichnungen a und b in Wirklichkeit natürliche Zahlen verbergen sollen, so wird es in der Lage sein zu erkennen, dass dann auch für diese beiden Variablen die Regel $a{\cdot}b = b{\cdot}a$ gilt. Genau diese Fähigkeit des abstrakten Rechnens ('Buchstabenrechnen') bringt auch Mathematica mit. Führt der Leser die Anweisung **x+x** aus, so wird Mathematica 2 x zurückliefern, genauso wird **a*b*a** zu a^2 b berechnet. Letztere Umformung sollte bei einem mathematisch geschulten Leser ein kurzes Erstaunen hervorrufen: Genau wie obiges Kind scheint auch Mathematica gewisse Vorstellungen über die Art der Variablen a und b mitzubringen, ohne dass wir diese jemals explizit formuliert hätten. Hier wird nämlich vorausgesetzt, dass die Produktbildung kommutativ ist (was sie bei Matrizen ja nicht wäre). Tatsächlich wird schnell klar, dass Mathematica beim symbolischen Rechnen mit den Operationen + und * Körperstrukturen annimmt. Wenn man bedenkt, welche Vielfalt von 'Werten' man einer Variable bei Mathematica zuweisen kann, siehe Abschnitt 4.1, ist dies zumindest bemerkenswert.[2]

Gehen wir nun vorerst tatsächlich davon aus, dass die symbolischen Berechnungen, die wir anstellen wollen, in einem Körper wie den reellen Zahlen stattfinden. Dann kann man eine Variable y dadurch definieren, dass sie gleich $2x + 5$ sein soll. Entsprechend gilt dann für $3 \cdot (y + 1)$:

```
y=2 x+5; 3 (y+1)                    3 (6+2x)
```

Setzt man nun für x einen konkreten Wert ein, so sollte dies auch konkrete Auswirkungen auf y haben:

```
x=3; y                              11

3 (y+1)                             36
```

Die Beispiele demonstrieren, dass Mathematica tatsächlich mit Variablen rechnet, wie es uns selbst in der Schule gelehrt wurde. Die letzte Berechnung ist aber auch noch aus einem anderen Grund interessant: Es wird nämlich klar, dass Mathematica sich die einmal getroffene Belegung von x zu 3, und damit von y zu 11, merkt. Erst wenn wir die Belegung von x wieder aufheben, ist y nicht mehr die konkrete Zahl 11 zugeordnet, sondern wieder die ursprüngliche Beziehung zu x sichtbar:

```
Clear[x]; 3 (y+1)                   3 (6+2x)
```

Die Zuweisung eines Wertes an eine Variable via = ist also dauerhaft und kann erst mit

[2] Mathematica bietet aber auch eine nichtkommutative Multiplikation an, Operator ist hierbei **.

`Clear` wieder behoben werden, siehe auch Abschnitt 4.1. Daneben gibt es aber auch die Möglichkeit einer 'vorübergehenden' Zuweisung, die unmittelbar nach der Ausführung wieder 'vergessen' wird. Der zugehörige Operator ist hierbei `->` (welcher sich gleich nach Eingabe in einen Pfeil '$\rightarrow$' verwandelt). Will man etwa x nur einmalig den konkreten Wert 3 zuweisen, muss man **x -> 3** schreiben. Soll sich diese Belegung auch noch auf y auswirken und nicht schon wieder vergessen sein, muss man zusätzlich den sog. *Ersetzungsoperator* `/.` einsetzen, siehe auch Abschnitt 21.6:

```
y /. x->3                          11

y                                  5+2 x
```

Bei Ausführung des nächsten Kommandos ist die bei y durchgeführte Ersetzung von x durch 3 bereits vergessen. Eine derartige Zuweisung ist dabei übrigens nicht auf konkrete Zahlen beschränkt:

```
y /. x->3 z                        5+6 z
```

In Abschnitt 7.2 zu Funktionen werden wir dann einen weiteren Zuweisungsoperator kennenlernen.

Wie wir bis jetzt gesehen haben, rechnet Mathematica mit Variablen tatsächlich in der gewohnten Weise und erlaubt auch das Zuweisen von konkreten Werten. Praktisch relevant wird das Ganze aber erst dann, wenn Mathematica tatsächlich auch zu symbolischen Umformungen in der Lage ist, die in Handarbeit mit sehr viel Aufwand verbunden wären. Dass Mathematica genau dies kann, sollen die folgenden Ausführungen demonstrieren. Mathematica bietet eine Reihe von Funktionen an, die es erlauben, Terme gezielt zu manipulieren. Eine Auswahl solcher Befehle ist in Tabelle 5.7 zusammengestellt. Betrachten wir dazu einige Beispiele, welche die unterschiedliche Wirkungsweise illustrieren sollen. So bewirkt etwa `Expand`, dass das Trinom

Expand[(a+b)^3] $\quad a^3 + 3a^2b + 3ab^2 + b^3$

Expand[(a+b)^3, Modulus -> 3] $\quad a^3 + b^3$

ausgerechnet wird, nach Wunsch auch unter Berücksichtigung, dass alle Rechnungen in $\mathbb{Z}_3$ ausgeführt werden sollen. Das Zusatzargument kann dabei auch als Einschränkung dienen. Im Beispiel

Expand[(x+1)^2+(x-1)^2, x-1] $\quad 1 - 2x + x^2 + (1+x)^2$

etwa wird die Berechnung auf Potenzen von $x - 1$ beschränkt. Der Unterschied zwischen `Factor` und `FactorTerms` lässt sich leicht an folgendem Beispiel aufzeigen:

Factor[2 x^2+4 x+2] $\quad 2(1+x)^2$

FactorTerms[2 x^2+4 x+2] $\quad 2(1+2x+x^2)$

Befehl	Beschreibung
Expand[*term, opt***]**	Multipliziert den Ausdruck *term* auf erster Ebene aus, gegebenenfalls unter Berücksichtigung des optionalen Arguments *opt*. Varianten: **ExpandAll**: Multipliziert aus in allen Ebenen. **ExpandNumerator/ExpandDenominator**: Multipliziert nur Zähler bzw. Nenner eines Bruchterms aus.
PowerExpand[*term***]**	Führt Potenzierung von Produkten und Potenzen aus.
Factor[*term, opt***]**	Faktorisiert den Ausdruck *term* aus, gegebenenfalls unter Berücksichtigung des optionalen Arguments *opt*.
FactorTerms[*term***]**	Klammert gemeinsamen numerischen Faktor aus.
Collect[*term, x***]**	Sortiert *term* nach Potenzen von x. Ist an Position von x eine Liste {x1,x2,...} gegeben, so wird zuerst nach x_1, dann x_2, etc. sortiert.
Together[*term***]**	Bringt Summen von Brüchen auf Hauptnenner und kürzt gegebenenfalls gemeinsame Faktoren.
Apart[*term***]**	Zerlegt Brüche in Summe von Teilbrüchen möglichst einfachen Nenners.
Cancel[*term***]**	Kürzt gemeinsame Faktoren aus Bruchtermen.
TrigExpand[*term***]**	Rechnet trigonometrische und hyperbolische Funktionen aus.
TrigFactor[*term***]**	Faktorisiert trigonometrische und hyperbolische Funktionen.
TrigReduce[*term***]**	Fasst trigonometr. und hyperbolische Funktionen zusammen.

Tabelle 5.7: Manipulation von Termen.

FactorTerms klammert nur den gemeinsamen numerischen Faktor aus, Factor faktorisiert noch weiter. Mit Collect wiederum kann man Terme zusammenfassen und ordnen lassen:

```
Collect[x+3 x^2+2 x y-x^2 y+2 y, x]
```

$x^2 (3 - y) + 2 y + x (1 + 2 y)$

Die Terme werden nach Potenzen von x gruppiert, wenn auch die ausgegebene Reihenfolge verwirrend ist. Die Wirkung der Befehle Together und Apart lässt sich aus Tabelle 5.7 erschließen, so dass nur noch die Befehle zur Manipulation trigonometrischer und hyperbolischer Funktionen vorzustellen sind.

```
z=Sin[2 x] Cos[2 y];
TrigExpand[z]
```

2 Cos[x] Cos[y]^2 Sin[x] − 2 Cos[x] Sin[x] Sin[y]^2

```
TrigFactor[z]
```

2 Cos[x] Sin[x] (Cos[y] − Sin[y]) (Cos[y] + Sin[y])

```
TrigReduce[z]                          1/2 (Sin[2 x − 2 y] + Sin[2 x + 2 y])
```

TrigExpand zerlegt den trigonometrischen Ausdruck so lange, bis die Argumente aller Funktionen einfach sind. TrigFactor formt den Ausdruck mit ähnlichem Ziel um, aber so, dass insgesamt ein Produkt vorliegt. TrigReduce versucht genau dies, Produkte und Potenzen, zu verhindern, dabei in Kauf nehmend, dass die Argumente der Funktionen nicht mehr einfach sind. Es sei bemerkt, dass sich je nach Version von Mathematica die Ausgabe von der hier gezeigten unterscheiden kann.

Neben diesen zielgerichteten Umformungen bietet Mathematica auch die Befehle Simplify und FullSimplify an, welche pauschal Vereinfachungen vornehmen, wobei 'Einfachheit' intern definiert ist. Das Resultat ist oft zufriedenstellend, allerdings schwer vorhersehbar. Der Befehl FullSimplify probiert dabei viel mehr Umformungsregeln aus, weshalb er prinzipiell vorzuziehen ist. Bei sehr komplexen Termen jedoch kann er sehr viel Zeit beanspruchen, so dass man sich dann zwangsweise mit Simplify begnügen muss. Alternativ kann man auch ein zeitliches Limit setzen, siehe unten.

x= $\sqrt{4-\sqrt{8}}\,(2+\sqrt{2})$**; Simplify[x]** $\qquad \sqrt{4-2\sqrt{2}}\,(2+\sqrt{2})$

FullSimplify[x] $\qquad 2\sqrt{2+\sqrt{2}}$

In diesem Beispiel probiert nur FullSimplify die dritte Binomformel unter der großen Wurzel aus. Die scheinbar einfache Aufgabe

FullSimplify[$\sqrt{a^2}$**]** $\qquad \sqrt{a^2}$

mag Mathematica dagegen nicht lösen, was daran liegt, dass keine Aussagen über den Definitionsbereich von a getroffen wurden. Solche Zusatzbedingungen kann man bei beiden Befehlen anhängen, durch Komma getrennt. Mehrere Restriktionen werden dabei mit '&&' (logisches UND, siehe den Ausblick auf S. 91) verknüpft. Soll etwa $a > 0$ angenommen werden, so schreibt man

FullSimplify[$\sqrt{a^2}$**, a>0]** $\qquad$ a

Weitere denkbare Bedingungen sind z. B. Zahlbereichsangaben, siehe Abschnitt 5.1 oben. Daneben erlauben beide Befehle noch optionale Angaben. So kann man etwa, wie oben bereits angedeutet, ein Zeitlimit (in Sekunden) setzen:

```
FullSimplify[2 Sin[10 x+20 y] Cos[10 x+25 y]] //Timing

{44.774, -Sin[5 y]+Sin[5 (4 x+9 y)]}
```

```
FullSimplify[2 Sin[10 x+20 y] Cos[10 x+25 y], TimeConstraint -> 1] //Timing
```

```
FullSimplify::time: Time spent on a transformation exceeded 1 seconds, and the
transformation was aborted. Increasing the value of TimeConstraint option may improve
the result of simplification. ≫
```

```
{2.454, -Sin[5 y]+Sin[5 (4 x+9 y)]}
```

Trotz des Limits wurde bereits die richtige Vereinfachung gefunden. Scheinbar war es also eine, die gleich zu Beginn ausprobiert wurde. Generell sind solche trigonometrischen Umformungen recht zeitintensiv, weswegen man sie gezielt unterdrücken kann. Im aktuellen Beispiel kommt man dann natürlich nicht allzu weit:

```
FullSimplify[2 Sin[10 x+20 y] Cos[10 x+25 y], Trig -> False] //Timing
```

```
{0.1, 2 Cos[10 x+25 y] Sin[10 (x+2 y)]}
```

Schließlich kann man eigenständig Ausdrücke festlegen, die nicht weiter vereinfacht werden sollen. Mit der in Abschnitt 21.6 erläuterten Syntax kann man z. B. die Sinusfunktion ausschließen:

```
FullSimplify[2 Sin[10 x+20 y] Cos[10 x+25 y], ExcludedForms -> {Sin[_]}]
```

```
2 Cos[5 (2 x+5 y)] Sin[10 x+20 y]
```

Zu guter Letzt bietet Mathematica noch Befehle an, mit denen man gezielt einzelne Termbestandteile abfragen kann. Einen Überblick bietet Tabelle 5.1 auf Seite 44. Die Verwendung der Befehle lässt sich an folgenden Beispielen illustrieren:

z=Numerator[$\frac{x^3-2xy+y^2}{(x-1)^4}$ **]**	$x^3 - 2xy + y^2$
Coefficient[z, x]	-2 y
Exponent[z, x]	3
Exponent[z, x y]	1

Während 3 die höchste vorkommende Potenz von x im Zählerpolynom z ist, ist die von xy gleich 1.

6 Grafiken erstellen mit Mathematica

Mathematica besitzt ein äußerst umfangreiches Spektrum grafischer Funktionalitäten, zu umfangreich, um es vollständig im Rahmen dieses Buches beschreiben zu können. In diesem Abschnitt sollen die nach Meinung des Autors wichtigsten Aspekte rund um Grafiken besprochen werden, wobei wir einige spezielle Grafiktypen erst in späteren Abschnitten vorstellen werden, insbesondere in den Abschnitten 7.3, 8, 10 und 17.2. Wir beginnen in Abschnitt 6.1 mit elementaren geometrischen Formen und den Optionen, mit denen man ihr Erscheinungsbild beeinflussen kann. In Abschnitt 6.2 werden wir dann zeigen, wie man durch geschickte Wahl der Grafikoptionen maßgeschneiderte Grafiken erzeugen kann. Diese Optionen sind allgemein für Grafiken gültig, auch für die Darstellungen von Funktionsgraphen und Punktmengen in den späteren Abschnitten 7.3 und 17.2. Seit Version 6.0 kann man aber auch nachträglich noch Änderungen an einer Grafik vornehmen; derartige Möglichkeiten des Feinschliffs werden in Abschnitt 6.3 erläutert.

Weiterführende Informationen ... findet der Leser in der Hilfe, entweder unter *Built-in Functions: Graphics and Sound* oder *Add-ons: Standard Packages → Graphics* (bis Version 5.2), oder unter *guide/VisualizationAndGraphicsOverview* (seit Version 6.0).

6.1 Elementare Grafikobjekte und Grafiktypen

Mit Hilfe des `Graphics`- und des `Graphics3D`-Befehls kann man eine Reihe elementarer Grafikobjekte, wie Kreise, Rechtecke, Würfel, etc., erzeugen. Diese werden wir später in Abschnitt 10 nochmals ansprechen. Die nötige Syntax ist simpel: **`Graphics[`*`Element`*`, `*`Optionen`*`]`** bzw. **`Graphics3D[`*`Element`*`, `*`Optionen`*`]`** erzeugt das gewünschte Objekt unter Berücksichtigung bestimmter Optionen. Seit Version 6.0 werden die Grafikobjekte nach Ausführung des obigen `Graphics`- bzw. `Graphics3D`-Befehls direkt angezeigt, zuvor musste man das Kommando noch durch den `Show`-Befehl umschließen. Dieser wird allerdings weiterhin benötigt, wenn man mehrere Grafiken zugleich anzeigen will.

```
Graphics[Rectangle[{0,0}, {0.5,0.5}]]
```

Befehl	Beschreibung
Point[{*x*,*y*}]	Punkt an der Stelle (x, y).
Circle[{*x*,*y*},*r*]	Kreislinie mit Radius r und Mittelpunkt (x, y).
Disk[{*x*,*y*},*r*]	Kreisscheibe mit Radius r und Mittelpunkt (x, y).
Line[{{*x1*,*y1*},...}]	Linienzug durch gelistete Punkte, beginnend in (x_1, y_1).
Rectangle[{*x1*,*y1*},{*x2*,*y2*}]	Rechteck, festgelegt durch linke untere und rechte obere Ecke.
Polygon[{{*x1*,*y1*}, ...}]	Polygon mit gewählten Eckpunkten.
Arrow[{{*x1*,*y1*}, ...,{*xn*,*yn*}}]	Pfeil durch die vorgeg. Punkte, endend in (x_n, y_n). (seit V. 6)
Text["*abc*",{*x*,*y*}]	Text *abc*, zentriert an Position (x, y). Optional noch weitere Pärchen {*k*, *l*} für Textausrichtung möglich.

Tabelle 6.1: *Elementare 2D-Grafikobjekte.*

```
obj1=Graphics[Rectangle[{0,0},
{0.5,0.5}]];
obj2=Graphics[Rectangle[{0.2,0.3},
{0.7,0.6}]];
Show[obj1,obj2]
```

Die Grafiken werden offenbar der Reihe nach überlagert gezeichnet. Von dieser Fähigkeit werden wir des Öfteren Gebrauch machen. Erinnert sei an dieser Stelle zudem an die Bedeutung des Semikolons ';', siehe Kapitel 2, Seite 12: Während dieses ab Version 6.0 tunlichst nicht auf einen `Show`-Befehl folgen sollte, wie im Beispiel oben, ist sein Einsatz bis Version 5.2 empfehlenswert.

Eine Auswahl möglicher Grafikobjekte ist in den Tabellen 6.1 und 6.2 aufgelistet. Einige von diesen werden wir gleich in den Abschnitten 6.2.1 und 6.2.2 an Beispielen genauer erläutern. An dieser Stelle wollen wir nur auf das Erstellen von Pfeilen eingehen.

```
Graphics[Arrow[{{-2,0},{1,0},{1,1},{2,0}}]]
```

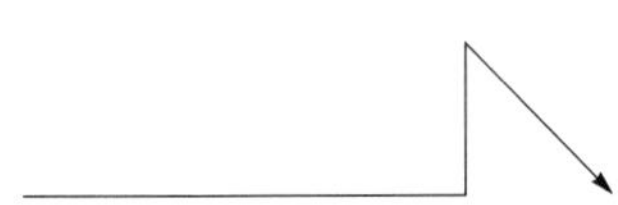

Position, Größe und Gestalt der Pfeilspitze kann man über das Kommando `Arrowheads` beeinflussen, welches man dem `Arrow`-Befehl voranstellt in der Form **Graphics[{Arrowheads[...], Arrow[...]}]**. Die Syntax des `Arrowheads`-Kommandos ist dabei

```
Arrowheads[{{gr1,pos1,grafik1},...}]
```

d. h. die erste Pfeilspitze wird an Position pos_1 in Größe gr_1 gezeichnet und ist dabei vom Typ $grafik_1$. Lässt man Letzteres weg, wird eine Standardpfeilspitze gezeichnet. Ein paar Beispiele:

```
obj1=Graphics[Arrow[{{0,0},{5,0}}]];
obj2=Graphics[{Arrowheads[0.1],
Arrow[{{0,-0.5},{5,-0.5}}]}];
obj3=Graphics[
{Arrowheads[{{0.2,0.8},{-0.1,0.2}}],
Arrow[{{0,-1},{5,-1}}]}];
spitze=Graphics[Disk[{0,0},1]];
obj4=Graphics[
{Arrowheads[{{0.1,0.8,spitze},{-0.1,0.2}}],
Arrow[{{0,-2},{5,-2}}]}];
Show[obj1,obj2,obj3,obj4]
```

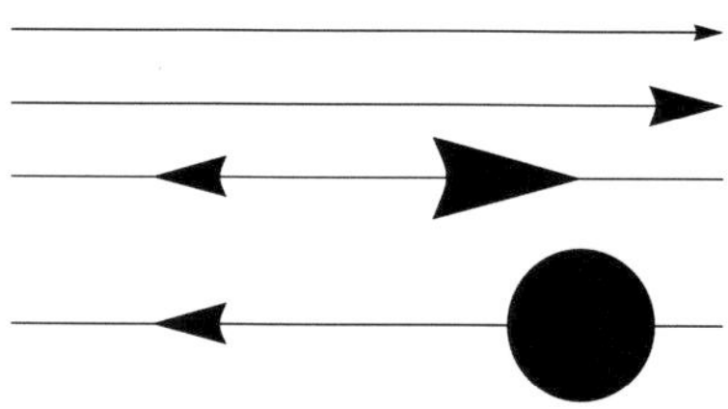

Vorgängerversionen: Benutzer von Versionen bis 5.2 müssen in puncto Pfeile komplett anders verfahren, indem sie zuerst das Paket `Graphics`Arrow`` laden. Das dortige Kommando `Arrow` ist wesentlich mächtiger als obige Variante aus Version 6.0: **Arrow[{*x1*,*y1*},{*x2*,*y2*},*Optionen*]**. Mögliche Optionen sind dabei u. a. `HeadLength` (Länge der Pfeilspitze, absolut), `HeadWidth` (Breite der Pfeilspitze, relativ zu ihrer Länge) und `HeadCenter`, welches die Form der Pfeilspitze beeinflusst. Um sich einen Eindruck davon zu verschaffen, führe der Leser folgende Zeilen aus:

```
Needs["Graphics`Arrow`"]
obj1=Graphics[Arrow[{0,0}, {1,0}]];
obj2=Graphics[Arrow[{0,-0.1}, {1,-0.1}, HeadLength->0.1]];
obj3=Graphics[Arrow[{0,-0.2}, {1,-0.2}, HeadLength->0.1, HeadWidth->0.75]];
obj4=Graphics[Arrow[{0,-0.3}, {1,-0.3}, HeadLength->0.1, HeadCenter->0.5]];
obj5=Graphics[Arrow[{0,-0.4}, {1,-0.4}, HeadLength->0.1, HeadCenter->1.5]];
Show[obj1, obj2, obj3, obj4, obj5]
```

Neben zweidimensionalen Grafikobjekten bietet Mathematica natürlich auch dreidimensionale an. Wichtige 3D-Grafikobjekte sind in Tabelle 6.2 zusammengefasst. Das dort aufgeführte Paket `Graphics`Shapes`` wird seit Version 6.0 leider nicht mehr ausgeliefert, ist aber erhältlich unter:

`http://library.wolfram.com/infocenter/MathSource/6793/.`

Es sei dem Nutzer ab Version 6.0 empfohlen, dieses Paket herunterzuladen und, wie im Tipp auf Seite 26 beschrieben, in einem Ordner namens *AusWeb* abzulegen. Manche der dortigen Objekte sind aber auch über **ExampleData[{"Geometry3D", "*Typ*"}]** aufrufbar, vgl. Abschnitt 19.4: Ein Kegel (`"Cone"`), ein Torus (`"Torus"`), ein Möbiusband (`"MoebiusStrip"`), auch die Kleinsche Flasche (`"KleinBottle"`).

Wie wir oben erwähnt haben, kann man mit Hilfe des `Show`-Befehls mehrere Grafikobjekte zugleich, überlagert, ausgeben. Man kann mehrere Objekte aber auch nebeneinander, tabellarisch, anordnen:

Befehl	Beschreibung
Point[{*x*,*y*,*z*}]	Punkt an der Stelle (x, y, z).
Line[{{*x1*,*y1*,*z1*},...}]	Linienzug durch die aufgelisteten Punkte.
Cuboid[{*x1*,*y1*,*z1*},{*x2*,*y2*,*z2*}]	Quader, festgelegt durch zwei Ecken.
Cylinder[{{*x1*,*y1*,*z1*},{*x2*,*y2*,*z2*}}, *r*]	Zylinder mit Radius r um die Verbindungsstrecke der beiden vorgegebenen Punkte. (seit V. 6)
Sphere[{*x*,*y*,*z*},*r*]	Kugel mit Radius r um vorgeg. Mittelpunkt. (seit V. 6)
Polygon[{{*x1*,*y1*,*z1*}, ...}]	Polygon mit gewählten Eckpunkten.
Text["*abc*",{*x*,*y*,*z*}]	Text *abc*, zentriert an Position (x, y, z).
Zusätzlich im Paket `Graphics`Shapes``:	
Cylinder[*r*,*h*,*n*]	Zylinder mit Radius r, Höhe h, begrenzt durch n Flächen.
Cone[*r*,*h*,*n*]	Kegel mit Radius r, Höhe h, begrenzt durch n Flächen.
Torus[*r1*,*r2*,*n*,*m*]	Torus mit äußerem Radius r_1 und Ringradius r_2, begrenzt durch $n \cdot m$ Flächen.
Sphere[*r*,*n*,*m*]	Kugel mit Radius r, begrenzt durch $n \cdot (m - 2) + 2$ Flächen.
MoebiusStrip[*r*,*b*,*n*]	Möbiusband: Radius r, Breite b, $2n$ Flächen.
Helix[*r*,*h*,*n*,*m*]	Spirale mit Radius r und Abständen h, mit n Windungen zu je m Flächen. Analog **DoubleHelix**[*r*,*h*,*n*,*m*].

Tabelle 6.2: Elementare 3D-Grafikobjekte.

```
Needs["AusWeb`Shapes`"]

obj1 = Graphics3D[Cuboid[{0,0,0}, {0.5,0.5,0.5}], Boxed->False];
obj2 = Graphics3D[Cone[1, 2, 20], Boxed->False];
obj3 = Graphics3D[Cylinder[1, 2, 20], Boxed->False];
obj4 = Graphics3D[Torus[4, 1, 20, 10], Boxed->False];
obj5 = Graphics3D[Sphere[1, 20, 20], Boxed->False];
obj6 = Graphics3D[MoebiusStrip[5, 1, 20], Boxed->False];

liste = {{obj1, obj2, obj3}, {obj4, obj5, obj6}};
liste //TableForm
```

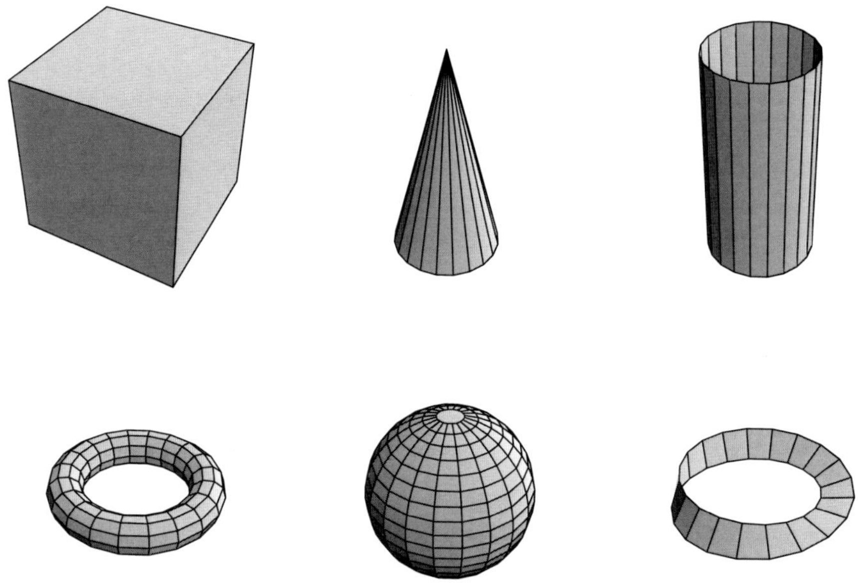

Abb. 6.1: *Grafiken tabellarisch anordnen.*

Das Paket `Graphics`Shapes`` wird hierbei nur für einige der Objekte benötigt, siehe Tabelle 6.2. **`Boxed->False`** bewirkt, dass die Objekte nicht durch eine Box umrahmt werden, siehe Abschnitt 6.2.2. Zum Schluss wird die Liste tabellarisch dargestellt, und in genau dieser Weise werden dann auch die Grafikobjekte gezeichnet, siehe Abbildung 6.1.

Vorgängerversionen: Bis einschließlich Version 5.2 werden in obigem Beispiel keine Grafiken angezeigt, man erreicht dies erst nach Ausführung von:

```
Show[GraphicsArray[liste, GraphicsSpacing->0.2]];
```

wobei das Argument `GraphicsSpacing` (Vorgabewert ist 0.1), welches den Abstand zwischen den einzelnen Grafiken regelt, auch weggelassen werden kann.

Ausblick: Neben den bisher besprochenen geometrischen Objekten bietet Mathematica natürlich auch Grafikbefehle zur Darstellung von Funktionsgraphen an. Zentral sind hierbei der `Plot`-Befehl, den wir bereits in einem Beispiel in Kapitel 2 kennengelernt haben, sowie seine Ableger. Wie wir in Abschnitt 7.3 sehen werden, gelten alle Grafikoptionen, die im Folgenden vorgestellt werden, auch für diese Befehlsfamilie.

Ausblick: Ein anderer bedeutsamer Grafiktyp ist die Punktgrafik. Mit `ListPlot`, siehe Beispiel 4.3.2, können Listen von Werten grafisch dargestellt werden, was sich insbesondere im Rahmen statistischer Datenanalyse als bedeutsam erweisen wird. Auch für `ListPlot` und verwandte Befehle gelten die im Folgenden vorzustellenden Grafikoptionen, siehe Abschnitt 17.2.1.

Zu guter Letzt sei daran erinnert, dass man erzeugte Grafiken auch exportieren kann, genau wie in Abschnitt 4.3 beschrieben. Daneben gibt es auch die Möglichkeit, ausgegebene Grafiken über Anklicken ihrer Zellklammer (bei mehreren Markierungen zugleich die Taste Strg gedrückt halten) zu markieren, und dann z. B. mit Hilfe eines geeigneten Druckertreibers in eine EPS-Datei zu drucken. Alternativ kann man auch über *Edit* → *Save Selection As* (bis Version 5.2) bzw. *File* → *Save Selection As* (seit Version 6.0) die markierten Grafiken in eines der angebotenen Grafikformate exportieren.

6.2 Maßgeschneiderte Grafiken erzeugen

Der vorige Abschnitt 6.1 erlaubte es uns, ein klein wenig in das Grafikrepertoire von Mathematica hineinzuschnuppern. Noch ist die grafische Ausgabe der Objekte allerdings wenig zufriedenstellend: Schaut man sich beispielsweise nochmals die Definition des Rechtecks zu Beginn von Abschnitt 6.1 an, so handelt es sich bei diesem eigentlich um ein Quadrat. Dargestellt wird dieses aber, je nach Version, verzerrt als Rechteck. Ferner mussten wir uns mit den farblichen Voreinstellungen Mathematicas begnügen. Um dies zu ändern, können wir auf zweierlei Weise verfahren: Erstens können wir Gebrauch von den angebotenen Grafikoptionen machen und die Grafik gleich so erzeugen, dass sie unseren Anforderungen entspricht. Dies ist quasi der traditionelle Weg in Mathematica, den wir in diesem Abschnitt detailliert erläutern wollen. Seit Version 6.0 kann man Grafiken aber auch nachbearbeiten, wie man es von sonstiger Grafiksoftware her gewohnt ist. Diese neuartigen Möglichkeiten wollen wir später in Abschnitt 6.3 vorstellen.

6.2.1 2D-Grafikobjekte anpassen

Weiterführende Informationen ... zur Anpassung zweidimensionaler Grafiken werden in der Hilfe unter *Built-in Functions: Graphics and Sound* → *Graphics Primitives* → *Graphics* (bis Version 5.2) bzw. *ref/Graphics* (seit Version 6.0) angeboten.

Mathematica bietet eine Reihe von Stellschrauben an, um zweidimensionale Grafikobjekte in der gewünschten Weise zu erzeugen. Dabei ist zuerst zwischen zwei Arten solcher Stellschrauben zu unterscheiden: Anweisungen, die sich auf das individuelle Grafikobjekt beziehen ('directives'), und Anweisungen, die die Gesamtgrafik global betreffen ('options'). Wir wollen aus beiden Gruppen die wichtigsten Vertreter vorstellen und beispielhaft erläutern.

Befehl	Beschreibung
ImageSize -> *Wert*	Breite der Grafik in Punkten.
AspectRatio -> *Wert*	Verhältnis von Grafikhöhe zu -breite.
PlotRange -> {{*x1*,*x2*}, {*y1*,*y2*}, {*z1*,*z2*}}	Wertebereich $[x_1; x_2] \times [y_1; y_2] \times [z_1; z_2]$, über dem die Grafik gezeichnet wird. {*z1*,*z2*} entfällt bei 2D-Grafiken. Gibt man nur **PlotRange** -> {*a*,*b*} an, so wird dies als Bereich der Hochachse interpretiert.
PlotLabel -> "*Text*"	Überschrift der Grafik, Voreinstellung ist `None`.
PlotStyle -> {*Dir1*,...}	Behälterbefehl für Grafikdirektiven, die sich auf zu zeichnende Funktionsgraphen beziehen.
BaseStyle -> {*Dir1*,...}	Behälterbefehl für Grafikdirektiven, die sich auf Grundeinstellungen der Grafik beziehen. (seit V. 6)
Axes -> *Wert*	Die möglichen Werte `True` und `False` geben an, ob Achsen angezeigt werden.
AxesLabel -> {"*TxtX*", "*TxtY*","*TxtZ*"}	Beschriftung der Achsen, auch Angabe von `None` für einzelne Achsen möglich.
AxesOrigin -> {*Wert*}	Legt Position des Koordinatenkreuzes fest.
AxesStyle -> {*xliste*, *yliste*, *zliste*}	Behälterbefehl für Direktiven analog `PlotStyle`. An Stelle einer Liste für eine Achse auch `Automatic` für Voreinstellung möglich.
Ticks -> {*xliste*, *yliste*, *zliste*}	Einteilung der einzelnen Achsen. An Stelle einer Liste für eine Achse auch `Automatic` für Voreinstellung möglich sowie `None` für keine Achsmarkierungen.
Gridlines -> {*xliste*, *yliste*, *zliste*}	Analog `Ticks`, nur werden hier Gitterlinien eingezeichnet.
Frame -> *Wert*	Diese Option sowie `FrameLabel`, `FrameStyle`, `FrameTicks` völlig analog wie die jeweiligen `Axes`-Kommandos, nur bezogen auf einen Rahmen um die Grafik.
Zusätzlich für 3D-Grafiken:	
Boxed -> *Wert*	Die möglichen Werte `True` und `False` geben an, ob die Grafik in einer Box angezeigt wird.
Lighting -> {{"*Typ1*", *Farbe1*, {**x1**,**y1**,**z1**}}, ...}	Legt Position und Art der Lichtquellen fest. (seit V. 6)
Viewpoint -> {*x*,*y*,*z*}	Blickpunkt, von dem aus die Grafik anvisiert wird.

Tabelle 6.3: *Auswahl wichtiger Grafikoptionen.*

Beginnen wir mit den *globalen Optionen*, welche man innerhalb von `Graphics`, analog aber auch bei Grafikbefehlen wie `Plot`, anhängt: **`Graphics[`***`Element`***`, `***`Opt1`***`, ...]`**. Eine Kurzzusammenfassung solcher Optionen bietet Tabelle 6.3. Hierbei wiederum wollen wir bei den *Grafikproportionen* einsteigen. Klickt der Leser eine ausgegebene Grafik an, wird ein Grafikfenster sichtbar, in welches die Grafik füllend einbeschrieben ist. Dieses Fenster kann man mit der Maus größer oder kleiner ziehen, vgl. Abschnitt 6.3.1, kann aber auch schon vorher die *Fensterbreite* festlegen, indem man **`ImageSize ->`** *`Wert`* angibt, wobei der Wert in Punkten dimensioniert ist. Die Höhe berechnet sich daraus mit Hilfe des Faktors, den man per **`AspectRatio ->`** *`Wert`* bestimmt. Standardmäßig ist hier `1/GoldenRatio`$\approx 0.62 < 1$ festgelegt, was der Grund dafür ist, dass das Quadrat zu Beginn des Abschnitts 6.1 als Rechteck erschien. An Stelle eines expliziten Wertes kann man auch **`Automatic`** angeben. Dann berechnet Mathematica einen passenden Faktor so, dass beide Koordinatenachsen gleich skaliert sind.

Im folgenden Beispiel, das gleich mehrere der 2D-Objekte vorstellt, wurde **`AspectRatio -> 1`** gesetzt. Die Optionen des ersten Objektes innerhalb von `Show` haben dabei Vorrang vor den Optionen der übrigen Objekte.

```
obj1=Graphics[Circle[{0,0}, 1], AspectRatio -> 1];
obj2=Graphics[Line[{{0,0}, {1/√2, 1/√2}}]];
obj3=Graphics[Disk[{0,0}, 0.03]];
obj4=Graphics[Text["Kreisfläche", {0,-0.5}]];
obj5=Graphics[Text["Radius r", {0.4,0.4}, {1,0},
{1,1}]];
Show[obj1, obj2, obj3, obj4, obj5]
```

Eine kurze Bemerkung zum `Text`-Objekt: Das dritte Argument `{1,0}` legt fest, dass der Text rechtsbündig ist (`{-1,0}`: linksbündig, Voreinstellung `{0,0}`: zentriert). Aus dem Verhältnis der Zahlen im vierten Argument `{1,1}` errechnet sich der Winkel, in dem der Text geschrieben wird, mit `{1,0}` für horizontal und `{0,1}` für vertikal.

Durch `AspectRatio` und `ImageSize` ist nun die Größe des Fensters fixiert, der darin gezeigte *Inhalt* kann aber noch beeinflusst werden. Standardmäßig versucht Mathematica, das Fenster optimal auszufüllen, was Verzerrungen zur Folge haben kann. Manuell kann man den gezeichneten Bereich via **`PlotRange ->`** `{{`*`x0,x1`*`},{`*`y0,y1`*`},{`*`z0,z1`*`}}` festlegen, wobei der z-Bereich nur bei 3D-Grafiken anzugeben ist. Man beachte die Auswirkung auf das Beispiel aus Abschnitt 6.1:

```
obj1=Graphics[Rectangle[{0,0}, {0.5,0.5}],
AspectRatio -> 1, PlotRange -> {{0,1},{0,1}}];
obj2=Graphics[Rectangle[{0.2,0.3}, {0.7,0.6}]];
Show[obj1,obj2]
```

Die zwei Rechtecke wirken links unten etwas deplatziert. Da aber der gesamte Bereich $[0;1] \times [0;1]$ dargestellt wird, hat dies seine Richtigkeit. Etwas einsichtiger wird dies, wenn man via **`Axes -> True`** Koordinatenachsen anzeigen lässt:

```
obj1=Graphics[Rectangle[{0,0}, {0.5,0.5}],
AspectRatio -> 1, PlotRange -> {{0,1},{0,1}},
Axes -> True, AxesLabel -> {"x-Achse", "y-Achse"},
PlotLabel -> "Rechtecke"];
obj2=Graphics[Rectangle[{0.2,0.3}, {0.7,0.6}]];
Show[obj1,obj2]
```

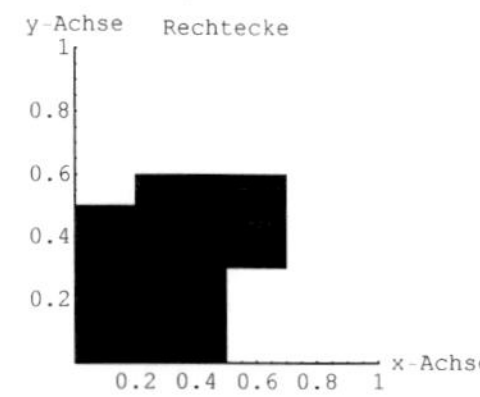

Hierbei wurden über `PlotLabel` bzw. `AxesLabel` auch noch die Grafik bzw. die Achsen beschriftet. Durch `AxesOrigin` könnte man ferner auch den Ursprung, das Koordinatenkreuz, modifizieren. Bei **AxesStyle ->** {*xliste, yliste, zliste*} kann man innerhalb der einzelnen Listen *Direktiven* angeben, mit denen man die einzelnen Achsen beeinflussen kann. Solche Direktiven wie Farben, etc., werden wir weiter unten in diesem Abschnitt besprechen.

Die Unterteilung der Achsen kann man durch **Ticks ->** {*xliste, yliste, zliste*} auch manuell festlegen, ferner kann man durch `GridLines` Gitterlinien zeichnen lassen. Durch die Option `Automatic` werden diese an den Haupteinheiten der Achsen gezeichnet, man kann aber auch hier wieder explizit durch Listen die Linienposition bestimmen:

```
Graphics[
Polygon[{{1,1}, {2,1}, {3,3}, {2,4}, {1,3}}],
AspectRatio -> 1, PlotRange -> {{0,4}, {0,4}},
Axes -> True, Ticks -> {Automatic, {2.5,4}},
GridLines -> {{0.8,2.7}, Automatic}]
```

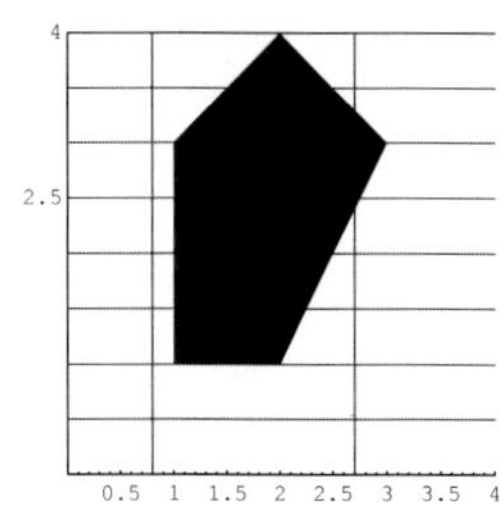

Für 2D-Grafiken gibt es ferner noch die Optionenfamilie `Frame`, `FrameLabel`, `FrameStyle` und `FrameTicks`, die, vergleichbar dem Koordinatensystem, einen Rahmen mit Einheiten um die Grafik zeichnet. Einstellungen nimmt man entsprechend dem jeweiligen Analogon für Koordinatenachsen (`Axes`-Befehl) vor.

Bisher unbeachtet blieb der in der Grafik mitausgegebene Text. Um die Grafikbeschriftungen zu beeinflussen, muss man per **BaseStyle ->** {*Einstellungen*} Festlegungen treffen, etwa

`FontFamily -> "`*Name*`"`	Auswahl einer Schriftart,
`FontSize ->` *n*	Schriftgröße in pt,
`FontWeight -> "Bold"`	Fettdruck,
`FontSlant -> "Italic"`	kursive Schrift.

Vorgängerversionen: Benutzer von Versionen bis 5.2 müssen zur Anpassung der Beschriftungen an Stelle von `BaseStyle` die Option **TextStyle ->** {*Einstellungen*} verwenden, bei ansonsten gleicher Syntax.

Bei einem Text*objekt* ist das Ganze etwas verzwickter: Statt nur **Text["** *abc* **",**$\{x,y\}$**, ...]** schreibt man **Text[StyleForm["** *abc* **",** *Optionen* **],**$\{x,y\}$**,...]** und kann bei den Optionen die gewünschten Eigenschaften aufzählen. Ein Beispiel:

```
obj1=Graphics[Rectangle[{0,0}, {0.5,0.5}],
AspectRatio -> 1, PlotRange -> {{0,1},{0,1}},
Background -> GrayLevel[0.8]];
obj2=Graphics[{GrayLevel[0.4],
Rectangle[{0.2,0.3}, {0.7,0.6}]}];
obj3 = Graphics[
Text[StyleForm["Konkrete Kunst",
FontFamily -> "Arial", FontSize -> 16,
FontWeight -> "Bold",
FontSlant -> "Italic"], {0.5,0.8}]];
Show[obj1,obj2,obj3]
```

Im Beispiel wurde durch **Background -> GrayLevel[0.8]** ein hellgrauer Hintergrund erreicht, und auch *obj2* ist in einem Grauton gezeichnet worden. Bei `GrayLevel` handelt es sich dabei um eine von mehreren Grafikdirektiven, mit denen man das individuelle Erscheinungsbild einzelner Grafikobjekte anpassen kann. Einen Überblick bietet Tabelle 6.4. Die Anwendung dieser Direktiven ist simpel: Innerhalb der `Graphics`-Anweisung (analog auch bei `Graphics3D`) schreibt man an Stelle von *`Element`* ausführlicher $\{$*`Dir1, Dir2, ...,Element`*$\}$, genau wie in *obj2*. Bei der Auswahl der richtigen Koordinaten für die Farbkommandos hilft übrigens der Menüpunkt *Input* → *Color Selector* (bis Version 5.2) bzw. *Insert* → *Color* (seit Version 6.0) weiter. Neben diesen Möglichkeiten *vor* Erzeugen der Grafik gibt es seit Version 6.0 umfangreiche Ansätze der Grafik*nach*bearbeitung, siehe Abschnitt 6.3.

6.2.2 3D-Grafikobjekte anpassen

Was die Bearbeitung der Grafiken betrifft, besteht eigentlich kein Unterschied zwischen 2D- und 3D-Grafiken. Das Rahmenkommando ist nun `Graphics3D`, aber Optionen und/oder Direktiven werden genauso platziert wie bei `Graphics`, siehe auch den Hilfeeintrag *Built-in Functions: Graphics and Sound* → *Graphics Primitives* → *Graphics3D* (bis Version 5.2) bzw. *ref/Graphics3D* (seit Version 6.0). Einzig gibt es deutlich mehr Optionen als zuvor, und von diesen zusätzlichen Optionen sollen einige hier vorgestellt werden.

3D-Grafiken werden per Voreinstellung durch eine Box umrahmt. Wen das stört, erhält durch die Option **Boxed -> False** Abhilfe:

```
Needs["AusWeb`Shapes`"]

Graphics3D[
Torus[4,1,20,10], Boxed -> False]
```

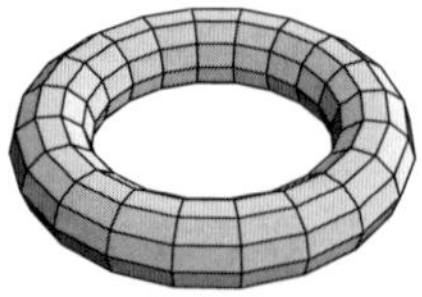

Passend zu einer 3D-Grafik kann man diese auch rotieren, indem man den Blickpunkt

Befehl	Beschreibung
GrayLevel[x]	Grauton vom Wert $x \in [0;1]$, 0=schwarz, 1=weiß.
RGBColor[r,g,b]	RGB-Farbton, bestimmt durch Tripel r,g,b. Analoge Farbkommandos: **CMYKColor[c,m,y,k]**, **Hue[h]**.
AbsoluteDashing[{$w1,\ldots$}]	Linie stricheln, mit festgelegter Längenfolge in pt.
Dashing[{$r1,\ldots$}]	Linie stricheln, mit Längenwerten relativ zur Grafikgröße.
AbsolutePointSize[d]	Punktdurchmesser in pt.
PointSize[r]	Punktdurchmesser relativ zur Grafikgröße.
AbsoluteThickness[d]	Liniendicke in pt.
Thickness[r]	Liniendicke relativ zur Grafikgröße.
Opacity[p]	Grad der Lichtundurchlässigkeit, zwischen 0 und 1, 0=perfekte Transparenz. Achtung: Probleme beim Export ins EPS-Format. (seit V. 6)
Zusätzlich für 3D-Grafiken:	
EdgeForm[*Spez.*]	Betrifft Kanten eines Objektes, verwendet werden können obige Direktiven wie Farben, etc.
FaceForm[x,y]	Betrifft Flächen eines Objektes: x=Farbe Oberseite, y=Farbe Unterseite.
SurfaceColor[*Farbe*]	Betrifft Schattierung eines Objektes.

Tabelle 6.4: *Auswahl wichtiger Grafikdirektiven.*

ändert. Dies erreicht man über **ViewPoint->**{x,y,z}, wobei man zur Koordinatenauswahl den Menüpunkt *Input → 3D ViewPoint Selector* zu Hilfe nehmen kann. Den Effekt zeigt folgendes Beispiel:

```
Graphics3D[
Helix[1,1,5,10], Boxed->False]

Graphics3D[
Helix[1,1,5,10], Boxed->False,
ViewPoint->{1,-1,3}]
```

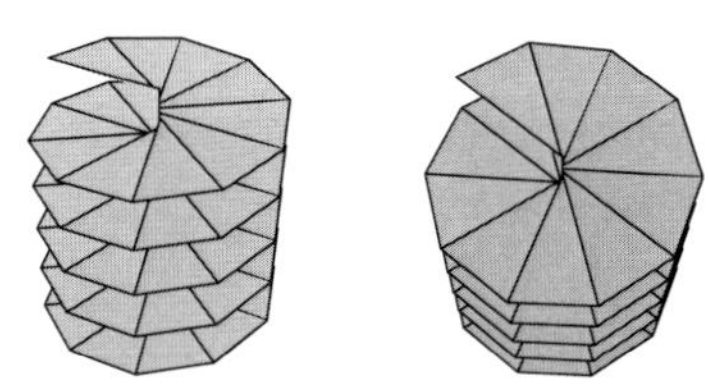

Seit Version 6.0 geht dies auch wesentlich einfacher, indem man nach Erzeugen der 3D-Grafik mit dem Mauszeiger über den Grafikbereich fährt; er wandelt sich dann zu einer der beiden folgenden Formen: oder . Nun kann man mit gedrückter linker Maustaste die Grafik rotieren, wobei die Position der Drehachse von der Art des Mauszeigers abhängt, siehe auch Abschnitt 6.3.

Schließlich kann man gezielt Beleuchtung einschalten, wobei sich hier die Befehlssyntax mit Version 6.0 komplett geändert hat hin zur neuen Option `Lighting`. Deren Syntax ist

```
Lighting->{ {"Typ1", Farbe1, {x1,y1,z1}}, ...}
```

Im folgenden Beispiel wird nur ein graues Umgebungslicht eingeschaltet, mit dem Effekt, dass das gezeigte Möbiusband gleichmäßig grau eingefärbt ist:

```
Graphics3D[
MoebiusStrip[5,2,30], Boxed->False,
Lighting->{{"Ambient",GrayLevel[0.5]}}]
```

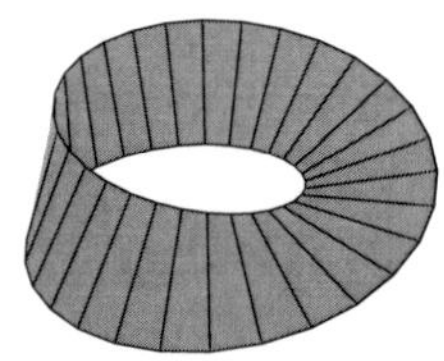

Man kann auch beliebig viele Lichtquellen beliebiger Farbe an beliebigen Positionen einschalten. Ein Beispiel:

```
Graphics3D[
Sphere[1,10,10], Boxed->False,
Lighting->{{"Directional",
GrayLevel[0.6], {-1,0,1}}}]
```

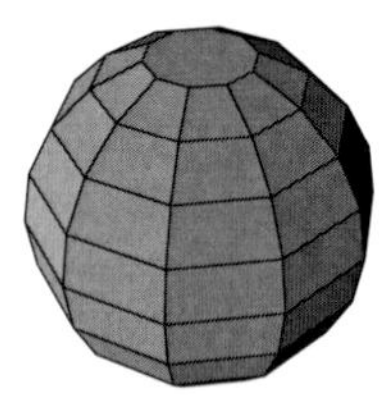

Vorgängerversionen: Benutzer bis Version 5.2 müssen ohne `Lighting` auskommen. Umgebungslicht kann man über `AmbientLight` einschalten, mit `LightSources` beliebig viele Lichtquellen beliebiger Farbe an beliebigen Positionen. Die Syntax ist **`LightSources->{ {{x1,y1,z1}, Farbe1}, ...}`**. Für die obigen Beispiele müsste der Code also lauten: **`AmbientLight->GrayLevel[0.5]`**, **`LightSources->{}`** bzw. **`LightSources->{{{-1,0,1}, GrayLevel[0.6]}}`**.

6.3 Grafiken nachbearbeiten

Seit Version 6.0 erlaubt es Mathematica, Grafiken auf einfache Weise, zugleich aber sehr umfassend nachzubearbeiten. Grob lassen sich die Möglichkeiten unterteilen in solche, die durch einfache Anwendung der Maus vonstatten gehen, und solche, für die man Werkzeuge einer Palette einsetzen muss.

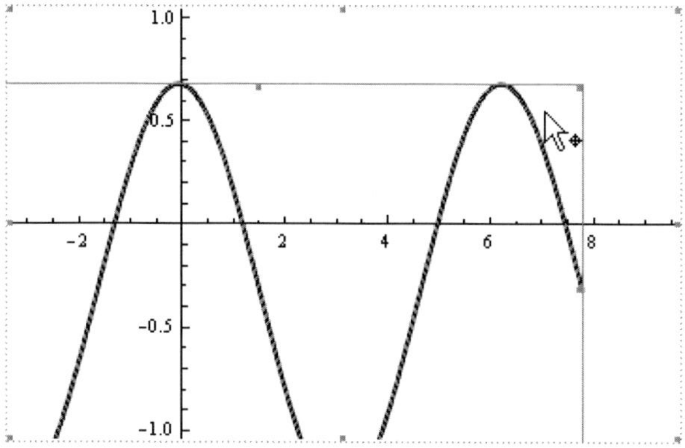

Abb. 6.2: *Verschieben der Grafik im Grafikfenster.*

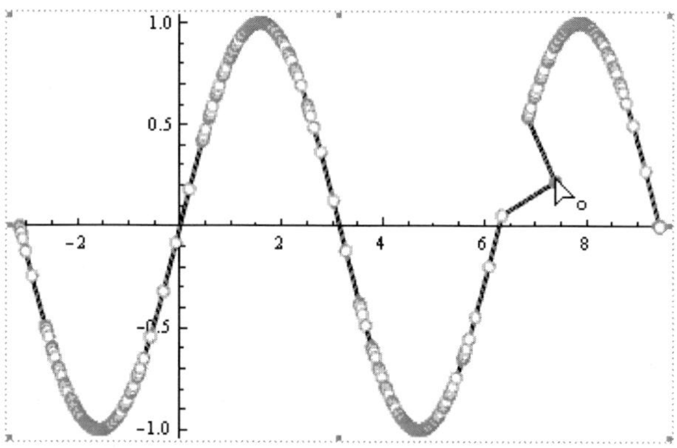

Abb. 6.3: *Ziehen einzelner Punkte.*

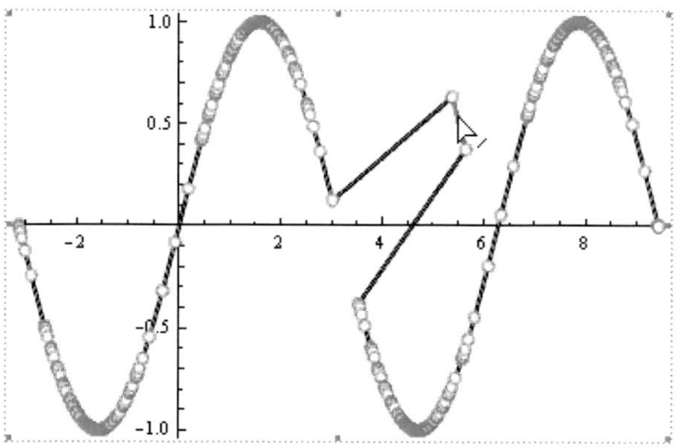

Abb. 6.4: *Ziehen von Abschnitten.*

6.3.1 … mit der Maus

Eine der wenigen Möglichkeiten, die schon frühere Versionen von Mathematica bieten, ist es, die Größe der Grafik mit der Maus zu verändern, siehe auch Abschnitt 6.2.1, unter Beibehaltung der durch `AspectRatio` festgelegten Proportionen. Hierbei muss man zuerst die Maus so platzieren, dass sie von der Gestalt ⤡ o. Ä. ist, dann mit gedrückter Maustaste ziehen. Seit Version 6.0 hat man weitere Möglichkeiten der Nachbearbeitung mit der Maus. Eine davon hatten wir schon in Abschnitt 6.2.2 kennengelernt, nämlich die Rotation von 3D-Grafiken. Weitere sind:

- Maus von Form ↔ und [⇧]-Taste gedrückt: Größe einseitig verändern, samt der Grafikproportionen, wie sie ursprünglich durch `AspectRatio` bestimmt wurden.
- Maus von Form ↔ und [Strg]-Taste gedrückt: Grafik bleibt unverändert, aber Grafik*fenster* ändert sich. Je nach Wahl ist die Grafik nur noch teilweise sichtbar.
- Maus von Form ✥: Zieht man zuerst nach rechts unten, vergrößert sich das äußere Grafikfenster, anschließend kann man die eigentliche Grafik darin platzieren.

Ferner kann man nun einzelne Elemente der Grafik, z. B. die einzelnen Graphen bei einem `Plot` oder die einzelnen Punkte bei einem `ListPlot`, durch Doppelklick auswählen. Anschließend kann man, je nach Art des Elements, die folgenden Schritte unternehmen:

- Maus von Form ▷✥ oder ▷✥: Objekt kann verschoben werden. In Abbildung 6.2 etwa wird nur die Sinuskurve verschoben, das Koordinatensystem bleibt.
- Maus von Form ▷∘: Einzelner Punkt wird verschoben. In Abbildung 6.3 etwa führt dies dazu, dass ein Teil der Sinuskurve verzerrt wird.
- Maus von Form ▷⁄: Streckenabschnitt wird verschoben. In Abbildung 6.4 etwa führt dies dazu, dass ein Teil der Sinuskurve verzerrt wird.

Die Sinuskurve aus dem Beispiel wurde übrigens durch **Plot[Sin[x], {x,-π,3π}]** erzeugt. Um die neuen Möglichkeiten der Grafiknachbearbeitung zu erfahren, die Version 6.0 mit sich bringt, sei dem Leser dringlichst angeraten, verschiedenste Grafiken zu erzeugen und mit diesen herumzuspielen, auf ähnliche Weise, wie oben beschrieben.

6.3.2 … mit der Grafikpalette

Neben den erweiterten Funktionalitäten der Maus bringt Mathematica auch zwei neue Grafikpaletten mit sich: Die aus Abbildung 6.5 (a) aktiviert man über *Graphics → Drawing Tools*, die aus Abbildung 6.5 (b) entweder über *Graphics → Graphics Inspector* oder mit dem Knopf oben rechts in der erstgenannten Palette.

Die Palette aus Abbildung 6.5 (a) bringt eine Reihe von Werkzeugen mit, wie sie aus Zeichenprogrammen bekannt sein dürften; das Werkzeug zum Ablesen von Punktkoordinaten (in der Abbildung das aktive Werkzeug) wurde übrigens erst mit Version 6.0.2

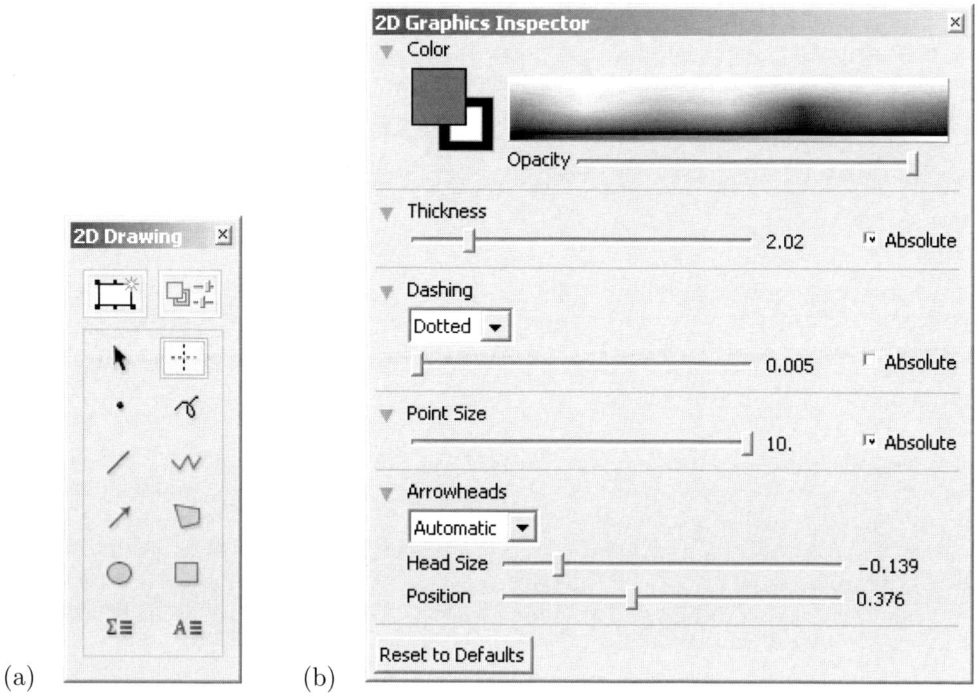

Abb. 6.5: *Die Grafikpaletten von* Mathematica, *Version 6.*

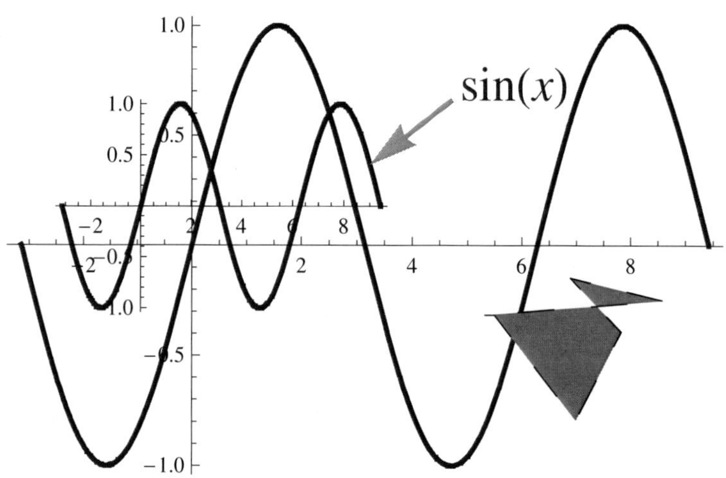

Abb. 6.6: *Einsatz der Grafikwerkzeuge.*

ergänzt. Eine Beschreibung der einzelnen Werkzeuge bietet die Hilfe, Eintrag *tutorial/InteractiveGraphicsPalette*. Mit ihrer Hilfe wurden etwa das Vieleck, der Pfeil und die Beschriftung (Typ *TraditionalForm*) in Abbildung 6.6 erzeugt. Dazu klickt man das jeweils gewünschte Werkzeug der Palette an. Der Mauszeiger ändert dann seine Form und zeichnet bei gedrückter linker Maustaste das gewünschte Objekt. Dieses kann man jederzeit wieder markieren, gemäß Abschnitt 6.3.1 manipulieren, und gegebenenfalls mit der Entf-Taste auch wieder löschen.

Die zweite Sinuskurve samt Koordinatensystem dagegen wurde anderweitig erzeugt: Durch einfaches Anklicken des Sinus-`Plots` wird der Grafikrahmen markiert, man drückt Strg+C (Kopieren). Anschließend übt man einen Doppelklick auf die Grafik aus und drückt Strg+V (Einfügen). Eine verkleinerte Kopie der Grafik findet sich nun als eigenständiges Objekt in der Hauptgrafik wieder und kann wie alle Grafikobjekte manipuliert werden.

Kommen wir nun zum *Graphics Inspector* aus Abbildung 6.5 (b). Dessen Einstellungen wirken sich stets auf das aktuell in der Grafik markierte Objekt (Doppelklick) aus. Die verfügbaren Stellschrauben, meist über Schieberegler, sind weitestgehend selbsterklärend. Über *Thickness* kann man z. B. die Liniendicke beeinflussen, über *Point Size* die Punktgröße. In puncto Pfeile, vgl. Abschnitt 6.1, kann man Einfluss nehmen auf die Form der Pfeilspitze, ihre Größe und ihre Position entlang der Pfeillinie. Auch hier sei der Leser wieder zu eigenständigem Experimentieren aufgefordert!

Teil II

Mathematik mit Mathematica

Der Einsatz von Mathematica ist zwar bei Weitem nicht auf die Mathematik beschränkt, doch bietet Mathematica hierzu naturgemäß eine große Fülle von Verfahren an. Nachdem wir uns in Kapitel 5 bereits mit ersten mathematischen Fragestellungen auseinandergesetzt haben, wollen wir in Kapitel 7 etwas tiefer in die Mathematik einsteigen und uns mit disziplinenübergreifenden Grundlagen wie den Begriffen Vektor, Matrix und Funktion befassen. In den weiteren Kapiteln des Teils II wollen wir uns dann spezialisieren und aufzeigen, inwiefern Mathematica als Werkzeug in wichtigen Teilgebieten der Mathematik eingesetzt werden kann. Ohne Anspruch auf Vollständigkeit zu erheben, wollen wir dabei die Analysis in Kapitel 8, die lineare Algebra in Kapitel 9, die Geometrie in Kapitel 10, die Gebiete Algebra und Zahlentheorie in Kapitel 11, die diskrete Mathematik in Kapitel 12, die Wahrscheinlichkeitstheorie in Kapitel 13 und die Numerische Mathematik in Kapitel 14 behandeln.

7 Grundlegende mathematische Konzepte

Nachdem wir in Kapitel 5 bereits Mathematicas Fähigkeit zum numerischen und symbolischen Rechnen kennengelernt und auch das Thema Zahlbereiche behandelt haben, wollen wir in diesem Kapitel weitere mathematische Grundlagen diskutieren. Wir beginnen dabei mit dem Thema Vektoren und Matrizen in Abschnitt 7.1, um anschließend in Abschnitt 7.2 eines der wichtigsten mathematischen Konzepte, den Funktionsbegriff, zu behandeln. Die grafische Darstellung solcher Funktionen ist schließlich das Thema von Abschnitt 7.3.

7.1 Zahlen, Vektoren und Matrizen

Mit dem Thema Zahlen haben wir uns bereits in Abschnitt 5.1 befasst und kennengelernt, dass Mathematica die vier großen Bereiche der ganzen, rationalen, reellen und komplexen Zahlen implementiert hat. Mit ganzen und rationalen Zahlen kann Mathematica exakt rechnen, wogegen irrationale Zahlen von Haus aus etwas problematisch sind: Da diese in Dezimalbruchschreibweise unendlich viele, sich nicht periodisch wiederholende Nachkommastellen aufweisen, kann man sie zwangsweise entweder nur bei ihrem Namen nennen ($\pi, e, \sqrt{2}$), so dieser denn existiert, oder eine Näherung mit endlich vielen Nachkommastellen angeben. Letzteres macht Mathematica bis zu vorgebbarer und theoretisch beliebig großer Genauigkeit. In Abschnitt 11.4 werden wir dann noch die algebraischen Zahlkörper kennenlernen, welche den Körper der rationalen Zahlen erweitern.

Ausblick: Neben dem in Abschnitt 5.1 diskutierten Ring der ganzen Zahlen und den Körpern der rationalen, reellen und komplexen Zahlen sowie den in Abschnitt 11.4 zu besprechenden algebraischen Zahlkörpern bietet Mathematica auch noch zwei etwas exotischere Zahlbereiche an, nämlich den Quaternionenschiefkörper über das Paket `Quaternions`` sowie die Familie der endlichen Körper $GF(p^k)$ (Galois-Felder) über das Paket `FiniteFields``; Benutzer bis Version 5.2 müssen beim Aufruf dieser Pakete noch die Kategorie `Algebra`` voransetzen. Nach dem Laden eines dieser Pakete können die jeweiligen Elemente eingegeben und mit den gewöhnlichen Operatoren '+', '**' im Falle des Schiefkörpers bzw. '+', '*' im Falle des Körpers verknüpft werden. Für weitere Informationen sei auf die zugehörigen Hilfeeinträge der Rubrik *Add-ons: Standard Packages → Algebra* (bis Version 5.2) bzw. *Quaternions/tutorial/Quaternions* und *FiniteFields/tutorial/FiniteFields* (seit Version 6.0) verwiesen.

Vektoren und Matrizen sind bei Mathematica als spezielle Art von Liste implementiert,

Befehl	Beschreibung
`Total[v]`	Komponentensumme $v_1 + \ldots + v_n$. (seit V. 5)
`Norm[v,p]`	Minkowski p-Norm von $\boldsymbol{v}$: $\|\boldsymbol{v}\|_p = (\|v_1\|^p + \ldots + \|v_n\|^p)^{1/p}$. Auch `Infinity` bzw. ∞ für p möglich, ergibt Maximumsnorm. Angabe von p optional: Fehlt p, so wird $p = 2$ (euklidische Norm) gesetzt. (seit V. 5)
`Normalize[v]`	Normierung des Vektors $\boldsymbol{v}$ bzgl. euklidischer Norm. (seit V. 6)
`Projection[u,v]`	Projektion von $\boldsymbol{u}$ auf $\boldsymbol{v}$: $\boldsymbol{u}^\top \boldsymbol{v}/\|\boldsymbol{v}\|_2^2 \cdot \boldsymbol{v}$. (seit V. 6)
`EuclideanDistance[u,v]`	Euklidischer Abstand $\|\boldsymbol{u} - \boldsymbol{v}\|_2$. Dessen Quadrat: `SquaredEuclideanDistance`. (seit V. 6)
`ManhattanDistance[u,v]`	Manhattan- bzw. Blockabstand $\|\boldsymbol{u} - \boldsymbol{v}\|_1$. (seit V. 6)
`ChebyshevDistance[u,v]`	Tschebyschew- bzw. Maximumsabstand $\|\boldsymbol{u} - \boldsymbol{v}\|_\infty$. (seit V. 6)
`BrayCurtisDistance[u,v]`	Bray-Curtis-Abstand $\|\boldsymbol{u} - \boldsymbol{v}\|_1/\|\boldsymbol{u} + \boldsymbol{v}\|_1$. (seit V. 6)
`CanberraDistance[u,v]`	Canberra-Abstand $\sum_{i=1}^n \|u_i - v_i\|/(\|u_i\| + \|v_i\|)$. (seit V. 6)

Tabelle 7.1: Kommandos zum Arbeiten mit Vektoren.

siehe Bemerkung 4.2.3.1. Auf Grund ihrer immensen Bedeutung für die Mathematik gibt es für sie aber einige weit über die in Abschnitt 4.2 besprochenen Funktionalitäten für Listen hinausgehende Befehle. Eine Auswahl dieser Befehle wollen wir in diesem Abschnitt, und später auch in Abschnitt 9, besprechen.

> **Weiterführende Informationen ...** findet der Leser in der Mathematica-Hilfe unter *Built-in Functions: Lists and Matrices → Vector Operations* und ... *Matrix Operations* (bis Version 5.2) bzw. *guide/MatricesAndLinearAlgebra* (seit Version 6.0).

Zwei n-dimensionale Vektoren $\boldsymbol{v}_1$ und $\boldsymbol{v}_2$ addiert bzw. subtrahiert man wie Zahlen mit '+' und '-'. Bei der Produktbildung mit '*' wird das Produkt komponentenweise ausgeführt, siehe auch Abschnitt 4.2.2, man kann auf diese Weise aber auch einen Skalar in den Vektor hineinmultiplizieren. Das Operationszeichen für das Skalarprodukt $\boldsymbol{v}_1^\top \boldsymbol{v}_2$ hingegen ist ein Punkt '`.`'. Daneben bietet Mathematica für dreidimensionale Vektoren noch das Vektorprodukt `Cross` an, und die Dimension eines Vektors bestimmt man mit `Length`, siehe Tabelle 4.2 auf Seite 33. Weitere Kommandos, die Berechnungen mit Vektoren durchführen, sind in Tabelle 7.1 zusammengefasst.

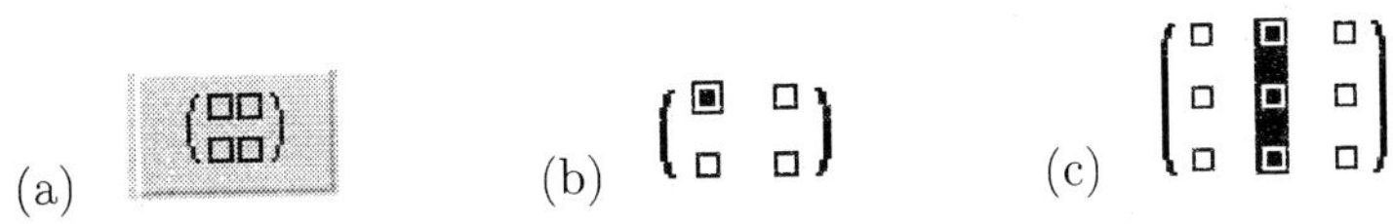

Abb. 7.1: Matrizen über die Eingabepalette eingeben.

Beispiel 7.1.0.1

Betrachten wir die Vektoren $\boldsymbol{v}_1 := (1, 2, 3)^\top$ und $\boldsymbol{v}_2 := (x, y, z)^\top$. Dann könnten folgende Verknüpfungen von Interesse sein:

v1={1, 2, 3}; v2={x, y, z}; v1+v2	{1+x, 2+y, 3+z}
v1*v2	{x, 2y, 3z}
7*v2	{7x, 7y, 7z}
Cross[v1, v2]	{-3y+2z, 3x-z, -2x+y}
v1.v2	x+2y+3z

Das zuletzt berechnete Skalarprodukt liefert als Resultat eine Zahl, daher der Name. Die quadrierte euklidische Norm eines Vektors stimmt mit dem Skalarprodukt des Vektors mit sich selbst überein:

v2.v2	$x^2 + y^2 + z^2$
Norm[v2, 2]^2	$\text{Abs}[x]^2 + \text{Abs}[y]^2 + \text{Abs}[z]^2$
Norm[v2, 3]	$(\text{Abs}[x]^3 + \text{Abs}[y]^3 + \text{Abs}[z]^3)^{1/3}$
Norm[v2, Infinity]	Max[Abs[x],Abs[y],Abs[z]]
Total[v2]	x+y+z

Maße des Abstands zwischen zwei Vektoren greifen häufig auf geeignete Normen zurück, siehe Tabelle 7.1. Auch hierzu ein paar Beispiele:

v3=2*v1	{2,4,6}
EuclideanDistance[v1,v3]	$\sqrt{14}$
ManhattanDistance[v1,v3]	6
BrayCurtisDistance[v1,v3]	$\frac{1}{3}$
CanberraDistance[v1,v3]	1

•

Wie in Bemerkung 4.2.3.1 beschrieben, werden zweidimensionale Listen mit Teillisten gleicher Länge von Mathematica als Matrix erkannt, die Teillisten repräsentieren die Zeilen der Matrix. Entsprechend kann man Matrizen in Listenform eingeben, zusätzlich steht aber auch ein entsprechender Knopf der Eingabepalette *BasicInput* zur Verfügung. Dieser ist in Abbildung 7.1 (a) wiedergegeben. Nach einem Klick wird im Notebook an der aktuellen Cursorposition eine leere 2×2-Matrix erstellt, siehe Abbildung 7.1 (b). Im jeweils markierten Kästchen kann man nun Einträge vornehmen, von Leerkästchen zu Leerkästchen kann man mit der Tabulatortaste wandern. Um weitere Zeilen einzufügen, drückt man die Tastenkombination [Strg]+[↵], für weitere Spalten [Strg]+[,] (Komma). Um Zeilen oder Spalten zu löschen, markiert man Selbige, vgl. Abbildung 7.1 (c), und drückt dann die Taste [Entf]. Obwohl man die Matrix in Matrixform eingibt, wird sie intern als Liste gespeichert, d. h. um eine Matrix in Matrixform auszugeben, benötigt man wieder das Kommando `MatrixForm`, siehe Abschnitt 4.2.1.

Bemerkung 7.1.1

Es gibt noch eine weitere Möglichkeit, eine leere Matrix (oder auch Tabelle oder Palette) an der gewünschten Stelle im Notebook einzufügen, wobei man hier sogar zusätzlich Umrandungslinien erstellen lassen kann, nämlich über das Menü *Input* → *Create Table/Matrix/Palette* (bis Version 5.2) bzw. über *Insert* → *Table/Matrix* → *New* (seit Version 6.0). •

Für Matrizen sind die Rechenoperationen analog wie bei Vektoren definiert: '+' bzw. '*' bewirken komponentenweise Addition bzw. Multiplikation, wogegen '.' der Operator der Matrizenmultiplikation ist. Für Potenzen quadratischer Matrizen kann man nicht die von Zahlen gewohnte Notation `^k` verwenden, hier benötigt man den Befehl `MatrixPower`, siehe Tabelle 7.2.

Beispiel 7.1.2

Wir geben zwei Matrizen **A** und **B** ein, Erstere über die Eingabepalette:

`A=` $\begin{pmatrix} a & b \\ c & d \end{pmatrix}$	`{{a, b}, {c, d}}`
`B=DiagonalMatrix[{1, 2}]; MatrixForm[B]`	$\begin{pmatrix} 1 & 0 \\ 0 & 2 \end{pmatrix}$
`A+B //MatrixForm`	$\begin{pmatrix} 1+a & b \\ c & 2+d \end{pmatrix}$
`A.A //MatrixForm`	$\begin{pmatrix} a^2+bc & ab+bd \\ ac+cd & bc+d^2 \end{pmatrix}$
`MatrixPower[A, 2] //MatrixForm`	$\begin{pmatrix} a^2+bc & ab+bd \\ ac+cd & bc+d^2 \end{pmatrix}$

•

Der `Norm`-Befehl aus Tabelle 7.1 kann übrigens auch auf Matrizen angewendet werden, wobei hier das zweite Argument gleich 1, 2, `Infinity` oder `"Frobenius"` sein muss.

Befehl	Beschreibung
`Dimensions[A]`	Liste der Dimensionen von **A**.
`MatrixPower[A,k]`	k-te Potenz $\mathbf{A}^k$ der quadr. Matrix **A**.
`Inverse[A]`	Inverse der quadratischen Matrix **A**.
`Transpose[A]`	Transponierte der Matrix **A**. Auch Eingabe $A^\top$ möglich, $^\top$ durch Esc+tr+Esc. (seit V. 5.1)
`ConjugateTranspose[A]`	Konjugiert-komplex Transponierte (Hermitesche) von **A**. Auch Eingabe $A^\dagger$ möglich, † via Esc+ct+Esc. (seit V. 5.1)
`DiagonalMatrix[{d1,...,dn},k]`	Erzeugt $n \times n$-Diagonalmatrix mit Hauptdiagonale $d_1, \ldots, d_n$. Optionales Argument k erst seit Version 6.0; bewirkt, dass k-te Diagonale besetzt wird: $k = 0$ ist Hauptdiagonale, Nebendiagonalen in oberer Hälfte mit positiven Indizes, unten negativ.
`Diagonal[A,k]`	Ergibt Liste der Elemente der k-ten Diagonale. (seit V. 6)
`IdentityMatrix[n]`	Erzeugt $n \times n$-Einheitsmatrix.
`HankelMatrix[n]`	Erzeugt $n \times n$-Hankel-Matrix. (seit V. 6)
`HilbertMatrix[n]`	Erzeugt $n \times n$-Hilbert-Matrix. (seit V. 6)
`ToeplitzMatrix[n]`	Erzeugt $n \times n$-Töplitz-Matrix. (seit V. 6)
`ConstantArray[c,{m,n}]`	Erzeugt $m \times n$-Matrix, deren Komponenten allesamt gleich c sind. (seit V. 6)
`ArrayFlatten[{{A1,...},...}]`	Erzeugt Blockmatrix aus den Einzelmatrizen $\mathbf{A}_1, \ldots$ (seit V. 6)

Tabelle 7.2: Kommandos zum Arbeiten mit Matrizen.

Diese Matrixnormen sind definiert als

$$\|\mathbf{A}\|_p := \max\left\{\|\mathbf{A}\boldsymbol{x}\|_p \;\middle|\; \|\boldsymbol{x}\|_p = 1\right\}, \qquad p = 1, 2, \infty,$$

insbesondere ist $\|\cdot\|_1$ die Spaltensummen-, $\|\cdot\|_\infty$ die Zeilensummennorm. Die Frobeniusnorm einer Matrix **A** berechnet sich schlicht als euklidische Norm über alle Elemente.

Beispiel 7.1.3

Die in Tabelle 7.2 aufgeführten Hankel-, Hilbert- und Töplitz-Matrizen sind allesamt von schöner Gestalt, etwa ist

Z=ToeplitzMatrix[4]; Z //MatrixForm

$$\begin{pmatrix} 1 & 2 & 3 & 4 \\ 2 & 1 & 2 & 3 \\ 3 & 2 & 1 & 2 \\ 4 & 3 & 2 & 1 \end{pmatrix}$$

Als Norm dieser Matrix erhält man u. A.

Norm[Z,2] $\sqrt{2\,(21+4\sqrt{26})}$

Norm[Z,"Frobenius"] $4\sqrt{6}$ •

Zur grafischen Darstellung des Inhalts einer Matrix ist seit Version 6.0 das Kommando `MatrixPlot` fest implementiert. Dieses versucht die Werte der Matrixkomponenten farbig zu codieren, wobei man über die Funktion **`ColorFunction->`** *Typ* die Art der Farbcodierung festlegen kann, also z. B. `GrayLevel` für Grauwerte:

MatrixPlot[Z,ColorFunction -> GrayLevel]

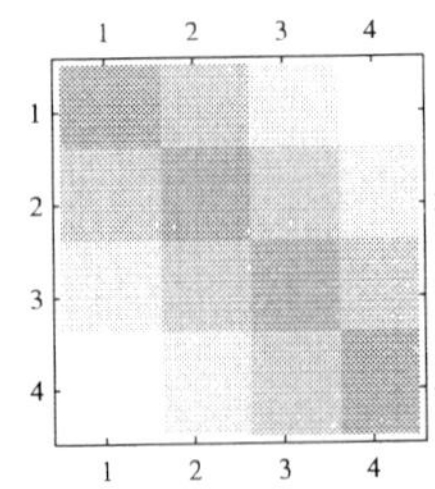

Auch kann man selbst explizit eine Farbcodierung festlegen. Der Leser probiere etwa das Kommando **`MatrixPlot[Z, ColorRules->{1->Red,2->Blue,_->Gray}]`** aus: Der Wert 1 wird dann durch die Farbe Rot repräsentiert, 2 durch Blau, alle weiteren Zahlen durch die Farbe Grau. Der Unterstrich '_' steht dabei für ein Muster, siehe auch Abschnitt 21.6 und Anhang A.2. Eine sinnvolle Anwendung findet dieses Kommando vor allem bei sehr großen Matrizen, bei denen extreme Werte von Bedeutung sein können, z. B. Abstands-, Ähnlichkeits- oder Korrelationsmatrizen. Für diese kann es auch sinnvoll sein, eine Farbregel auf Basis einer Ungleichung zu definieren. Führt der Leser das Beispiel **`MatrixPlot[Z, ColorRules->{x_/;x>=3 -> Black,_->Gray}]`** aus, so wird er feststellen, dass Werte größer gleich 3 schwarz gezeichnet werden, alle übrigen grau. Hierbei wurde der Bedingungsoperator '`/;`' verwendet, mit dessen Hilfe man die Bedingung $x \geq 3$ für das Muster namens x definieren konnte.

Mathematica erlaubt nicht nur die Konstruktion von Matrizen, sondern auch die Extraktion von Bestandteilen von Matrizen. Ein Beispiel ist der `Diagonal`-Befehl aus Tabelle 7.2, welcher die k-te Diagonale einer Matrix abfragt. Aber auch Zeilen, Spalten und Blöcke können abgefragt werden – zumindest seit Version 6.0, da mit dieser Version die Befehle `Take` und `Join` aus Tabelle 4.2 ergänzt sowie der Span-Operator '`;;`' eingeführt wurden, siehe Abschnitt 4.2.1. Benutzer bis Version 5.2 können dagegen auf das Paket ``LinearAlgebra`MatrixManipulation` `` zugreifen, siehe untenstehenden Ausblick.

Beispiel 7.1.4

Verwenden wir weiterhin die Matrizen **A** und **B** aus Beispiel 7.1.2. Um die Spalten von **B** an die von **A** anzuhängen, können wir `Join` verwenden:

```
Join[A,B,2] //MatrixForm
```

$$\begin{pmatrix} a & b & 1 & 0 \\ c & d & 0 & 2 \end{pmatrix}$$

Da Matrizen bei Mathematica zeilenweise organisiert sind, wird das Argument 2 benötigt, um anzuzeigen, dass die Verschmelzung auf zweiter Ebene, also Spaltenebene, erfolgt. Will man dagegen die Zeilen von **B** an die von **A** anhängen, so findet die Verschmelzung auf erster Ebene statt, wobei die Angabe der 1 optional ist:

```
Join[A,B] //MatrixForm
```

$$\begin{pmatrix} a & b \\ c & d \\ 1 & 0 \\ 0 & 2 \end{pmatrix}$$

Eine Matrix mit gleichen Komponenten kann man folgendermaßen erzeugen:

```
X=ConstantArray[-7,{3,2}];
X //MatrixForm
```

$$\begin{pmatrix} -7 & -7 \\ -7 & -7 \\ -7 & -7 \end{pmatrix}$$

Will man aus Einzelmatrizen eine Blockmatrix zusammensetzen, kann man `ArrayFlatten` verwenden, siehe Tabelle 7.2:

```
Y=ArrayFlatten[{{A,B},{X,X}}];
Y //MatrixForm
```

$$\begin{pmatrix} a & b & 1 & 0 \\ c & d & 0 & 2 \\ -7 & -7 & -7 & -7 \\ -7 & -7 & -7 & -7 \\ -7 & -7 & -7 & -7 \end{pmatrix}$$

Um nun wiederum blockartige Bestandteile dieser Matrix abzufragen, kann man `Part` und `Span` kombinieren. Ein paar Beispiele:

```
Y[[All,{2,3}]] //MatrixForm
```

$$\begin{pmatrix} b & 1 \\ d & 0 \\ -7 & -7 \\ -7 & -7 \\ -7 & -7 \end{pmatrix}$$

```
Y[[{1,4},All]] //MatrixForm
```

$$\begin{pmatrix} a & b & 1 & 0 \\ -7 & -7 & -7 & -7 \end{pmatrix}$$

```
Y[[2;;4,2;;3]] //MatrixForm
```

$$\begin{pmatrix} d & 0 \\ -7 & -7 \\ -7 & -7 \end{pmatrix}$$

Das zweite Beispiel zeigt dabei, dass man auch Zeilen bzw. Spalten überspringen kann. Bei dem alternativen Verfahren mit Hilfe von `Take` funktioniert dies nicht:

```
Take[Y,All,{2,3}] //MatrixForm
```

$$\begin{pmatrix} b & 1 \\ d & 0 \\ -7 & -7 \\ -7 & -7 \\ -7 & -7 \end{pmatrix}$$

```
Take[Y,{1,4},All] //MatrixForm
```

$$\begin{pmatrix} a & b & 1 & 0 \\ c & d & 0 & 2 \\ -7 & -7 & -7 & -7 \\ -7 & -7 & -7 & -7 \end{pmatrix}$$

```
Take[Y,{2,4},{2,3}] //MatrixForm
```

$$\begin{pmatrix} d & 0 \\ -7 & -7 \\ -7 & -7 \end{pmatrix}$$

•

Ausblick: Eine Reihe weiterer Manipulationsmöglichkeiten rund um Matrizen findet der Leser bis Version 5.2 im Paket `LinearAlgebra`MatrixManipulation``; seit Version 6.0 wird dieses Paket nicht mehr ausgeliefert, kann aber heruntergeladen werden von `library.wolfram.com/infocenter/MathSource/6770`. In diesem Paket sind eigene Befehle für das Aneinanderfügen von Matrizen oder das Erstellen von Teilmatrizen definiert, wie auch verschiedene Vektor- und Matrixnormen. Teilweise sind diese Funktionen mit Version 6.0 aber obsolet geworden, da dort fest implementierte Funktionen zu genannten Zwecken verwendet werden können, siehe etwa Beispiel 7.1.4. Weitere Informationen zum Paket können in der Hilfedatei unter *Add-ons: Standard Packages → LinearAlgebra → MatrixManipulation* nachgelesen werden.

7.1.1 Exkurs: Dünn besetzte Matrizen

In der Praxis trifft man häufig auf sehr große Matrizen, bei denen die meisten Einträge aber gleich 0 oder irgendeinem anderen einheitlichen Wert sind. Eine solche Matrix nennt man naheliegenderweise dünn besetzt. Beispiele können Abstandsmatrizen im Rahmen einer Clusteranalyse oder Ähnlichkeitsmatrizen im Rahmen einer Biosequenzanalyse sein, siehe Abschnitt 20.2. Speichert man eine derart große Matrix wie bisher beschrieben in Listenform ab, so erfordert dies enormen Speicherbedarf, obwohl es sich bei den Einträgen fast immer um den gleichen Wert handelt. Um dieser Speicherplatzverschwendung bei dünn besetzten Matrizen Herr zu werden, bietet Mathematica seit Version 5.0 das Konzept des `SparseArray` an. Wenn ein solcher erst einmal definiert ist, rechnet man damit so, wie man es von gewöhnlichen Matrizen her gewohnt ist. Auch lassen sich z. B. die Funktionen zur Linearen Algebra aus Abschnitt 9 anwenden. Der einzige Unterschied zu den Matrizen in Listenform ergibt sich bei der Definition. Die nötige Syntax ist

```
SparseArray[Regeln, Dimension, Standardwert]
```

Die Dimension der Matrix legt man dabei durch eine Liste der Form `{m,n}` fest, zu m Zeilen und n Spalten. Das optionale Argument *Standardwert*, bei dessen Fehlen 0 gewählt wird, bezeichnet jenen Wert, mit dem die meisten Einträge der Matrix übereinstimmen. Die wenigen Abweichungen davon definiert man mit Hilfe von Regeln der Art `{k, l}->Wert`, d. h. die Komponente (k, l) der Matrix soll einen bestimmten Wert erhalten. Dabei gibt es zwei gleichwertige Möglichkeiten, die Gesamtheit aller Regeln zu formulieren: Entweder als Liste `{{k1, l1}->Wert1,...}` von Einzelregeln, oder als Liste von Koordinaten, der eine passende Liste mit Werten zugeordnet ist, etwa `{{k1, l1},...}->{Wert1,...}`. Betrachten wir ein Beispiel:

```
A=SparseArray[{{1,1}->1,{2,1}->2,{1,3}->3},{4,4}]

SparseArray[< 3 >,{4,4}]
```

A //MatrixForm

$$\begin{pmatrix} 1 & 0 & 3 & 0 \\ 2 & 0 & 0 & 0 \\ 0 & 0 & 0 & 0 \\ 0 & 0 & 0 & 0 \end{pmatrix}$$

```
SparseArray[{{1,1},{2,1},{1,3}}->{1,2,3},{4,4}]
//MatrixForm
```

$$\begin{pmatrix} 1 & 0 & 3 & 0 \\ 2 & 0 & 0 & 0 \\ 0 & 0 & 0 & 0 \\ 0 & 0 & 0 & 0 \end{pmatrix}$$

Beide Definitionen führen zur gleichen 4×4-Matrix, welche man sich wie gewohnt mit **//MatrixForm** in üblicher Matrixnotation ausgeben lassen kann. Da hier der Standardwert gleich 0 ist, kann man das entsprechende Argument weglassen, wie im Beispiel geschehen. Wäre der Standardwert dagegen -1, so müsste man dies wie folgt angeben:

```
SparseArray[{{1,1}->1,{2,1}->2,{1,3}->3},{4,4},-1]

SparseArray[< 3 >,{4,4},-1]
```

% //MatrixForm

$$\begin{pmatrix} 1 & -1 & 3 & -1 \\ 2 & -1 & -1 & -1 \\ -1 & -1 & -1 & -1 \\ -1 & -1 & -1 & -1 \end{pmatrix}$$

Wie oben bereits erwähnt, kann man mit `SparseArrays` genauso arbeiten wie mit gewöhnlichen Matrizen auch, etwa Teile davon in doppelten, eckigen Klammern '`[[·]]`' abfragen. Über eine einzelne Zahl hinausgehende Ausschnitte eines `SparseArrays` werden dabei aber wieder als `SparseArray` zurückgegeben; der Leser probiere etwa **A[[2,1]]** und **A[[2;;3,1;;3]]** aus. Will man einen `SparseArray` dagegen in eine gewöhnliche Matrix umwandeln, so muss man den Befehl `Normal` verwenden:

```
Normal[A]          {{1,0,3,0},{2,0,0,0},{0,0,0,0},{0,0,0,0}}
```

Manchmal mag es etwas mühselig sein, die vom Standardwert abweichenden Werte alle einzeln zu definieren, vor allem, wenn diese eigentlich recht regelmäßig auftreten. Liegt etwa eine Bandstruktur vor, so kann man seit Version 6.0 das Kommando `Band` verwenden. Durch `Band[{k, l}]->{x1, x2, ...}` wird das in (k, l) beginnende, diagonale Band bis zum Ende mit den vorgegebenen Werten $x_1, x_2, \ldots$ besetzt. Durch **Band[**{*k*, *l*}**,**{*k+i*, *l+i*}**] ->** {*x0*, ..., *xi*} wird das diagonale Band von (k, l) bis $(k + i, l + i)$ mit den vorgegebenen Werten besetzt. Zwei Beispiele:

```
SparseArray[{Band[{1,2}] -> {1,2,3},
Band[{2,1}] -> {4,5,6}},{4,4}] //MatrixForm
```

$$\begin{pmatrix} 0 & 1 & 0 & 0 \\ 4 & 0 & 2 & 0 \\ 0 & 5 & 0 & 3 \\ 0 & 0 & 6 & 0 \end{pmatrix}$$

```
SparseArray[{Band[{2,2},{3,3}] -> {a,b},
{3,4} -> c},{4,4}] //MatrixForm
```

$$\begin{pmatrix} 0 & 0 & 0 & 0 \\ 0 & a & 0 & 0 \\ 0 & 0 & b & c \\ 0 & 0 & 0 & 0 \end{pmatrix}$$

Für komplexere Besetzungsmuster kann man, völlig analog wie oben bei `MatrixPlot`, auf den Unterstrich '_' (Muster) und den Bedingungsoperators '/;' zurückgreifen. Im Beispiel

```
SparseArray[{{x_,y_} /; x<y && x>1 -> x^2+y},{4,4}]
//MatrixForm
```

$$\begin{pmatrix} 0 & 0 & 0 & 0 \\ 0 & 0 & 7 & 8 \\ 0 & 0 & 0 & 13 \\ 0 & 0 & 0 & 0 \end{pmatrix}$$

etwa ordnet man genau jenen Komponenten (x, y) einen Wert zu, die $x < y$ erfüllen sowie $x > 1$, d. h. Werten des oberen Dreiecks ab Zeile 2. Die Komponente $(2, 3)$ erfüllt beispielsweise beide Bedingungen. Der jeweils zugeordnete Wert berechnet sich dabei nach der Formel $x^2 + y$, also zum Beispiel für die Komponente $(2, 3)$ zu $2^2 + 3 = 7$.

7.2 Funktionen und Folgen

In Abschnitt 5.4 hatten wir kennengelernt, dass man in einer Variablen auch symbolische Ausdrücke ablegen kann, also etwa eine Variable y von einer anderen Variablen x abhängen lassen kann. Insofern ist y im mathematischen Sinne eine Funktion von x. Unpraktisch ist dieses Konstrukt jedoch dann, wenn man den Wert von y an einer bestimmten Stelle x berechnen will. Entweder belegt man x mit einem bestimmten Wert dauerhaft ('='), benötigt dann aber später wieder `Clear`. Oder man nimmt eine zeitweise Belegung vor, durch Kombination von '/.' und '->'. Beides ist nicht zufriedenstellend. Deshalb bietet Mathematica ein anderes Konzept an, um Funktionen zu definieren. Die Syntax ist denkbar einfach:

```
f[x1_, x2_, ...] := Ausdruck in x1, x2, ...
```

An Stelle von f steht hierbei der gewünschte Funktionsname, in den eckigen Klammern wird festgelegt, von welchen Variablen die Funktion f abhängen soll. Durch den Zuweisungsoperator := wird f die gewünschte Vorschrift zugewiesen, diese aber nicht ausgewertet. Betrachten wir Beispiele möglicher Definitionen:

```
f[x_]:=x^2; f[3]                                    9

g[x_,x2_,z_]:=x+x2-z^2; g[1,2,3]                    -6

abc[xyz_]:=√xyz; abc[m]                             √m
```

Der Unterstrich '_' (Muster, s. o.) wird bei der Funktionsdefinition nur innerhalb der eckigen Klammern verwendet, um Mathematica mitzuteilen, welches die Variablen sind, von denen die Funktion abhängt, siehe auch Abschnitt 21.6 und Anhang A.2. Im eigentlichen Ausdruck und bei späterem Einsetzen in die Funktion wird der Unterstrich nicht mehr verwendet. Funktions- und Variablennamen dürfen dabei länger als nur ein Zeichen sein, wobei Leerzeichen nicht erlaubt sind, da diese bekanntlich als Multiplikation interpretiert werden. Das letzte Beispiel soll dabei zeigen, dass der bei der Funktionsdefinition gewählte Variablenname tatsächlich nur ein Platzhalter ist, mit dessen Hilfe man die Funktion definiert. Später kann man dafür auch beliebige Variablen und Ausdrücke einsetzen. Betrachten wir hierzu noch ein paar Beispiele:

```
Clear[f];
f[x_,y_]:=x^2+2 y-3; f[a,b]                         -3+a^2+2 b

f[x,x^2]                                            -3+3 x^2
```

Das zweite Beispiel zeigt, dass Mathematica das in beide Argumente eingesetzte x als eine einzige Variable versteht, und auch gleich die resultierenden Terme x^2 und $2x^2$ zusammenfasst. Ferner kann man eine Funktion auch mit Hilfe anderer Funktionen definieren:

```
Clear[g];
g[z_]:=f[3 z,1-z^2]; g[x]                           -3+9 x^2+2 (1-x^2)

Clear[h];
h[z_]=f[3 z,1-z^2]; h[x]                            -3+9 x^2+2 (1-x^2)
```

Der Unterschied bei der Verwendung von ':=' (SetDelayed) und '=' (Set) wird hierbei erst klar, wenn der Leser **?g** und **?h** eingibt: Im ersten Fall wird zur Berechnung des Funktionswertes von $g(x)$ das x tatsächlich ein jedes Mal neu gemäß Vorschrift in die Funktion f eingesetzt, wogegen bei h gleich der fertige Funktionsausdruck abgespeichert wurde. Mit '?' kann man übrigens zu allen Funktionen und Kommandos Informationen abfragen; der Leser gebe z. B. **?Sin** ein. In beiden Fällen wurde auf Grund der Klammern keine Zusammenfassung der Terme vorgenommen. Allerdings ist zulässig, das Ganze noch mit einem Simplify zu umschließen:

```
Clear[h];
h[z_]=Simplify[f[3 z,1-z^2]]; h[y]                  -1+7 y^2
```

Bei Mathematica ist bereits eine außerordentlich große Zahl von Funktionen vordefiniert.

Diese können in der Hilfe in den einzelnen Teilrubriken des Eintrags *Built-in Functions: Mathematical Functions* (bis Version 5.2) bzw. *guide/MathematicalFunctions* (seit Version 6.0) nachgeschlagen werden. Es würde den Rahmen dieses Werkes sprengen, alle implementierten Funktionen aufzuzählen. Zumindest die gebräuchlichsten univariaten Funktionen sind aber in Tabelle 7.3 zusammengestellt.

Beispiel 7.2.1

Potenzfunktionen kann man u. a. mit Hilfe des Operators ^ oder der Eingabepalette eingeben, siehe Tabelle 7.3. Intern werden sie stets als Funktion `Power` dargestellt:

x^2 //FullForm	`Power[x,2]`
$x^{2/3}$ //FullForm	`Power[x,Rational[2,3]]`

Die Potenz $\frac{2}{3}$ ist dabei eine rationale Zahl. Potenzen mit rationalen Exponenten lassen sich aber gleichwertig auch mit Hilfe von Wurzeln ausdrücken, genauer ist $x^{1/n} = \sqrt[n]{x}$ für $n \in \mathbb{N}$. Mathematica erlaubt es, n-te Wurzeln direkt mit Hilfe der Eingabepalette einzugeben, siehe auch Tabelle 7.3. Trotzdem ist sich Mathematica dessen bewusst, dass es sich dabei um nichts anderes als Potenzen mit rationalem Exponenten handelt:

$\sqrt{x}$ //FullForm	`Power[x,Rational[1,2]]`
$\sqrt[3]{x}$ //FullForm	`Power[x,Rational[1,3]]` •

Beispiel 7.2.2

Zahlreiche komplexere Funktionen lassen sich zumindest in Spezialfällen auch durch elementare Funktionen ausdrücken. Um eine solche Ausdrucksweise zu finden, kann man das Kommando `FunctionExpand` verwenden. Ein paar Beispiele:

FunctionExpand[Sin[ArcCos[x]]]	$\sqrt{1-x}\,\sqrt{1+x}$
FunctionExpand[Gamma[x] Gamma[1-x]]	π Csc[π x]
FunctionExpand[x*HypergeometricPFQ[{},{$\frac{3}{2}$},$-\frac{x^2}{4}$]]	`Sin[x]` •

Eine weitere Funktion von praktischem Interesse ist Kroneckers δ, implementiert als **KroneckerDelta[***x1*, *x2*, ...**]**. Dieses ist gleich 1 für $x_1 = x_2 = \ldots$, und gleich 0 sonst.

Funktionen mit diskretem Definitionsbereich, z. B. der Form $\mathbb{N}$ oder $\mathbb{N}_0$, heißen auch *Folgen*. Üblicherweise notiert man eine Folge $a : \mathbb{N} \to B$, $n \mapsto a(n)$ kompakter als $(a_n)_\mathbb{N}$, wobei das n-te Folgenglied $a_n := a(n)$ ist. Folgen kann man, genau wie Funktionen, *explizit* definieren durch Angabe einer Funktionsvorschrift. Gelegentlich ist aber eine *rekursive Darstellung* günstiger bzw. die einzig mögliche Definition, Letzteres dann, wenn eine explizite Darstellung unbekannt ist. Für eine rekursive Darstellung müssen

Befehl	Beschreibung
Power[*x*,*y*]	Potenzfunktion x^y. Alternativ Eingabe als `x^y`, oder als x^{y} über Eingabepalette oder Strg + ^.
Sqrt[*x*]	Quadratwurzel. Auch Eingabe $\sqrt{\mathrm{x}}$ via Eingabepalette oder Strg + 2 möglich.
Exp[*x*]	Exponentialfunktion. Alternativ Eingabe $\mathbf{e}^{\mathrm{x}}$ möglich, etwa mit Eingabepalette.
Log[*x*,*b*]	Logarithmus zur Basis b; fehlt das optionale Argument b, wird der natürliche Logarithmus berechnet.
ExpIntegralEi[*x*]	Integralexponentialfunktion $\mathrm{Ei}(x) = \int_{-\infty}^{x} \exp(t)/t\,dt$. Analog Integrallogarithmus `LogIntegral`: $\mathrm{Li}(x) = \int_0^x 1/\ln t\,dt$.
Sin[*x*]	Sinus von x; analog: `Cos`, `Tan`, `Cot`.
ArcSin[*x*]	Umkehrfunktion Arcussinus des Sinus; analog: `ArcCos`, `ArcTan`, `ArcCot`.
Sinh[*x*]	Sinus hyperbolicus von x; analog: `Cosh`, `Tanh`, `Coth`.
ArcSinh[*x*]	Umkehrfunktion Areasinus von $\sinh(x)$; analog: `ArcCosh`, `ArcTanh`, `ArcCoth`.
Sec[*x*]	Secansfunktion; analog: Cosecans `Csc`, Arcusfunktionen `ArcSec`, `ArcCsc`, hyperbolische Varianten `Sech`, `Csch`, Areafunktionen `ArcSech`, `ArcCsch`.
SinIntegral[*x*]	Integralsinus $\mathrm{Si}(x) = \int_0^x \sin(t)/t\,dt$. Analog Integralcosinus `CosIntegral` und die hyperbolischen Varianten `SinhIntegral` und `CoshIntegral`.
Gamma[*x*]	Gammafunktion $\Gamma(x)$.
Beta[*a*,*b*]	Betafunktion $\Gamma(a) \cdot \Gamma(b)/\Gamma(a+b)$.
ProductLog[*x*]	Lamberts W-Funktion, die Umkehrfunktion zu $y \cdot e^y$.
HypergeometricPFQ[{*a1*,...,*ap*},{*b1*,...,*bq*},*x*]	Hypergeometrische Funktion ${}_pF_q$; Ordnung (p,q) durch Länge der Parameterlisten bestimmt.
Erf[*x*]	Fehlerintegral $\frac{2}{\sqrt{\pi}} \int_0^x e^{-t^2}\,dt$. Umkehrfunktion `InverseErf`.
UnitStep[*x*]	Gleich 0 für $x < 0$, sonst 1.
DiracDelta[*x*]	Dirac'sche δ-Funktion, charakterisiert durch $\delta(x) = 0$ für $x \neq 0$ und $\int_{-\infty}^{\infty} f(x) \cdot \delta(x-a)\,dx = f(a)$.

Tabelle 7.3: *Gebräuchliche univariate Funktionen mit kontinuierlichem Definitionsbereich.*

Befehl	Beschreibung
Factorial[*n*]	Fakultät $n!$, auch Eingabe **n!** möglich.
Binomial[*n*,*k*]	Binomialkoeffizient $\binom{n}{k}$.
Pochhammer[*n*,*k*]	Pochhammer-Symbol $(n)_k = n \cdots (n+k-1)$.
Multinomial[*n1*,...,*nk*]	Multinomialkoeffizient $\binom{n_1+\ldots+n_k}{n_1,\ldots,n_k}$.
Fibonacci[*n*]	n-te Fibonacci-Zahl.
HarmonicNumber[*n*]	n-te harmonische Zahl: $1+\frac{1}{2}+\ldots+\frac{1}{n}$.
Bernoulli[*n*]	n-te Bernoulli-Zahl.

Tabelle 7.4: *Gebräuchliche Funktionen mit diskretem Definitionsbereich.*

$k \geq 1$ Startwerte $a_1, \ldots, a_k$ vorgegeben werden, für alle weiteren Werte gibt man eine Rekursionsvorschrift an: $a_n := f(a_{n-1}, \ldots, a_{n-k})$.

Da Folgen einfach spezielle Funktionen sind, werden sie prinzipiell genauso definiert wie Funktionen allgemein. Einziger Unterschied ist hierbei, dass der Definitionsbereich eingeschränkt werden muss. Man erreicht dies, indem man den Bedingungsoperator '/;' verwendet. Ohne eine solche Einschränkung erlaubt Mathematica im Prinzip eine jede komplexe Zahl als Argument.

Beispiel 7.2.3

Die Folge der natürlichen Quadratzahlen kann man explizit wie folgt definieren:

```
a[n_]:=n^2 /; n∈Integers && n≥1;     a[3]                9
a[3.2]                                                    a[3.2]
```

Auf Grund der Einschränkung des Definitionsbereichs auf natürliche Zahlen ist der Funktionswert an der Stelle 3.2 nicht definiert. Man beachte, dass in obiger Definition '/;' der Bedingungsoperator ist, dagegen das Semikolon am Zeilenende wie gewohnt die Hintereinanderausführung mehrerer Kommandos erlaubt. Das && (gleichwertig: And) ist die UND-Verknüpfung.

Manche Folgen werden rekursiv definiert. Ein erstes Beispiel wäre die Vorschrift $a_0 = 1$, $a_n := n \cdot a_{n-1}$, $n \in \mathbb{N}$. Diese gibt man in Mathematica wie folgt ein:

```
Clear[a];
a[0]=1; a[n_]:=n a[n-1] /; n∈Integers && n>=1;
a[5]                                                      120
```

Der Startwert wird explizit zugewiesen, die Rekursionsvorschrift dagegen nur definiert. Offenbar wird hierbei nichts anderes als die Fakultät einer natürlichen Zahl berechnet. Unter Zuhilfenahme der Funktion `Factorial` bzw. von '`!`', siehe Tabelle 7.4, hätte man die Folge also auch gleichwertig explizit definieren können als **`a[n_]:=n!`**. Selbiges gilt auch für die zwei folgenden Beispiele:

```
Clear[a];
a[1]=1; a[n_]:=a[n-1]+1/n /; n∈Integers && n>=1;
a[4]
```

$\frac{25}{12}$

Diese Rekursion ergibt die harmonischen Zahlen, explizit implementiert als `HarmonicNumber`, siehe Tabelle 7.4. Schließlich noch die Fibonacci-Zahlen, `Fibonacci` gemäß Tabelle 7.4:

```
Clear[a];
a[1]=1; a[2]=1;
a[n_]:=a[n-1]+a[n-2] /; n∈Integers && n>=1;
a[20]
```

6765 •

Ausblick: Neben dem UND gibt es noch weitere logische Verknüpfungen: `||` bzw. `Or` als ODER-Verknüpfung, `Xor` als Exklusiv-ODER, und `!` oder `Not` bewirken eine Verneinung. Achtung: Die Bedeutung von '`!`' ist kontextabhängig; angewendet wie in Tabelle 7.4, bewirkt es die Berechnung der Fakultät.

Bemerkung 7.2.4

Möglicherweise hat der Leser beim Testen von Beispiel 7.2.3 gemerkt, dass die letztgemachte Berechnung, die der 20. Fibonacci-Zahl a_{20}, etwas länger gedauert hat. Wenn nicht, probiere der Leser die Berechnung einer etwas höheren Fibonacci-Zahl. Grund dafür ist, dass Mathematica die Berechnung etwas ungeschickt angeht: Um a_{20} zu berechnen, benötigt man a_{19} und a_{18}, für diese beiden wiederum a_{18}, a_{17} bzw. a_{17}, a_{16}, usw. Die Zahl der Funktionsaufrufe wächst also exponentiell, was die lange Rechenzeit erklärt.

Abhilfe schafft hier die *Zwischenspeicherung*. Dabei wird ein einmal berechneter Wert im Speicher abgelegt, was die Zahl der nötigen Funktionsaufrufe reduziert (dafür allerdings den Arbeitsspeicher belastet).

```
Clear[a];
a[1]=1; a[2]=1;
a[n_]:=a[n]=a[n-1]+a[n-2];
a[100]
```

354224848179261915075

```
?a
```

```
Global `a
a[1]=1  ...
a[100]=354224848179261915075
a[n_]:=a[n]=a[n-1]+a[n-2]
```

Offenbar befindet sich schon eine beachtliche Menge von Werten im Arbeitsspeicher.

Fragt man eine höhere Fibonacci-Zahl, etwa a_{1000}, ab, wird dies mit einer Fehlermeldung quittiert, da die obere Grenze der erlaubten Rekursionstiefe verletzt ist. Standardmäßig liegt diese nämlich bei 256, um Endlosrekursionen zu vermeiden. In diesem Fall aber hätte man sie mit **$RecursionLimit=***wert* zuvor auf einen höheren Wert setzen müssen, maximal ∞. Nun muss man nach Änderung der maximalen Rekursionstiefe erst **Clear[a]** und anschließend erneut die Definition von a ausführen.

•

Einschränkungen des Definitionsbereichs wie im Beispiel 7.2.3 sind übrigens nicht nur für Folgen relevant, sondern auch für Funktionen, die nur abschnittsweise definiert werden sollen bzw. können. Dies mag folgendes Beispiel demonstrieren:

```
Clear[f];
f[x_]:=1 /; x<1 || x>=5;
f[x_]:=x /; 1<=x<3;
f[x_]:=1/2 (x-5)^2+1 /; 3<=x<5;
Plot[f[x], {x,-2,7}, PlotRange -> {0,3}]
```

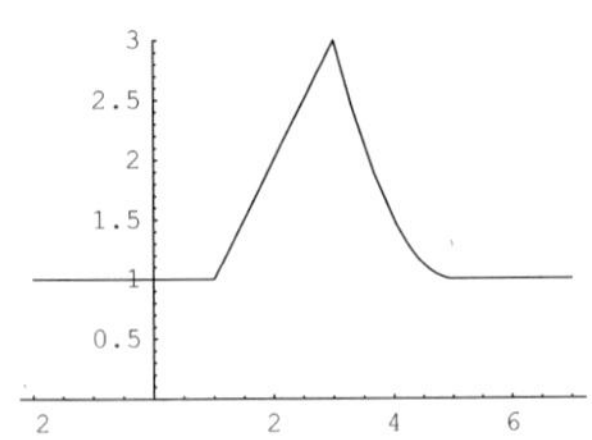

Der Grafikbefehl `Plot`, der hierbei verwendet wird, dient der grafischen Darstellung von Funktionen, siehe den anschließenden Abschnitt 7.3. Seit Version 5.1 gibt es noch eine zweite Möglichkeit, Funktionen abschnittsweise zu definieren, nämlich mit Hilfe des Befehls `Piecewise`. Die Syntax ist **Piecewise[{{*f1*[*x*], *bed1*},...}, *sonst*]**. Dabei drückt die Bedingung *bed1* aus, in welchem Bereich die Funktion gleich $f_1(x)$ sein soll, usw., und das optionale Argument *sonst* gibt an, wie sich f außerhalb des spezifizierten Bereichs verhalten soll; Voreinstellung ist hier 0. Im obigen Beispiel hätten wir also analog

```
Clear[f];
f[x_]:=Piecewise[{{x, 1<=x<3}, {1/2 (x-5)^2+1, 3<=x<5}}, 1];
```

definieren können. Schließlich ist auch hier eine grafische Eingabe möglich: Durch die Tastenkombination [Esc]+pw+[Esc] wird eine geschweifte Klammer erzeugt, durch [Strg]+[,] werden dahinter zwei Spalten angelegt. Durch [Strg]+[↵] kann man weitere Zeilen hinzufügen, siehe Abschnitt 7.1, und so genügend Raum für die abschnittsweise Definition im klassischen Stil schaffen:

```
                  ⎧ 1              x<1
Clear[f];  f[x_]:=⎨ x              1<=x<3  ;
                  ⎪ 1/2 (x-5)^2+1  3<=x<5
                  ⎩ 1              x>=5
```

7.3 Funktionsgraphen zeichnen

Nachdem wir im vorigen Abschnitt 7.2 kennengelernt haben, wie man Funktionen und Folgen definieren kann, ist es naheliegend, nun zu diskutieren, wie man ebendiese grafisch darstellen kann. Dabei werden uns auch die bereits gewonnenen Kenntnisse über 2D- und 3D-Grafikobjekte aus Kapitel 6 von Nutzen sein, denn viele der dort besprochenen Optionen finden auch hier Ihre Anwendung.

7.3.1 Reellwertige Funktionen $f(x)$ einer Variablen

Grundlegend für das Zeichnen des Graphen einer reellwertigen Funktion $f(x)$ ist der `Plot`-Befehl, wie wir ihn zuletzt gegen Ende von Abschnitt 7.2 eingesetzt hatten. Die Syntax ist denkbar einfach: **`Plot[`*`f[x]`*`, {`*`x,a,b`*`}, `*`Optionen`*`]`** zeichnet eine Funktion $f(x)$ im Intervall $[a; b]$, wobei erneut der Name x der Variablen austauschbar ist. Beide Achsen sind linear skaliert. Daneben gibt es noch die an sich völlig gleichwertigen Varianten

- `LogPlot`, Hochachse logarithmisch skaliert,
- `LogLinearPlot`, Rechtsachse logarithmisch skaliert, und
- `LogLogPlot`, hier beide Achsen logarithmisch skaliert.

Seit Version 6.0 sind diese Befehle fest implementiert, zuvor benötigte man das Paket `` Graphics`Graphics` ``. In puncto globale Optionen kann man jene einsetzen, die wir in Abschnitt 6.2.1 besprochen haben. Daneben gibt es noch die Behälterbefehle `AxesStyle` (für die Achsen), `FrameStyle` (für den Rahmen) und `PlotStyle` (für die Graphen), innerhalb derer man die Grafikdirektiven aus Tabelle 6.4 einsetzen kann. Erinnert sei auch nochmal an das `TextStyle`- bzw. `BaseStyle`-Kommando auf Seite 67, mit dessen Hilfe man die Beschriftungen formatieren kann. Betrachten wir dazu zwei Beispiele:

```
Plot[Exp[x], {x,0,5},
GridLines -> {Automatic, Automatic},
GridLinesStyle -> {AbsoluteDashing[{5,5}],
AbsoluteDashing[{2,2}]},
PlotStyle -> {Thickness[0.01],
AbsoluteDashing[{10,5}], GrayLevel[0.4]},
BaseStyle -> {FontSize -> 12}]
```

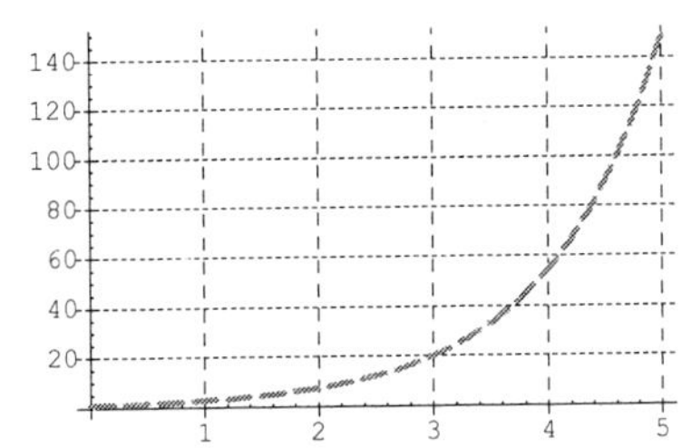

```
LogPlot[Exp[y], {y,0,5},
GridLines -> {None, Automatic},
GridLinesStyle -> {"",
AbsoluteDashing[{6,3,3,3}]},
PlotStyle -> Thickness[0.01],
BaseStyle -> {FontSize -> 12}]
```

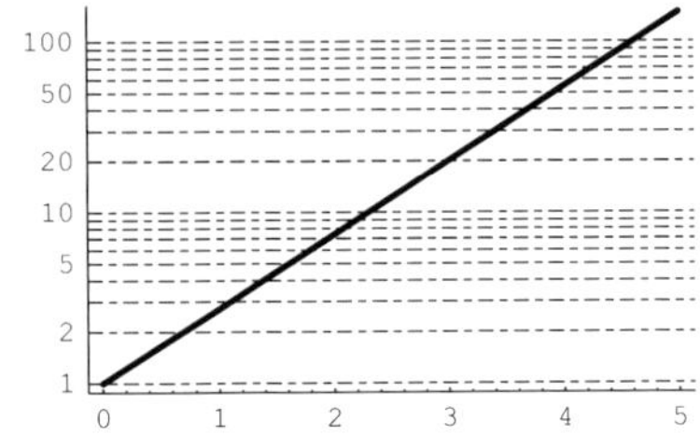

Im zweiten Beispiel wird auf Gitterlinien für die X-Achse verzichtet. Mit `PlotStyle` wird die Gestalt des Graphen beeinflusst, im ersten Fall grau und gestrichelt, im zweiten Fall schwarz und durchgezogen. Es sei dem Leser dringend empfohlen, hier selbst ein wenig zu experimentieren.

Vorgängerversionen: Benutzer bis Version 5.2 müssen obigen Code modifizieren, um die entsprechenden Grafiken erzeugen zu können. Zum Einen muss `BaseStyle` durch `TextStyle` ersetzt werden, zum Anderen müssen die Gitterlinien innerhalb des `GridLines`-Befehls formatiert werden: **`GridLines -> {{Automatic, AbsoluteDashing[{5,5}]}, {Automatic, AbsoluteDashing[{2,2}]}}`** bzw. **`GridLines -> {None, {Automatic, AbsoluteDashing[{6,3,3,3}]}}`**. Ferner muss im zweiten Beispiels erst das nötige Paket via **`Needs["Graphics`Graphics`"]`** geladen werden.

Der `Plot`-Befehl erlaubt es nicht nur, einen einzelnen Funktionsgraphen darzustellen, es können auch die Graphen von mehreren Funktionen zugleich ausgegeben werden. Dazu gibt man als Argument an Stelle einer einzelnen Funktion eine Liste von Funktionen an: **`Plot[{f1[x], f2[x], ...}, {x,a,b}, Optionen]`**. Diese werden dann über dem gemeinsamen Bereich $[a; b]$ gezeichnet. Als Beispiel betrachten wir die Dichtefunktion $f_n(x)$ der χ^2-Verteilung mit $2n$ Freiheitsgraden, welche wie folgt definiert ist:

```
f[x_,n_]:= 2^-n/(n-1)! x^(n-1) Exp[-x/2];

Plot[
Evaluate[Table[f[x,n], {n,1,5}]],
{x,0,20}]
```

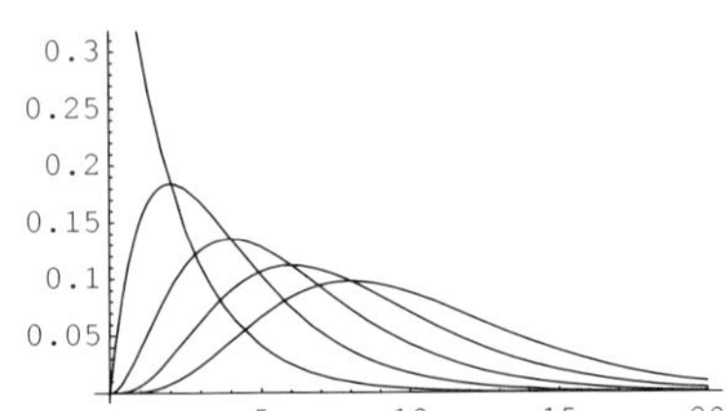

Durch das `Table`-Kommando, siehe Abschnitt 4.2.1, wird eine Liste definiert, in diesem Fall mit den fünf Funktionen $f_1(x), \ldots, f_5(x)$. Damit diese Liste aber auch tatsächlich erzeugt wird, bevor das `Plot`-Kommando seine Wirkung entfaltet, muss man erst `Evaluate` anwenden.

Die eben erzeugte Grafik ist schon recht ansehlich, allerdings ist nicht klar, welcher Graph zu welcher Funktion gehört. Deshalb können wir, wie oben auch geschehen, das `PlotStyle`-Kommando einsetzen und die einzelnen Graphen unterschiedlich einfärben:

```
Plot[
Evaluate[Table[f[x,n], {n,1,5}]],
{x,0,20},
PlotStyle->{{GrayLevel[0]},
{GrayLevel[0.2]}, {GrayLevel[0.4]},
{GrayLevel[0.6]}, {GrayLevel[0.8]}}]
```

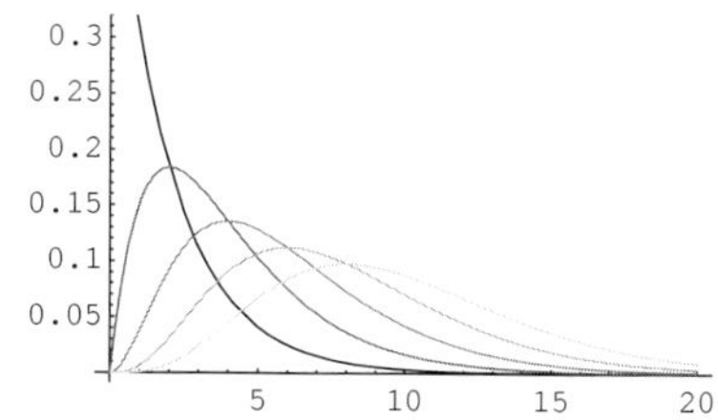

Die erste Funktion der Liste wird schwarz gezeichnet (`GrayLevel[0]`), die zweite dunkelgrau (`GrayLevel[0.2]`), usw. Nachdem wir die Farbcodierung kennen, ist es uns nun möglich, die Graphen den Funktionen zuzuordnen. Der nicht Mathematica-kundige Betrachter wird sich dagegen schwer tun. Abhilfe könnte hier eine Legende schaffen. Dazu müssen wir das Paket `PlotLegends`` laden, bzw. bis Version 5.2 das Paket `Graphics`Legend``:

```
Needs["PlotLegends`"]

Plot[
Evaluate[Table[f[x,n], {n,1,5}]],
{x,0,20},
PlotStyle->{{GrayLevel[0]},
{GrayLevel[0.2]}, {GrayLevel[0.4]},
{GrayLevel[0.6]}, {GrayLevel[0.8]}},
PlotLegend->{"n=1", "n=2", "n=3",
"n=4", "n=5"}, LegendSize->{0.4,0.6},
LegendShadow->{.015,-.015},
LegendPosition->{0.5,-0.1}]
```

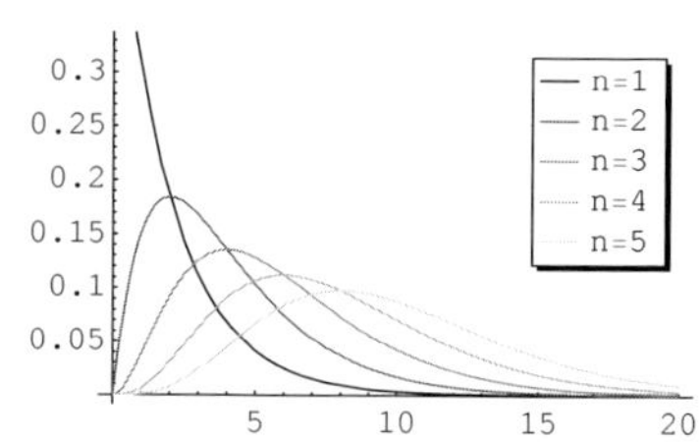

Die Option `PlotLegend` ordnet der Liste von Funktionen eine Liste von selbst wählbaren Beschriftungen zu. Die Größe der Legende bestimmen wir durch **LegendSize->**$\{x,y\}$, wobei sich der x-Wert auf die Breite, der y-Wert auf die Höhe bezieht. Die Option **LegendShadow->**$\{x,y\}$ legt fest, um wieviel der Schatten gegenüber der eigentlichen Legende verschoben erscheinen soll. **LegendPosition->**$\{x,y\}$ bestimmt die Position der Legende in der Grafik. Von den zahlreichen, weiteren Optionen kann z. B. noch **LegendLabel->**"*Text*" von Interesse sein, womit man die Legende überschreiben kann, sowie **LegendBackground->***Farbe*, um der Legende eine Hintergrundfarbe zu verleihen.

Weiterführende Informationen ... zum Thema Erstellen von Legenden findet der Leser im Hilfeeintrag *Add-ons: Standard Packages → Graphics → Legend* (bis Version 5.2) bzw. *PlotLegends/guide/PlotLegendsPackage* (seit Version 6.0).

Für Präsentationszwecke wünscht man sich gelegentlich, die Bereiche, die sich zwischen den einzelnen Graphen ergeben, farbig zu schraffieren. Seit Version 6.0 leistet dies der gewöhnliche `Plot`-Befehl, der um die Option `Filling` erweitert wurde. Die Syntax lässt sich am leichtesten in Beispielen erläutern:

```
Plot[
Evaluate[Table[f[x,n], {n,1,5}]],
{x,0,20}, Filling->Axis]
```

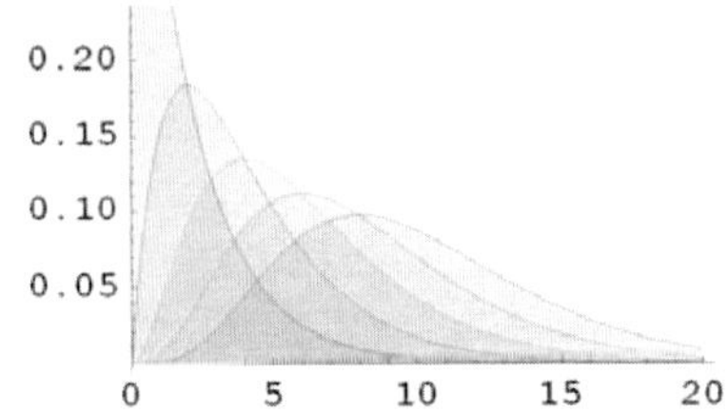

Per Voreinstellung werden alle Flächen zwischen den Graphen gefüllt, wobei die Farbfüllungen Transparenz aufweisen. Will man dagegen selbst festlegen, welche Zwischenräume mit welcher Farbe gefüllt werden sollen, so zählt man in geschweiften Klammern nach `Filling` einfach die betroffenen Funktionsgraphen in der Form *Fkt.nr.* **->**{*Ziel*, *Farbe*}} auf. Um z. B. den Zwischenraum zwischen Graph Nr. 1 und der X-Achse, zwischen Graph Nr. 2 und 3 und zwischen Graph Nr. 3 und 4 jeweils in einem Grauton zu füllen, lautet der Code wie folgt:

```
Plot[Evaluate[Table[f[x,n], {n,1,5}]],
{x,0,20},
Filling->{1->{Axis,GrayLevel[0.8]},
2->{{3},GrayLevel[0.5]},
3->{{4},GrayLevel[0.2]}}]
```

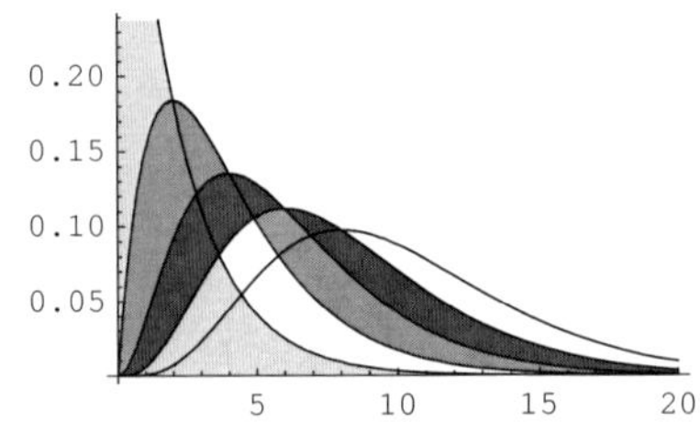

Vorgängerversionen: Bis Version 5.2 musste man das Paket `Graphics`FilledPlot`` laden und den dortigen Befehl `FilledPlot` verwenden. In seiner einfachsten Form würde man für obiges Beispiel

```
Needs["Graphics`FilledPlot`"]
FilledPlot[Evaluate[Table[f[x,n], {n,1,5}]], {x,0,20}];
```

formulieren. Neben den für `Plot` üblichen Optionen gibt es zwei spezielle Optionen, mit denen man die Füllungen beeinflussen kann. Mit **Curves->** *Wert* kann man erreichen, dass die Graphen immer durchgezeichnet werden (`Front`), gar nicht gezeichnet werden (`None`), oder eben überdeckt werden (`Back`). Mit `Fills` dagegen kann man explizit festlegen, welche Zwischenräume mit welcher Farbe gefüllt werden sollen. In Analogie zu obigem Beispiel würde man ausführen:

```
FilledPlot[Evaluate[Table[f[x,n], {n,1,5}]], {x,0,20},
Fills->{{{1,Axis}, GrayLevel[0.8]}, {{2,3}, GrayLevel[0.5]},
{{3,4}, GrayLevel[0.2]}}, Curves->Front];
```

Manchmal ist es nicht möglich, eine Funktionsvorschrift explizit anzugeben. Wenn die Funktion $y(x)$ stattdessen implizit in Form einer Gleichung $f(x, y(x)) = c$ gegeben ist, kann man die zugehörige Lösungsmenge dieser Gleichung grafisch ausgeben lassen. Seit Version 6.0 leistet dies der Befehl `ContourPlot`, siehe Abschnitt 7.3.3. Im folgenden Beispiel wird durch die Gleichung $x^2 + y^2 = 2$ ein Kreis mit Radius $\sqrt{2}$ definiert:

```
ContourPlot[x²+y²==2,
{x,-√2,√2}, {y,-√2,√2},
Axes -> True, Frame -> False]
```

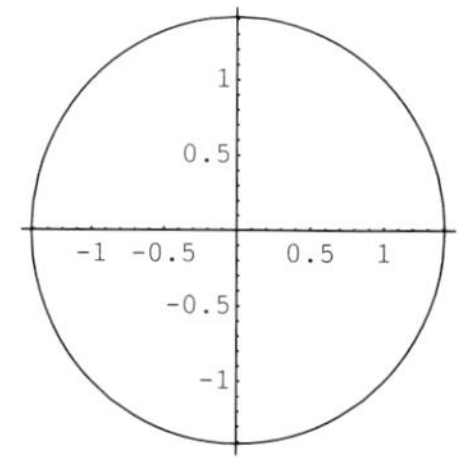

Die zwei letzten Optionen wurden dabei nur verwendet, um ein Koordinatensystem an Stelle eines Rahmens anzeigen zu lassen.

Vorgängerversionen: Bis Version 5.2 benötigte man das Kommando `ImplicitPlot` des Pakets `Graphics`ImplicitPlot``. Für obiges Beispiel müsste man formulieren:

```
Needs["Graphics`ImplicitPlot`"]
ImplicitPlot[x²+y²==2, {x,-2,2}];
```

Ausblick: Auf ähnliche Weise kann man auch Ungleichungen grafisch darstellen, nämlich als Flächen des $\mathbb{R}^2$ bzw. Teilräume des $\mathbb{R}^3$. Bis Version 5.2 sind dafür die Befehle `InequalityPlot` und `InequalityPlot3D` des Pakets `Graphics`-InequalityGraphics`` zuständig, seit Version 6.0 die fest implementierten Befehle `RegionPlot` und `RegionPlot3D`.

Zu guter Letzt soll noch kurz das Thema Folgen angeschnitten werden. Wie in Abschnitt 7.2 erläutert, sind auch Folgen letztlich Funktionen einer Variablen, aber mit einem diskreten Definitionsbereich wie etwa $\mathbb{N}$. Deshalb kann das `Plot`-Kommando nicht verwendet werden, wir müssen stattdessen auf `ListPlot` zurückgreifen. Um mit dessen Hilfe z. B. die Folge $a_n := \frac{1}{n} \cdot \sin n$ grafisch darzustellen, welche offenbar gegen 0 konvergiert, könnte der nötige Code lauten:

```
Clear[a];
a[n_] := 1/n Sin[n] /; n∈Integers && n > 0

ListPlot[Table[{n,a[n]}, {n,1,500}]]
```

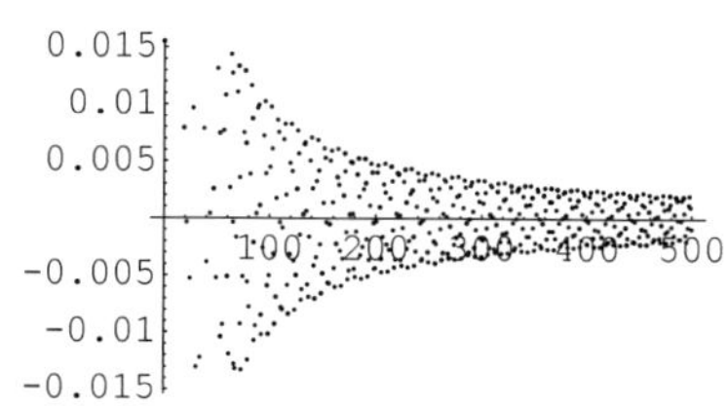

Hierbei haben wir zuerst mit Hilfe des `Table`-Kommandos aus Abschnitt 4.2 eine Liste der Paare (n, a_n) für $n = 1, \ldots, 500$ erzeugt und diese anschließend grafisch ausgegeben. Die sich ergebende Punktwolke wird offenbar durch die Funktionsgraphen $\pm\frac{1}{x}$ eingehüllt, dazwischen oszilliert der Sinus hin und her. Weitere Details zu `ListPlot` und dessen Optionen werden in Abschnitt 17.2.1 in der gebührenden Ausführlichkeit behandelt.

7.3.2 Reellwertige Funktionen $f(x,y)$ zweier Variablen

Der grundlegende Befehl zum Zeichnen eines Funktionsgraphen von $f(x,y)$ ist `Plot3D`. Die Syntax ist analog zu `Plot`: **`Plot3D[`*`f[x,y]`*`, {`*`x,a,b`*`}, {`*`y,c,d`*`},`*` Optionen`*`]`** zeichnet eine Funktion $f(x,y)$ über dem Bereich $[a;b]\times[c;d]$. Auch hier sind die Namen x und y austauschbar, ferner sind beide Achsen linear skaliert. In puncto Optionen stehen nun, im Gegensatz zu `Plot`, auch die in Abschnitt 6.2.2 besprochenen 3D-Optionen zur Verfügung. Aus Platzgründen können diese nicht nochmals illustriert werden, der Leser sei zu eigenständigem Experimentieren aufgerufen.

Betrachten wir als einfaches Beispiel die Funktion $f(x,y) = e^{-(x^2+y^2)}$, die im Bereich $[-2;2]^2$ von folgender Gestalt ist:

```
f[x_,y_]:=Exp[-(x²+y²)];

Plot3D[f[r,s], {r,-2,2}, {s,-2,2}]
```

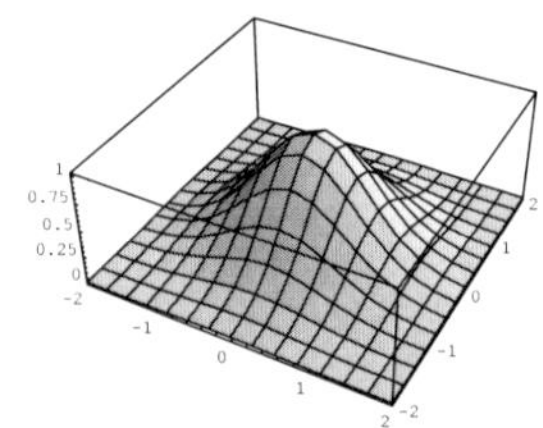

An Hand des eingezeichneten Gitters erkennt man, an welchen Stellen Mathematica tatsächlich einen Funktionswert berechnet hat, nämlich genau in den Schnittpunkten. Der Rest ist einfach 'glatt' gefüllt worden. Die Standardeinstellung bzgl. der Linienzahl in X- und Y-Richtung, festgelegt durch `PlotPoints`, ist dabei 15. Im aktuellen Beispiel scheint dies ausreichend, bei sehr feinen Funktionen können aber Details 'verschluckt' werden. Erhöhen wir im Beispiel die Linienzahl auf 40:

```
Plot3D[f[r,s], {r,-2,2}, {s,-2,2},
PlotPoints -> 40]
```

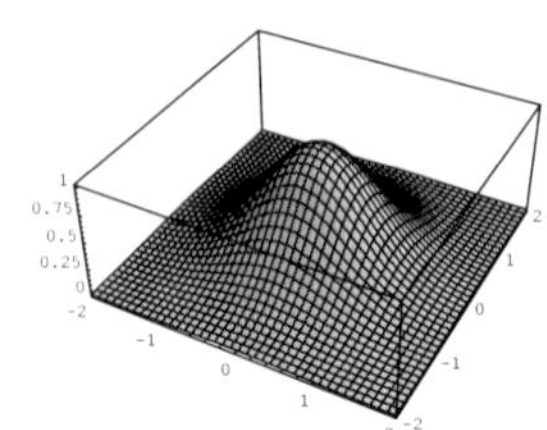

Der Verlauf der gezeichneten Fläche ist deutlich glatter geworden, die Rechenzeit aber auch merklich angestiegen. Sollten nun noch die Gitterlinien stören, so kann man diese über die Option `Mesh` ausschalten:

```
Plot3D[f[r,s], {r,-2,2}, {s,-2,2},
PlotPoints -> 40, Mesh -> False]
```

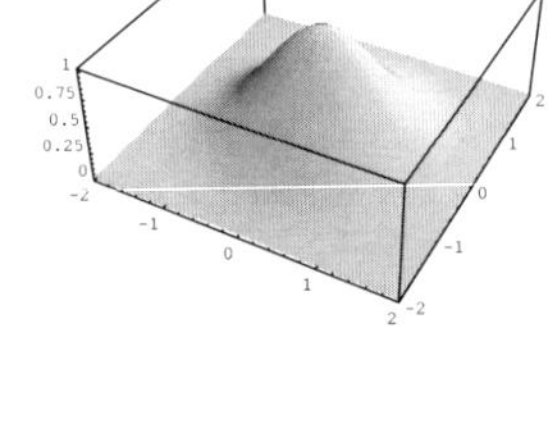

Ausblick: Falls die Funktion in Zylinder- oder Kreiskoordinaten definiert ist, an Stelle der kartesischen Koordinaten, so kann man bis Version 5.2 an Stelle von `Plot3D` die Befehle `CylindricalPlot3D` bzw. `SphericalPlot3D` verwenden, die vom Paket `Graphics`ParametricPlot3D`` angeboten werden. Seit Version 6.0 stehen die fest implementierten Befehle `RevolutionPlot3D` und `SphericalPlot3D` zur Verfügung.

Erwähnenswert ist auch das Kommando `ShadowPlot3D` des Pakets[1] `Graphics`Graphics3D``, mit dem der Funktionsgraph wie gewöhnlich gezeichnet wird, ergänzt jedoch um eine zweidimensionale Aufsicht. Standardmäßig ist diese unterhalb des Graphen angeordnet, kann aber auch durch **ShadowPosition -> 1** (anstatt −1) oberhalb davon erzeugt werden:

```
Needs["AusWeb`Graphics3D`"]
ShadowPlot3D[f[r,s], {r,-2,2}, {s,-2,2},
ShadowPosition -> 1];
```

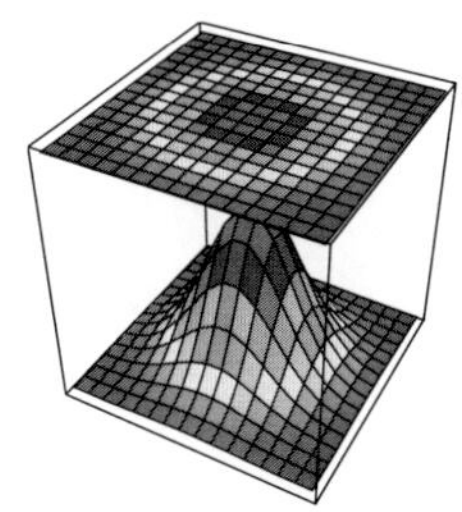

Eine reellwertige Funktion zweier Variablen kann man auch aus einer Funktion $g(x)$ konstruieren, die nur von einer Variablen x abhängt, indem man diese in der X-Z-Ebene zeichnet und dann um die Z-Achse rotieren lässt. Lässt man etwa die Funktion $g(x) = e^{-x^2}$ rotieren, so erhält man die bisher in diesem Kapitel diskutierte Funktion $f(x, y) = e^{-(x^2+y^2)}$. Um die zugehörige Rotationsgrafik zu erzeugen, bietet Mathematica seit Version 6.0 den fest implementierten Befehl `RevolutionPlot3D` an. Betrachten wir dazu diesmal ein anderes Beispiel (der Leser probiere eigenständig e^{-x^2} aus), nämlich die Funktion $\sin(\frac{1}{x})$, welche in Abbildung 7.2 (a) gezeichnet ist. Die zugehörige Rotationsgrafik ist in Abbildung 7.2 (b) zu sehen. Der nötige Quellcode:

```
Plot[Sin[1/x], {x,0.1,1}]

RevolutionPlot3D[Sin[1/x], {x,0.1,1}, PlotPoints -> 40]
```

[1] Seit Version 6.0 nicht mehr mit ausgeliefert. Erhältlich unter:
`http://library.wolfram.com/infocenter/MathSource/6766`
Benutzer ab Version 6.0 sollten dieses in einem Ordner namens *AusWeb* ablegen, vgl. die Erläuterungen am Ende von Abschnitt 3.5.

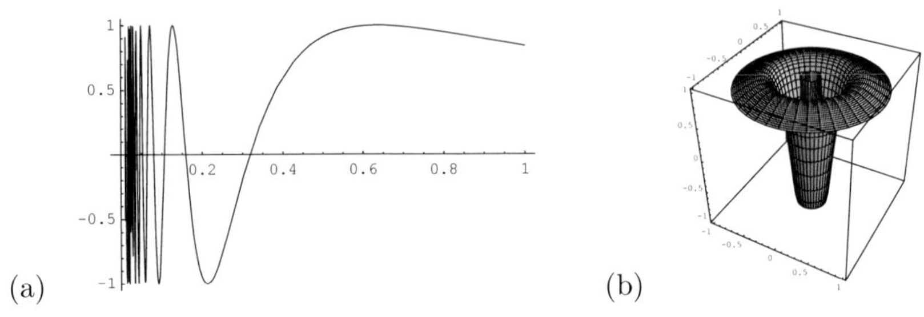

Abb. 7.2: *Die Funktion* $\sin\left(\frac{1}{x}\right)$ *in der X-Z-Ebene und rotiert.*

Vorgängerversionen: Benutzer bis Version 5.2 benötigen dagegen das Paket `Graphics`SurfaceOfRevolution``, und dort das Kommando `SurfaceOfRevolution`, welches die gleiche Syntax aufweist wie das `Plot`-Kommando. Für obiges Beispiel ergäbe sich:

```
Needs["Graphics`SurfaceOfRevolution`"]
SurfaceOfRevolution[Sin[1/x], {x,0.1,1}, PlotPoints -> 40];
```

7.3.3 Konturgrafiken

Eine Alternative zu den dreidimensionalen Darstellungen des Graphen einer Funktion $f(x, y)$ zweier Variablen des vorigen Abschnitts 7.3.2 stellen Konturen- und Dichtegrafiken dar, implementiert über die Kommandos `ContourPlot` bzw. `DensityPlot`. Bei diesen zweidimensionalen Grafiken wird die dritte Dimension, der Funktionswert, durch Grauwerte bzw. Farben codiert. Im ersten Fall wird eine Art Landkarte mit Höhenlinien angelegt, im zweiten Fall ein Gitter. In beiden Fällen werden die sich ergebenden Zwischenräume mit dem entsprechenden Farbwert gefüllt. Das Beispiel der Funktion $\cos(x \cdot y)$ ist in Abbildung 7.3 zu sehen, als `Plot3D` in (a), `ContourPlot` in (b) und `DensityPlot` in (c).

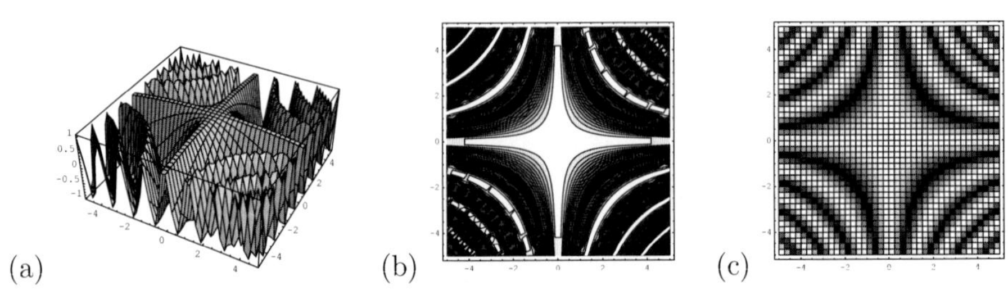

Abb. 7.3: *Die Funktion* $\cos(x \cdot y)$, *dargestellt auf dreierlei Weise.*

Diese Grafiken wurden durch folgenden Code erzeugt:

```
Plot3D[Cos[x y], {x,-5,5}, {y,-5,5}, PlotPoints -> 40]

ContourPlot[Cos[x y], {x,-5,5}, {y,-5,5}, PlotPoints -> 40]

DensityPlot[Cos[x y], {x,-5,5}, {y,-5,5}, PlotPoints -> 40]
```

Die Syntax beider Befehle ist ähnlich der von `Plot3D`. Neben den üblichen Grafikoptionen erlaubt es `ContourPlot`, über **`ContourLines -> False`** bzw. **`ContourStyle -> None`** die Höhenlinien zu unterdrücken, durch **`ContourShading -> False`** dagegen die farbliche Füllung. Bei `DensityPlot` kann man das Zeichnen der Gitterlinien durch **`Mesh -> False`** verhindern. Auch hier sei der Leser dazu aufgefordert, diese Optionen durchzuprobieren.

Ausblick: Es gibt auch eine 3D-Variante der Konturgrafik: `ContourPlot3D`. Diese wurde mit Version 6.0 fest implementiert, bis Version 5.2 musste erst das Paket `` Graphics`ContourPlot3D` `` geladen werden. `ContourPlot3D` stellt zu gegebener Funktion $f(x, y, z)$ von *drei* Variablen jene Bereiche des Definitionsbereichs dar, über denen ein gewisser Funktionswert angenommen wird.

7.3.4 Parametrisch definierte Funktionen zeichnen

Bisher haben wir nur reellwertige Funktionen betrachtet, die ggf. von mehreren Variablen abhängen dürfen. Nun ist es aber auch denkbar, dass der Funktionswert mehrdimensional ist, die Funktion dafür aber nur von einer Variablen abhängt, d. h. $\boldsymbol{f}(t) = (f_1(t), f_2(t))$ im zweidimensionalen Fall, und $\boldsymbol{f}(t) = (f_1(t), f_2(t), f_3(t))$ im dreidimensionalen. Um derartige Funktionen darstellen zu können, bietet Mathematica die Kommandos `ParametricPlot` und `ParametricPlot3D` an. Wir testen Ersteres an der durch $\boldsymbol{f}(t) := (2\cos(t) + \cos(-4t), 2\sin(t) + \sin(-4t))$ definierten Hypotrochoide:

```
ParametricPlot[{2 Cos[t]+Cos[-4 t],
2 Sin[t]+Sin[-4 t]}, {t,0,2 π},
AspectRatio -> 1]
```

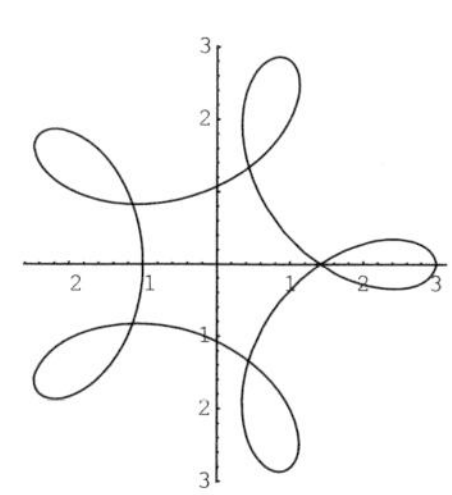

Die beiden Komponenten $f_1(t)$ und $f_2(t)$ sind in einer Liste anzugeben, die sonstige Syntax des `ParametricPlot`-Kommandos gleicht der von `Plot`. Auch bei `Parametric-Plot3D` verhält es sich ähnlich:

```
ParametricPlot3D[
{Cos[2πt], Sin[2πt], t/5]}, {t,0,5}]
```

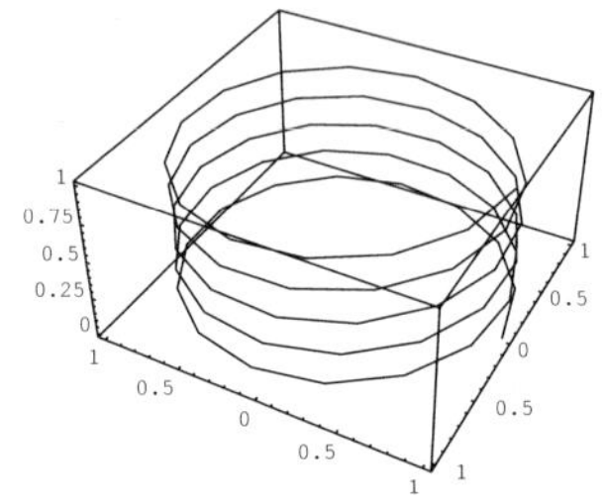

Die Qualität der ausgegebenen Kurve lässt sich hierbei erneut über die Option `PlotPoints` beeinflussen.

Ausblick: Das Paket `Graphics`ParametricPlot3D`` erweitert die Funktionalität von `ParametricPlot3D` und bietet ferner das zusätzliche Kommando `PointParametricPlot3D` an, welches die Grafik in Form einer Punktwolke darstellt. Seit Version 6.0 wird das Paket nicht mehr mit ausgeliefert, ist aber erhältlich unter: `http://library.wolfram.com/infocenter/MathSource/6767`

8 Analysis

Es ist schwer, eine griffige Definition der Disziplin *Analysis* (im englischen Sprachraum *calculus*) zu geben. Leichter ist es, zentrale Begriffe und Ideen aufzuzählen, welche die Analysis von anderen Gebieten abgrenzen. Im Mittelpunkt der Analysis steht sicherlich der Funktionsbegriff, der allerdings auch in Disziplinen wie der Algebra eine wichtige Rolle spielt. Anders ist aber die Betrachtungsweise der Funktionen: Im Vordergrund steht das Infinitesimale, der Grenzwert, zentral ist das Kontinuum der reellen oder komplexen Zahlen, sind Stetigkeit, Differentiation, Integration, u. v. m. Uns interessiert hier nun die Frage, inwiefern uns Mathematica zu den genannten Stichworten Hilfsmittel bereitstellt. Funktionen und Folgen haben wir ja bereits in Abschnitt 7.2 besprochen, einige gebräuchliche Funktionen sind in den Tabellen 7.3 und 7.4 zusammengefasst. Vom Grenzwert ausgehend werden wir im Folgenden Mathematicas Fähigkeit zu Integration und Differentiation untersuchen, siehe die Abschnitte 8.1 bis 8.3. Auch werden wir die Themen Potenzreihen (Abschnitt 8.5) und Differentialgleichungen (Abschnitt 8.6) besprechen, und das Kapitel mit einem Einblick in die komplexe Analysis, die Funktionentheorie, abschließen, siehe Abschnitt 8.7.

> **Weiterführende Informationen ...** zur fachlichen Vertiefung der Themen der Abschnitte 8.1 bis 8.5 findet der Leser beispielsweise in den Büchern von Walter (2007, 2005). Für Abschnitt 8.6 sei Walter (2000) empfohlen, und für Abschnitt 8.7 das Buch von Freitag & Busam (2006).

8.1 Grenzwerte

Zur exakten Grenzwertberechnung bietet Mathematica den `Limit`-Befehl[1] an. Dessen Syntax ist **`Limit[`***f***`, `***x***` -> `***x0***`]`**, übersetzt $\lim_{x\to x_0} f(x)$, wobei an Stelle von x_0 auch $\pm\infty$ stehen darf, siehe Tabelle 5.4. Optional kann man auch das Argument **`Direction->`** *wert* angeben, welches festlegt, ob der linksseitige (Wert `1`) oder rechtsseitige Grenzwert (Wert `-1`) berechnet wird. Betrachten wir ein paar Beispiele:

Limit[$\frac{a x^2+b}{c-d x^2}$, x -> ∞]	$-\frac{a}{d}$
Limit[Exp[Tan[x]], x -> $\frac{\pi}{2}$, Direction -> 1]	∞
Limit[Exp[Tan[x]], x -> $\frac{\pi}{2}$, Direction -> -1]	0

[1] Den Spezialfall des Grenzwertes von Summen und Produkten hatten wir schon in Beispiel 5.2.1 behandelt.

Da der Tangens bei $\frac{\pi}{2}$ von $-\infty$ nach $+\infty$ springt, hat im zweiten Beispiel die Richtung der Grenzwertbetrachtung einen bedeutenden Einfluss. Der Grenzwertbefehl `Limit` scheitert dagegen oft bei selbst definierten Funktionen. Handelt es sich bei diesen aber um solche, bei denen der zu erwartende Grenzwert nicht symbolisch, sondern numerisch ist, so kann man sich durch das numerische Gegenstück zu `Limit`, dem Befehl `NLimit` aus dem Paket ``NumericalMath`NLimit` `` (bis Version 5.2) bzw. ``NumericalCalculus` `` (seit Version 6.0), behelfen.

```
f[x_]:=x /; x<1
f[x_]:=2/x /; x>1
Limit[f[x], x->1, Direction->1]          Limit[f[x], x→1, Direction→1]

Needs["NumericalCalculus`"]

NLimit[f[x], x->1, Direction->1]         1.

NLimit[f[x], x->1, Direction->-1]        2.
```

Während `Limit` bei der mit `/;` abschnittsweise definierten Funktion f, die in $x = 1$ von 1 auf 2 springt, zu keiner Grenzwertberechnung in der Lage ist, liefert `NLimit` zumindest einen Näherungswert. Allerdings wird seit Version 5.1 auch der Befehl `Piecewise` angeboten, siehe Abschnitt 7.2 ab Seite 92. Definiert man die zusammengesetzte Funktion mit dessen Hilfe, kann auch `Limit` erfolgreich eingesetzt werden. Im folgenden Beispiel kann `Limit` ohnehin, versionsunabhängig, wieder verwendet werden:

```
Limit[(Sin[x+h]-Sin[x])/h, h->0]         Cos[x]
```

Mathematica erkennt, dass der Grenzwert des Differenzenquotienten des Sinus gleich dessen Ableitung, des Cosinus, ist. Ein Thema, mit dem wir uns im anstehenden Abschnitt näher beschäftigen wollen.

8.2 Differentiation von Funktionen

Um eine Funktion $f(x_1, x_2, \ldots)$ k_1-mal nach x_1, k_2-mal nach x_2, usw., abzuleiten, kann man **Derivative[*k1,k2,...*][f][*x1,x2,...*]** eingeben. Tatsächlich wird diese Ableitung intern auch auf diese Weise abgespeichert:

```
Clear[f];

Derivative[2,4,3][f][x,y,z]              f^(2,4,3)[x,y,z]

% //FullForm                             Derivative[2,4,3][f][x,y,z]
```

Im Falle einer Funktion einer Variablen kann man die Eingabe der Ableitung auch intuitiver durch Eingabe einer entsprechenden Anzahl von Hochkommas '**'**' erreichen:

f'''[x]	$f^{(3)}$[x]
% //FullForm	Derivative[3][f][x]

Auch eine konkrete Funktion wie den Cosinus kann man auf diese Weise ableiten, in diesem Fall wird die Ableitung auch konkret ausgeführt:

Derivative[1][Cos][x]	-Sin[x]
Cos'[x]	-Sin[x]
Cos[x]'	Cos[x]´

Man beachte, dass dabei das Hochkomma vor das Argument zu setzen ist. Insgesamt gesehen ist die Hochkommaschreibweise plausibel, aber nicht verallgemeinerbar für mehrere Argumente. Umgekehrt ist die explizite Verwendung von `Derivative` eher weniger intuitiv, was wohl der Grund dafür ist, dass Mathematica noch eine zweite Möglichkeit parallel anbietet: den Befehl `D`. Die entsprechende Syntax ist nun **D[f[***x1,x2,...***], {***x1,k1***}, {***x2,k2***},...]**. Allerdings erzeugt auch `D` wieder eine `Derivative`-Funktion:

D[f[x,y,z], {x,2}, {y,4}, {z,3}]	$f^{(2,4,3)}$[x,y,z]
% //FullForm	Derivative[2,4,3][f][x,y,z]

Die Syntax von `D` scheint dem Autor etwas einfacher zu sein, was wohl der Grund für diese 'doppelte Buchführung' ist. Noch überzeugender ist die grafische Variante von `D`, die Eingabe mit Hilfe des Zeichens '∂'. Dieses kann der Benutzer entweder über die Eingabepalette einfügen, oder durch die Tastenkombination [Esc]+pd+[Esc] für ∂, und [Strg]+[-] für den Index. Und nun erfolgt die partielle Ableitung tatsächlich in der gewohnten Schreibweise:

$\partial_{x,x,y,y,y,y,z,z,z}$ **f[x,y,z]**	$f^{(2,4,3)}$[x,y,z]
% //FullForm	Derivative[2,4,3][f][x,y,z]

Letztlich ist es dem Leser überlassen, sich für eine der Varianten zu entscheiden, alle machen letztlich das Gleiche. Im konkreten Beispiel des Cosinus etwa würde man zu obigem Resultat auch via

D[Cos[x], x]	-Sin[x]
∂_x **Cos[x]**	-Sin[x]

gelangen.

Ausblick: In manchen Fällen kann auch die numerische Variante zu `D` hilfreich sein, die allerdings auf Funktionen einer Variablen beschränkt ist: `ND` im Paket `NumericalMath`NLimit`` (bis Version 5.2) bzw. `NumericalCalculus`` (seit Version 6.0). Durch **`ND[`*f*`[`*x*`], {`*x*`,`*n*`}, `*x0*`]`** wird der Wert der Ableitung $f^{(n)}(x_0)$ an der Stelle x_0 angenähert.

Ausblick: Die mehrdimensionalen Analoga zu erster und zweiter Ableitung, Gradient bzw. Jacobi-Matrix sowie Hesse-Matrix, kann man sich manuell aus partiellen Ableitungen via ∂ zusammenstellen. Alternativ kann man aber auch auf die entsprechenden vorgefertigten Befehle `Grad` und `JacobianMatrix` des Paketes `Calculus`VectorAnalysis`` (bis Version 5.2) bzw. `VectorAnalysis`` (seit Version 6.0) zurückgreifen.

Zu guter Letzt sei noch erwähnt, dass in Anhang A erläutert wird, auf welche Weise Mathematica die Ableitung von Funktionen berechnet. Auf genau diese Weise werden wir dort unseren eigenen Ableitungsoperator programmieren.

8.3 Integration von Funktionen

Das Gegenstück zum Differenzieren ist das Integrieren. Um ein unbestimmtes Integral, also eine Stammfunktion, einer gegebenen Funktion f zu bestimmen, gibt man einfach **`Integrate[`*f*`[`*x*`], `*x*`]`** ein, oder noch eleganter $\int$ *f* **`[`*x*`] d`*x***. Letzteres erreicht man über die Eingabepalette, oder per [Esc]+int+[Esc] für $\int$ und [Esc]+dd+[Esc] für d. Dann kann man in Sekundenbruchteilen z. B. folgendes Integral berechnen lassen:

$$\int (b^2 \, \mathrm{Cos}[a\,x]^2 + c^2 \, \mathrm{Sin}[a\,x]^2)^{-1} \, dx \qquad \frac{\mathrm{ArcTan}\left[\frac{c\,\mathrm{Tan}[a\,x]}{b}\right]}{a\,b\,c}$$

Um dagegen ein bestimmtes Integral zu berechnen, muss die Syntax wie folgt verändert werden: **`Integrate[`*f*`[`*x*`], {`*x*`,`*a*`,`*b*`}]`** bzw. $\int_a^b$ *f* **`[`*x*`] d`*x***. Die Integrationsgrenzen dürfen dabei auch $\pm\infty$ sein. Ein Beispiel:

$$\int_0^{\infty} \mathrm{Exp}[-x^2] \, dx \qquad \frac{\sqrt{\pi}}{2}$$

In einigen Fällen ist eine Stammfunktion nicht bekannt, entsprechend kann ein zugehöriges bestimmtes Integral nicht berechnet werden. Dann ist man auf numerische Verfahren der Integration angewiesen, siehe auch Abschnitt 14.1, etwa via `NIntegrate`, welches die Syntax **`NIntegrate[`*f*`[`*x*`], {`*x*`,`*a*`,`*b*`}]`** aufweist. Hier können nun allerdings noch zusätzliche Optionen angegeben werden, die z. B. das Integrationsverfahren festlegen. Welche Optionen mit welchen Voreinstellungen verfügbar sind, kann man einsehen über **`Options[NIntegrate]`**.

```
Integrate[Sin[Exp[x^2]], {x,0,2}]        ∫_0^2 Sin[e^(x^2)] dx

NIntegrate[Sin[Exp[x^2]], {x,0,2}]       0.781606
```

Ebenfalls im Rahmen der Integrationstheorie bedeutsam ist der *Cauchysche Hauptwert* eines Integrals $\int_a^b f(x)\,dx$. Dieser ist definiert als der Grenzwert

$$\lim_{\epsilon\to 0}\left(\int_a^{c-\epsilon} f(x)\,dx \;+\; \int_{c+\epsilon}^{b} f(x)\,dx\right) \qquad \text{für ein } a < c < b,$$

wobei c eine Singularität des Integrationsbereichs ist. Da beide Grenzwerte nicht unabhängig voneinander ausgeführt werden, muss aus der Existenz des Hauptwertes nicht zwangsweise die Existenz des Integrals $\int_a^b f(x)\,dx$ folgen:

```
Integrate[1/x, {x,-1,3}]

Integrate::idiv: Integral of 1/x does not converge on {-1, 3}. >>

∫_{-1}^{3} 1/x dx

Integrate[1/x, {x,-1,3}, PrincipalValue -> True]        Log[3]

% //N                                                   1.09861
```

Seit Version 6.0 ist auch bei `NIntegrate` die Option `PrincipalValue` verfügbar, wenn auch in anderer Notation:

```
NIntegrate[1/x, {x,-1,0,3}, Method -> {"PrincipalValue"}]

NIntegrate::ncvb: NIntegrate failed to converge to prescribed accuracy after 9
recursive bisections in x near {x} = {0.333016}. NIntegrate obtained 0.` and 0.` for
the integral and error estimates. >>

1.09861
```

Die Singularität $c = 0$, um die herum integriert wird, muss hier explizit angegeben werden. Trotz der Fehlermeldung wird der Hauptwert korrekt approximiert.

Vorgängerversionen: Bis Version 5.2 besitzt `NIntegrate` noch nicht die Methode `PrincipalValue`, stattdessen muss der eigenständige Befehl `CauchyPrincipalValue` des Pakets ``NumericalMath`CauchyPrincipalValue` `` verwendet werden. Für obiges Beispiel würde die Syntax lauten:
`CauchyPrincipalValue[1/x, {x,-1,{0},3}]`

8.4 Extremwertbestimmung

Um die lokalen Extremwerte einer gegebenen Funktion zu bestimmen, kann man einerseits ganz klassisch die erste Ableitung bzw. den Gradienten gleich Null setzen, und die gefundenen Nullstellen in die zweite Ableitung bzw. die Hesse-Matrix einsetzen, um festzustellen, welche dieser Stellen Extremstellen welchen Typs sind.

```
f[x_]:=x³-8 x²+17 x+5;
Plot[f[x], {x,-1,6}]
```

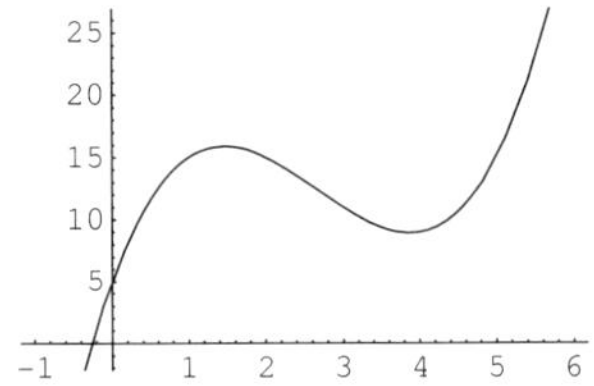


```
f1[x_]=∂ₓ f[x];  f2[x_]=∂ₓ f1[x];
x /. Solve[f1[x]==0, x]
```

$\{\frac{1}{3}(8-\sqrt{13}),\ \frac{1}{3}(8+\sqrt{13})\}$

```
{x1, x2}=%;  N[f2[x1]]
```

-7.2111

```
N[f2[x2]]
```

7.2111

Nach der Grafikausgabe bestimmen wir die Nullstellen der ersten Ableitung, wobei wir den `Solve`-Befehl aus Abschnitt 11.3 verwendet haben. Dieser gibt die Lösungsmenge in Form einer Liste von Regeln (‘`x→...`’) aus. Das ‘`x /.`’ vor `Solve` bewirkt, dass diese Regeln auf das zuvorstehende x angewendet werden, so dass sich eine blanke Liste von Lösungen ergibt, vgl. Abschnitt 21.6. Den beiden gefundenen Lösungen geben wir zu Beginn der zweiten Eingabe die Namen x_1 und x_2 und setzen diese nun in die zweite Ableitung ein. Da $f''(x_2) > 0$ ist, ist $x_2 = \frac{1}{3} \cdot (8 + \sqrt{13}) \approx 3.86852$ eine Minimalstelle (den Näherungswert berechnet man durch **`N[x2]`**). Der zugehörige Funktionswert ist

```
f[x2] //FullSimplify
```

$\frac{1}{27}(335 - 26\sqrt{13})$

was man analog zu 8.9354 nähert. Zumindest diese Näherungslösung des lokalen Minimums hätte man auch direkt mit Hilfe des Befehls `FindMinimum` finden können. Die Syntax ist **`FindMinimum[`***`f`***`[`***`x1,...`***`], {`***`x1,x10`***`}, ...]`**, wobei x_{10} ein konkreter Startwert für die Variable x_1, usw., sein muss. Probieren wir dies im Beispiel aus:

```
FindMinimum[f[x], {x,0}]
```

```
FindMinimum::cvmit: Failed to converge to the requested accuracy or precision within
100 iterations. ≫
```

```
FindMinimum[f[x], {x,0}]
```

Bei Vorgabe des Startwerts 0 scheitert die Suche nach einem Minimum, vermutlich, weil sich davor das Maximum befindet. Ändern wir den Startwert zu 5:

```
FindMinimum[f[x], {x,5}]
```

{8.9354, {x→3.86852}}

Nun wird die lokale Minimalstelle gefunden. Analog kann man seit Version 5.0 auch `FindMaximum` für Maxima einsetzen; bei Startwert 0 wird das lokale Maximum korrekt entdeckt. Ferner ist noch erwähnenswert, dass man bei beiden Befehlen den Lösungsraum einschränken kann, indem man beim Argument noch Bereichsgrenzen angibt: `{x1, x10,x1min,x1max}, ...` Seit Version 6.0 können sogar allgemeinere Einschränkungen, analog dem gleich zu besprechenden `Minimize-/Maximize`-Befehl, angegeben werden, indem man an Stelle der Funktion `f[x1,...]` schreibt: `{f[x1,...], restr}`.

Ebenfalls seit Version 5.0 bietet Mathematica auch die Kommandos `Maximize` und `Minimize` zur Suche nach exakten, *globalen* Extrema an. Die Syntax ist `Minimize[{f[x1, ...], restr}, {x1,...}]`, analog auch für `Maximize`, wobei durch die optionalen Restriktionen der betrachtete Bereich eingeschränkt werden kann. Erlaubt sind hierbei die Angabe von Ungleichungen, aber auch eine Einschränkung der Art `x∈Integers` auf ganzzahlige Werte. Wendet man beide Befehle ohne Einschränkung auf $f(x)$ an, so erkennt Mathematica korrekterweise, dass die Funktion nach beiden Seiten unbeschränkt ist, also keine globalen Extrema existieren können:

```
Minimize[f[x], x]

Minimize::natt: The minimum is not attained at any point satisfying the given
constraints.
```

$\{-\infty, \{x \to -\infty\}\}$

```
Maximize[f[x], x]

Maximize::natt: The maximum is not attained at any point satisfying the given
constraints.
```

$\{\infty, \{x \to \infty\}\}$

Schränkt man nun den Definitionsbereich von links ein, so ist die Funktion nach unten beschränkt. Wie der Leser an Hand des oben gezeichneten Funktionsgraphen von $f(x)$ erkennt, ist die Funktion $f(x)$ im Bereich $x \geq 0$ in der 0 minimal, global betrachtet, mit Minimalwert 5. Schränken wir dagegen den Bereich noch stärker auf $x \geq 1$ ein, so ist das lokale Minimum $(x_2, f(x_2))$ von oben tatsächlich auch global. Dies wird auch von Mathematica so erkannt:

`Minimize[{f[x], x>=0}, x]` $\{5, \{x \to 0\}\}$

`Minimize[{f[x], x>=1}, x] //Simplify` $\{\frac{1}{27}(335 - 26\sqrt{13}), \{x \to \frac{1}{3}(8 + \sqrt{13})\}\}$

Analog kommt auch `Maximize` zur richtigen Lösung, wenn man den Definitionsbereich zu $x \leq 5$ bzw. $x \leq 6$ einschränkt, was der Leser nachprüfen möge.

Bereits seit Version 4.2 gibt es die numerischen Gegenstücke `NMaximize` und `NMinimize`. Die Syntax ist völlig analog zu der bei `Minimize` und `Maximize`. Testen wir beide Funktionen mit $f(x)$:

```
NMinimize[f[x], x]
```

```
NMinimize::cvdiv: Failed to converge to a solution. The function may be unbounded. ≫
```

$\{-7.68165052308102 \times 10^{403}, \{x \to -4.25094 \times 10^{134}\}\}$

Mathematica erkennt, dass die Funktion nach unten unbeschränkt ist, gibt also kein Minimum an; diese Antwort ist richtig. Erstaunlicherweise gibt sich aber `NMaximize` mit dem (korrekt entdeckten) lokalen Maximum zufrieden, obwohl die Funktion ja auch nach oben unbeschränkt und dieses damit nicht global ist:

```
NMaximize[f[x], x]                    {15.8794, {x→1.46482}}
```

Schränken wir nun den Suchraum an den Rändern ein:

```
NMinimize[{f[x], x>=0}, x]            {5., {x → -2.25806 × 10^-18}}
NMinimize[{f[x], x>=1}, x]            {8.9354, {x → 3.86852}}
```

Beide Antworten sind korrekt, wie oben bereits erläutert.

```
NMaximize[{f[x], x<=6}, x]            {35., {x→6.}}
NMaximize[{f[x], x<=5}, x]            {15., {x→5.}}
```

Beim Maximieren (Achtung: Je nach Version evtl. andere Resultate!) dagegen ist nur die erste Antwort richtig, der Randwert $f(6) = 35$ ist größer als der Wert des lokalen Maximums $f(x_1) \approx 15.8794$. Das zweite Ergebnis dagegen ist falsch, denn $f(5) = 15$ ist kleiner als der Wert des lokalen Maximums $f(x_1) \approx 15.8794$. Insgesamt betrachtet sollte also der Leser *äußerste Vorsicht* walten lassen, wenn es um die Ergebnisse von `NMaximize` und `NMinimize` geht: Selbst beim betrachteten Polynom, einer Funktion, die an Einfachheit nur schwer zu überbieten ist, geht die Suche nach globalen Extremstellen u. U. schief. Der Leser sei deshalb dazu aufgefordert, ein wenig mit den Optionen dieser beiden Befehle, einsehbar über **Options[NMaximize]** bzw. **Options[NMinimize]**, zu experimentieren.

Die Funktionen `FindMinimum` und `FindMaximum`, die sich ausschließlich auf lokale Extremstellen konzentrieren, scheinen dagegen etwas verlässlicher. Allerdings ist das betrachtete Beispiel der Funktion $f(x)$ vermutlich trotzdem keine allzu große Motivation, diese beiden Befehle einzusetzen, wenn man doch ähnlich leicht sogar die exakten Extrema finden kann. Deshalb wollen wir noch ein etwas anspruchsvolleres Beispiel betrachten, bei dem eine exakte Berechnung der Ableitung und deren Nullstellen sehr aufwändig wäre:

Beispiel 8.4.1

Wir erzeugen einen Datensatz, indem wir die Funktion $\log(2x + 3)$ in den Stellen 1 bis 100 auswerten, dann aber durch einen zufälligen Fehler, gleichverteilt im Intervall

$[-0.5; 0.5]$, stören, siehe auch Kapitel 18:

```
n=100;
daten=Table[Log[2 x+3]+Random[Real, {-0.5,0.5}], {x,1,n}];
fehler[a_,b_]:=∑_{x=1}^n (daten[[x]]-Log[a x+b])^2;
```

Anschließend definieren wir eine Funktion, die in Abhängigkeit von den Parametern a und b alle quadratischen Fehler der Datenwerte zu $\log(ax + b)$ aufsummiert. Diesen Ausdruck wollen wir nun bzgl. a und b minimieren, d. h. jene Werte für a und b bestimmen, bei denen der quadratische Fehler minimiert wird. Diese *Kleinste-Quadrate-Schätzung* ist ein gebräuchliches Verfahren der Regressionsanalyse, vgl. auch Abschnitt 17.6.

```
FindMinimum[fehler[a,b], {a,0}, {b,1}]

{7.32264, {a→2.01607, b→3.41402}}

FindMinimum[fehler[a,b], {a,2}, {b,3}]

{7.32264, {a→2.01607, b→3.41396}}
```

Der gewählte Startwert ist in diesem Fall von nur kleiner Auswirkung. Die Schätzwerte liegen recht nah bei den wahren Werten $a = 2$ und $b = 3$. Allerdings mag der Leser, wenn er das Beispiel selbst ausführt, zu einem ganz anderen Ergebnis kommen, da ja der (Pseudo-)Zufall im Spiel ist. Probieren wir abschließend noch `NMinimize` aus (Achtung: Je nach Version evtl. anderes Resultat!):

```
NMinimize[fehler[a,b], {a,b}]

NMinimize::nrnum: The function value -903.448-538.655i is not a real number at {a,b}
= {-0.936293,0.280416}. Mehr...

NMinimize[...]
```

Ohne Einschränkung des Suchraums scheitert die Suche nach dem Minimalwert, da `NMinimize` in der falschen Richtung sucht und negative Werte innerhalb des Logarithmus erzeugt. Immerhin klappt das Ganze, wenn wir auf $a, b \geq 0$ einschränken:

```
NMinimize[{fehler[a,b], a>=0, b>=0}, {a,b}]

{7.32264, {a→2.01607, b→3.41402}}
```

•

8.5 Reihendarstellung und Transformation von Funktionen

Potenzreihen werden bei Mathematica durch das SeriesData-Objekt repräsentiert. **SeriesData[*x*, *x0*, {*a0*,...,*ar*}, *m*, *n*, *k*]** beschreibt eine Reihe beginnend mit $\sum_{i=m}^{m+r} a_{i-m} \cdot (x - x_0)^{i/k} + O(x^{n/k})$, d. h. die ersten $(r + 1)$ Terme werden explizit angegeben, der Rest mit Hilfe des Landau-Symbols O abgeschätzt. In vielen Fällen wird $k = 1$ sein, d. h. es werden nur ganzzahlige Exponenten betrachtet, und oft auch $m \geq 0$, d. h. die Exponenten sind nichtnegativ. Die Exponentialreihe $\exp(x) = \sum_{i=0}^{\infty} x^i/i!$ würde man bis zur Potenz 5 angeben als

```
expreihe=SeriesData[x, 0, {1,1,1/2,1/6,1/24,1/120}, 0, 6, 1]
```

$1 + x + \frac{x^2}{2} + \frac{x^3}{6} + \frac{x^4}{24} + \frac{x^5}{120} + O[x]^6$

Man beachte, dass Mathematica die Potenz außerhalb des Landau-Symbols schreibt. Ganz allgemein drückt **O[*x*,*x0*]**^{n} einen Term der Ordnung $(x - x_0)^n$ aus, wobei $x_0 = 0$ gesetzt wird, falls nicht explizit angegeben. Den k-ten Koeffizienten der Reihe kann man durch **SeriesCoefficient[*reihe*, *k*]** abfragen, z. B.

```
SeriesCoefficient[expreihe, 3]
```

$\frac{1}{6}$

Um aus den explizit bestimmten Termen eines SeriesData-Objekts eine Funktion zu gewinnen, muss man den Befehl Normal einsetzen:

```
expreihe //FullForm
```

```
SeriesData[x, 0, List[1, 1, Rational[1, 2], ..., Rational[1, 120]], 0, 6, 1]
```

```
Normal[expreihe]
```

$1 + x + \frac{x^2}{2} + \frac{x^3}{6} + \frac{x^4}{24} + \frac{x^5}{120}$

```
Normal[expreihe] //FullForm
```

```
Plus[1, x, ..., Times[Rational[1, 120], Power[x, 5]]]
```

Zentrales Kommando im Zusammenhang mit Potenzreihen ist Series, welches eine gegebene Funktion in eine Taylor-Reihe umwandelt: **Series[*f*[*x*], {*x*,*x0*,*n*}]** erzeugt das SeriesData-Objekt zu $\sum_{k=0}^{n} f^{(k)}(x_0)/k! \cdot (x - x_0)^k + O(x^{n+1})$, also z. B.

```
Series[Exp[x], {x,0,5}]
```

$1 + x + \frac{x^2}{2} + \frac{x^3}{6} + \frac{x^4}{24} + \frac{x^5}{120} + O[x]^6$

wieder obige Exponentialreihe. Das numerische Gegenstück zu Series ist NSeries des Pakets NumericalMath`NSeries` (bis Version 5.2) bzw. NumericalCalculus` (seit Version 6.0), welches prinzipiell die gleiche Syntax besitzt, allerdings eine *Laurent-Reihe* mit Koeffizienten von $-n$ bis n annähert. Bei analytischen Funktionen empfiehlt es sich

Befehl	Beschreibung
FourierTransform[f [t], t,ω]	Fourier-Transf. von $f(t)$ in $g(\omega) := \frac{1}{\sqrt{2\pi}} \int_{-\infty}^{\infty} f(t) \cdot e^{i\omega t}\, dt$. Umkehrung: **InverseFourierTransform[g [ω], ω, t]**.
FourierSinTransform[f [t], t,ω]	Fourier-Transf. von $f(t)$ in $g(\omega) := \sqrt{\frac{2}{\pi}} \int_0^{\infty} f(t) \cdot \sin(\omega t)\, dt$. Umkehrung: **InverseFourierSinTransform[g [ω], ω, t]**.
FourierCosTransform[f [t], t,ω]	Fourier-Transf. von $f(t)$ in $g(\omega) := \sqrt{\frac{2}{\pi}} \int_0^{\infty} f(t) \cdot \cos(\omega t)\, dt$. Umkehrung: **InverseFourierCosTransform[g [ω], ω, t]**.
LaplaceTransform[f [t], t, s]	Laplace-Transformation von $f(t)$ in $g(s) := \int_0^{\infty} f(t) \cdot e^{-s \cdot t}\, dt$. Umkehrung: **InverseLaplaceTransform[g [s], s, t]**.
ZTransform[f [n], n, z]	Z-Transformation von $f(n)$ in $g(z) := \sum_{n=0}^{\infty} f(n) \cdot z^{-n}$. Umkehrung: **InverseZTransform[g [z], z, t]**.

Tabelle 8.1: *Transformationen von Funktionen.*

deshalb, **//Chop** hinten anzuhängen, um unnötige Terme zu vermeiden:

```
Needs["NumericalCalculus`"]

NSeries[Exp[x], {x,0,5}] //Chop
```

$1. + x + 0.5\, x^2 + 0.166667\, x^3 + 0.0416667\, x^4 + 0.00833333\, x^5 + O[x]^6$

Schließlich kann man noch zwei Reihen mit `ComposeSeries` verknüpfen, und mit `InverseSeries` die Inverse einer gegebenen Reihe bestimmen, d. h. eine Reihe, deren Verknüpfung mit der ursprünglichen Reihe gleich der identischen Abbildung $x \mapsto x$ ist:

```
iexpreihe=InverseSeries[expreihe, x]
```

$(x-1) - \frac{1}{2}(x-1)^2 + \frac{1}{3}(x-1)^3 - \frac{1}{4}(x-1)^4 + \frac{1}{5}(x-1)^5 + O[x-1]^6$

```
ComposeSeries[iexpreihe, expreihe]
```

$x + O[x]^6$

Mathematica bietet auch eine Reihe bekannter Transformationen von Funktionen an, sowie deren jeweilige Umkehrungen. Diese sind in Tabelle 8.1 zusammengefasst, numerische Varianten zu den Fourier-Transformationen finden sich im Paket `Calculus`FourierTransform`` (bis Version 5.2) bzw. `FourierSeries`` (seit Version 6.0). Beispielhaft für diese Transformationen wollen wir die Z-Transformation anwenden:

Beispiel 8.5.1

Sei X eine Zufallsvariable mit diskreter Verteilung über $\mathbb{N}_0$, sei $p(k) := P(X = k)$ die Wahrscheinlichkeit dafür, dass X den Wert k annimmt. Dann nennt man $w_X(z) := \sum_{k=0}^{\infty} p(k) \cdot z^k$ die wahrscheinlichkeitserzeugende Funktion der Verteilung. Vergleicht man diesen Ausdruck mit Tabelle 8.1, so wird klar, dass $w_X(z^{-1})$ gleich der Z-Transformierten von $p(k)$ ist. Im Falle der Poissonverteilung $Po(\lambda)$ etwa, siehe auch Beispiel 13.1, ist $p(k) = e^{-\lambda} \cdot \lambda^k/k!$. $w_X(z)$ nimmt in diesem Fall eine sehr einfache Form an:

```
ZTransform[Exp[-λ] λ^k/k!, k, z^-1]
```

$e^{-\lambda+z\,\lambda}$

Die Binomialverteilung $B(n,p)$ besitzt den endlichen Träger $\{0,\ldots,n\}$, mit $p(k) = \binom{n}{k} \cdot p^k \cdot (1-p)^{n-k}$. Entsprechend muss $w_X(z)$ ein Polynom vom Grad n in z sein:

```
ZTransform[Binomial[n,k] p^k (1-p)^(n-k), k, z^-1]
```

$(1-\mathrm{p})^{\mathrm{n}} \left(\frac{-1+\mathrm{p}-\mathrm{p}\,\mathrm{z}}{-1+\mathrm{p}}\right)^{\mathrm{n}}$

Mathematica erkennt dabei nicht, dass sich der Faktor $(1-p)^n$ wegkürzt. Teilen wir Mathematica jedoch mit, dass n ganzzahlig ist, klappt es:

```
Simplify[%, n∈Integers]
```

$(1+\mathrm{p}\,(-1+\mathrm{z}))^{\mathrm{n}}$

Eine ähnliche Wahrscheinlichkeitserzeugende besitzt die negative Binomialverteilung $NB(n,p)$, nämlich $w_X(z) = (\frac{p}{1-(1-p)z})^n$. Daraus kann man durch Anwendung der inversen Z-Transformation die Wahrscheinlichkeiten $p(k)$ rekonstruieren:

```
InverseZTransform[(p/(1-(1-p)z^-1))^n, z, k]
```

$\frac{(-1)^{-\mathrm{k}}\,(-1+\mathrm{p})^{\mathrm{k}}\,\mathrm{p}^{\mathrm{n}}\,\mathrm{Gamma}[\mathrm{k}+\mathrm{n}]}{\mathrm{Gamma}[1+\mathrm{k}]\,\mathrm{Gamma}[\mathrm{n}]}$

Der gefundene Ausdruck ist richtig, aber unnötig kompliziert. Die ersten zwei Faktoren des Zählers fasst man zusammen zu $(1-p)^k$, die übrigen ergeben schlicht $\binom{n+k-1}{k}$. Hier kommt man auch mit Hilfestellungen nicht zum einfachsten Resultat:

```
FullSimplify[%, n∈Integers && k∈Integers && n>0
&& k>=0]
```

$\frac{(1-\mathrm{p})^{\mathrm{k}}\,\mathrm{p}^{\mathrm{n}}\,\mathrm{Gamma}[\mathrm{k}+\mathrm{n}]}{\mathrm{k}!\,\mathrm{Gamma}[\mathrm{n}]}$

•

8.6 Differentialgleichungen

Eine *Differentialgleichung n-ter Ordnung* ist eine Gleichung der Form

$$y^{(n)}(x) = f(x, y(x), y'(x), \ldots, y^{(n-1)}(x)).$$

Gesucht ist also eine Funktion $y(x)$, die diese Gleichung erfüllt. Eine solche Lösungsfunktion ist, im Falle der Existenz, i. Allg. nur bis auf konstante Terme bestimmt. Durch zusätzliche Vorgabe eines Anfangswertes

$$y(x_0) = y_0,\ y'(x_0) = y_1,\ \ldots,\ y^{(n-1)}(x_0) = y_{n-1}$$

kann eine eindeutige Lösung resultieren, insgesamt spricht man dann von einem *Anfangswertproblem*. Zum Lösen solcher Differentialgleichungen stellt Mathematica den Befehl `DSolve` zur Verfügung, der in seiner einfachsten Form drei Argumente umfasst: die Gleichung, die Funktion $y(x)$ und die Variable x.

```
DSolve[y'[x]==a y[x], y[x], x]                    {{y[x]→e^(a x) C[1]}}

DSolve[{y'[x]==a y[x], y[0]==5}, y[x], x]         {{y[x]→5 e^(a x)}}
```

Im ersten Fall ist eine sehr elementare Differentialgleichung erster Ordnung ohne Anfangswert zu lösen, entsprechend ist das Resultat nur bis auf eine Konstante C_1 eindeutig. Im zweiten Fall ist zusätzlich der Anfangswert $y(0) = 5$ gegeben, wodurch die Lösung eindeutig wird. Man beachte, dass man sowohl die Gleichung als auch den Anfangswert mit dem Gleichheitsoperator '==' angeben muss. `DSolve` ist dabei nicht auf Gleichungen erster Ordnung beschränkt:

```
DSolve[y'''''[x]+4 y''''[x]+2 y'''[x]-4 y''[x]+8 y'[x]+16 y[x]==0, y[x], x]

{{y[x]→e^(-2 x) C[1]+e^(-2 x) x C[2]+e^(-2 x) x^2 C[3]+e^x C[5] Cos[x]-e^x C[4] Sin[x]}}
```

Die numerische Variante von `DSolve` heißt `NDSolve` und ergibt eine Lösung in Form einer interpolierenden Funktion, siehe Abschnitt 14.1, d. h. die Lösung wird in der Gestalt

InterpolatingFunction[{{*xmin*, *xmax*}}, <>][*x*]

ausgegeben. Das erste Argument gibt dabei den Bereich der Funktion an, über dem diese interpoliert, d. h. über dem der Funktionsverlauf durch Stützstellen gesichert ist. Jenseits dieses Bereiches muss dagegen extrapoliert werden, was schnell zu grob falschen Werten führen kann und deswegen von Mathematica mit einer entsprechenden Warnung quittiert wird. Das zweite Argument '<>' ist dagegen ein Platzhalter für die Liste der Stützstellen, welche man bei Interesse über **//FullForm** einsehen kann. Eine interpolierende Funktion kann man wie gewohnt numerisch auswerten und auch zeichnen lassen. Betrachten wir als Beispiel die Differentialgleichung $y'(x) = y(x)$, $y(0) = 5$, deren exakte Lösung wir oben schon zu $5e^x$ bestimmt haben:

```
f[x_]=y[x] /. NDSolve[{y'[x]==y[x], y[0]==5}, y[x], {x,0,5}][[1]]

InterpolatingFunction[{{0.,5.}}, <>][x]
```

Da die Lösungen immer in der verschachtelten Form `{{y[x]→...}}` ausgegeben werden, haben wir den oben schon erwähnten Ersetzungsoperator '`/.`' verwendet, zudem durch `[[1]]` auf die innere Liste zugegriffen. Nun berechnet man etwa

```
f[0]
```
5.

```
f[0.3]
```
6.74931

wobei der erste Wert einer Stützstelle entspricht und dadurch (weitestgehend) exakt ist, der zweite entsteht durch Interpolation. Vergleichen wir diese approximative Lösung grafisch mit der exakten:

```
Plot[{f[x], 5 ⅇ^x}, {x,0,5}]
```

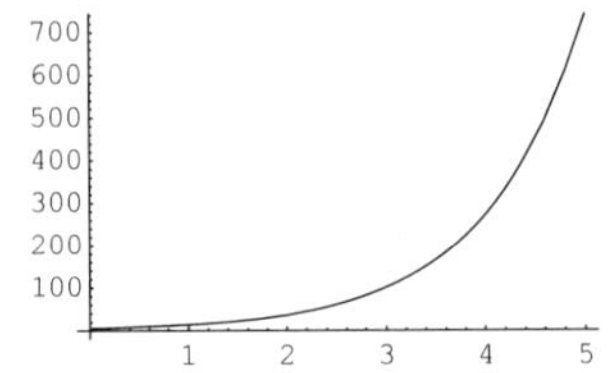

Kein Unterschied ist zu erkennen. Erst wenn wir die Differenz zwischen beiden Funktionen betrachten, stellen wir fest, dass die gefundene Näherungslösung von der exakten abweicht, mit zunehmenden Fehler für $x \to 5$:

```
Plot[f[x]-5 ⅇ^x, {x,0,5}]
```

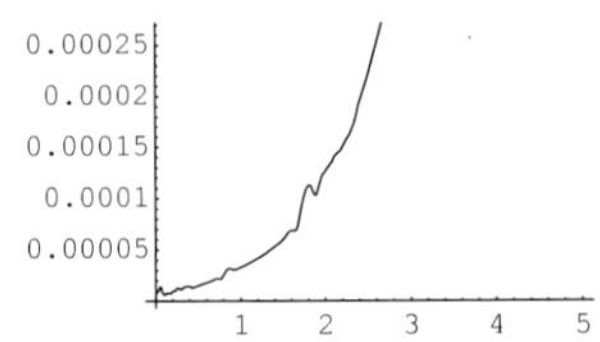

Ein nützliches Hilfsmittel bei Differentialgleichungen $y'(x) = f(x, y(x))$ erster Ordnung sind Richtungsfelder, welche ohne Kenntnis einer Lösung erstellt werden können, da offenbar durch $f(x, y)$ die Steigung der unbekannten Lösung an jeder Stelle (x, y) gegeben ist. Zur praktischen Umsetzung benötigt man das Paket `VectorFieldPlots`` und den dort definierten Befehl `VectorFieldPlot` (seit Version 6.0), welches auch eine entsprechende dreidimensionale Variante anbietet. Die Syntax ist **VectorFieldPlot[{1,*f*[*x*,*y*]}, {*x*,*x0*,*x1*}, {*y*,*y0*,*y1*}]**, welche wir am Beispiel der Differentialgleichung $y'(x) = \exp(y(x)) \cdot \sin(x)$ testen wollen:

```
DSolve[y'[x]==Exp[y[x]] Sin[x], y[x], x]
```

Solve::ifun: Inverse functions are being used by Solve, so some solutions may not be found.

{{y[x]→-Log[-C[1]+Cos[x]]}}

```
Needs["VectorFieldPlots`"]

feld=VectorFieldPlot[{1, Exp[y] Sin[x]}, {x,-4,4}, {y,-2,4},
PlotRange -> {-2,3}, Axes -> True, PlotPoints -> 20, ScaleFactor -> 3];
```

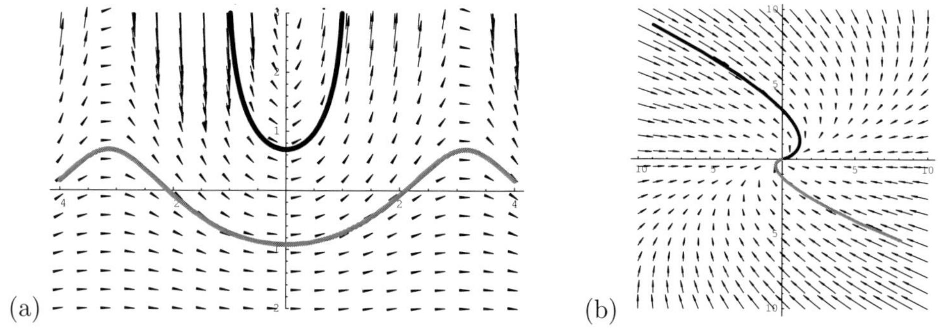

Abb. 8.1: Richtungsfeld und Lösungen zweier Differentialgleichungen.

Vorgängerversionen: Benutzer bis Version 5.2 benötigen das Paket `Graphics`PlotField`` und den dort definierten Befehl `PlotVectorField`, welcher die gleiche Syntax wie `VectorFieldPlot` besitzt. Eine entsprechende dreidimensionale Variante bietet das Paket `Graphics`PlotField3D``. Im obigen Beispiel sind nur geringfügige Modifikationen nötig: Zum Laden des Pakets schreibt man **`Needs["Graphics`PlotField`"]`** und anschließend **`feld=PlotVectorField[...];`**.

Trotz der ausgegebenen Warnung wurde die Lösungsgesamtheit entdeckt. Beim anschließend erstellten Richtungsfeld wurde die voreingestellte Zahl von 15×15 Richtungsvektoren auf 20×20 erhöht und die Gesamtlänge der Pfeile vergrößert. Das Resultat ist in Abbildung 8.1 (a) zu sehen, wo zudem noch zwei Lösungen, mit $C_1 = \frac{1}{2}$ und $C_1 = -\frac{3}{2}$, zu sehen sind. Offenbar wird die Form der Lösung stark von der Anfangsbedingung beeinflusst. Der noch fehlende Code:

```
lsg1=Plot[-Log[-1/2+Cos[x]], {x,-1,1},
PlotStyle->{Thickness[0.01], GrayLevel[0]}];

lsg2=Plot[-Log[3/2+Cos[x]], {x,-4,4},
PlotStyle->{Thickness[0.01], GrayLevel[0.4]}];

Show[feld, lsg1, lsg2]
```

Der Befehl `DSolve` kann auch für mehrere simultane Differentialgleichungen, also *Differentialgleichungssysteme*, eingesetzt werden, entsprechend gibt man nun eine Liste von Gleichungen und eine Liste von Funktionen vor.

```
DSolve[{x'[t]==-x[t]+y[t], y'[t]==-y[t]}, {x[t],y[t]}, t]

{{x[t]→e^-t (C[1]+t C[2]), y[t]→e^-t C[2]}}
```

Im Falle eines zweidimensionalen Systemes erster Ordnung kann man wieder ein Richtungsfeld zeichnen lassen, wobei die Richtung nun bestimmt ist durch $-x + y$ in X-Richtung, und $-y$ in Y-Richtung. In dieses Richtungsfeld wollen wir wieder zwei Lösungen einzeichnen lassen, einmal für $(C_1, C_2) = (1, 2)$, das andere Mal für $(C_1, C_2) = (1, -2)$. Da hier die Lösung parametrisch gegeben ist, benötigen wir das Grafikkommando `ParametricPlot` aus Abschnitt 7.3.4.

```
feld=VectorFieldPlot[{-x+y, -y}, {x,-10,10}, {y,-10,10}, Axes -> True,
PlotPoints -> 20, ScaleFactor -> 2];

lsg1=ParametricPlot[{Exp[-t] (1+2 t), 2 Exp[-t]}, {t,-1.5,4},
PlotStyle -> {Thickness[0.01], GrayLevel[0]}];

lsg2=ParametricPlot[{Exp[-t] (1-2 t), -2 Exp[-t]}, {t,-1,5},
PlotStyle -> {Thickness[0.01], GrayLevel[0.4]}];

Show[feld, lsg1, lsg2]
```

Die fertige Grafik zeigt Abbildung 8.1 (b).

8.7 Funktionentheorie

Die bisherigen Abschnitte zur Analysis beschäftigten sich ausschließlich mit reellen Funktionen. Die dabei behandelten Themen wie Differentiation und Integration lassen sich aber auch auf die in Abschnitt 5.1 bereits kurz besprochene Ebene der komplexen Zahlen fortsetzen. Eine derartige komplexe Analysis wird im hiesigen Sprachraum als *Funktionentheorie* bezeichnet. Mit dieser Disziplin sind insbesondere drei große Namen verbunden, nämlich die von A.-L. Cauchy, B. G. F. Riemann und K. T. W. Weierstraß. Einem jeden dieser drei Mathematiker ist ein eigenständiger Zugang zur Funktionentheorie zuzuordnen, welche sich aber letztlich als gleichwertig erweisen.

Im Folgenden beschränken wir uns auf komplexwertige Funktionen $f : D \to \mathbb{C}$, $D \subseteq \mathbb{C}$ offen, eines komplexen Arguments $z = x + \mathrm{i}y$, wobei i die imaginäre Einheit bezeichnet. Betrachten wir Real- und Imaginärteil von $f(z)$ getrennt, siehe auch Tabelle 5.3, so können wir schreiben:

$$f(z) \;=\; u(x,y) \;+\; \mathrm{i}\cdot v(x,y) \qquad \text{mit} \quad z = x + \mathrm{i}y.$$

Eine solche Funktion f heißt *analytisch* oder *holomorph* über D, wenn sie dort komplex differenzierbar ist. Äquivalent dazu ist die Forderung, dass f dort im Sinne der reellen Analysis total differenzierbar ist und die sog. *Cauchy-Riemannschen Differentialgleichungen* gelten:

$$\frac{\partial u}{\partial x} = \frac{\partial v}{\partial y}, \qquad \frac{\partial u}{\partial y} = -\frac{\partial v}{\partial x}.$$

Beispielsweise erweist sich die komplexe Exponentialfunktion als analytisch:

```
Clear[f,u,v]; f[x_,y_]:=Exp[x+i y];

u[x_,y_]=ComplexExpand[Re[f[x,y]]]                    e^x Cos[y]
```

```
v[x_,y_]=ComplexExpand[Im[f[x,y]]]                    e^x Sin[y]

∂x u[x,y] - ∂y v[x,y]                                  0

∂y u[x,y] + ∂x v[x,y]                                  0
```

Hierbei führt ComplexExpand die Berechnung seines Arguments unter der Annahme durch, dass alle vorkommenden Variablen reell sind. Die Funktion $f(z) = \bar{z}$, also **f[x_,y_]:=Conjugate[x+i y]**, würde übrigens die erste Differentialgleichung verletzen, ist somit nicht analytisch. Der Leser sei aufgefordert, dies nachzuprüfen.

Es zeigt sich, dass analytische Funktionen genau jene sind, die sich um jeden Punkt $a \in D$ lokal in eine *Potenzreihe* entwickeln lassen (was den Weierstraßschen Zugang zur Funktionentheorie widerspiegelt). Wie uns Mathematica in diesem Zusammenhang hilfreich sein kann, haben wir schon in Abschnitt 8.5 besprochen. Kann dagegen nur sichergestellt werden, dass f in einem Ringgebiet um ein gewisses $a \in D$ analytisch ist, so lässt sich f zumindest in eine *Laurent-Reihe* um a entwickeln. Auch diese lässt sich mit den beiden in Abschnitt 8.5 besprochenen Befehlen Series und NSeries berechnen. Der Leser teste dies z. B. an der Funktion $\exp(z)/z^2$, entwickelt um $z = 0$.

Besitzt f in einer Stelle $a \in D$ eine Singularität, so dass die Laurent-Entwicklung $f(z) = \sum_{n=-\infty}^{\infty} a_n \cdot (z-a)^n$ nicht von Haus aus zu einer simplen Potenzreihe führt, so heißt der Koeffizient a_{-1} das *Residuum* von f in a. Ein solches Residuum kann man exakt durch den Befehl Residue mit der Syntax **Residue[*f[z]*, {*z*, *a*}]** berechnen lassen, die entsprechende numerische Variante NResidue ist über das Paket NumericalMath`-NResidue` (bis Version 5.2) bzw. NumericalCalculus` (seit Version 6.0) verfügbar.

Eine der möglichen Anwendungen, die sich aus dem Residuensatz ergeben, liegt in der Berechnung reeller Integrale. So kann man zeigen, dass sich das Integral $\int_{-\infty}^{\infty} u_a(x)\,dx$ der Funktion $u_a(x) = \cos(x)/(x^2+a^2)$, $a > 0$, berechnen lässt als $2\pi\mathrm{i}\cdot Res(f_a; \mathrm{i}a)$, wobei $f_a(x) = \exp(\mathrm{i}x)/(x^2+a^2)$ ist. f_a ist offenbar so gewählt, dass $u_a(x) = Re(f_a(x))$ gilt, und ia ist der einzige Pol der oberen Halbebene. Prüfen wir dies nach (denn natürlich kann Mathematica das Integral auch direkt berechnen):

```
Clear[f,x,u]; f[x_]:=Exp[i x]/(x^2 + a^2);

u[x_] = ComplexExpand[Re[f[x]]]                        Cos[x]/(a^2 + x^2)

Residue[f[x], {x,i a}]                                 -(i e^-a)/(2 a)

%*2 Pi i                                               (e^-a π)/a

Simplify[∫_-∞^∞ u[x] dx, a>0]                          (e^-a π)/a
```

9 Lineare Algebra

In diesem Abschnitt wollen wir vorstellen, inwiefern man Mathematica im Rahmen der linearen Algebra einsetzen kann. Diese beschäftigt sich u. a. mit linearen Abbildungen und deren Darstellungsmatrizen. Wichtige Befehle hierzu sind in Tabelle 9.1 auf Seite 126 zusammengefasst. Ferner haben wir uns auch schon teilweise in Abschnitt 7.1 mit diesem Thema beschäftigt, bzw. werden dies in Abschnitt 14.2 erneut tun.

> **Weiterführende Informationen ...** findet der Leser in der Hilfedatei unter *Built-in Functions: Lists and Matrices → Matrix Operations* sowie unter *Add-ons: Standard Packages → LinearAlgebra* (bis Version 5.2), bzw. unter *guide/MatricesAndLinearAlgebra* (seit Version 6.0). Um das nötige Fachwissen aufzufrischen, sei das Buch von Kowalsky & Michler (2003) empfohlen.

Kurz gesagt kann Mathematica immer dann für Zwecke der linearen Algebra eingesetzt werden, wenn die interessierenden linearen Abbildungen in Matrixform gegeben sind, insbesondere also endlichdimensionale Vektorräume vorliegen. Die Matrizen müssen dabei nicht zwangsweise in Listenform gegeben sein, auch die dünn besetzten Matrizen `SparseArray` aus Abschnitt 7.1.1 können verwendet werden. Da die dann zur Verfügung stehenden Befehle in der Anwendung unproblematisch sind, wollen wir im Folgenden nur beispielhaft vorstellen, welche verschiedenartigen Einsatzfelder es gibt.

Beispiel 9.1

Es soll die zur linearen Abbildung $f : \mathbb{R}^4 \to \mathbb{R}^3$ gehörige 3×4-Darstellungsmatrix

$$\mathbf{A}=\begin{pmatrix} 1 & 1 & 2 & 0 \\ 1 & -1 & 1 & -1 \\ 2 & 0 & 3 & -1 \end{pmatrix};$$

untersucht werden. Eine Basis des Kernes dieser Matrix berechnet sich zu

```
{v1,v2}=NullSpace[A]                    {{1,-1,0,2}, {-3,-1,2,0}}
```

d. h. der Kern ist zweidimensional und lässt sich darstellen als folgendes Erzeugnis: $\langle \boldsymbol{v}_1, \boldsymbol{v}_2 \rangle = \langle (1,-1,0,2)^\top, (-3,-1,2,0)^\top \rangle$. Aus der zu **A** gehörigen Zeilenstufenform

```
RowReduce[A] //MatrixForm
```

$$\begin{pmatrix} 1 & 0 & \frac{3}{2} & -\frac{1}{2} \\ 0 & 1 & \frac{1}{2} & \frac{1}{2} \\ 0 & 0 & 0 & 0 \end{pmatrix}$$

liest man ferner ab, dass der Rang von **A** gleich 2 ist. Tatsächlich ist also die Dimensionsformel erfüllt: $4 = 2 + 2$. Seit Version 5 kann man den Rang auch unmittelbar via **MatrixRank[A]** berechnen. Zu guter Letzt wollen wir nun noch die Lösungsmenge des linearen Gleichungssystems $\mathbf{A} \cdot \boldsymbol{x} = \boldsymbol{b}$ bestimmen, wobei $\boldsymbol{b} = (0, 2, 2)^\top$ ist. Dazu verwenden wir `LinearSolve`, siehe auch Abschnitt 14.2:

```
b = {0,2,2}; xs=LinearSolve[A, b]                {1,-1,0,0}
```

Mathematica gibt dabei *eine* spezielle Lösung $\boldsymbol{x}_s$ des Gleichungssystems aus; die Lösungsgesamtheit ist jedoch gegeben zu

$$\begin{pmatrix} 1 \\ -1 \\ 0 \\ 0 \end{pmatrix} + \left\langle \begin{pmatrix} 1 \\ -1 \\ 0 \\ 2 \end{pmatrix}, \begin{pmatrix} -3 \\ -1 \\ 2 \\ 0 \end{pmatrix} \right\rangle$$

Eine Probe:

```
A.(xs + v1 - 2 v2)                {0,2,2}
```

Eine Reihe von Konzepten (z. B. der Determinantenbegriff) sind nur für den Spezialfall von Endomorphismen definiert, d. h. für quadratische Matrizen. Versucht man für die nichtquadratische Matrix **A** aus Beispiel 9.1 etwa die Determinante zu berechnen, gibt Mathematica konsequenterweise eine Fehlermeldung aus:

```
Det[A]

Det::matsq:
Argument {{1,1,2,0}, {1,-1,1,-1}, {2,0,3,-1}} at position 1 is not a square matrix.
```

Beispiel 9.2

Betrachten wir nun den durch die Darstellungsmatrix

$$\mathbf{B}=\begin{pmatrix} 3 & 4 & 3 \\ -1 & 0 & -1 \\ 1 & 2 & 3 \end{pmatrix};$$

definierten Endomorphismus. Dessen Eigenwerte berechnen sich zu

```
Eigenvalues[B]                {2,2,2}
```

d. h. $\lambda = 2$ ist einziger Eigenwert der algebraischen Vielfachheit 3. Entsprechend berechnen sich Determinante und Spur von **B** zu

```
Det[B]                8
```

```
Tr[B]
```
6

Die Eigenwerte hätte man übrigens auch am charakteristischen Polynom ablesen können, welches seit Version 5 direkt verfügbar ist:

```
CharacteristicPolynomial[B, x]
```
$8 - 12x + 6x^2 - x^3$

```
Factor[%]
```
$-(-2 + x)^3$

Bestimmen wir nun ein Erzeugendensystem des Eigenraumes zu λ, man erhält

```
Eigenvectors[B]
```
{{1,-1,1}, {0,0,0}, {0,0,0}}

Der Eigenraum ist also nur eindimensional (geometrische Vielfachheit von λ gleich 1), weshalb **B** nicht diagonalisiert werden kann. Zumindest die Jordan-Normalform **J** kann aber bestimmt werden:

```
{S, J} = JordanDecomposition[B];
Print["S=", MatrixForm[S], ", J=", MatrixForm[J]]
```

$$S=\begin{pmatrix} 1 & 1 & -1 \\ -1 & 0 & \frac{1}{2} \\ 1 & 0 & 0 \end{pmatrix}, \; J=\begin{pmatrix} 2 & 1 & 0 \\ 0 & 2 & 1 \\ 0 & 0 & 2 \end{pmatrix}$$

Mit ausgegeben wird hierbei auch eine Transformationsmatrix **S** so, dass die Beziehung $\mathbf{S}^{-1} \cdot \mathbf{B} \cdot \mathbf{S} = \mathbf{J}$ gilt. Probe:

```
Inverse[S].B.S //MatrixForm
```

$$\begin{pmatrix} 2 & 1 & 0 \\ 0 & 2 & 1 \\ 0 & 0 & 2 \end{pmatrix}$$

Die Matrixexponentialfunktion einer Jordan-Normalform ist von äußerst einfacher Gestalt, in unserem Fall

```
MatrixExp[J] //MatrixForm
```

$$\begin{pmatrix} e^2 & e^2 & \frac{e^2}{2} \\ 0 & e^2 & e^2 \\ 0 & 0 & e^2 \end{pmatrix}$$

Da für ähnliche Matrizen **J** und $\mathbf{B} = \mathbf{S} \cdot \mathbf{J} \cdot \mathbf{S}^{-1}$ ganz allgemein gilt, dass $\exp(\mathbf{B}) = \mathbf{S} \cdot \exp(\mathbf{J}) \cdot \mathbf{S}^{-1}$, kann man nun die Matrixexponentialfunktion von **B** leicht berechnen:

```
S.MatrixExp[J].Inverse[S] //MatrixForm
```

$$\begin{pmatrix} 2e^2 & 5e^2 & 4e^2 \\ -e^2 & -2e^2 & -2e^2 \\ e^2 & 3e^2 & 3e^2 \end{pmatrix}$$

Zur Probe führe der Leser das Kommando **MatrixExp[B] //MatrixForm** aus, welches direkt die Matrixexponentialfunktion von **B** berechnet. •

Wie eingangs erwähnt, können die Befehle zur linearen Algebra auch auf dünn besetzte Matrizen angewendet werden:

Beispiel 9.3

Wir wollen die Eigenstruktur der Matrizen $\mathbf{X}_n := \mathbf{I}_n - \frac{1}{n}\mathbf{E}_n$ untersuchen, wobei $\mathbf{I}_n$ die $n \times n$-Einheitsmatrix bezeichnet, $\mathbf{E}_n$ die $n \times n$-Matrix aus lauter Einsen. Eine direkte Umsetzung der Definition mit Hilfe gewöhnlicher Matrizen sieht etwa wie folgt aus:

```
X[n_]:=IdentityMatrix[n]-1/n ConstantArray[1,{n,n}];
```

```
X[3] //MatrixForm
```

$$\begin{pmatrix} \frac{2}{3} & -\frac{1}{3} & -\frac{1}{3} \\ -\frac{1}{3} & \frac{2}{3} & -\frac{1}{3} \\ -\frac{1}{3} & -\frac{1}{3} & \frac{2}{3} \end{pmatrix}$$

```
Timing[X[500];]
```

```
{0.711, Null}
```

Während die Berechnung von $\mathbf{X}_3$ praktisch augenblicklich geschieht, und ferner die regelmäßige Gestalt der Matrizen $\mathbf{X}_n$ demonstriert, benötigt das Erzeugen von $\mathbf{X}_{500}$ spürbar mehr Zeit. Deswegen ist es sinnvoll, hier mit den `SparseArray`-Objekten aus Abschnitt 7.1.1 zu arbeiten, da ja die Matrizen von äußerst einfacher Form sind. Eine mögliche Umsetzung:

```
XS[n_]:=
SparseArray[{Band[{1,1}] -> Table[1,{n}]}, {n,n}]-SparseArray[{}, {n,n}, 1/n];
```

```
XS[3]
```

```
SparseArray[<3>, {3,3}, -1/3]
```

```
Timing[XS[500];]
```

```
{0., Null}
```

Natürlich hätte man die Gesamtmatrix auch gleich auf einen Schlag definieren können, obige Variante zeigt aber nochmals verschiedene Facetten des `SparseArray`-Befehls auf. Der Erfolg dieses Konstrukts ist leicht messbar, das Erstellen von $\mathbf{X}_{500}$ benötigt nun praktisch kaum noch Zeit.

Unser eigentliches Interesse liegt nun darin, die Eigenstruktur der allgemeinen Matrizen $\mathbf{X}_n$ zu erkunden. Dabei kann uns Mathematica insoweit helfen, als es uns durch Beispiele eine Idee von dieser geben soll, die dann letztlich wiederum in einen händisch ausgeführten, exakten Beweis mündet. Betrachten wir also die Eigenstruktur erst einmal für kleine n, etwa

```
Eigenvalues[X[5]]
```

```
{1,1,1,1,0}
```

```
Eigenvectors[X[5]]
```

```
{{-1,0,0,0,1},{-1,0,0,1,0},{-1,0,1,0,0},{-1,1,0,0,0},{1,1,1,1,1}}
```

Hier wird schon deutlich, dass im allgemeinen Fall wohl gilt: $\mathbf{X}_n$ hat die Eigenwerte 1 und 0, Ersteres mit algebraischer Vielfachheit $n-1$. Ein Eigenvektor zur 0 ist $(1, \ldots, 1)^\top$, wogegen eine Eigenbasis zu 1 aus den Vektoren $\boldsymbol{v}_2, \ldots, \boldsymbol{v}_n$ besteht mit $\boldsymbol{v}_k = (-1, 0, \ldots, 0, 1, 0, \ldots)^\top$, mit der 1 in der k-ten Komponente. Den Beweis kann man leicht durch Nachrechnen führen.

Obwohl unser eigentliches Ziel also schon erreicht ist, wollen wir probehalber das Ganze nochmal bei einer größeren Matrix prüfen:

```
Timing[Eigenvalues[X[50]]]                {4.486, {1,...,1,0}}
```

Hier vergeht schon einige Rechenzeit. Wer nun hofft, bei der `SparseArray`-Variante würde es schneller gehen, wird leider eines Besseren belehrt:

```
Timing[Eigenvalues[XS[50]]]               {4.456, {1,...,1,0}}
```

Der kleine Geschwindigkeitsgewinn dürfte wohl auf die schnellere Berechnung der Matrix $\mathbf{X}_{50}$ zurückzuführen sein:

```
Timing[X[50];]                            {0.02, Null}
```

Die Befehle zur linearen Algebra selbst benötigen dagegen stets gleich viel Zeit, unabhängig vom Matrixtyp. •

Vorgängerversionen: Der Befehl `CholeskyDecomposition` findet sich bis Version 4.2 nur im Paket ``LinearAlgebra`Cholesky` ``. `Normalize` ist bis Version 5.2 nur über das Paket ``LinearAlgebra`Orthogonalization` `` verfügbar, wo sich auch `GramSchmidt` als Vorgänger von `Orthogonalize` findet.

Ausblick: Mit numerischen Verfahren der linearen Algebra beschäftigt sich Abschnitt 14.2. Dort zu behandelnde Themen sind Zerlegungen von Matrizen, die effiziente Lösung von Gleichungssystemen und die numerische Eigenwertberechnung.

Befehl	Beschreibung
NullSpace[*A*]	Kern der Matrix **A**.
LinearSolve[*A*,*b*]	*Eine* (spezielle) Lösung des Gleichungssystems $\mathbf{A}\boldsymbol{x} = \boldsymbol{b}$.
RowReduce[*A*]	Zeilenstufenform der Matrix **A**.
MatrixRank[*A*]	Rang der Matrix **A**. (seit V. 5)
PseudoInverse[*A*]	Pseudoinverse der Matrix **A**.
Inverse[*A*]	Inverse der quadratischen Matrix **A**.
MatrixExp[*A*]	Matrixexponentialfunktion der quadratischen Matrix **A**.
Det[*A*]	Determinante der quadratischen Matrix **A**.
Tr[*A*]	Spur der quadratischen Matrix **A**.
CharacteristicPolynomial[*A*,*x*]	Charakteristisches Polynom der quadratischen Matrix **A** in der Variablen x. (seit V. 5)
Eigenvalues[*A*]	Liste der Eigenwerte der quadratischen Matrix **A**.
Eigenvectors[*A*]	Liste der Eigenvektoren der quadratischen Matrix **A**.
Eigensystem[*A*]	Liste der Eigenwerte und Liste der Eigenvektoren der quadratischen Matrix **A**, beide wiederum als Teil einer äußeren Liste.
JordanDecomposition[*A*]	Jordan-Zerlegung der quadratischen Matrix **A**: Liste mit Transformationsmatrix und Jordan-Normalform.
LUDecomposition[*A*]	LU-Zerlegung der quadratischen Matrix **A**.
SingularValues[*A*]	Singulärwertzerlegung der numerischen Matrix **A**. Seit Version 5.0 auch: **SingularValueDecomposition[*A*]**.
SingularValueList[*A*]	Liste der Singulärwerte der num. Matrix **A**. (seit V. 5)
QRDecomposition[*A*]	QR-Zerlegung der numerischen Matrix **A**.
HessenbergDecomposition[*A*]	Hessenberg-Zerlegung der numerischen Matrix **A**. (seit V. 5.1)
SchurDecomposition[*A*]	Schur-Zerlegung der numerischen Matrix **A**.
CholeskyDecomposition[*A*]	Cholesky-Zerlegung der symmetr., positiv definiten Matrix **A**.
Orthogonalize[*v1*,*v2*,...]	Orthonormierung der Vektoren $\boldsymbol{v}_1, \boldsymbol{v}_2, \ldots$
Normalize[*v*]	Normierung des Vektors $\boldsymbol{v}$ bzgl. euklidischer Norm.

Tabelle 9.1: *Auswahl von Befehlen zur Linearen Algebra.*

10 Geometrie

Mathematica bietet ein reichhaltiges Programm an geometrischen Funktionalitäten an, zumindest seit Version 6.0. Überhaupt ist festzustellen, dass in puncto Geometrie von Version 5.2 zu 6.0 ein gravierender Umbruch stattfand, so dass der Umsteiger sich mit dem Gedanken vertraut machen muss, sich komplett neu einlernen zu müssen. Dabei soll ihm dieses Buch Hilfestellungen geben.

10.1 Geometrische Objekte

Mathematica umfasst eine Reihe elementargeometrischer Funktionalitäten. Einige davon hatten wir bereits in Abschnitt 6.1 kennengelernt, als wir die standardmäßigen Kommandos `Graphics` und `Graphics3D` besprochen haben, ferner das Paket `Graphics`-Shapes`` (bis Version 5.2) bzw. den Befehl `ExampleData`. Diese Befehle erlaubten uns die grafische Darstellung elementarer zwei- und dreidimensionaler Objekte wie Polygone, Kreis, Kugel, Tori, etc. Seit Version 6.0 lässt sich diese Liste spürbar erweitern mit Hilfe des Befehls **PolyhedronData["*Typ*"]**. Neben vielen anderen Objekten können hierbei die regulären Polyeder (Vielflächner, Vielflache) `Tetrahedron`, `Cube`, `Octahedron`, `Dodecahedron`, `Icosahedron` erfragt werden sowie die Sternpolyeder `GreatIcosahedron`, `GreatDodecahedron`, `GreatStellatedDodecahedron` und `SmallStellatedDodecahedron`. Einen Gesamtüberblick erhält man durch Ausführung von **PolyhedronData[]**. Ein Beispiel:

```
PolyhedronData["Icosahedron"]
```

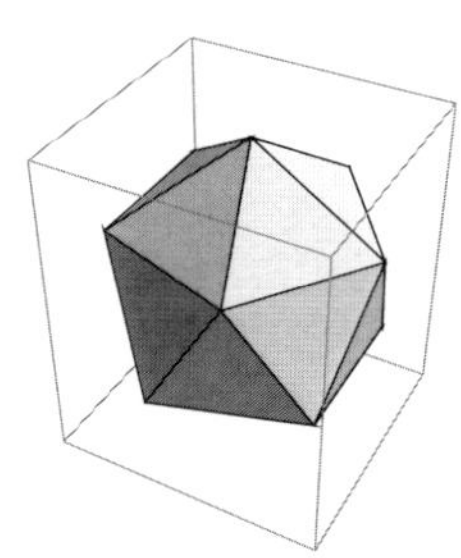

Der Befehl `PolyhedronData` erlaubt dabei *nicht* die Angabe von Optionen, mit denen man die Position oder Skalierung des Objektes beeinflussen kann, hierzu muss man die in Abschnitt 10.2 beschriebenen Transformationen einsetzen. Dafür werden eine Reihe von Optionen angeboten, die sich mit Eigenschaften der einzelnen Objekte beschäftigen, siehe auch den Hilfeeintrag *ref/PolyhedronData*. Die Syntax ist dabei **PolyhedronData["*Typ*", "*Eigenschaft*"]**. So kann man sich das Netz obigen Ikosaeders etwa wie folgt anzeigen lassen:

```
PolyhedronData["Icosahedron", "NetImage"]
```

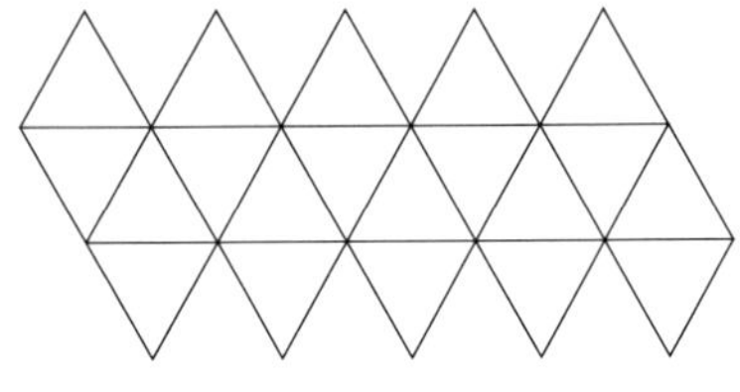

Die Daten zu den Kanten erhält man über die Option **"Edges"**, zu den Flächen über **"Faces"**. Will man sich nur die Kanten des Objektes anzeigen lassen, führt man das Kommando **Graphics3D[PolyhedronData["*Typ*", "Edges"]]** aus. **Graphics3D[PolyhedronData["*Typ*", "Faces"]]** ergibt dagegen das gleiche Resultat wie **PolyhedronData["*Typ*"]** allein; allerdings erlaubt erstere Variante die Anwendung von Transformationen, siehe Abschnitt 10.2.

Vorgängerversionen: Der Leser bis Version 5.2 kann ebenfalls die beschriebenen Polyeder und Sternpolyeder erzeugen, benötigt dazu aber das Paket `Graphics`Polyhedra``. Grundlegend ist hierbei die Befehlskombination **Show[Polyhedron[*Typ*, {*x*,*y*,*z*}, *g*]]**, welche ein Polyeder gewählten Typs erzeugt, dessen Mittelpunkt durch (x, y, z) bestimmt ist, und dessen Größe um den Faktor g skaliert wird. Die Angabe von Mittelpunkt und Skalierungsfaktor ist dabei optional, Voreinstellung ist $(0, 0, 0)$ bzw. 1.

Mathematica bietet eine Reihe von Operationen an, die man auf die Polyeder und Sternpolyeder anwenden kann. Diese sind nach Laden des Paketes `Graphics`Polyhedra`` (bis Version 5.2) bzw. `PolyhedronOperations`` (seit Version 6.0) verfügbar. So kann man beispielsweise mit `Truncate` die Ecken eines Würfels stutzen, was zu folgendem Resultat führt:

```
Needs["PolyhedronOperations`"]

Show[
Truncate[PolyhedronData["Cube"], 0.5]]
```

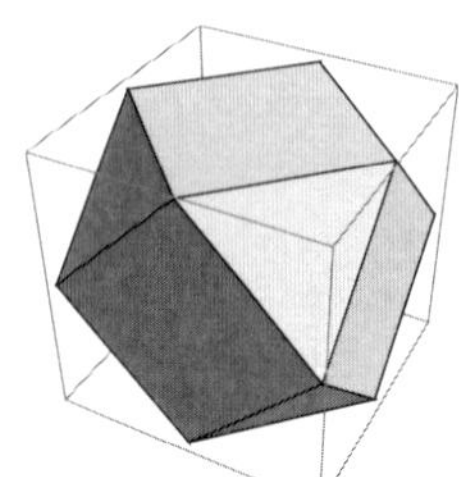

Regelrecht abschneiden und in das leere Innere blicken kann man dagegen wie folgt:

```
Show[
OpenTruncate[PolyhedronData["Cube"], 0.5]]
```

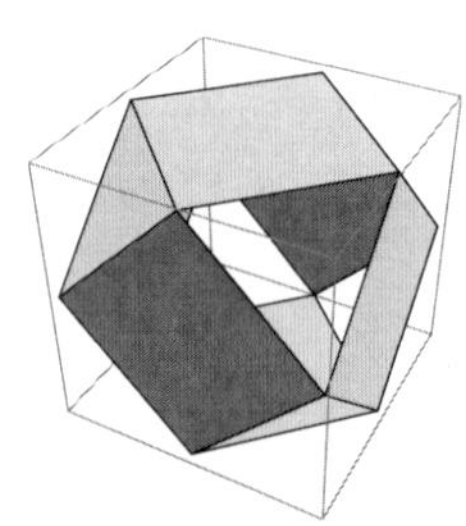

Weiterführende Informationen ... zu diesen und anderen im jeweiligen Paket implementierten Funktionen, wie etwa `Stellate` und `Geodesate`, findet der Leser in der Hilfe unter *Add-ons: Standard Packages → Graphics* (bis Version 5.2) bzw. *PolyhedronOperations/tutorial/PolyhedronOperations* (seit Version 6.0).

Neben den bisher schon besprochenen können auch weitere Eigenschaften der Polyeder mit `PolyhedronData` abgefragt werden, siehe den Hilfeeintrag *ref/PolyhedronData*. So können wir eine übersichtliche Tabelle der wichtigsten Eigenschaften der fünf regelmäßigen Polyeder anlegen:

```
polyeder=
{"Tetrahedron", "Cube", "Octahedron", "Dodecahedron", "Icosahedron"};
TableForm[Table[
{polyeder[[i]], PolyhedronData[polyeder[[i]], "FaceCount"],
PolyhedronData[polyeder[[i]], "VertexCount"],
PolyhedronData[polyeder[[i]], "EdgeCount"],
PolyhedronData[polyeder[[i]], "SurfaceArea"],
PolyhedronData[polyeder[[i]], "Volume"]}, {i,1,5}]]
```

Tetrahedron	4	4	6	$\sqrt{3}$	$\frac{1}{6\sqrt{2}}$
Cube	6	8	12	6	1
Octahedron	8	6	12	$2\sqrt{3}$	$\frac{\sqrt{2}}{3}$
Dodecahedron	12	20	30	$3\sqrt{5\,(5+2\sqrt{5})}$	$\frac{1}{4}\,(15+7\sqrt{5})$
Icosahedron	20	12	30	$5\sqrt{3}$	$\frac{5}{12}\,(3+\sqrt{5})$

Die Gesamtoberfläche und das Volumen sind die bei Kantenlänge 1. Die Gesamtoberfläche bei beliebiger Kantenlänge a erhält man durch weitere Multiplikation mit a^2, das Volumen durch Multiplikation der Werte der letzten Spalte mit a^3.

Vorgängerversionen: Bis Version 5.2 würde die analoge Syntax lauten:

```
Needs["Geometry`Polytopes`"]
polyeder={Tetrahedron, Cube, Octahedron, Dodecahedron, Icosahedron};
TableForm[Table[
{polyeder[[i]], NumberOfFaces[polyeder[[i]]],
NumberOfVertices[polyeder[[i]]], NumberOfEdges[polyeder[[i]]],
Area[polyeder[[i]]], Volume[polyeder[[i]]]}, {i,1,5}]]
```

Hierbei ist zu beachten, dass sich die Flächenangaben nur auf *eines* der begrenzenden Vielecke beziehen. Die Gesamtoberfläche erhält man also aus diesem Wert durch Multiplikation mit der Zahl der Flächen (jeweils erster Zahlenwert in der Zeile).

Neben geometrischen Eigenschaften von Polyedern können auch solche von Polygonen (Vielecken) abgefragt werden. Dazu ist aber das Paket `Geometry`Polytopes`` (bis Version 5.2) bzw. `Polytopes`` (seit Version 6.0) zu laden. Mit diesem können u. a. die in Tabelle 10.1 zusammengefassten Eigenschaften abgefragt werden. Beispielsweise ergibt

Befehl	Beschreibung
`NumberOfVertices[Typ]`	Zahl der Ecken des Objektes *Typ*.
`NumberOfEdges[Typ]`	Zahl der Kanten des Objektes *Typ*.
`Vertices[Typ]`	Koordinaten der Ecken des Objektes *Typ* bei Kantenlänge 1.
`Area[Typ]`	Fläche des Objektes *Typ* bei Kantenlänge 1.
`InscribedRadius[Typ]`	Inkreisradius des Objektes *Typ* bei Kantenlänge 1.
`CircumscribedRadius[Typ]`	Umkreisradius des Objektes *Typ* bei Kantenlänge 1.

Tabelle 10.1: *Reguläre Polygone mit zwei bis zwölf Ecken:* `Digon`, `Triangle`, `Square`, `Pentagon`, `Hexagon`, `Heptagon`, `Octagon`, `Nonagon`, `Decagon`, `Undecagon`, `Dodecagon`.

`Vertices[Undecagon]` eine Liste der Eckkoordinaten des regelmäßigen Elfecks. Mit Hilfe des `Polygon`-Befehls aus Tabelle 6.1 in Abschnitt 6.1 kann man dies nutzen, um folgende überlagerte Grafik zu erzeugen:

```
Needs["Polytopes`"]

Show[Graphics[{
{GrayLevel[0], Polygon[1.05*Vertices[Undecagon]]},
{GrayLevel[0.6], Polygon[Vertices[Undecagon]]},
{GrayLevel[1], Polygon[0.5*Vertices[Undecagon]]}
}, AspectRatio -> 1]];
```

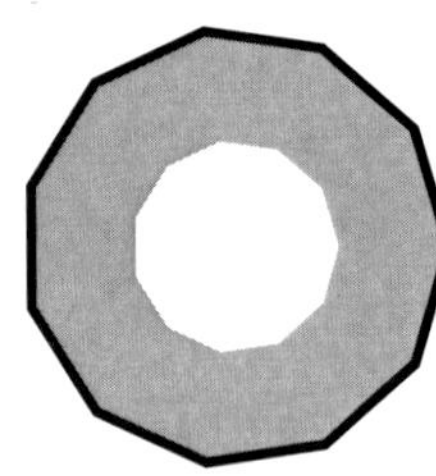

Weiterführende Informationen ... zu Polygonen und deren Eigenschaften findet der Leser in der Hilfe unter *Add-ons: Standard Packages* → *Geometry* (bis Version 5.2) bzw. *Polytopes/tutorial/Polytopes* (seit Version 6.0).

10.2 Geometrische Transformationen

Die obigen Polyeder werden von Mathematica um den Nullpunkt zentriert in bestimmter Ausrichtung erzeugt. Wollen wir sie anderweitig im Koordinatensystem platzieren, müssen wir sie einer Transformation $\boldsymbol{T}$ unterziehen. Genauer gesagt wird ein jeder Punkt $\boldsymbol{x}$ des Objektes zu $\boldsymbol{T}(\boldsymbol{x})$ transformiert, bzw. genügt es bei regelmäßigen Körpern wie Polyedern, nur die Eckpunkte abzubilden. Eine wichtige Familie von Transformationen bilden dabei die *affinen Transformationen* $\boldsymbol{T} : \boldsymbol{x} \mapsto \mathbf{A}\boldsymbol{x} + \boldsymbol{b}$, mit einer Transformationsmatrix $\mathbf{A}$ und einem Translationsvektor $\boldsymbol{b}$. Wegen $\boldsymbol{T}(\mathbf{0}) = \boldsymbol{b}$ beschreibt $\boldsymbol{b}$ die Verschiebung des Nullpunkts, während man durch entsprechende Wahl von $\mathbf{A}$ beispielsweise

Befehl	Beschreibung
RotationMatrix[θ,{x,y,z}]	Matrix zur 3D-Rotation um Winkel θ entlang Vektor $(x,y,z)^\top$. Bei 2D-Rotation nur Winkel angeben.
ScalingMatrix[{vx,...}]	Matrix zur Skalierung um Faktor v_x in x-Richtung, etc. Oder **ScalingMatrix[v,{$x1$,...}]** zur Skalierung in Richtung $\boldsymbol{x}$ um Faktor v.
ShearingMatrix[θ,v,n]	Matrix zur Scherung um Winkel θ in Richtung $\boldsymbol{v}$ und normal zu $\boldsymbol{n}$.
ReflectionMatrix[n]	Matrix zur Spiegelung normal zu $\boldsymbol{n}$.

Tabelle 10.2: *Arten von Transformationsmatrizen, seit Version 6.0.*

eine Rotation bewirken kann. Populäre Beispiele solcher Transformationsmatrizen sind in Tabelle 10.2 aufgeführt.

Vorgängerversionen: Von den besprochenen Transformationen findet der Benutzer bis Version 5.2 nur Befehle zum Erstellen von Rotationsmatrizen und zum Durchführen einer Rotation, nämlich im Paket `Geometry`Rotations``. Für Details dazu sei auf den entsprechenden Hilfeeintrag unter *Add-ons: Standard Packages → Geometry* verwiesen.

Beispiel 10.2.1

Betrachten wir ein paar bekannte Typen von Rotationsmatrizen:

RotationMatrix[θ] //MatrixForm

$$\begin{pmatrix} \texttt{Cos}[\theta] & \texttt{-Sin}[\theta] \\ \texttt{Sin}[\theta] & \texttt{Cos}[\theta] \end{pmatrix}$$

RotationMatrix[θ, {0,0,1}] //MatrixForm

$$\begin{pmatrix} \texttt{Cos}[\theta] & \texttt{-Sin}[\theta] & 0 \\ \texttt{Sin}[\theta] & \texttt{Cos}[\theta] & 0 \\ 0 & 0 & 1 \end{pmatrix}$$

Die erste Matrix führt im zweidimensionalen Raum eine Rotation um den Winkel θ durch, die zweite im dreidimensionalen Raum, wobei die Drehachse das Erzeugnis $\langle(0,0,1)^\top\rangle$ ist, d. h. es wird um die Z-Achse rotiert. Wie der Leser leicht nachrechnet, siehe Kapitel 9, besitzen solche Rotationsmatrizen die Determinante 1.

Wollen wir die Vektoren entlang der einzelnen Koordinatenachsen neu skalieren, etwa alle X-Komponenten mit dem Faktor v_1 vervielfachen, usw., so führt dies zu einer simplen Diagonalmatrix:

ScalingMatrix[{v1,v2,v3}] //MatrixForm

$$\begin{pmatrix} \text{v1} & 0 & 0 \\ 0 & \text{v2} & 0 \\ 0 & 0 & \text{v3} \end{pmatrix}$$

ShearingMatrix[θ, {1,0}, {0,1}]

$$\begin{pmatrix} 1 & \text{Tan}[\theta] \\ 0 & 1 \end{pmatrix}$$

Die zweite Matrix führt eine Scherung um den Winkel θ parallel zur X-Achse aus; was dies grafisch bedeutet, werden wir weiter unten in Beispiel 10.2.2 klar machen.

•

Durch einen einfachen Trick kann man eine jede affine Transformation $\boldsymbol{x} \mapsto \mathbf{A}\boldsymbol{x} + \boldsymbol{b}$ auch komplett durch eine Matrixmultiplikation beschreiben. Dazu geht man zu *homogenen Koordinaten* über, also von n-dimensionalen Vektoren $\boldsymbol{x}$ zu $(n+1)$-dimensionalen Vektoren $\boldsymbol{x}' := (x_1, \ldots, x_n, 1)^\top$, d. h. an die ursprünglichen Vektoren wird schlicht eine 1 angehängt. Definiert man nun die Matrix $\mathbf{T}$ als

$$\mathbf{T} := \begin{pmatrix} \mathbf{A} & \boldsymbol{b} \\ 0 \ldots 0 & 1 \end{pmatrix},$$

so ergibt die Multiplikation $\mathbf{T} \cdot \boldsymbol{x}'$

$$\begin{pmatrix} \mathbf{A} & \boldsymbol{b} \\ 0 \ldots 0 & 1 \end{pmatrix} \cdot \begin{pmatrix} \boldsymbol{x} \\ 1 \end{pmatrix} = \begin{pmatrix} \mathbf{A}\boldsymbol{x} + \boldsymbol{b} \\ 1 \end{pmatrix},$$

beschreibt also eine affine Transformation. Eine derartige Transformation ist bei Mathematica über **AffineTransformation[{A, b}]** implementiert:

```
A={{a11,a12}, {a21,a22}};
A //MatrixForm
```

$$\begin{pmatrix} \text{a11} & \text{a12} \\ \text{a21} & \text{a22} \end{pmatrix}$$

```
b={b1,b2};
```

```
AffineTransformation[{A, b}]
```

$$\text{TransformationFunction}\left[\left(\begin{array}{cc|c} \text{a11} & \text{a12} & \text{b1} \\ \text{a21} & \text{a22} & \text{b2} \\ \hline 0 & 0 & 1 \end{array}\right)\right]$$

```
TransformationMatrix[%]
```

$$\left(\begin{array}{cc|c} \text{a11} & \text{a12} & \text{b1} \\ \text{a21} & \text{a22} & \text{b2} \\ \hline 0 & 0 & 1 \end{array}\right)$$

Dabei ist die erweiterte Transformationsmatrix in die Funktion `TransformationFunction` eingebettet; ist man an der Matrix allein interessiert, muss man zusätzlich noch `TransformationMatrix` anwenden. Obwohl man mit `AffineTransformation` jegliche Art von affiner Transformation repräsentieren kann, gibt es für Spezialfälle wie die aus Tabelle 10.2 nochmals eigene Kommandos: `RotationTransform`, `TranslationTransform`, `ScalingTransform`, `ShearingTransform`, `ReflectionTransform`. Der Leser vergleiche etwa das Resultat folgender Befehle:

```
AffineTransform[{RotationMatrix[θ, {0,0,1}], {0,0,0}}]

RotationTransform[θ, {0,0,1}]
```

Will man eine affine Transformation $\boldsymbol{x} \mapsto \mathbf{A}\boldsymbol{x} + \boldsymbol{b}$ nun auf ein konkretes geometrisches Objekt anwenden, führt man den Befehl **GeometricTransformation[*obj*, {*A*,*b*}]** aus. Wobei auch hier wieder einige Spezialfälle fertig implementiert sind: `Rotate`, `Translate`, `Scale`.

Beispiel 10.2.2

Versuchen wir in diesem Beispiel, einen simplen Kreis, bei Mathematica `Circle[]`, verschiedenen Transformationen zu unterwerfen. Eine Scherung um 45° parallel zur X-Achse *plus* eine Verschiebung des Nullpunkts zum Punkt $(2, 5)$ lässt sich folgendermaßen ausführen:

```
Graphics[
GeometricTransformation[Circle[],
{ShearingMatrix[Pi/4, {1,0}, {0,1}],
{2,5}}], Axes -> True]
```

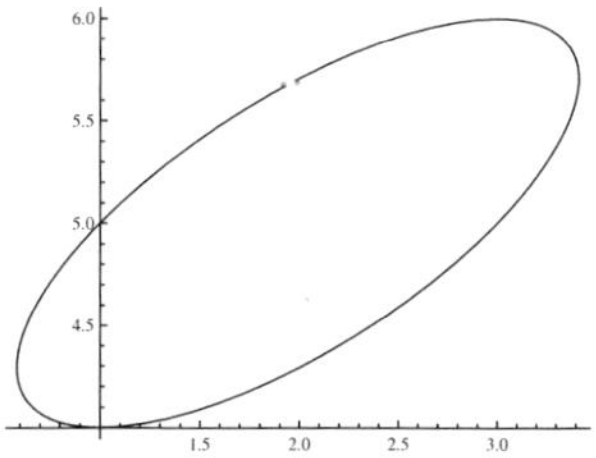

Wollen wir dagegen die X-Werte verdoppeln, also den Kreis in X-Richtung strecken, so erreichen wir dies wie folgt:

```
Graphics[
GeometricTransformation[Circle[],
{ScalingMatrix[2, {1,0}], {2,5}}],
Axes -> True]
```

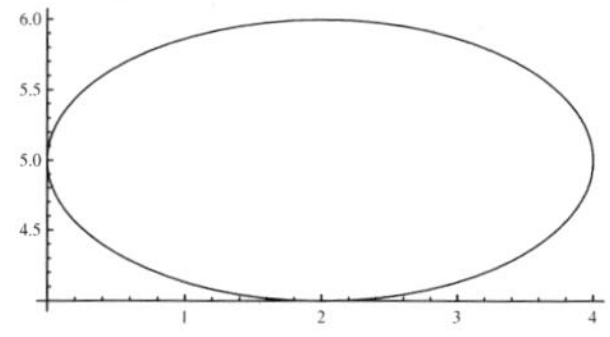

Auch hier war wieder eine Verschiebung des Nullpunkts zum Punkt $(2, 5)$ mit von der Partie. Zum gleichen Resultat wären wir auch gelangt, hätten wir eine der folgenden Zeilen ausgeführt:

```
Graphics[GeometricTransformation[Circle[], {ScalingMatrix[{2,1}], {2,5}}],
Axes -> True]

Graphics[Translate[Scale[Circle[], {2,1}], {2,5}], Axes -> True]
```

Im ersten Fall haben wir die Skalierungsmatrix durch Angabe des X- und Y-Faktors definiert, siehe Tabelle 10.2, im zweiten Fall haben wir die fertigen Befehle `Scale` und `Translate` verwendet. •

Weitergehende Informationen zu geometrischen Transformationen findet der Leser in der Hilfe unter *guide/GeometricTransforms*.

In einem abschließenden Beispiel wollen wir die Transformationen auf drei geometrische Objekte aus Abschnitt 10.1 anwenden: ein kleines Sterndodekaeder (Sterneckiges Dodekaeder) und den regelmäßigen Zwanzig- und Zwölfflächner. Genauer gesagt wenden wir die Transformationen auf deren begrenzende Flächen an, repräsentiert durch die Eigenschaft "Faces". Wir zeigen die Objekte mit Hilfe des Show-Befehls aus Abschnitt 6.1 in einer Grafik an:

```
Show[{ Graphics3D[Scale[
PolyhedronData["SmallStellatedDodecahedron", "Faces"], 3, {0,0,0}]],
Graphics3D[Translate[PolyhedronData["Icosahedron", "Faces"], {3,0,-1}]],
Graphics3D[Translate[Scale[
PolyhedronData["Dodecahedron", "Faces"], 1.2, {0,0,0}], {-3,1,1}]] }]
```

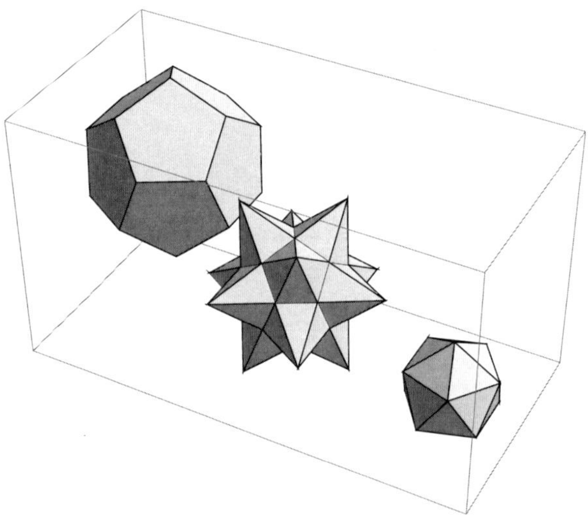

Vorgängerversionen: Benutzer bis Version 5.2 können eine vergleichbare Grafik wie folgt erzeugen:

```
Needs["Graphics`Polyhedra`"]
Show[Polyhedron[SmallStellatedDodecahedron], Polyhedron[Icosahedron,
{3,0,-1}, 1], Polyhedron[Dodecahedron, {-3,1,1}, 1.2]];
```

Ausblick: Weitere geometrische Funktionalitäten findet der interessierte Leser im Paket DiscreteMath`ComputationalGeometry` (bis Version 5.2) bzw. ComputationalGeometry` (seit Version 6.0). Dieses Paket erlaubt u. a. die Berechnung konvexer Hüllen und das Erstellen von Voronoi-Diagrammen. Informationen dazu findet der Leser in der Hilfedatei, bis Version 5.2 in der entsprechenden Rubrik unter *Add-ons: Standard Packages → DiscreteMath*, seit Version 6.0 unter *ComputationalGeometry/tutorial/ComputationalGeometry*.

11 Algebra und Zahlentheorie

Wie wir in Abschnitt 5.1 erfahren haben, ist Mathematica als Computeralgebrasystem zur exakten Rechnung mit ganzen und rationalen Zahlen in der Lage. Entsprechend ist es nicht verwunderlich, dass Mathematica eine Vielzahl von Funktionen zur Zahlentheorie anbietet, die sich mit Fragestellungen rund um ganze Zahlen beschäftigt, siehe Abschnitt 11.1. Danach wollen wir uns den algebraischen Fähigkeiten von Mathematica zuwenden und zuerst in Abschnitt 11.2 das Thema Polynome besprechen. Abschnitt 11.3 widmet sich dann dem Lösen von Gleichungen, und Abschnitt 11.4 den algebraischen Zahlkörpern. Später in Abschnitt 12.1 werden wir auf ein der Algebra nahestehendes Thema zu sprechen kommen, nämlich Permutationsgruppen.

Weiterführende Informationen ... zur fachlichen Vertiefung findet der Leser beispielsweise in folgenden Büchern: Zur Zahlentheorie aus Abschnitt 11.1 sei Bundschuh (2008) empfohlen, zur Algebra der Abschnitte 11.2 bis 11.4 das Buch von Bosch (2006). Die historische Entwicklung der Algebra behandeln Alten et al. (2003).

11.1 Elementare Zahlentheorie

Zahlentheorie beschäftigt sich mit Fragestellungen rund um ganze Zahlen. Häufig geht es dabei um die multiplikativen Bausteine der ganzen Zahlen: die Primzahlen. Die 500. Primzahl etwa ist 3571, was man auf zweierlei Art bestätigen kann:

```
Prime[500]                    3571

PrimePi[3571]                 500
```

Die Zahl 3570 dagegen ist offenbar nicht prim, tatsächlich faktorisiert sie sich zu $3570 = 2 \cdot 3 \cdot 5 \cdot 7 \cdot 17$:

```
FactorInteger[3570]           {{2,1}, {3,1}, {5,1}, {7,1}, {17,1}}
```

Da jeder Primfaktor nur in Potenz 1 vorkommt, ist 3570 eine quadratfreie Zahl, mit einer ungeraden Anzahl von Primfaktoren. Entsprechend ist

```
MoebiusMu[3570]               -1
```

Von den natürlichen Zahlen kleiner 3570 sind insgesamt 768 teilerfremd zu 3570:

Befehl	Beschreibung
Prime[*n*]	n-te Primzahl.
PrimePi[*n*]	Anzahl der Primzahlen kleiner gleich n.
IntegerExponent[*n*, *d*]	Ergibt größtes $k \in \mathbb{N}_0$ mit $d^k \| n$.
FactorInteger[*n*]	Liste `{{`*p1*`,`*k1*`},...}` der Primfaktoren von $n = p_1^{k_1} \cdots p_r^{k_r}$.
MoebiusMu[*n*]	Möbiussche μ-Funktion mit Wertebereich $\{-1, 0, 1\}$; $\mu(n) \neq 0$ genau dann, wenn n quadratfrei: $+1$ bei gerader, -1 bei ungerader Zahl von Primfaktoren.
Quotient[*m*, *n*]	Ganzzahliger Quotient von m durch n.
Mod[*m*, *n*]	Rest bei Division von m durch n: $m \pmod n$.
PowerMod[*a*, *b*, *n*]	Ergibt $a^b \pmod n$.
Divisors[*n*]	Liste aller Teiler von n.
DivisorSigma[*k*, *n*]	Funktion $\sigma_k(n) := \sum_{d\|n} d^k$.
EulerPhi[*n*]	Eulers ϕ-Funktion: $\phi(n)$ ist Anzahl der zu n teilerfremden Zahlen kleiner gleich n.
GCD[*n1*, *n2*, ...]	Größter gemeinsamer Teiler (ggT) von $n_1, n_2, \ldots$
ExtendedGCD[*m*, *n*]	Ergibt Liste `{`*g*`,{`*r*`,`*s*`}}` mit $g = mr + ns$.
LCM[*n1*, *n2*, ...]	Kleinstes gemeinsames Vielfaches (kgV) von $n_1, n_2, \ldots$
Zeta[*s*]	Riemannsche Zetafunktion $\zeta(s) := \sum_{n=1}^{\infty} n^{-s}$.
Bis Version 5.2 nur im Paket `` NumberTheory`NumberTheoryFunctions` ``:	
NextPrime[*n*]	Kleinste Primzahl größer gleich n.
PrimitiveRoot[*n*]	Primitivwurzel modulo n, wenn $n = 1, 2, 4, p^k$ oder $2p^k$, p ungerade Primzahl.
ChineseRemainder[{*a1*, ...}, {*b1*, ...}]	Kleinstes $x \in \mathbb{N}_0$ mit $x \equiv a_1 \pmod{b_1}, \ldots$

Tabelle 11.1: Auswahl zahlentheoretischer Funktionen.

```
EulerPhi[3570]                                    768
```

3570 besitzt insgesamt 32 Teiler, nämlich

```
Divisors[3570]                                    {1,2,3,5,...,1785,3570}
Length[%]                                         32
```

Deren Quadratsumme ergibt

```
DivisorSigma[2,3570]                              18850000
```

Diese und weitere zahlentheoretische Funktionen sind in Tabelle 11.1 zusammengefasst.

Weiterführende Informationen ... findet der Leser in den Hilfeeinträgen zu *Built-in Functions: Mathematical Functions → Number Theory* und *Add-ons: Standard Packages → Number Theory* (bis Version 5.2), bzw. unter *guide/NumberTheoreticFunctions* (seit Version 6.0).

11.2 Polynome

Der vorige Abschnitt 11.1 beschäftigte sich mit dem Ring der ganzen Zahlen, nun behandeln wir den Ring der Polynome. Viele Fragestellungen bzgl. ganzer Zahlen (Reduktion modulo m, gemeinsame Teiler, etc.) lassen sich völlig analog auf Polynome übertragen, wie Tabelle 11.2 zeigt. Neben den dort aufgelisteten Funktionalitäten finden auch die uns bereits bekannten Befehle `Expand` und vor allem `Factor` aus Tabelle 5.7 ihre Anwendung. Bei all diesen Kommandos erlaubt es die Option **`Modulus ->`** k, Polynome auch über den Restklassenringen $\mathbb{Z}_k$ zu betrachten. Dies hat Einfluss auf die Reduzibilität von Polynomen:

```
Factor[x^4+1]                                     1+x^4
Factor[x^4+1, Modulus -> 3]                       (2+x+x^2) (2+2 x+x^2)
```

Während $x^4 + 1$ über $\mathbb{Z}$ irreduzibel ist (Eisenstein-Kriterium), zerfällt es modulo jeder Primzahl. Entsprechend gilt für den ggT von $x^4 + 1$ und $x^2 + x + 2$:

```
PolynomialGCD[x^4+1, 2+x+x^2]                     1
PolynomialGCD[x^4+1, 2+x+x^2, Modulus -> 3]       2+x+x^2
```

Trotzdem kann man auch über $\mathbb{Z}$ beide Polynome durcheinander teilen, mit Rest:

Befehl	Beschreibung
PolynomialQ[f**,{**$x1$**,...}]**	Prüft, ob $f(x_1,\ldots)$ ein Polynom in $x_1,\ldots$ ist.
Variables[pol**]**	Liste der Variablen des gegebenen Polynoms.
CoefficientList[pol**,{**$x1$**,...}]**	Liste der Koeffizienten des Polynoms bzgl. $x_1,\ldots$
PolynomialMod[pol**,**m**]**	Reduziert Polynom modulo m, wobei m Polynom sein kann.
PolynomialRemainder[p**,**q**,**x**]**	Rest $r(x)$ der Division von $p(x)$ durch $q(x)$.
PolynomialQuotient[p**,**q**,**x**]**	Polynomanteil der Division von $p(x)$ durch $q(x)$.
PolynomialGCD[$p1,\ldots$**]**	Größter gemeinsamer Teiler (ggT) der Polynome $p_1,\ldots$
PolynomialLCM[$p1,\ldots$**]**	Kleinstes gemeinsames Vielfaches (kgV) der Polynome $p_1,\ldots$
Resultant[p**,**q**,**x**]**	Resultante der Polynome $p(x)$ und $q(x)$.

Tabelle 11.2: Berechnungen rund um Polynome.

Befehl	Beschreibung
LegendreP[n**,**m**,**x**]**	Legendre-Polynom $P_n^{(m)}(x)$.
GegenbauerC[n**,**m**,**x**]**	Gegenbauer-Polynom $C_n^{(m)}(x)$.
ChebyshevT[n**,**x**]**	n-tes Tschebyschew-Polynom 1. Art.
ChebyshevU[n**,**x**]**	n-tes Tschebyschew-Polynom 2. Art.
HermiteH[n**,**x**]**	n-tes Hermite-Polynom.
LaguerreL[n**,**m**,**x**]**	Laguerre-Polynom $L_n^{(m)}(x)$.
JacobiP[n**,**a**,**b**,**x**]**	n-tes Jacobi-Polynom $P_n^{(a,b)}(x)$.
BernoulliB[n**,**x**]**	n-tes Bernoulli-Polynom, siehe auch Tabelle 7.4.
EulerE[n**,**x**]**	n-tes Euler-Polynom, siehe auch Tabelle 7.4.
Fibonacci[n**,**x**]**	n-tes Fibonacci-Polynom, siehe auch Tabelle 7.4.

Tabelle 11.3: Spezielle Polynome.

```
PolynomialMod[x^4+1, 2+x+x^2]                    3+3 x

PolynomialRemainder[x^4+1, 2+x+x^2, x]           3+3 x

PolynomialQuotient[x^4+1, 2+x+x^2, x]            -1-x+x^2
```

Wir überprüfen die Richtigkeit dieser Zerlegung:

```
Expand[(-1-x+x^2) (2+x+x^2)+(3+3 x)]             1+x^4
```

In Tabelle 11.3 sind einige namhafte Polynome aufgelistet. Eines dieser Polynome wollen wir auf Quadratfreiheit hin untersuchen. Dazu berechnen wir die Resultante des Polynoms und seiner Ableitung:

```
p[x_]:=EulerE[5,x]; p[x]                         -1/2 + 5 x^2/2 - 5 x^4/2 + x^5

Resultant[p[x], ∂x p[x], x]                      0
```

Die Resultante zweier Polynome ergibt 0 genau dann, wenn beide Polynome gemeinsame Faktoren haben. Ergo ergibt die eines Polynoms zu seiner Ableitung den Wert 0 genau dann, wenn Faktoren mehrfach auftreten. Dies ist hier der Fall, wie man durch Faktorisieren bestätigt:

```
Factor[p[x]]                                     1/2 (-1 + 2 x) (-1 - x + x^2)^2
```

Mathematica bietet auch Funktionalitäten rund um die elementarsymmetrischen Polynome

$$s_1(x_1,\ldots,x_n) = x_1+\ldots+x_n, \qquad s_2(x_1,\ldots,x_n) = x_1x_2+x_1x_3+\ldots+x_{n-1}x_n,$$
$$\ldots, \quad s_n(x_1,\ldots,x_n) = x_1\cdots x_n$$

an. Das Polynom $s_3(x_1,x_2,x_3,x_4)$ lässt man seit Version 6.0 wie folgt berechnen:

```
SymmetricPolynomial[3, {x1,x2,x3,x4}]            x1 x2 x3+x1 x2 x4+x1 x3 x4+x2 x3 x4
```

Um dagegen ein gegebenes Polynom in den elementarsymmetrischen Polynomen auszudrücken, verwendet man den Befehl `SymmetricReduction`:

```
SymmetricReduction[x1^3+x2^3+x3^3, {x1,x2,x3}]

{3 x1 x2 x3+(x1+x2+x3)^3-3 (x1+x2+x3) (x1 x2+x1 x3+x2 x3), 0}
```

Ein jedes symmetrische Polynom lässt sich als Polynom elementarsymmetrischer Polynome schreiben, wie auch in diesem Fall, was man am Rest 0 erkennt. Um das Resultat übersichtlicher zu gestalten, kann man die identifizierten elementarsymmetrischen Polynome durch festlegbare Kürzel ersetzen lassen:

```
SymmetricReduction[x1³+x2³+x3³, {x1,x2,x3}, {s1,s2,s3}]
```

```
{s1³-3 s1 s2+3 s3, 0}
```

Schließlich kann man über den seit Version 6.0 fest implementierten Befehl `HornerForm` ein gegebenes Polynom auf die numerisch effiziente Horner-Form bringen. Die Syntax erklärt sich am einfachsten an Hand eines Beispiels:

```
HornerForm[a5 x⁵+a4 x⁴+a3 x³+a2 x²+a1 x+a0, x]      a0+x (a1+x (a2+x (a3+x (a4+a5 x))))
```

Das zweite Argument gibt dabei die Variable des Polynoms an.

Vorgängerversionen: Benutzer bis Version 5.2 müssen für die letztgenannten Beispiele kleinere Modifikationen vornehmen: Für elementarsymmetrische Polynome wird das Paket `Algebra`SymmetricPolynomials`` benötigt, und bei `SymmetricPolynomial` wurde die Reihenfolge der Argumente vertauscht, also **`SymmetricPolynomial[{x1, x2, x3, x4}, 3]`** im obigen Beispiel. Schließlich wird für die Horner-Form der Befehl `Horner` des Pakets `Algebra`Horner`` benötigt, der die gleiche Syntax wie `HornerForm` aufweist.

11.3 Gleichungen

Wie in Kapitel 1 erläutert, war das Lösen von Gleichungen über Jahrhunderte hinweg ein zentrales Thema der Algebra. Entsprechend soll dieses Thema hier angemessen behandelt werden. Dabei handelte es sich insbesondere um polynomiale Gleichungen der Form $x^n + a_{n-1}x^{n-1} + \ldots + a_0 = 0$, für die eine allgemein gültige Lösungsformel gefunden werden sollte. Quadratische Gleichungen konnten vermutlich schon die Babylonier um 1000 v. Chr. herum lösen, wogegen die Lösungsformeln für die kubische[1] und quartische Gleichung, kurz hintereinander, im 16. Jh. n. Chr. entdeckt wurden. Gerade diese beiden unmittelbar aufeinander folgenden Entdeckungen lösten eine Art Euphorie aus, dass die Lösung der quintischen Gleichung nun auch nicht mehr fern sei. Doch weder Ehrenfried Walter von Tschirnhaus' Transformationen (1683) noch deren Weiterentwicklung durch Erland Samuel Bring (1786) brachten den Durchbruch. Rückblickend ist dies nicht überraschend, denn 1824 konnte Niels Hendrik Abel beweisen, dass die allgemeine Gleichung fünften (und höheren) Grades nicht lösbar ist. 1829/31 konnte Evariste Galois dann ein allgemeines Kriterium zur Lösbarkeit algebraischer Gleichungen angeben. Lösbarkeit im algebraischen Sinne bedeutet hierbei, dass sich eine Lösungsformel der Art angeben lässt, dass diese neben den Rechenoperationen nur noch Wurzeln einsetzt. Komplexere Lösungsansätze sind also durch Abels Erkenntnis keineswegs ausgeschlossen, und ein solcher wurde 1877 auch von Felix Christian Klein gefunden.

[1] Eine auf Lüneburg (2008) zurückgehende deutsche Übersetzung des Lösungsschemas für die kubische Gleichung, welches von Tartaglia in Gedichtform präsentiert wurde, siehe auch Kapitel 1, findet der Leser ganz zu Beginn dieses Buches.

Die exakte Lösung einer (auch nichtpolynomialen) Gleichung bzw. eines Gleichungssystems erlaubt, wenn möglich, der bei Mathematica implementierte `Solve`-Befehl, dessen allgemeine Syntax **Solve[{*gleich1*,...}, {*x1*,...}]** ist. Für den Spezialfall linearer Gleichungssysteme kann man alternativ auch den `LinearSolve`-Befehl aus Kapitel 9 verwenden. Die Anwendung von `Solve` auf die allgemeine Gleichung zweiten Grades ergibt die bekannte Lösungsformel:

```
Solve[x^2+p x+q==0, x]
```

$$\{\{x \to \tfrac{1}{2}(-p - \sqrt{p^2 - 4q})\}, \{x \to \tfrac{1}{2}(-p + \sqrt{p^2 - 4q})\}\}$$

Es sei daran erinnert, dass der Gleichheitsoperator durch '==' gegeben ist, siehe Tabelle 2.1. Die Lösungsmenge wird in Form einer Liste von Regeln ausgegeben, eine explizite Liste von Lösungen erhält man durch Verwendung des Ersetzungsoperators '/.', siehe das Beispiel aus Abschnitt 8.4.

Damit die allgemeine Lösung der kubischen Gleichung nicht übermäßig ausufert, sollte man diese durch die Tschirnhaus-Transformation $y := x + a_2/3$ zuerst auf die Form $y^3 + py + q = 0$ bringen. Selbst dann ist die Lösung nicht gerade kompakt:

```
Solve[y^3+p y+q==0, y]
```

$$\{\{y \to -\left(\frac{2^{\frac{1}{3}}\,p}{\left(-27\,q+\sqrt{108\,p^3+729\,q^2}\right)^{\frac{1}{3}}}\right) + \frac{\left(-27\,q+\sqrt{108\,p^3+729\,q^2}\right)^{\frac{1}{3}}}{3\,2^{\frac{1}{3}}}\}, \ldots\}$$

Zwar kann man auch die quartische Gleichung durch $y := x + a_3/4$ auf eine einfache Form bringen, $y^4 + py^2 + qy + r = 0$, aber selbst dann ist ihre Lösungsformel für praktische Zwecke zu komplex. Für die quintische Gleichung konnte Bring zeigen, dass diese durch (hochkomplexe) Transformationen stets auf die Form $y^5 + y + \gamma = 0$ gebracht werden kann, als Lösung erhält man aber nur

```
Solve[y^5+y+γ==0, y]
```

{{y → Root[γ+#1+#1^5 &, 1]}, ..., {y → Root[γ+#1+#1^5 &, 5]}}

Die Lösung wird in Form von `Root`-Objekten ausgegeben, siehe Abschnitt 11.4. Diese kann man aber zumindest numerisch auswerten, der Leser führe z. B. den Befehl **Plot[Root[γ+#1+#1^5 &, 1], {γ,-2,2}]** aus.

Selbst im Falle der Existenz exakter Lösungen sind diese oftmals zu komplex für praktische Bedürfnisse bzw. auch unnötig, falls man ohnehin nur einen Näherungswert benötigt. Das numerische Gegenstück zu `Solve` ist hierbei `NSolve`, siehe auch Abschnitt 5.2. Ein Beispiel:

```
NSolve[{2-3 x y+5 x y^2==x^3, x^2+y^3==1}, {x,y}]
```

{{x→12.9937, y→-5.51606}, ..., {x→-1.07284, y→-0.53249}}

Verwandt ist der Befehl FindRoot, der *eine* Lösung des gegebenen Gleichungssystems sucht. Das Bemerkenswerte ist hierbei, dass man die Lösungssuche durch Vorgabe eines Startwertes beeinflussen, und auch den Suchraum begrenzen kann. Die Syntax ist

FindRoot[{*a[x,...]==b[x,...],...*}**,** {*x,x0,xmin,xmax*}**, ...]**

Gibt es keine Einschränkung des Lösungsraums, so lässt man die Argumente $x_{\min}, x_{\max}$ weg. Wir versuchen nun, Lösungen für die Gleichung $\sin(\exp(x)) = 0{,}5$ im Intervall $[2;3]$ zu finden. Lässt sich der Leser via **Plot[Sin[Exp[x]], {x,0,4}]** den Funktionsgraphen zeichnen, wird er feststellen, dass es vier derartige Lösungen gibt. Zumindest eine davon lässt sich finden:

```
FindRoot[Sin[Exp[x]]==0.5, {x,2,2,3}]

FindRoot::regex: Reached the point {1.88112} which is outside the region {{2.,3.}}.

{x → 1.88112}

FindRoot[Sin[Exp[x]]==0.5, {x,2.5,2,3}]

{x → 2.57185}
```

Beginnen wir die Suche an der linken Intervallgrenze, so wird Mathematica zwar fündig, aber auf der falschen Seite der 2, außerhalb von $[2;3]$. Lassen wir die Suche dagegen bei 2,5 beginnen, dann wird eine der Lösungen gefunden.

Für die Behandlung komplexerer Systeme von Gleichungen und Ungleichungen ist der Befehl Reduce geeignet, der das gegebene System in ein äquivalentes System umwandelt, welches weniger umfangreich ist, idealerweise nur noch aus expliziten Lösungen besteht. Die Syntax ist **Reduce[***system***,** *vars***,** *bereich***]**: An Stelle von *system* stehen die gegebenen Gleichungen und Ungleichungen (seit Version 5.0), verknüpft durch logische Operatoren, siehe Beispiel 7.2.3. Bei *vars* steht eine Liste der Zielvariablen, und optional kann man bei *bereich* die Lösungsgesamtheit auf bestimmte Zahlbereiche einschränken, etwa auf ganze Zahlen via Integers, siehe Tabelle 5.2.

Reduce[y==x && x^2+y^2<=1, {x,y}]	$-\frac{1}{\sqrt{2}} \leq x \leq \frac{1}{\sqrt{2}}$ && y==x
Reduce[y==x && x^2+y^2<=1, {x,y}, Integers]	x==0 && y==0
Reduce[y==x && x^2+y^2==1, {x,y}]	(x==-$\frac{1}{\sqrt{2}}$ || x==$\frac{1}{\sqrt{2}}$) && y==x

In allen drei Fällen geht es um den Schnitt der Geraden $y = x$ mit dem Einheitskreis; ohne weitere Einschränkungen ergibt sich eine unendliche Menge von Lösungen. Schränkt man dagegen auf Ganzzahligkeit ein, verbleibt nur noch die Lösung $(0, 0)$, während bei Schnitt der Geraden mit der Kreis*linie* die zwei Lösungen $(-1/\sqrt{2}, -1/\sqrt{2})$ und $(1/\sqrt{2}, 1/\sqrt{2})$ resultieren. Auch im Falle der obigen nichtpolynomialen Gleichung arbeitet Reduce sehr zufriedenstellend:

```
Reduce[Sin[Exp[x]]==1/2, x, Reals]
```

C[1]∈Integers && C[1]≥0 && (x==Log[$\frac{\pi}{6}$+2 π C[1]] || x==Log[$\frac{5\pi}{6}$+2 π C[1]])

```
Reduce[Sin[Exp[x]]==1/2 && 2<=x<=3, x]
```

x==Log[$\frac{17\pi}{6}$] || x==Log[$\frac{25\pi}{6}$] || x==Log[$\frac{29\pi}{6}$] || x==Log[$\frac{37\pi}{6}$]

Im ersten Fall wird mit Hilfe der Konstanten $C_1 \in \mathbb{N}_0$ eine unendliche Lösungsmenge angegeben, im zweiten Fall die vier expliziten Lösungen im Intervall $[2;3]$.

Eng verwandt zu `Reduce` ist der seit Version 5.0 verfügbare Befehl `FindInstance`, der aber nicht die Lösungsgesamtheit, sondern nur eine einzelne Lösung sucht. Der Leser wiederhole obige Beispiele zu `Reduce`, ersetze dabei aber stets `Reduce` durch `FindInstance`.

11.4 Algebraische Zahlkörper

Eine komplexe Zahl $a \in \mathbb{C}$ heißt *algebraisch* über $\mathbb{Q}$, wenn es ein Polynom $p \neq 0$ mit rationalen Koeffizienten gibt, so dass $p(a) = 0$ ist, also a eine Wurzel (Nullstelle) von p ist. Alle anderen komplexen Zahlen, für die dies nicht gilt (etwa π, e, usw.), heißen transzendent. Der Bereich der algebraischen Zahlen, der natürlich ganz $\mathbb{Q}$ umfasst, ist bei Mathematica als `Algebraics` implementiert. Mit ihm kann man z. B. bestätigen, dass $\sqrt{5}$ algebraisch ist (da Wurzel von $x^2 - 5$), π aber nicht:

Sqrt[5] ∈ Algebraics	True
Pi ∈ Algebraics	False

Seit Version 6.0 erlaubt es Mathematica, einzelne algebraische Zahlen als solche abzuspeichern, mit Hilfe von `AlgebraicNumber`. Wenn wir etwa die offenbar algebraischen Zahlen $\sqrt{2}$ und $\sqrt{3}$ entsprechend ausdrücken wollen, verwenden wir den Befehl `ToNumberField`:

```
ToNumberField[{Sqrt[2],Sqrt[3]}]
```

{AlgebraicNumber[Root[1-10 #1^2+#1^4&,4], {0,-$\frac{9}{2}$,0,$\frac{1}{2}$}],
AlgebraicNumber[Root[1-10 #1^2+#1^4&,4],{0,$\frac{11}{2}$,0,-$\frac{1}{2}$}]}

Das Resultat ist eine Liste mit den zwei `AlgebraicNumber`-Varianten von $\sqrt{2}$ und $\sqrt{3}$. Um deren Syntax erläutern zu können, müssen wir etwas ausholen. Sind $a_1, \ldots, a_n \in \mathbb{C}$ endlich viele, über $\mathbb{Q}$ algebraische Zahlen, so gilt für die resultierende *endliche Körpererweiterung* $\mathbb{Q}(a_1, \ldots, a_n)$, dass ein sog. *primitives Element* c existiert, also eine ebenfalls algebraische Zahl $c \in \mathbb{C}$, die erfüllt: $\mathbb{Q}(a_1, \ldots, a_n) = \mathbb{Q}(c)$. Ein solches primitives Element hat Mathematica oben berechnet, dargestellt als Root[1-10#1^2+#1^4&,4]. Ein solches `Root`-Objekt ist uns auch schon in Abschnitt 11.3 begegnet. Um dessen ungewöhnliche Syntax zu verstehen, muss man wissen, dass eine jede algebraische Zahl a ein eindeutig bestimmtes Minimalpolynom m_a besitzt, also ein normiertes Polynom $m_a \neq 0$ kleinsten Grades, welches a als Wurzel besitzt. Auch das primitive Element c besitzt ein solches Minimalpolynom, im obigen Beispiel nämlich das Polynom $1-10x^2+x^4$. Als irreduzibles Polynom vierten Grades besitzt es vier verschiedene Wurzeln, wobei die vierte davon (in Mathematicas Zählweise) als primitives Element auserwählt wurde, deshalb also die 4 als zweites Argument innerhalb `Root`. Die Variablenbezeichnung mit Kreuz '#' verwendet Mathematica dabei für sogenannte reine Funktionen, siehe Abschnitt 21.3, was hier aber ohne Belang ist.

Fassen wir das Gesagte also zusammen: Durch **ToNumberField[*liste*]**, wobei das Argument eine Liste algebraischer Zahlen a_i sein muss, berechnet Mathematica zuerst das zugehörige primitive Element c und drückt es als `Root`-Objekt aus. Das `Root`-Objekt einer algebraischen Zahl gibt uns Auskunft über dessen Minimalpolynom und darüber, um die wievielte Wurzel davon es sich handelt. Zweitens berechnet es für jede algebraische Zahl a_i ein Polynom p_i so, dass $p_i(c) = a_i$ ist. Die fertige Funktion `AlgebraicNumber` zu a_i enthält nun als erstes Argument das primitive Element c in `Root`-Schreibweise, als zweites eine Liste der Koeffizienten von p_i. Sind wir nur an diesem Polynom interessiert und wünschen dieses auch in Funktionsschreibweise, etwa mit einer Variablen namens x, so wenden wir den Befehl `AlgebraicNumberPolynomial` an:

```
pols[x_]=AlgebraicNumberPolynomial[%,x]
```

$\{-\frac{9x}{2}+\frac{x^3}{2}, \frac{11x}{2}-\frac{x^3}{2}\}$

```
pols[Root[1-10 #1^2+#1^4&,4]] //RootReduce
```

$\{\sqrt{2}, \sqrt{3}\}$

In die jeweiligen Polynome haben wir anschließend das primitive Element eingesetzt und durch `RootReduce` algebraische Umformungen veranlasst. Es zeigt sich, dass Mathematica die Polynome tatsächlich passend berechnet hatte. Noch quält uns aber die Frage, welche Zahl sich nun eigentlich hinter dem mysteriösen `Root`-Objekt verbirgt; wir klären dies mittels `ToRadicals` auf:

```
ToRadicals[Root[1-10 #1^2+#1^4&,4]]
```

$\sqrt{5+2\sqrt{6}}$

Diese Zahl ist also die vierte Wurzel des Polynoms $1-10x^2+x^4$, die übrigen Wurzeln berechnen sich zu

```
Solve[1-10 x^2+x^4==0, x]
```

$\{\{x \to -\sqrt{5-2\sqrt{6}}\}, \{x \to \sqrt{5-2\sqrt{6}}\}, \{x \to -\sqrt{5+2\sqrt{6}}\}, \{x \to \sqrt{5+2\sqrt{6}}\}\}$

```
% //FullSimplify
```

$\{\{x \to \sqrt{2}-\sqrt{3}\}, \{x \to -\sqrt{2}+\sqrt{3}\}, \{x \to -\sqrt{5+2\sqrt{6}}\}, \{x \to \sqrt{2}+\sqrt{3}\}\}$

Die durch `FullSimplify` angeregte Vereinfachung zeigt, dass sich unser primitives Element sogar noch einfacher als $\sqrt{2}+\sqrt{3}$ schreiben lassen würde. Dass Mathematica aber eben nicht in der Lage war, auch die dritte der vier obigen Wurzeln zu vereinfachen (der Leser überlege das Resultat einer solchen Vereinfachung), verblüfft.

Insgesamt haben wir bestätigt, dass der Zahlkörper $\mathbb{Q}(\sqrt{2}, \sqrt{3})$ identisch zu $\mathbb{Q}(\sqrt{2}+\sqrt{3})$ ist, und dass man $\sqrt{2}$ bzw. $\sqrt{3}$ erhält, indem man das primitive Element $\sqrt{2}+\sqrt{3}$ in die Polynome $-\frac{9}{2}x+\frac{1}{2}x^3$ bzw. $\frac{11}{2}x-\frac{1}{2}x^3$ einsetzt. Dass $\sqrt{2}+\sqrt{3}$ dabei das Minimalpolynom $1-10x^2+x^4$ besitzt, können wir seit Version 6.0 auch folgendermaßen prüfen:

```
MinimalPolynomial[Sqrt[2]+Sqrt[3],x]          1-10 x^2+x^4
```

Welche Elemente gehören nun zum Zahlkörper $\mathbb{Q}(\sqrt{2}+\sqrt{3})$? Um dies zu prüfen, können wir wieder obigen Befehl ToNumberField verwenden, geben dort aber ein zweites Argument an, nämlich unser primitives Element:

```
ToNumberField[Sqrt[5], Root[1-10 #1^2+#1^4&,4]]

ToNumberField::nnfel: √5 does not belong to the algebraic number field generated by
Root[1-10 #1^2+#1^4&,4].≫

ToNumberField[√5, Root[1-10 #1^2+#1^4&,4]]

ToNumberField[Sqrt[6], Root[1-10 #1^2+#1^4&,4]]

AlgebraicNumber[Root[1-10 #1^2+#1^4&,4], {-5/2,0,1/2,0}]

RootReduce[AlgebraicNumberPolynomial[%, Root[1-10 #1^2+#1^4&,4]]]

√6
```

Offenbar ist $\sqrt{5} \notin \mathbb{Q}(\sqrt{2}+\sqrt{3})$, jedoch $\sqrt{6} \in \mathbb{Q}(\sqrt{2}+\sqrt{3})$. Dabei erhält man $\sqrt{6}$, indem man das primitive Element $\sqrt{2}+\sqrt{3}$ in das Polynom $\frac{1}{2}x^2 - \frac{5}{2}$ einsetzt.

In Abschnitt 11.2 hatten wir angemerkt, dass die Befehle der Tabellen 5.7 und 11.2 auch über den Restklassenringen $\mathbb{Z}_k$ angewendet werden können. Analoges gilt für die hier besprochenen Körpererweiterungen, wobei man nun die Option **Extension->** c verwendet. So ist etwa das Polynom x^2-2 nicht über $\mathbb{Q}$ faktorisierbar, wohl aber über $\mathbb{Q}(\sqrt{2}+\sqrt{3})$:

```
Factor[x^2-2, Extension->Sqrt[2]+Sqrt[3]]          -(√2 - x) (√2 + x)
```

Zu guter Letzt bietet Mathematica seit Version 6.0 auch einige Befehle rund um die *Einheitswurzeln* an, d. h. die Wurzeln der Polynome x^n-1. So können wir gezielt alle Einheitswurzeln einer bestimmten Körpererweiterung abfragen, z. B.

```
NumberFieldRootsOfUnity[Sqrt[2]+Sqrt[3]]          {-1,1}
```

oder prüfen, ob ein bestimmtes Element überhaupt eine Einheitswurzel ist:

```
RootOfUnityQ[I]                          True
```

Die irreduziblen Bestandteile der Polynome $x^n - 1$ sind die *Kreisteilungspolynome*. Das 4. Kreisteilungspolynom fragt man beispielsweise wie folgt ab:

```
Cyclotomic[4,x]                          1 + x^2

Solve[Cyclotomic[4,x]==0,x]              {{x→-i}, {x→i}}
```

Die Wurzeln dieses Polynoms sind gerade $\pm i$ (imaginäre Einheit), so dass obige Prüfung von i tatsächlich das korrekte Ergebnis geliefert hat.

Vorgängerversionen: Benutzer von Versionen bis 5.2 werden lediglich einen kleinen Teil der oben besprochenen Befehle standardmäßig vorfinden: `Root`, `RootReduce`, `ToRadicals`, `Algebraics`, `Cyclotomic` und die Option `Extension`. Weitere Prozeduren können allerdings über die Pakete ``NumberTheory`PrimitiveElement` `` und ``NumberTheory`AlgebraicNumberFields` `` aktiviert werden, zu deren Beschreibung auf die jeweiligen Hilfeeinträge der Rubrik *Add-ons: Standard Packages → Number Theory* verwiesen sei.

12 Diskrete Mathematik

People often ask: What is discrete mathematics? It's the mathematics of discrete (distinct and disconnected) objects. (Koshy, 2004, S. XIII)

Die diskrete Mathematik versteht sich als Gegenstück zur Analysis, der Mathematik des Kontinuums. Sie befasst sich mit endlichen oder abzählbar unendlichen Mengen, die zwangsweise 'Lücken' aufweisen, also diskret sind. Dabei ist die diskrete Mathematik kein fest umrissenes und von anderen Gebieten klar getrenntes Gebiet, sondern ist eher als Oberbegriff zu verstehen für Disziplinen wie Kombinatorik, Codierungstheorie, Graphentheorie, u. v. m., mit großer Nähe etwa zur Algebra, Zahlentheorie, mathematischen Logik, usw. Auch Mathematica bietet eine Reihe von Funktionalitäten an, die sich (auch) der diskreten Mathematik zuordnen lassen. Wir wollen uns im Folgenden mit zwei Themen auseinandersetzen: mit Permutationen in Abschnitt 12.1, und der Graphentheorie in Abschnitt 12.2. Als Fachlektüre zur diskreten Mathematik sei das Buch von Koshy (2004) empfohlen.

12.1 Permutationen und Permutationsgruppen

Ein wichtiges Thema im Rahmen der diskreten Mathematik, aber auch im Rahmen der Algebra, sind *Permutationen*. Eine Reihe von Funktionen rund um Permutationen sind auch bei Mathematica implementiert bzw. sind nach Laden des Pakets `DiscreteMath`Combinatorica`` (bis Version 5.2) bzw. `Combinatorica`` (seit Version 6.0) verfügbar. Formal ist eine Permutation über einer (Index-)Menge $\{1, \ldots, n\}$ eine bijektive Abbildung dieser Menge auf sich selbst, was unter dem Strich zu einer Vertauschung der Zahlen $1, \ldots, n$ führt. Aus diesem Grund ist für Permutationen auch eine andere Schreibweise als die gewöhnliche Abbildungsschreibweise üblich: $\binom{1,\ldots,n}{i_1,\ldots,i_n}$ beschreibt eine Permutation, die 1 auf i_1 abbildet, 2 auf i_2, usw. Ein konkretes Beispiel: $\binom{1,2,3,4}{2,3,1,4}$ ist eine Permutation der Zahlen 1 bis 4, welche 1 auf die 2, 2 auf die 3, 3 auf die 1 und 4 auf sich selbst abbildet. Dagegen wäre $\binom{1,2,3}{1,2,2}$ keine Permutation, da die zwei Werte 2 und 3 beide auf die 2 abgebildet werden, womit die Abbildung nicht mehr bijektiv wäre.

Wenn man vereinbart, dass die Werte der ersten Zeile immer aufsteigend geordnet sind, genügt es die der zweiten Zeile anzugeben, um zu wissen, wie die Permutation definiert ist. Im obigen Beispiel etwa wäre dies $(2, 3, 1, 4)$. Und genau diese Konvention wurde auch von Mathematica übernommen, wobei Mathematica wieder auf Listen zurückgreift; obige Permutation wäre bei Mathematica also `{2,3,1,4}`. Erzeugen wir eine von Mathematica zufällig gewählte Permutation der Zahlen $1, \ldots, 4$:

```
Needs["Combinatorica`"]
```

```
p1=RandomPermutation[4]                    {2,4,3,1}
```

Die auf dem Rechner des Autors erzeugte Permutation $(2, 4, 3, 1)$ beschreibt die Abbildung $1 \mapsto 2$, $2 \mapsto 4$, $3 \mapsto 3$ und $4 \mapsto 1$.

Da Permutationen Abbildungen sind, kann man sie wie Abbildungen verknüpfen, also hintereinander ausführen. Wie bei Abbildungen üblich wird dabei die innerste Abbildung zuerst angewendet, d. h. die Leserichtung ist von rechts nach links. Wenn wir etwa die Permutation $(2, 4, 3, 1)$ mit $(3, 2, 4, 1)$ verknüpfen, und zwar in der Reihenfolge $(2, 4, 3, 1)(3, 2, 4, 1)$, so resultiert die Permutation $(3, 4, 1, 2)$, denn es wird die 1 zuerst durch $(3, 2, 4, 1)$ auf die 3, und diese wiederum anschließend durch $(2, 4, 3, 1)$ auf sich selbst abgebildet, analog $2 \mapsto 2 \mapsto 4$, $3 \mapsto 4 \mapsto 1$ und $4 \mapsto 1 \mapsto 2$. Wir können die Rechnung durch Mathematica prüfen lassen:

```
p2={3,2,4,1}; Permute[p1,p2]               {3,4,1,2}

Permute[p2,p1]                             {2,1,4,3}
```

Offenbar ist bei der Verknüpfung von Permutationen die Reihenfolge der Permutationen wichtig, sie ist i. A. nicht-kommutativ. Eine Ausnahme liegt vor, wenn wir eine Permutation mit ihrer Inversen verknüpfen, hier resultiert jedes Mal die identische Abbildung (das neutrale Element):

```
p3=InversePermutation[p1]                  {4,1,3,2}

Permute[p1,p3]                             {1,2,3,4}

Permute[p3,p1]                             {1,2,3,4}
```

Die obigen Beispiele mit Inversen und Neutralen haben bereits angedeutet, dass geeignete Mengen von Permutationen zusammen mit der Hintereinanderausführung als Verknüpfung eine Gruppenstruktur aufweisen. Eine jede Gruppe aus Permutationen heißt eine *Permutationsgruppe*. Permutationsgruppen sind von großer Bedeutung in der Algebra, da eine jede endliche Gruppe isomorph zu einer Permutationsgruppe ist, sich also äquivalent als Permutationsgruppe repräsentieren lässt. Das einfachste Beispiel von Permutationsgruppen ist die Familie S_n *symmetrischer Gruppen*, wobei S_n *alle* Permutationen über den Zahlen $1, \ldots, n$ umfasst. Davon gibt es übrigens $n!$ Stück.

```
s3=SymmetricGroup[3]

{{1,2,3}, {1,3,2}, {2,1,3}, {2,3,1}, {3,1,2}, {3,2,1}}
```

Die symmetrische Gruppe S_3 umfasst $3! = 6$ Elemente, wobei das zuerst angeführte Element die identische Abbildung, also das neutrale Element ist. Dass dies tatsächlich *alle* Permutationen sind, die über den Zahlen $1, 2, 3$ möglich sind, zeigt der folgende festimplemetierte Befehl `Permutations`, der stets alle denkbaren Permutationen über der gegebenen Menge zurückgibt:

```
Permutations[{1,2,3}]
```

```
{{1,2,3}, {1,3,2}, {2,1,3}, {2,3,1}, {3,1,2}, {3,2,1}}
```

Parallel zu obiger Schreibweise hat sich in der Mathematik noch eine zweite Schreibweise eingebürgert: die *Zykel*schreibweise. Ein einzelnes Zykel $(i_1, i_2, i_3, \ldots, i_n)$ ist dabei wie folgt zu lesen: Gemeint ist eine Permutation, die i_1 auf i_2, i_2 auf i_3, usw., abbildet, wobei eine Permutation u. U. durch mehrere Zykel zu beschreiben ist. In letzterem Falle liest man die Zykel von rechts nach links, wie bei Abbildungen. Ein Beispiel: $(1,2,3)(4)$ ist eine Zykelschreibweise obiger Permutation $\binom{1,2,3,4}{2,3,1,4}$, aber auch $(1,3)(1,2)(4)$. Denn im zweiten Fall wird z. B. die 2 durch das Zykel (4) unverändert gelassen, anschließend durch das Zykel $(1,2)$ auf die 1 abgebildet, zum Schluss aber durch $(1,3)$ diese wiederum auf die 3, so dass unter dem Strich die 2 auf der 3 landet. In beiden Fällen hätte man die (4) auch weglassen können. Auch Mathematica kennt die Zykelschreibweise, erlaubt allerdings nur elementfremde Zykel. Im obigen Beispiel wäre also nur die erstgenannte Zykeldarstellung zulässig, diese würde als `{{1,2,3},{4}}` geschrieben. Die Elemente der symmetrischen Gruppe S_n, dargestellt als elementfremde Zykel, wären:

```
Map[ToCycles, s3]
```

```
{ {{1},{2},{3}}, {{1},{3,2}}, {{2,1},{3}}, {{2,3,1}}, {{3,2,1}}, {{3,1},{2}} }
```

Hierbei haben wir vom Befehl `Map` Gebrauch gemacht, siehe Abschnitt 21.5. Der fest implementierte Befehl `ToCycles` wandelt dabei eine Permutation von Standard- in Zykelschreibweise um, sein Gegenstück `FromCycles` verfährt genau umgekehrt, siehe untenstehendes Beispiel. Der Befehl `PermutationQ`, der sein Argument darauf prüft, ob es sich bei ihm um eine Permutation handelt, akzeptiert dabei nur die Standardschreibweise:

```
PermutationQ[{1,2,3}]              True

PermutationQ[{{1,2}, {3}}]         False

FromCycles[{{1,2}, {3}}]           {2,1,3}

PermutationQ[%]                    True

PermutationQ[{1,2,2}]              False
```

Im letzten Beispiel wird `False` zurückgegeben, da es sich hierbei um keine bijektive Abbildung der Zahlen 1, 2, 3 handelt.

Es gibt zwei Arten von Permutationen: gerade und ungerade. Diese Eigenschaft kann man über die *Signatur* einer Permutation messen, diese ist nämlich gleich 1 für gerade und -1 für ungerade Permutationen. Die symmetrische Gruppe S_n umfasst für $n \geq 2$

stets beide Sorten, und zwar jeweils gleich viele davon. Entnimmt man aus S_n alle geraden Permutationen (davon gibt es $n!/2$ Stück), so bildet diese Menge selbst wieder eine Gruppe, die *alternierende Gruppe* A_n:

```
a3=AlternatingGroup[3]                  {{1,2,3}, {2,3,1}, {3,1,2}}

Map[Signature,a3]                       {1,1,1}
```

Tatsächlich weisen alle Elemente von A_3 die Signatur 1 auf. Eine gegebene Menge von Permutationen kann man mittels `PermutationGroupQ` daraufhin prüfen, ob sie eine Gruppe ist:

```
PermutationGroupQ[s3]                   True

PermutationGroupQ[a3]                   True

PermutationGroupQ[{{1,2,3}, {2,3,1}}]   False
```

Während die Gruppeneigenschaft von S_3 und A_3 bestätigt wird, ist die dritte Menge keine Gruppe (warum?).

Auch zwei weitere namhafte Familien von Gruppen sind in Mathematica implementiert: die zyklischen Gruppen C_n und die Diëdergruppen D_n. Da, wie schon erwähnt, jede endliche Gruppe durch eine Permutationsgruppe repräsentiert werden kann, gilt dies auch für die genannten Gruppentypen. Und auf genau diese Weise sind sie auch bei Mathematica implementiert:

```
CyclicGroup[4]      {{1,2,3,4}, {4,1,2,3}, {3,4,1,2}, {2,3,4,1}}

DihedralGroup[4]    {{1,2,3,4}, {4,1,2,3}, {3,4,1,2}, {2,3,4,1},
                     {4,3,2,1}, {3,2,1,4}, {2,1,4,3}, {1,4,3,2}}
```

Weitere namhafte Gruppen sind bei Mathematica nicht implementiert, und leider auch keine weiteren gruppentheoretischen Funktionen: Im Gegensatz zu etwa MAPLE bietet Mathematica leider keine Befehle an, um zu gegebener Gruppe alle oder spezielle Untergruppen, Normalteiler, o. Ä. zu bestimmen. Einzig die Operation von Gruppen auf Mengen ist in eingeschränktem Maße verfügbar. Genauer kann man eine Permutationsgruppe auf einer Menge von Permutationen operieren und den entsprechenden *Orbit* bestimmen lassen. Wählen wir etwa eine einzelne ungerade Permutation x aus und lassen A_3 darauf operieren:

```
Signature[{1,3,2}]                      -1

Orbits[a3, {{1,3,2}}]                   {{{1,3,2}, {3,2,1}, {2,1,3}}}

OrbitRepresentatives[a3,{{1,3,2}}]      {{1,3,2}}
```

Die im zweiten Schritt ausgegebene Menge ist das zu x gehörende Orbit, also die Menge

$\{\pi \circ x \mid \pi \in A_3\}$. $(1, 3, 2)$ ist ein Repräsentant des Orbits. Im folgenden Beispiel erhalten wir zwei verschiedene, disjunkte Orbits, da A_3 einmal auf eine ungerade, einmal auf eine gerade Permutation angewendet wird:

```
Orbits[a3, {{1,3,2},{1,2,3}}]

{{{1,3,2}, {3,2,1}, {2,1,3}}, {{1,2,3}, {2,3,1}, {3,1,2}}}

OrbitRepresentatives[a3,{{1,3,2}, {1,2,3}}]

{{1,3,2}, {1,2,3}}
```

Entsprechend gibt es nun zwei Stellvertreter, je einen pro Orbit.

Weiterführende Informationen ... zum Thema Permutationen findet der Leser in der Hilfedatei unter *Add-ons: Standard Packages* → *DiscreteMath* → *Combinatorica* (bis Version 5.2), bzw. unter *Combinatorica/tutorial/Combinatorica.*

12.2 Graphentheorie

Ein *Graph* $G = (V, E)$ besteht aus einer Menge V von *Knoten* (engl.: vertex, node), und einer Menge E von *Kanten* (engl.: edge), welche Knoten aus V miteinander verbindet. Können dabei die Kanten immer nur in einer Richtung durchschritten werden, d. h. zeigt eine jede Kante von einem der beiden jeweils begrenzenden Knoten zum anderen, so spricht man von einem *gerichteten Graphen* (engl.: *di*rected *graph*, digraph), andernfalls von einem *ungerichteten Graphen.* Beide Arten von Graphen finden unzählige praktische Anwendungen, etwa bei der Modellierung von Netzwerken (Computer-, Elektrizitäts-, Verkehrsnetzwerke, usw.) oder Molekülstrukturen, bei der Planung von Abläufen oder Verwaltung von Informationen. Insofern ist es nur folgerichtig, dass auch Mathematica eine Reihe von Funktionalitäten zur Graphentheorie anbietet. Unglücklicherweise geschieht dies aber gleich auf zweierlei Weise, mit jeweils unterschiedlicher Syntax: Einen Zugang zur Graphentheorie stellt bis Version 5.2 das Paket DiscreteMath`GraphPlot` dar, von dem einige Befehle mit Version 6.0 fest implementiert wurden, andere seither im neu geschaffenen Paket GraphUtilities` zu finden sind. Einen komplett anderen Zugang bietet das bereits vorgestellte Paket DiscreteMath`Combinatorica` (bis Version 5.2) bzw. Combinatorica` (seit Version 6.0). Da sich beide Zugänge in ihren Möglichkeiten unterscheiden, kommen wir nicht umhin, beide vorzustellen. Zum Glück besteht die Möglichkeit, die Graphen des einen Ansatzes in die Sprache des jeweils anderen zu übersetzen.

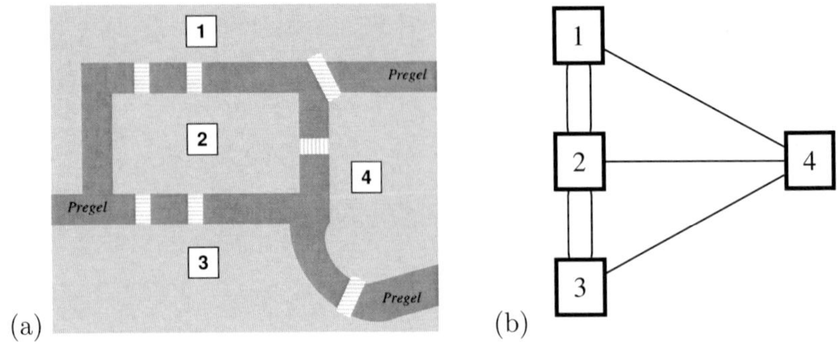

Abb. 12.1: *Die ostpreußische Stadt Königsberg zu Eulers Zeiten.*

Weiterführende Informationen ... zu den sehr umfangreichen graphentheoretischen Fähigkeiten Mathematicas findet der Leser in der Hilfedatei unter *Add-ons: Standard Packages → DiscreteMath → GraphPlot* und *Combinatorica* sowie unter *Advanced Documentation → Discrete Math → GraphPlot* (bis Version 5.2), bzw. unter *tutorial/GraphDrawing*, *GraphUtilities/tutorial/GraphUtilities* und *Combinatorica/tutorial/Combinatorica*.

12.2.1 Graphen zeichnen

Der Beginn der Graphentheorie lässt sich auf das von Leonhard Euler (1707-1783) formulierte und 1736 gelöste *Königsberger Brückenproblem* datieren. Zu Eulers Zeit verteilte sich die ostpreußische Hauptstadt auf zwei Inseln im Pregel und die angrenzenden Flussufer. Die vier Stadtteile waren durch insgesamt sieben Brücken verbunden, in der in Abbildung 12.1 (a) gezeigten Weise. Euler stellte sich die Frage, ob es möglich wäre, einen Rundgang durch alle Stadtteile zu unternehmen der Art, dass dabei eine jede Brücke genau einmal überquert würde. Einen Graphen, der so etwas erlaubt, nennt man heutzutage übrigens *Eulersch*, siehe auch Abschnitt 12.2.2. Der in Abbildung 12.1 (b) gezeigte Königsberger Graph erlaubt allerdings keinen solchen Rundgang, wie Euler 1736 zeigte, siehe Abschnitt 12.2.2. Den in Abbildung 12.1 gezeigten Graphen kann man mit Mathematica via

```
koenig={{0,2,0,1},{0,0,2,1},{0,0,0,1},{0,0,0,0}};
GraphPlot[koenig, VertexLabeling -> True, MultiedgeStyle -> True,
VertexCoordinateRules -> {1 -> {0,1},2 -> {0,0},3 -> {0,-1},4 -> {1,0}}]
```

erzeugen; die Details dieses Befehlstexts werden im Laufe des Abschnitts klar werden.

Im Folgenden wollen wir zuerst auf den seit Version 6.0 fest implementierten Befehl `GraphPlot` und dessen Verwandte eingehen; bis Version 5.2 war dieser über das Paket ``DiscreteMath`GraphPlot` `` verfügbar. Obwohl `GraphPlot` per Voreinstellung die Graphen immer ungerichtet zeigt, müssen diese als gerichtete Graphen definiert werden, etwa wie folgt:

```
bsp={1 -> 2, 1 -> 2, 2 -> 1, 2 -> 3, 3 -> 2,
3 -> 4, 4 -> 2, 4 -> 4};
GraphPlot[bsp]
```

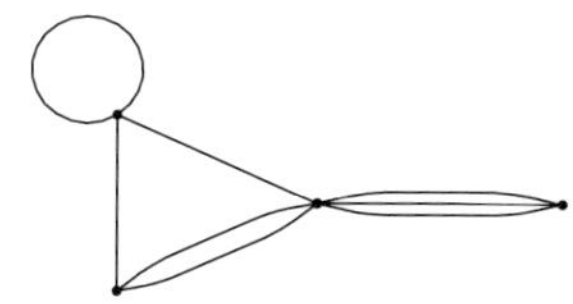

Der Graph besitzt die vier Knoten 1 bis 4 und zwei Kanten von 1 nach 2, eine von 2 nach 1, usw. Um die Knotenbezeichnung mit anzeigen zu lassen, setzt man **VertexLabeling -> True**:

```
GraphPlot[bsp, VertexLabeling -> True]
```

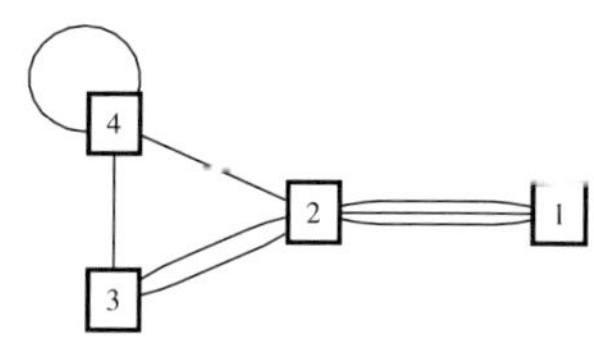

Eine Kante, die einen Knoten mit sich selbst verbindet, heißt eine *Schlinge.* Die Anzeige solcher Schlingen lässt sich unterdrücken:

```
GraphPlot[bsp, VertexLabeling -> True,
SelfLoopStyle -> False]
```

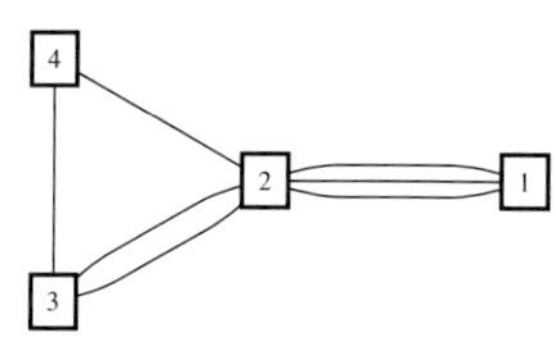

Werden zwei Knoten durch mehrere Kanten zugleich verbunden, so spricht man von *mehrfachen Kanten.* Auch diese lassen sich unterdrücken:

```
GraphPlot[bsp, VertexLabeling -> True,
MultiedgeStyle -> False]
```

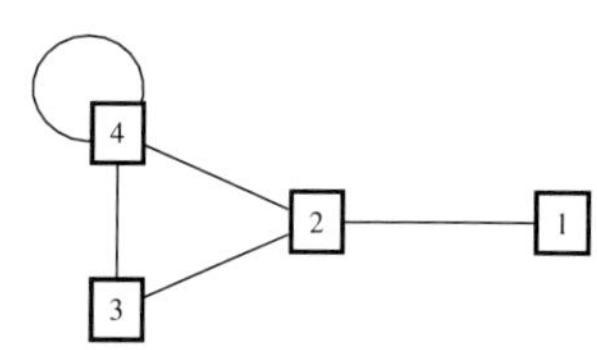

Obwohl der Graph gerichtet definiert wurde, wurde er bis dato ungerichtet angezeigt. Aber auch dies lässt sich leicht ändern:

```
GraphPlot[bsp, VertexLabeling -> True,
DirectedEdges -> True]
```

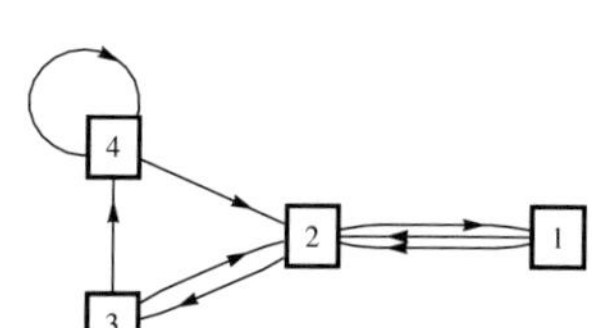

Später in Abschnitt 12.2.3 werden wir wieder auf unseren `bsp`-Graphen eingehen.

Der `GraphPlot`-Befehl und seine Verwandten `GraphPlot3D`, `LayeredGraphPlot` (s. u.)

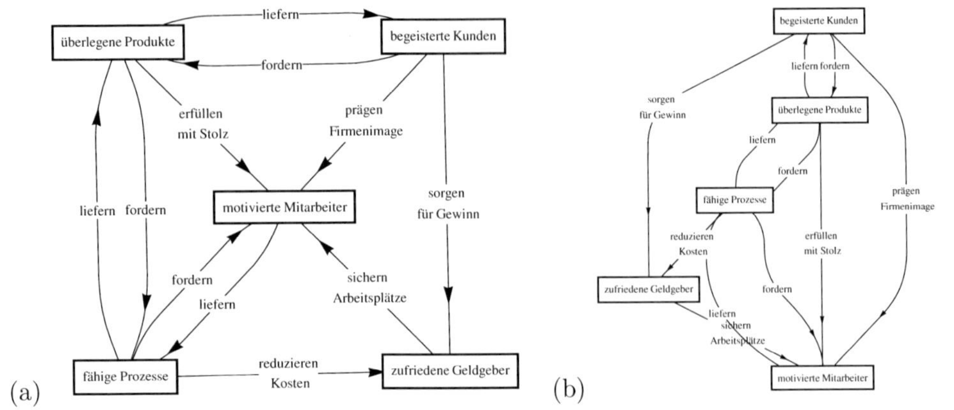

Abb. 12.2: *Kausalzusammenhänge im TQM-Zielsystem.*

und `TreePlot` (siehe Beispiel 12.2.2.2) bieten noch eine Reihe weiterer Optionen an, um das Erscheinungsbild zu beeinflussen. Etwa kann man, wie beim Königsberger Graphen aus Abbildung 12.1 geschehen, die Position der Knoten explizit angeben, oder eigens wählbare Bezeichnungen für Knoten und Kanten vergeben, wie gleich gezeigt wird. Weitere Optionen kann der Leser im jeweiligen Hilfeeintrag nachschlagen. Ferner können auch die gewöhnlichen Grafikoptionen aus Kapitel 6 verwendet werden.

Eingangs wurde auf die zahlreichen Anwendungsmöglichkeiten von Graphen verwiesen. Beispielhaft soll hier der Einsatz als Zusammenhangsdiagramm vorgeführt werden. Ein weithin bekanntes, ganzheitliches Qualitätskonzept für Unternehmen, welches insbesondere eine starke Mitarbeiterorientierung aufweist, ist das *Total Quality Management (TQM)*. Die Kausalzusammenhänge im TQM-Zielsystem sind in Abbildung 12.2[1] beschrieben. Offenbar gibt es fünf Knoten, deren Bezeichnung wir der Übersicht wegen in fünf Variablen ablegen wollen:

```
v1="zufriedene Geldgeber"; v2="begeisterte Kunden"; v3="überlegene
Produkte"; v4="fähige Prozesse"; v5="motivierte Mitarbeiter";
```

Nun können wir die gezeigten Graphen definieren. Im Gegensatz zu oben schreiben wir nun für eine jede Kante $a \to b$ an Stelle von `a -> b` ausführlicher `{a -> b, "Text"}`, um ihr eine Beschriftung hinzuzufügen.

```
tqm={{v1 -> v5,"sichern\n Arbeitsplätze"}, {v5 -> v4,"liefern"},
{v4 -> v5,"fordern"}, {v4 -> v3,"liefern"}, {v3 -> v4,"fordern"},
{v3 -> v2,"liefern"}, {v2 -> v3,"fordern"}, {v2 -> v1,"sorgen\n für Gewinn"},
{v4 -> v1,"reduzieren\n Kosten"}, {v3 -> v5,"erfüllen\n mit Stolz"},
{v2 -> v5,"prägen\n Firmenimage"}};
```

[1]Abbildung 12.2 erstellt in Anlehnung an Abbildung 2.3-1 in: PFEIFER, T.: *Qualitätsmanagement – Strategien, Methoden, Techniken.* 3. Auflage, Carl Hanser Verlag, München, Wien, 2001.

Genau wie in der Sprache C bewirkt '\n' einen Zeilenumbruch in der Ausgabe, siehe auch Abschnitt 20.1. Nun können wir den gerichteten Graphen ausgeben:

```
GraphPlot[tqm, DirectedEdges -> True, VertexLabeling -> True,
MultiedgeStyle -> 0.15]

LayeredGraphPlot[tqm, DirectedEdges -> True, VertexLabeling -> True,
MultiedgeStyle -> 0.35]
```

Die Option **MultiedgeStyle ->** *Zahl* erlaubt es, den Abstand zwischen Mehrfachkanten zu vergrößern. Der zweite, verwendete Befehl, LayeredGraphPlot, unterscheidet sich von GraphPlot dadurch, dass versucht wird, die Knoten in Schichten anzuordnen, also eine Art Hierarchie darzustellen, siehe Abbildung 12.2 (b). Leider werden dabei ein paar Texte und Pfeilspitzen verdeckt.

Zu guter Letzt wollen wir uns noch einmal dem Paket Combinatorica` zuwenden. Auch dieses erlaubt die grafische Darstellung von Graphen, und zwar über die Befehle ShowGraph und ShowLabeledGraph. Wir wollen an dieser Stelle auf eine Besprechung möglicher Optionen verzichten und verweisen stattdessen auf den entsprechenden Hilfeeintrag. Als Faustregel mag gelten, dass die obigen Befehle mehr optische Möglichkeiten bieten, Combinatorica` seine Stärken dann aber auf Seiten der Graphentheorie ausspielen kann. ShowGraph kann auf Graphen im Combinatorica-Format angewendet werden. Bei diesem Format wird klar zwischen gerichteten und ungerichteten Graphen unterschieden. Die einzelnen Kanten definiert man über Zweierlisten, und aus einer Liste solcher Kanten kann man einen Combinatorica-Graphen erzeugen, indem man FromUnorderedPairs bei ungerichteten und FromOrderedPairs bei gerichteten Graphen anwendet. Ein Beispiel:

```
koenigsberg=FromUnorderedPairs[{{1,2},
{2,3}, {2,1}, {3,2}, {1,4}, {2,4}, {3,4}}];
ShowGraph[koenigsberg, VertexLabel -> True]
```

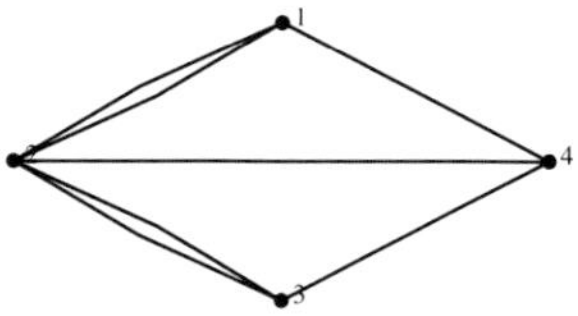

Die Combinatorica-Graphen sind etwas einfacher gestaltet, auch werden gelegentlich Beschriftungen verdeckt. In der Variablen *koenigsberg* selbst befindet sich der Graph als Combinatorica-Objekt:

```
koenigsberg                                   - Graph:<7,4,Undirected> -
```

Für den Benutzer sichtbar sind dabei die Zahl der Kanten, der Ecken und die Art der Gerichtetheit. Will man einen Graphen im Standard-Format ins Combinatorica-Format umwandeln, kann man sich des Befehls ToCombinatoricaGraph aus dem Paket DiscreteMath`GraphPlot` (bis Version 5.2) bzw. GraphUtilities` (seit Version 6.0) bedienen:

```
Needs["GraphUtilities`"]
```

```
bspC=ToCombinatoricaGraph[bsp]                    -Graph:<8,4,Directed>-
```

Es resultiert stets ein gerichteter Graph, weshalb der Befehl im Falle des Königsberg-Graphen nicht sinnvoll angewendet werden könnte. Der umgekehrte Weg ist etwas schwieriger, hier benötigt man den Befehl `Apply` aus Abschnitt 21.5:

```
ToOrderedPairs[bspC]

{{1,2}, {1,2}, {2,1}, {2,3}, {3,2}, {3,4}, {4,2}, {4,4}}

Apply[Rule,%,1]

{1→2, 1→2, 2→1, 2→3, 3→2, 3→4, 4→2, 4→4}
```

Zuerst haben wir hier die Kantenliste des Graphen abgefragt (bei einem ungerichteten Graphen verwendet man analog `ToUnorderedPairs`), und diese dann mit Hilfe von `Apply` in eine Liste von Regeln umgewandelt. Man beachte hierbei, dass **`Rule[x,y]`** gerade `x → y` ergibt.

12.2.2 Eigenschaften von ungerichteten Graphen

In diesem Abschnitt wollen wir uns mit ungerichteten Graphen und deren Eigenschaften beschäftigen, auf gerichtete Graphen wollen wir anschließend in Abschnitt 12.2.3 eingehen. Wenn also im Folgenden von einem Graphen die Rede ist, ist immer ein ungerichteter gemeint. Von Ausnahmen abgesehen greifen wir im Folgenden zumeist auf Funktionen aus dem Paket `Combinatorica`` zurück, von denen einige in den Tabellen 12.1 und 12.2 zusammengefasst sind.

Ein Graph, der weder Schlingen noch mehrfache Kanten besitzt, heißt *schlicht*. Ein schlichter Graph, bei dem ein jedes Paar verschiedener Knoten durch eine Kante miteinander verbunden ist, heißt *vollständig*. Der vollständige Graph mit n Knoten wird kurz als K_n bezeichnet. Der Graph K_5 sieht folgendermaßen aus:

```
k5=CompleteGraph[5];
ShowGraph[k5, VertexLabel -> True]
```

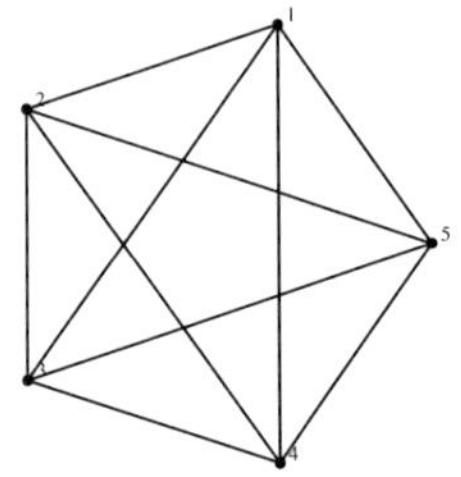

Befehl	Beschreibung
AcyclicQ[*graph*]	Prüft, ob Graph azyklisch.
BipartiteQ[*graph*]	Prüft, ob Graph bipartit.
CompleteQ[*graph*]	Prüft, ob Graph vollständig.
ConnectedQ[*graph*]	Prüft, ob Graph zusammenhängend.
EulerianQ[*graph*]	Prüft, ob Eulerscher Graph vorliegt.
HamiltonianQ[*graph*]	Prüft, ob Hamiltonscher Graph vorliegt.
IdenticalQ[*gr1*,*gr2*]	Prüft, ob beide Graphen identisch sind.
IsomorphicQ[*gr1*,*gr2*]	Prüft, ob beide Graphen isomorph sind.
PlanarQ[*graph*]	Prüft, ob Graph planar ist.
SelfLoopsQ[*graph*]	Prüft, ob Graph Schlingen besitzt.
SimpleQ[*graph*]	Prüft, ob Graph schlicht ist.
UndirectedQ[*graph*]	Prüft, ob Graph ungerichtet ist.

Tabelle 12.1: *Eigenschaften eines Graphen prüfen mit* `Combinatorica``.

Befehl	Beschreibung
V[*graph*]	Zahl der Knoten; analog ergibt **M[*graph*]** die Zahl der Kanten.
Edges[*graph*]	Liste der Kanten des Graphs.
Vertices[*graph*]	Koordinaten der Knoten bei grafischer Darstellung.
Degrees[*graph*]	Liste der Grade der einzelnen Knoten eines ungerichteten Graphen. Bei gerichteten Graphen ergibt **InDegree[*graph*]** den Eingangs-, und **OutDegree[*graph*]** den Ausgangsgrad.
EulerianCycle[*graph*]	Ergibt, falls existent, Eulerschen Zyklus als geordnete Knotenliste. Analog ergibt **HamiltonianCycle[*graph*]** einen Hamiltonschen Kreis.

Tabelle 12.2: *Eigenschaften eines Graphen abfragen mit* `Combinatorica``.

K_5 besitzt 10 Kanten und 5 Knoten:

```
M[k5]                                    10

V[k5]                                    5
```

Ein schlichter Graph heißt *bipartit*, wenn die Menge der Knoten so in zwei nichtleere Mengen zerteilt werden kann, dass eine jede Kante durch einen Knoten der einen und einen Knoten der anderen Menge begrenzt wird. Einen bipartiten Graphen mit Knotenpartition V_1, V_2, wobei V_1 aus m und V_2 aus n Knoten bestehe, nennt man *vollständig bipartit*, wenn zu jedem Paar $(v_1, v_2) \in V_1 \times V_2$ eine verbindende Kante existiert. Einen solchen Graphen bezeichnet man kurz als $K_{m,n}$. $K_{3,3}$ sieht folgendermaßen aus:

```
k33=CompleteGraph[3,3];
ShowGraph[k33, VertexLabel -> True]
```

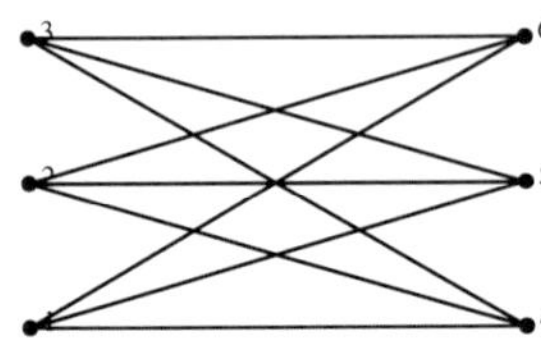

$K_{3,3}$ besitzt 9 Kanten und 6 Knoten. Die 9 Kanten sind:

```
Edges[k33]      {{1,4}, {1,5}, {1,6}, {2,4}, {2,5}, {2,6}, {3,4}, {3,5}, {3,6}}
```

Wählt man als Partition die Knotenmengen $\{1, 2, 3\}$ und $\{4, 5, 6\}$, so gibt es nur Kanten *zwischen* diesen Mengen, aber nicht innerhalb, also ist der Graph tatsächlich bipartit.

Das Paket `Combinatorica`` bietet zahlreiche weitere, namhafte Graphen an, etwa die Kreise C_n mit n Knoten (**`Cycle[n]`**) oder die Räder W_n mit $n+1$ Knoten (**`Wheel[n]`**). Für weitere Informationen sei der Leser auf den oben genannten Hilfeeintrag verwiesen.

Bemerkung 12.2.2.1

Einige dieser namhaften Graphen sind auch über den seit Version 6.0 fest implementierten Befehl `GraphData` verfügbar, nämlich folgende:

```
GraphData[]

{..., {Complete,6}, ..., {Complete,20}, {CompleteBipartite,{2,3}}, ...,
{CompleteBipartite,{7,7}}, ..., {Cycle,5}, ..., {Cycle,20}, ..., {Wheel,5},
..., {Wheel,20}, WongGraph}
```

So kann man mit Hilfe von `GraphData` etwa den Kreis C_9 und das Rad W_{17} erzeugen:

```
GraphData[{"Cycle",9}]

GraphData[{"Wheel",17}]
```

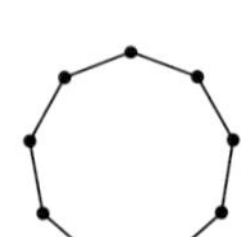

Von den verfügbaren Graphen kann man auch eine Reihe von Eigenschaften abfragen, nämlich jene, die nach Ausführen von **GraphData["Properties"]** aufgelistet werden. So kann man z. B. erfragen, ob W_{17} Eulersch ist (was dies bedeutet, wird weiter unten erläutert):

```
GraphData[{"Wheel",17}, "Eulerian"]          False
```

Für weitere Informationen sei der Leser auf den entsprechenden Hilfeeintrag verwiesen. •

Zwei Knoten eines Graphen heißen *adjazent* (benachbart), wenn sie durch eine Kante verbunden werden. Die Zahl der zu einem Knoten gehörigen Kanten heißt der *Grad* des Knotens. Die gesamte Information über den Graphen lässt sich in einer *Adjazenzmatrix* **A** zusammenfassen, deren Eintrag a_{ij} die Zahl der Kanten von i nach j ist. Im Falle eines ungerichteten Graphens ist die Adjazenzmatrix symmetrisch, da Kanten sowohl hin- als auch zurückführen; die Kanten werden also doppelt gezählt. Zeilen- bzw. Spaltensumme der Adjazenzmatrix geben den Grad des betreffenden Knotens wieder. Betrachten wir als Beispiel den Königsberg-Graphen:

```
Degrees[koenigsberg]                         {3,5,3,3}
```

```
Akoen=ToAdjacencyMatrix[koenigsberg];
Akoen //MatrixForm
```

$$\begin{pmatrix} 0 & 2 & 0 & 1 \\ 2 & 0 & 2 & 1 \\ 0 & 2 & 0 & 1 \\ 1 & 1 & 1 & 0 \end{pmatrix}$$

Wie man leicht an obigen Abbildungen nachvollziehen kann, hat etwa der Knoten 1 den Grad 3, da genau 3 Kanten zu ihm gehören. Zwei dieser Kanten sind mit dem Knoten 2 verbunden, siehe die entsprechenden Einträge $(1, 2)$ und $(2, 1)$ der Adjazenzmatrix. Summiert man über alle Einträge von deren zweiter Zeile, erhält man 5, den Grad des Knotens 2.

Ein *Weg* zwischen zwei Knoten u und v ist eine Folge von Knoten und verbindenden Kanten, welche durch u und v begrenzt wird. Ein Graph heißt *zusammenhängend*, wenn zwischen je zwei verschiedenen Knoten ein Weg existiert. Mit Hilfe der Adjazenzmatrix **A** kann man klären, auf wieviele verschiedene Weisen man von einem Knoten zu einem anderen schreiten kann: Der Eintrag (i, j) der Matrix $\mathbf{A}^k$ ist gerade die Anzahl der Wege der Länge k, die von i nach j führen, der Eintrag (i, j) der Matrix $\mathbf{A}+\mathbf{A}^2+\ldots+\mathbf{A}^k$ die Anzahl der Wege der Länge $\leq k$ von i nach j.

```
MatrixPower[Akoen, 2] //MatrixForm
```

$$\begin{pmatrix} 5 & 1 & 5 & 2 \\ 1 & 9 & 1 & 4 \\ 5 & 1 & 5 & 2 \\ 2 & 4 & 2 & 3 \end{pmatrix}$$

Die 2 in der Position $(1, 4)$ bzw. $(4, 1)$ besagt, dass es genau zwei Wege der Länge 2 zwischen 1 und 4 gibt. Wie der Leser an obigen Grafiken nachprüft, führen beide Wege über den Knoten 2.

Ein Weg mit übereinstimmenden Endknoten heißt *geschlossen* oder ein *Zyklus*. Existiert in einem zusammenhängenden Graphen ein Zyklus, welcher alle Kanten durchläuft, aber keine davon mehrfach, so heißen der spezielle Zyklus und der gesamte Graph *Eulersch* (denn dies ist gerade die allgemeine Formulierung des von Euler aufgeworfenen Königsberger Brückenproblems). Wie man zeigen kann (Koshy, 2004, S. 557), ist ein zusammenhängender Graph genau dann Eulersch, wenn jeder Knoten geraden Grad aufweist. Da dies beim Brückengraphen aus Abbildung 12.1 nicht der Fall ist, siehe den Knoten 4, war ein solcher Rundgang im Königsberg zu Eulers Zeiten nicht möglich.

```
EulerianQ[koenigsberg]                    False

EulerianCycle[koenigsberg]                {}
```

Werden bei einem Weg, abgesehen von den Endknoten, keine Knoten mehrfach durchlaufen, so heißt der Weg *einfach* oder ein *Pfad*. Ein geschlossener Pfad heißt *Kreis*. Besitzt ein zusammenhängender Graph einen Kreis, der alle Knoten durchläuft, so spricht man von einem *Hamiltonschen Graphen*, der spezielle Kreis heißt ebenfalls Hamiltonsch. Der Brückengraph aus Abbildung 12.1 ist offenbar Hamiltonsch, denn $1 \to 2 \to 3 \to 4 \to 1$ wäre ein alle Stadtteile (Knoten) verbindender Kreis. Dies bestätigt man mit Mathematica:

```
HamiltonianQ[koenigsberg]                 True

HamiltonianCycle[koenigsberg]             {1,2,3,4,1}
```

Umgekehrt heißt ein Graph, der keinerlei Zyklen besitzt, *azyklisch*. Azyklische Graphen sind von äußerster, praktischer Relevanz, siehe Beispiel 12.2.2.2.

Beispiel 12.2.2.2

Ein zusammenhängender, azyklischer Graph heißt ein *Baum*. Charakterisch für Bäume ist es, dass je zwei Knoten durch genau einen Pfad verbunden werden und dass auf n Knoten genau $n-1$ Kanten kommen. Bäume kann man beispielsweise mit dem seit Version 6.0 fest implementierten Befehl `TreePlot` zeichnen:

```
bsp2={1->2, 2->3, 2->4, 4->5};
TreePlot[bsp2, VertexLabeling->True]
```

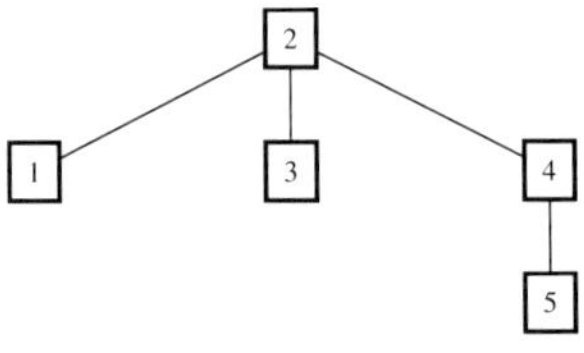

Die Ausrichtung des Baumes kann man durch optionale Angabe der Position, möglich sind `Left`, `Right`, `Top`, `Bottom`, beeinflussen:

```
bsp2={1->2, 2->3, 2->4, 4->5};
TreePlot[bsp2, Left, VertexLabeling->True]
```

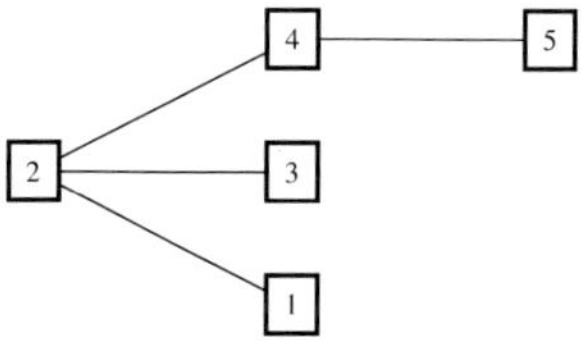

Oftmals wird Bäumen eine Art Orientierung verliehen, indem man einen der Knoten als sog. *Wurzel* auszeichnet und alle weiteren Knoten nach ihrer *Tiefe*, also der Länge des Pfades von der Wurzel zum Knoten, bewertet. Im obigen Beispiel hat sich Mathematica für die 2 als Wurzel entschieden; wir können aber auch z. B. die 4 als Wurzel erzwingen:

```
bsp2={1->2, 2->3, 2->4, 4->5};
TreePlot[bsp2, Top, 4,
VertexLabeling->True]
```

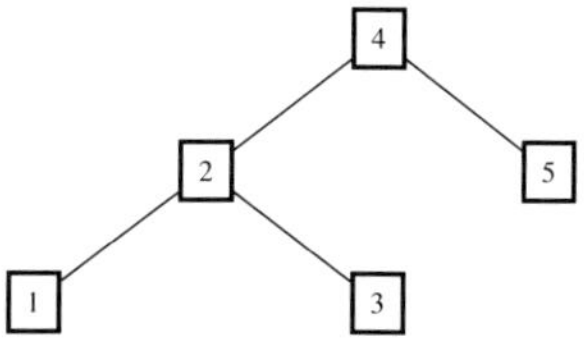

Solche *Wurzelbäume* werden zur Modellierung hierarchischer Strukturen eingesetzt, wie z. B. bei einem Stammbaum, der Ordnerstruktur eines Speichermediums – oder bei Mathematica. Wie wir in Abschnitt 21.5 noch detailliert erläutern werden, werden bei Mathematica alle Kommandos als ineinanderverschachtelte Funktionen dargestellt, siehe auch den in Abschnitt 5.3 besprochenen Befehl `FullForm`. Daraus resultiert zwangsweise eine hierarchische Struktur, die man mit Hilfe eines Baumes illustrieren kann. Dies leistet der Befehl `TreeForm`:

```
a x^2+b x+c //TreeForm
```

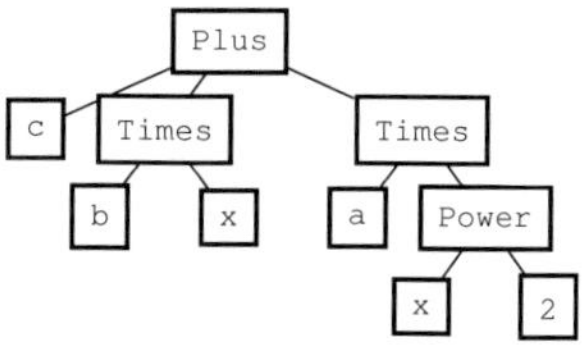


```
HornerForm[a x^2+b x+c, x] //TreeForm
```

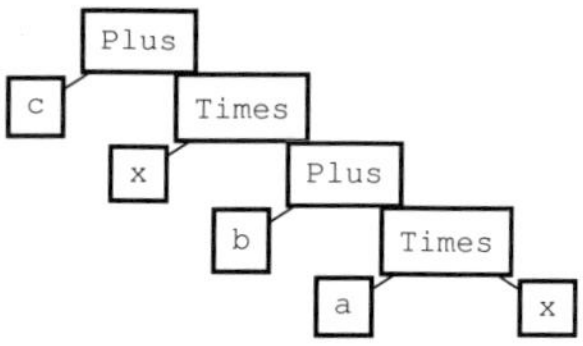

In beiden Fällen geht es um ein und dasselbe Polynom, welches im zweiten Fall aber zuerst in die numerisch effiziente Horner-Form umgewandelt wurde, siehe Abschnitt 11.2. •

Zu einem jeden zusammenhängenden Graphen existiert ein sog. *Spannbaum*, d. h. ein Teilgraph, welcher alle Knoten des Graphen umfasst und ein Baum ist. Sind die einzelnen Kanten mit Gewichten versehen, liegt also ein *gewichteter Graph* vor, so kann man unter allen Spannbäumen einen solchen wählen, welcher minimal bzw. maximal im Sinne seines Gesamtgewichtes ist. Will man etwa mehrere Orte durch ein Schienennetz verbinden, wobei sich für jeden Streckenabschnitt (Kante) die Baukosten (Gewicht) angeben lassen und dabei die Gesamtbaukosten minimal halten, so ist man an einem minimalen Spannbaum interessiert. Als Beispiel können wir unseren Königsberg-Graphen mit Gewichten versehen:

```
koenweight=SetEdgeWeights[koenigsberg, {0.5,0.7,2.3,1.1,0.4,3.2,2.1}]

- Graph:<7,4,Undirected> -

GetEdgeWeights[koenigsberg]          {1,1,1,1,1,1,1}

GetEdgeWeights[koenweight]           {0.5,0.7,2.3,1.1,0.4,3.2,2.1}
```

Sowohl beim Zuordnen als auch bei der späteren Abfrage muss die Reihenfolge der Gewichte jener Reihenfolge der Kanten entsprechen, wie sie bei der Abfrage **ToUnorderedPairs[koenigsberg]** ausgegeben wird. Man beachte, dass der Befehl `SetEdgeWeights` den Graphen *koenigsberg* selbst unverändert gelassen hat.

Nun können wir im gewichteten Königsberg-Graphen nach einem minimalen und einem maximalen Spannbaum suchen lassen (verwendet wird hierzu übrigens Kruskals Algorithmus). Insgesamt gibt es 21 mögliche Kandidaten:

```
NumberOfSpanningTrees[koenweight]          21

ShowGraph[MinimumSpanningTree[koenweight],
VertexLabel -> True]
```

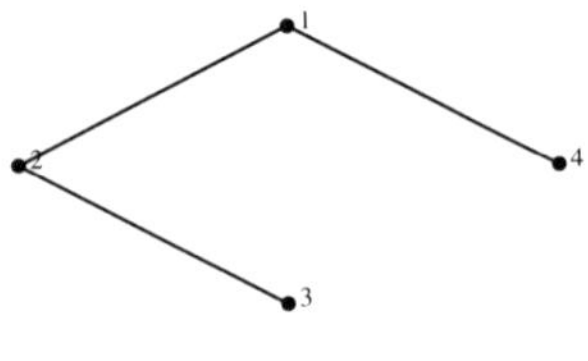


```
ShowGraph[MaximumSpanningTree[koenweight],
VertexLabel -> True]
```

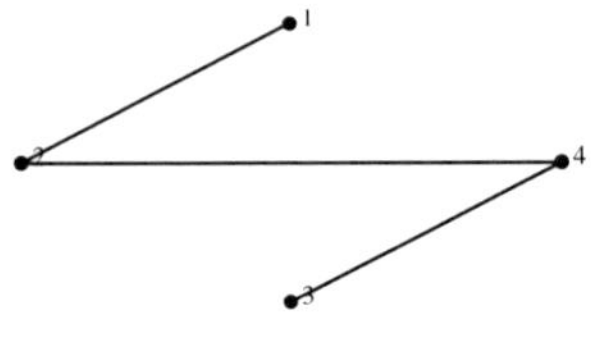

12.2.3 Eigenschaften von gerichteten Graphen

Einige der im vorigen Abschnitt 12.2.2 besprochenen Eigenschaften lassen sich analog auch auf gerichtete Graphen (Digraphen) übertragen. So kann man wieder die Zahl der von einem zum anderen Knoten führenden Kanten betrachten, wobei nun bei einem jeden Knoten zwischen *Eingangs- und Ausgangsgrad* zu unterscheiden ist, deren Summe den (Gesamt-)Grad ergibt. Mit Hilfe einer *Adjazenzmatrix*[2], welche nun i. A. nicht symmetrisch ist, kann man den Digraphen wieder vollständig beschreiben. Die Zeilen- bzw. Spaltensumme ist der Ausgangs- bzw. Eingangsgrad des jeweiligen Knotens. Im Falle unseres `bsp`- bzw. `bspC`-Graphen, siehe Seite 153 ff, würde man erhalten:

```
ToAdjacencyMatrix[bspC] //MatrixForm
```

$$\begin{pmatrix} 0 & 2 & 0 & 0 \\ 1 & 0 & 1 & 0 \\ 0 & 1 & 0 & 1 \\ 0 & 1 & 0 & 1 \end{pmatrix}$$

```
InDegree[bspC]                          {1,4,1,2}

OutDegree[bspC]                         {2,2,2,2}
```

Beispielhaft können wir den Knoten 2 genauer analysieren: Wie die Abbildung des Graphen auf Seite 153 zeigt, führen vier Kanten zu 2 (eine von 4, eine von 3, zwei von 1) und zwei Kanten von diesem weg (eine nach 3, eine nach 1). Der resultierende Eingangsgrad 4 bzw. Ausgangsgrad 2 ergibt sich auch als Summe der zweiten Spalte bzw. Zeile der Adjazenzmatrix.

Im betrachteten Beispiel hätten wir übrigens auch auf das Paket `DiscreteMath`GraphPlot`` (bis Version 5.2) bzw. `GraphUtilities`` (seit Version 6.0) zurückgreifen können, um die Adjazenzmatrix zu berechnen:

```
Needs["GraphUtilities`"]

AdjacencyMatrix[bsp]                    SparseArray[<7>,4,4]
```

Diese berechnet die Adjazenzmatrix stets als `SparseArray`-Objekt, vgl. Abschnitt 7.1.1, welches man sich aber via `MatrixForm` in gewohnter Darstellung zeigen lassen kann. Gerade bei größeren Matrizen kann übrigens auch der Befehl `MatrixPlot` nützlich sein, siehe Abschnitt 7.1.

Auch den Kanten eines Digraphen kann man wieder Gewichte zuordnen, die sich z. B. als Distanz interpretieren lassen, im `Combinatorica`-Format etwa auf folgende Weise:

```
bspCweight=SetEdgeWeights[bspC, {0.5,2.1,0.7,0.3,1.7,0.1,0.4,0.2}]

- Graph:<8,4,Directed> -
```

Eine häufige Fragestellung ist es nun, einen kürzesten Pfad von einem Knoten eines gewichteten Digraphen zu einem anderen zu finden, so er denn existiert, wobei Kürze hier im Sinne von geringstem Gesamtgewicht gemeint ist. Ein praktisches Beispiel könnte die preiswerteste Fahrtroute zwischen zwei Orten sein. Suchen wir im obigen Beispiel den kürzesten Pfad von 3 nach 2:

---

[2] Mit Hilfe einer solchen gerichteten Adjazenzmatrix hatten wir übrigens auch ganz zu Beginn den Königsberg-Graphen aus Abbildung 12.1 erstellt.

`ShortestPath[bspC,3,2]`	`{3,2}`
`CostOfPath[bspC, {3,2}]`	`1`
`ShortestPath[bspCweight,3,2]`	`{3,4,2}`
`CostOfPath[bspCweight, {3,2}]`	`1.7`
`CostOfPath[bspCweight, {3,4,2}]`	`0.5`

Im Falle der ungewichteten Variante ist natürlich die Direktverbindung am günstigsten, im Falle des gewichteten Graphen ist es dagegen der Pfad $3 \to 4 \to 2$.

Einen gewichteten, gerichteten Graphen kann man auch im Standardformat definieren, letztlich durch Angabe einer gewichteten Adjazenzmatrix:

```
bspweight=SparseArray[{{1,2}->0.5,
{2,1}->0.7, {2,3}->0.3, {3,2}->1.7,
{3,4}->0.1, {4,2}->0.4, {4,4}->0.2},
{5,5}];

GraphPlot[bspweight, SelfLoopStyle->True,
MultiedgeStyle->True,
VertexLabeling->True,
DirectedEdges->True]
```

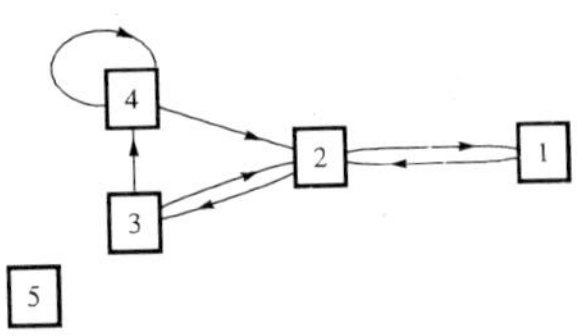

Es handelt sich dabei um eine leicht modifizierte Variante unseres `bsp`-Graphen, die nun nicht mehr zusammenhängend ist: Dadurch, dass wir die Dimension der Matrix als 5×5 gewählt haben, erzwingen wir die Existenz eines fünften Knotens. Das Paket `DiscreteMath`GraphPlot`` (bis Version 5.2) bzw. `GraphUtilities`` (seit Version 6.0) bietet nun eine Reihe von Befehlen an, die sich mit kürzesten Pfaden befassen:

```
GraphDistance[bspweight,3,2, Weighted->True]
```
0.5

```
GraphDistanceMatrix[bspweight] //MatrixForm
```
$$\begin{pmatrix} 0. & 0.5 & 0.8 & 0.9 & \infty \\ 0.7 & 0. & 0.3 & 0.4 & \infty \\ 1.2 & 0.5 & 0. & 0.1 & \infty \\ 1.1 & 0.4 & 0.7 & 0. & \infty \\ \infty & \infty & \infty & \infty & 0. \end{pmatrix}$$

```
GraphPath[bspweight,3,2, Weighted->True]
```
{3,4,2}

Der kürzeste Pfad von 3 nach 2 wirft die Kosten 0,5 auf, was man auch dem Eintrag $(3, 2)$ der Abstandsmatrix entnimmt. Diese zeigt die Kosten aller kürzesten Pfade an, wobei ∞ erscheint, wenn ein entsprechender Pfad nicht existiert. Der kürzeste Pfad von 3 nach 2 ist dabei $3 \to 4 \to 2$.

13 Wahrscheinlichkeitstheorie

Die Wahrscheinlichkeitstheorie ist eine mathematische Disziplin, die sich mit Gesetzmäßigkeiten zufälliger Ereignisse und deren Modellierung befasst, siehe etwa Basler (1994). Die gewonnenen Resultate finden ihre Anwendung vor allem in der induktiven Statistik, mit der wir uns in Abschnitt 17.4 ff umfassend beschäftigen werden. Für die Modellierung verschiedenster Zufallsphänomene wurde im Laufe der Zeit ein großes Repertoire an Verteilungen entwickelt, sowohl vom diskreten als auch vom kontinuierlichen Typ, sowohl univariat als auch multivariat, von denen sehr viele bei Mathematica implementiert sind. Zu all diesen Verteilungsfamilien können wiederum wichtige Kenngrößen berechnet werden, wie etwa Momente oder Quantile, welche wesentliche Charakteristika der jeweiligen Verteilung herausstellen.

Vorgängerversionen: Benutzer bis Version 5.2 müssen in puncto Wahrscheinlichkeitstheorie einige Abweichungen in Kauf nehmen. Insbesondere müssen diese stets ein geeignetes Paket laden, nämlich `Statistics`DiscreteDistributions`` für univariat-diskrete Verteilungen, `Statistics`ContinuousDistributions`` für univariat-kontinuierliche, und `Statistics`MultinormalDistribution`` für Hotellings $T^2$-Verteilung. Ferner gibt es den Ableger `Statistics`NormalDistribution``, der nur jene univariat-kontinuierlichen Verteilungen enthält, die sich aus der Normalverteilung ableiten. Schließlich lautet die korrekte Syntax der Gleichverteilung bis Version 5.2: **DiscreteUniformDistribution[*n*]** bzw. **UniformDistribution[*min*, *max*]**.

Im Folgenden wollen wir beispielhaft vorführen, wie derartige Berechnungen ausgeführt werden können. Dazu beginnen wir mit den univariaten Verteilungsfamilien, welche allesamt mit Version 6.0 fest implementiert wurden. Die univariaten Verteilungen vom diskreten Typ sind in Tabelle 13.1 zusammengefasst, die vom kontinuierlichen Typ in Tabelle 13.2. Dort, genau wie in den folgenden Tabellen, wurde auf Beschreibungen verzichtet, da die Bezeichnungen der einzelnen Verteilungstypen selbsterklärend sind.

BernoulliDistribution[*p*]	**HypergeometricDistribution[*n*,*M*,*N*]**
BinomialDistribution[*n*,*p*]	**LogSeriesDistribution[θ]**
DiscreteUniformDistribution[{*min*,*max*}]	**NegativeBinomialDistribution[*n*,*p*]**
GeometricDistribution[*p*]	**PoissonDistribution[λ]**

Tabelle 13.1: *Univariate Verteilungen vom diskreten Typ.*

BetaDistribution[α**,**β**]**	**LogisticDistribution[**μ**,**β**]**
CauchyDistribution[*a***,***b***]**	**LogNormalDistribution[**μ**,**σ**]**
ChiDistribution[*n***]**	**NoncentralChiSquareDistribution[***n***,**λ**]**
ChiSquareDistribution[*n***]**	**NoncentralFRatioDistribution[***m***,***n***,**λ**]**
ExponentialDistribution[λ**]**	**NoncentralStudentTDistribution[***n***,**λ**]**
ExtremeValueDistribution[α**,**β**]**	**NormalDistribution[**μ**,**σ**]**
FRatioDistribution[*m***,***n***]**	**ParetoDistribution[***k***,**α**]**
GammaDistribution[α**,**λ**]**	**RayleighDistribution[**σ**]**
HalfNormalDistribution[θ**]**	**StudentTDistribution[***n***]**
HotellingTSquareDistribution[*k***,***m***]***	**UniformDistribution[{***min***,***max***}]**
LaplaceDistribution[μ**,**β**]**	**WeibullDistribution[**α**,**β**]**

Tabelle 13.2: *Univariate Verteilungen vom kontinuierlichen Typ.*

Befehl	Beschreibung
PDF[*vert***,***x***]**	Dichtefunktion $f(x)$ der Verteilung *vert*.
CDF[*vert***,***x***]**	Verteilungsfunktion $F(x)$ der Verteilung *vert*.
Domain[*vert***]**	Träger der Verteilung *vert*. Seit Version 6.0: **DistributionDomain[***vert***]**.
Quantile[*vert***,**α**]**	α-Quantil der Verteilung *vert*.
Mean[*vert***]**	Erwartungswert der Verteilung *vert*.
Variance[*vert***]**	Varianz der Verteilung *vert*.
StandardDeviation[*vert***]**	Standardabweichung der Verteilung *vert*.
Skewness[*vert***]**	Schiefe der Verteilung *vert*.
Kurtosis[*vert***]**	4. standardisiertes Zentralmoment der Verteilung *vert*.
CharacteristicFunction[*vert***,***z***]**	Charakteristische Funktion $\phi(z)$ der Verteilung *vert*.
ExpectedValue[*g(x)***,***vert***,***x***]**	Erwartungswert $E[g(X)]$ bzgl. der Verteilung *vert*.

Tabelle 13.3: *Auswahl wichtiger Kenngrößen theoretischer Verteilungen.*

Eine Ausnahme in Tabelle 13.2 bildet Hotellings T^2-Verteilung, welche dem Paket `MultivariateStatistics`` entstammt.

Beispiel 13.1

Die Poisson-Verteilung $Po(\lambda)$ ist eine diskrete Verteilung, die gerne verwendet wird, wenn es um die Modellierung seltener Ereignisse geht. Wichtige Eigenschaften dieser Verteilung:

`vert=PoissonDistribution[λ];`	
`Print["Träger: ", DistributionDomain[vert]]`	Träger: Range[0, ∞]
`dichte[x_]:=PDF[vert, x];`	
`Print["Dichte: ", dichte[x]]`	Dichte: $\frac{\lambda^x}{e^\lambda x!}$
`Print["Erwartungswert: ", Mean[vert]]`	Erwartungswert: λ
`Print["Varianz: ", Variance[vert]]`	Varianz: λ
`Print["Schiefe: ", Skewness[vert]]`	Schiefe: $\frac{1}{\sqrt{\lambda}}$
`RandomInteger[vert, 10] /. λ->5`	{5,7,6,2,2,7,6,3,4,9}

Der letztgenannte Befehl erzeugt 10 $Po(5)$-verteilte Pseudozufallszahlen, siehe Kapitel 18. Eine grafische Darstellung dieser Verteilung zeigt Beispiel 17.2.2.1. •

Vorgängerversionen: Benutzer von Versionen bis 5.2 müssen bei den Beispielen dieses Kapitels folgende Modifikationen vornehmen:

Beispiel 13.1:
```
Needs["Statistics`DiscreteDistributions`"] ...
Print["Träger: ", Domain[vert]] ...
RandomArray[vert, 10] /. λ->5
```

Beispiel 13.2:
```
Needs["Statistics`ContinuousDistributions`"] ...
Print["Träger: ", Domain[vert[λ]]] ...
Needs["Graphics`Legend`"] ...
Plot[... TextStyle->{FontSize->10}, ...]
```

Beispiel 13.3:
```
Needs["Statistics`MultinormalDistribution`"] ...
CorrelationMatrix[multnorm[ρ]]
```

MultinomialDistribution[n,{$p0$,...,pk}]
MultiPoissonDistribution[$\mu 0$,{$\mu 1$,...,μk}]
NegativeMultinomialDistribution[n,{$p0$,...,pk}]

Tabelle 13.4: Multivariate Verteilungen vom diskreten Typ.

Befehl	Beschreibung
MultinormalDistribution[μ,Σ]	Erwartungswertvektor $\boldsymbol{\mu}$, Kovarianzmatrix $\mathbf{\Sigma}$.
MultivariateTDistribution[R,n]	Korrelationsmatrix $\mathbf{R}$, n Freiheitsgrade.
QuadraticFormDistribution[A,b,c,μ,Σ]	Verteilung der quadratischen Form $\boldsymbol{X}^\top \mathbf{A}\boldsymbol{X} + \boldsymbol{b}^\top \boldsymbol{X} + c$, wobei $\boldsymbol{X}$ multivariat normalverteilt ist mit Erwartungswertvektor $\boldsymbol{\mu}$ und Kovarianzmatrix $\mathbf{\Sigma}$.
WishartDistribution[Σ,n]	Skalierungsmatrix $\mathbf{\Sigma}$, n Freiheitsgrade.

Tabelle 13.5: Multivariate Verteilungen vom kontinuierlichen Typ.

Beispiel 13.2

Die Exponentialverteilung ist eine Verteilung vom kontinuierlichen Typ, die zur Modellierung von Lebensdauern eingesetzt werden kann. Betrachten wir auch von dieser einige Charakteristika:

```
vert[λ_]:=ExponentialDistribution[λ];
Print["Träger: ",
DistributionDomain[vert[λ]]]
dichte[x_,λ_]:=PDF[vert[λ],x];
vertfkt[x_,λ_]:=CDF[vert[λ],x];
Print["Verteilungsfkt.: ", vertfkt[λ,x]]
Print["Median: ", Quantile[vert[λ],0.5]]
```

Träger: Interval[{0,∞}]

Verteilungsfkt.: $1 - e^{-(x\,\lambda)}$

Median: $\frac{0.693147}{\lambda}$

Beachten Sie, dass Sie gegebenenfalls die Belegungen von `vert`, `dichte` und λ aus Beispiel 13.1 vor Ausführung obigen Codes mit `Clear` löschen müssen. Zu guter

Letzt können wir noch Dichtefunktionen für verschiedene Parameterwerte λ zeichnen lassen. Hintergründe zu Grafikoptionen und der Erstellung der Legende finden sich in Abschnitt 7.3.1.

```
Needs["PlotLegends`"]

Plot[
Evaluate[Table[dichte[x,λ], {λ,1,5}]],
{x,0,6}, PlotRange -> {0,1},
PlotStyle -> {GrayLevel[0], GrayLevel[.2],
GrayLevel[.4], GrayLevel[.6], GrayLevel[.8]},
BaseStyle -> {FontSize -> 10},
PlotLegend -> {"λ=1", "λ=2", "λ=3",
"λ=4", "λ=5"}, LegendSize -> {0.4,0.4},
LegendShadow -> {.015,-0.015},
LegendPosition -> {0.4,0},
AspectRatio -> 1.2];
```

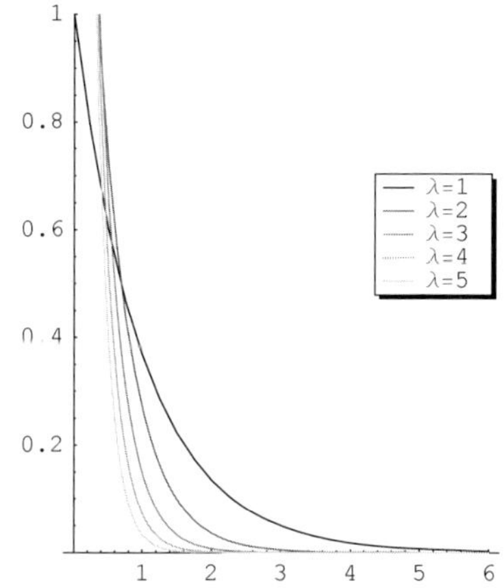

•

Zum Schluss wollen wir noch kurz auf multivariate Verteilungen eingehen. Diese werden seit Version 6.0 über das Paket `MultivariateStatistics`` angeboten. Die verfügbaren Verteilungstypen sind in den Tabellen 13.4 und 13.5 aufgelistet. Prinzipiell kann man die univariaten Kenngrößen aus Tabelle 13.3 auch auf eine solche multivariate Verteilung anwenden, mit Ausnahme der Funktion `Quantile`. Es wird dann entsprechend ein Vektor der komponentenweisen Kenngrößen ausgegeben. Zusätzlich gibt es noch die Befehle **Covariance[*vert*]** und **Correlation[*vert*]** für die Kovarianz- bzw. Korrelationsmatrix, auch sind multivariate Varianten zu Schiefe und Exzess verfügbar: **MultivariateSkewness[*vert*]** und **MultivariateKurtosis[*vert*]**.

Vorgängerversionen: Bis Version 5.2 sind die multivariaten Verteilungen über die Pakete `Statistics`MultiDiscreteDistributions`` und `Statistics`MultinormalDistribution`` verfügbar. Die Befehle für die Kovarianz- bzw. Korrelationsmatrix lauten hier **CovarianceMatrix[*vert*]** und **CorrelationMatrix[*vert*]**.

Beispiel 13.3

Wir wollen im Folgenden eine bivariate Normalverteilung näher untersuchen, nämlich jene, die um den Punkt $(2, 5)$ zentriert ist und die komponentenweisen Standardabweichungen 2 bzw. 1 aufweist. Unbestimmt lassen wir die Korrelation ρ zwischen beiden Komponenten, d. h. wir definieren:

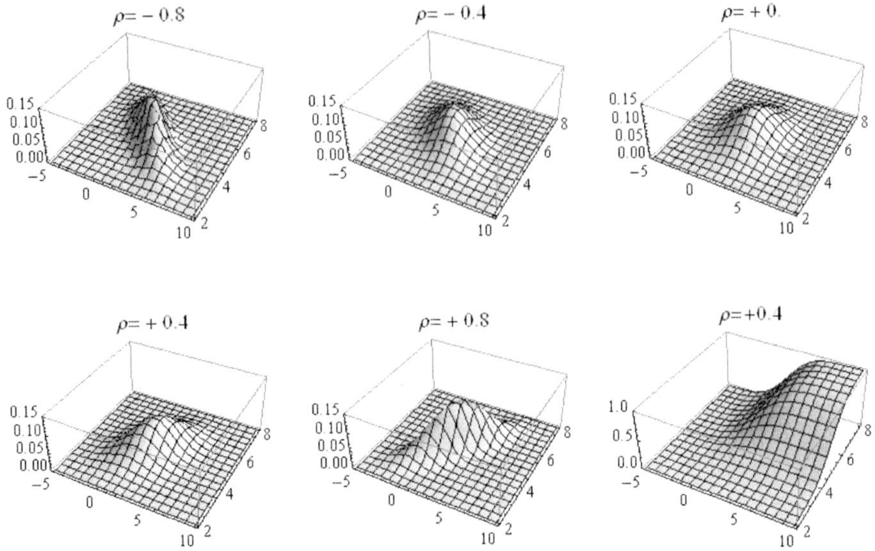

Abb. 13.1: *Bivariate Normalverteilung mit verschiedenen Korrelationen.*

```
Needs["MultivariateStatistics`"]

{μ1,μ2}={2,5}; {σ1,σ2}={2,1};
mC[ρ_]:={{σ1², σ1 σ2 ρ}, {σ1 σ2 ρ, σ2²}};
multnorm[ρ_]:=MultinormalDistribution[{μ1,μ2}, mC[ρ]];
```

Um zu prüfen, ob wir die Kovarianzmatrix tatsächlich korrekt definiert haben, lassen wir die Korrelationsmatrix unserer Verteilung bestimmen:

```
Correlation[multnorm[ρ]]                    {{1,ρ},{ρ,1}}
```

Nun wollen wir grafisch den Effekt der Korrelation studieren. Dazu lassen wir Grafiken für die Dichte- bzw. Verteilungsfunktion erstellen, wie dies in Abbildung 13.1 zu sehen ist. Das Kommando für die zuletzt gezeigte Verteilungsfunktion ist

```
Plot3D[CDF[multnorm[0.4],{x,y}], {x,-5,10},{y,2,8}, PlotRange -> {0,1},
PlotLabel -> "ρ=+0.4"]
```

Für die Dichten der fünf ersten Bilder muss man `PDF` statt `CDF` schreiben. An Hand dieser Bilder erkennt man sehr gut den Effekt der Korrelation: Ein hohes Ausmaß an Korrelation führt zu einer Konzentration der Wahrscheinlichkeitsmasse entlang einer der Diagonalen. Das Vorzeichen der Korrelation entscheidet über diese Diagonale. •

14 Numerische Mathematik

Die numerische Mathematik beschäftigt sich mit Algorithmen, welche die zahlenmäßige Lösung mathematischer Probleme erlauben. Typische Beispiele, auf die wir in diesem Kapitel eingehen werden bzw. auf die wir an anderer Stelle in diesem Buch bereits gestoßen sind, sind die Lösung linearer Gleichungssysteme, Eigenwertberechnungen, Nullstellenberechnungen, numerische Integration und vieles mehr. Zur fachlichen Vertiefung seien dabei die Bücher von Stoer (2005), Stoer & Burlisch (2005) und Herrmann (2004) empfohlen.

In manchen Fällen kann durch solche Algorithmen eine exakte Lösung des Problems erlangt werden (z. B. bei linearen Gleichungssystemen), in anderen Fällen nur eine Näherungslösung (z. B. Nullstellenberechnung). Bei all diesen Verfahren spielen Effizienzgesichtspunkte eine wichtige Rolle, aber auch die Fehleranalyse. Typische Fehlerquellen sind hierbei Eingabefehler (wenn Eingabedaten nur in beschränkter Genauigkeit vorliegen), Approximationsfehler (wie sie bei Näherungsverfahren zwangsweise auftreten), und Rundungsfehler. Letztere werden bedingt durch die interne Zahldarstellung im Rechner, üblicherweise eine *Gleitpunktdarstellung* mit festgelegter Stellenzahl. Obwohl Mathematica selbst in dieser Hinsicht recht unproblematisch ist, da es prinzipiell mit beliebiger Genauigkeit zu rechnen vermag, siehe Kapitel 5, bietet es uns zumindest die Werkzeuge an, um diese Probleme zu simulieren. Diese finden sich seit Version 6.0 im Paket `ComputerArithmetic`` `; für eine vertiefte Beschreibung sei auf den Hilfeeintrag *ComputerArithmetic/tutorial/ComputerArithmetic* verwiesen.

```
Needs["ComputerArithmetic`"]
```

```
Arithmetic[]
```

```
{4, 10, RoundingRule -> RoundToEven, ExponentRange -> {-50, 50},
MixedMode -> False, IdealDivide -> False}
```

Die Standardvorgabe für die Maschinenzahlen ist dabei eine Gleitpunktdarstellung zur Basis 10 mit 4 Stellen Genauigkeit. Um diese einzuhalten, wird eine vorgebbare Rundungsregel angewendet; in der Standardeinstellung wird im Grenzfall zu geraden Zahlen hin gerundet. Probieren wir dies aus:

```
ComputerNumber[Pi]                                3.142000000000000000
```

```
% //FullForm
```

```
ComputerNumber[1, 3142, -3, Rational[1571,500], 3.14159265...503`24]
```

```
SetArithmetic[6, 10];

ComputerNumber[Pi]                         3.141590000000000000
```

Bei vierstelliger Genauigkeit wird π zu 3,142 gerundet; intern hat Mathematica neben Vorzeichen, Mantisse und Exponent auch noch eine rationale Darstellung der Maschinenzahl und den ursprünglichen Wert selbst abgespeichert. Erhöhen wir die Stellenzahl auf 6 (das zweite Argument ist die Basis), wirkt sich dies entsprechend auf die Maschinendarstellung von π aus.

Um nun die Problematik der Rundungsfehler bei Gleitpunktoperationen zu demonstrieren, reproduzieren wir ein Beispiel aus Stoer (2005):

```
SetArithmetic[8];

a=ComputerNumber[0.23371258*10^-4]         0.00002337125800000000000

b=ComputerNumber[0.33678429*10^2]          33.67842900000000000

c=ComputerNumber[-0.33677811*10^2]         -33.67781100000000000

a+(b+c)                                    0.0006413712600000000000

(a+b)+c                                    0.0006410000000000000000
```

Hier wird deutlich, wie sensibel die Gleitpunktrechnung bzgl. Rundung ist. Im ersten Fall werden zuerst die zwei Zahlen b und c addiert, welche von gleicher Größenordnung sind. Deswegen ist das Resultat von guter Genauigkeit; exakt erhielte man $6{,}41371258 \cdot 10^{-4}$. Im zweiten Fall gehen die meisten Stellen von a nach Durchführung der Addition $a + b$ verloren, denn das Zwischenresultat muss ebenfalls eine Maschinenzahl sein, was Rundung erzwingt. Entsprechend liegt das Endresultat weit daneben. Obwohl beide Ansätze mathematisch gleichwertig sind (Assoziativgesetz), führen sie bei Gleitpunktrechnung durch Rundung und Fehlerfortpflanzung zu unterschiedlichen Resultaten.

Vorgängerversionen: Benutzer von Versionen bis 5.2 finden die Funktionen des Pakets `ComputerArithmetic`` verteilt auf die Pakete `NumericalMath`ComputerArithmetic`` und `NumericalMath`Microscope``. Informationen dazu finden sich in den entsprechenden Hilfeeinträgen der Rubrik *Add-ons: Standard Packages → NumericalMath*.

Nachdem wir einen kleinen Einblick in die Probleme gewonnen haben, mit denen die numerische Mathematik zu kämpfen hat, wollen wir uns nun beispielhaft einigen Verfahren zuwenden und klären, inwieweit uns Mathematica bei diesen behilflich sein kann. Letzteres kann durchaus auf sehr unterschiedliche Art geschehen: In einigen Fällen kann Mathematica zu Demonstrationszwecken eingesetzt werden, wie im obigen Beispiel, in anderen Fällen bietet uns Mathematica bereits fertige Implementierungen ausgeklügelter Algorithmen an. Und wo dies nicht der Fall ist, können wir selbst Hand anlegen und

Mathematicas Programmierpotential nutzen, siehe etwa das in Kapitel 21 behandelte Beispiel des Heronverfahrens. Im folgenden Abschnitt 14.1 wollen wir uns zuerst mit dem Thema der Interpolation beschäftigen, welches uns auch zur numerischen Integration von Funktionen führen wird. Abschnitt 14.2 stellt dann Ansätze zur numerischen Lösung von Problemen der linearen Algebra vor, wie etwa linearen Gleichungssystemen und Eigenwertberechnungen.

14.1 Interpolation

Zu $n+1$ Punkten $(x_0, y_0), \ldots, (x_n, y_n)$ gibt es stets ein Polynom vom Grade $\leq n$, welches diese Punkte miteinander verbindet. Dieses kann man mit Hilfe der Lagrangeschen Interpolationsformel berechnen – oder mit Mathematica, via `InterpolatingPolynomial`. Wir wollen nun in einer gemeinsamen Grafik die Datenpunkte und das passende Polynom ausgeben lassen. Für Ersteres verwenden wir wieder den `ListPlot`-Befehl aus Abschnitt 7.3.1 bzw. 17.2.1:

```
daten={{1,2}, {3,6}, {4,6}, {6,1}, {7,5}};
p[x_]=InterpolatingPolynomial[daten, x];

bild1=Plot[p[x], {x,0,7.5}];
bild2=ListPlot[daten,
PlotStyle ->PointSize[0.03]];
Show[bild1, bild2]
```

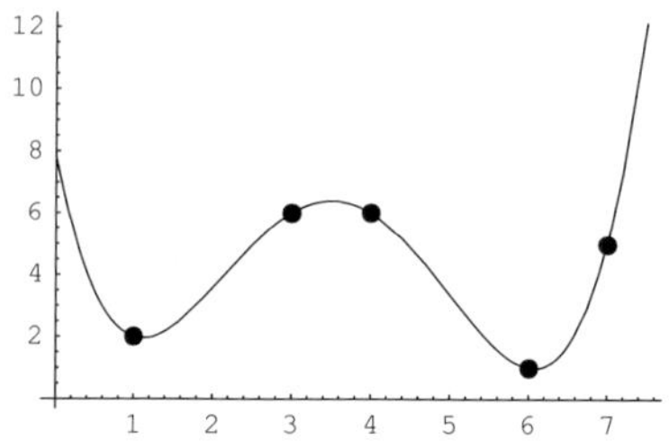

Offenbar hat Mathematica das interpolierende Polynom korrekt berechnet, die Datenpunkte werden miteinander verbunden. Doch schon dieses Beispiel zeigt, dass die Interpolation durch ein einzelnes Polynom auch seine Tücken hat, nämlich sobald man extrapoliert. Im Beispiel strebt das Polynom auch links der 1 gegen $+\infty$, obwohl die Daten eher ein weiteres Absinken erwarten lassen würden. Deswegen bietet Mathematica auch den Befehl `Interpolation` an, bei dem abschnittsweise Polynome vorgebbaren Grades möglichst glatt zusammengesetzt werden. Den Grad kontrolliert man dabei über die Option `InterpolationOrder`, der Vorgabewert ist 3.

```
Clear[f];
f=Interpolation[daten];

bild1=Plot[f[x], {x,0,7.5}];
Show[bild1, bild2]
```

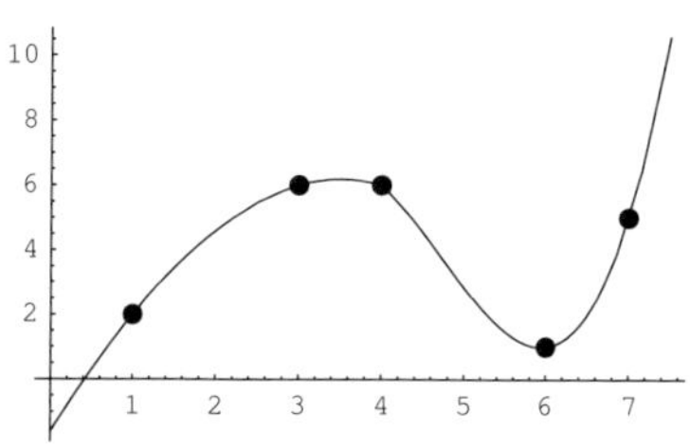

Stückweise linear approximiert man folgendermaßen:

```
Clear[f];
f=Interpolation[daten,
InterpolationOrder -> 1];

bild1=Plot[f[x], {x,0,7.5}];
Show[bild1, bild2]
```

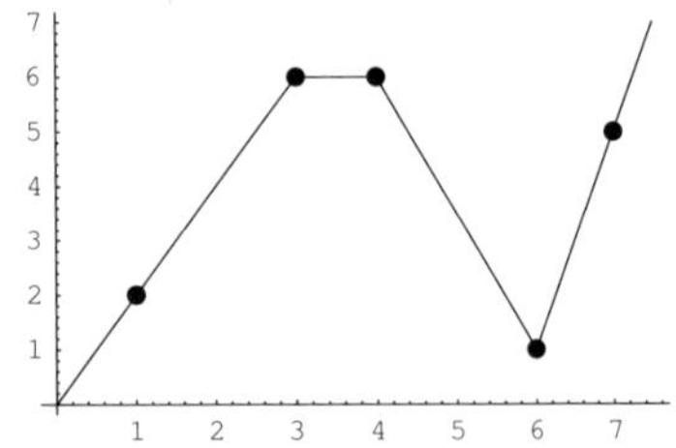

Führt der Leser **f** allein aus, so wird er feststellen, dass durch `Interpolation` eine `InterpolatingFunction` erzeugt wurde, genau wie bei der numerischen Lösung von Differentialgleichungen in Abschnitt 8.6.

Ausblick: Zu erwähnen in diesem Zusammenhang ist auch der Befehl `FunctionInterpolation`, der direkt auf eine Funktion angewendet wird. Diese wird dann in einer vorgebbaren Zahl von Stellen auswertet, und basierend auf diesen Punkten wird dann eine Interpolation durchgeführt. Die resultierende interpolierende Funktion wird als Approximation der ursprünglichen Funktion verwendet.

Die Idee, eine interpolierende Funktion zu $n+1$ Punkten $(x_0, y_0), \ldots, (x_n, y_n)$ als aus n Abschnitten zusammengesetzt zu definieren, liegt auch der *Spline-Interpolation* zu Grunde. Bei den zwischen (x_{i-1}, y_{i-1}) und (x_i, y_i) definierten Teilfunktionen f_i, $i = 1, \ldots, n$, handelt es sich im Falle kubischer Splines, und nur diesen Fall betrachten wir hier, auch wieder um kubische Polynome. Deren Koeffizienten werden so gewählt, dass die resultierende Gesamtfunktion zweimal stetig differenzierbar ist, und in x_0 und x_n jeweils die zweite Ableitung 0 aufweist. Eine fertige Implementierung solcher Splines finden wir bei Mathematica seit Version 6.0 im Paket `` Splines` ``, welches in der Hilfe unter *Splines/guide/SplinesPackage* beschrieben wird.

```
Needs["Splines`"]

Clear[f]; f=SplineFit[daten, Cubic]      SplineFunction[Cubic, {0.,4.}, <>]
```

Durch `SplineFit` wird ein Objekt vom Typ `SplineFunction` erzeugt. Da wir fünf Datenpunkte $(x_0, y_0), \ldots, (x_4, y_4)$ vorliegen haben, wird als Interpolationsbereich das Intervall $[0; 4]$ ausgegeben. Dies ist zuerst etwas überraschend, denn die geg. Stellen x_i entstammen dem Bereich $[1; 7]$. Im Gegensatz zu den bisherigen interpolierenden Funktionen ist jedoch `SplineFunction` eine *parametrisch* definierte Funktion, siehe auch Abschnitt 7.3.4: Berechnet wird eine Funktion $(x(t), y(t))$ so, dass $(x(k), y(k)) = (x_k, y_k)$ für $k = 0, \ldots, 4$ ist. Die Koeffizienten der abschnittsweisen, kubischen Polynome $\boldsymbol{f}_i : [0; 1] \to \mathbb{R}^2$ können wir unmittelbar ablesen:

```
f //InputForm
```

```
SplineFunction[Cubic, {0.,4.}, {{1,2}, {3,6}, {4,6}, {6,1}, {7,5}},
{{{1,33/14,0,-5/14}, {2,255/56,0,-31/56}}, {{3,9/7,-15/14,11/14},
{6,81/28,-93/56,-69/56}}, {{4,3/2,9/7,-11/14}, {6,-33/8,-75/14,251/56}},
{{6,12/7,-15/14,5/14}, {1,-39/28,453/56,-151/56}}}]
```

So ist etwa das Polynom, welches die Punkte (x_1, y_1) und (x_2, y_2) verbindet, parametrisch definiert durch

$$\boldsymbol{f}_2 : [0;1] \to \mathbb{R}^2, \quad t \mapsto \begin{pmatrix} 3 + \frac{9}{7} \cdot t - \frac{15}{14} \cdot t^2 + \frac{11}{14} \cdot t^3 \\ 6 + \frac{81}{28} \cdot t - \frac{93}{56} \cdot t^2 - \frac{69}{56} \cdot t^3 \end{pmatrix}.$$

Um die gefundene Spline-Funktion zu zeichnen, benötigen wir den Befehl `ParametricPlot` aus Abschnitt 7.3.4:

```
bild1=ParametricPlot[f[t], {t,0,4},
Compiled -> False];
Show[bild1, bild2]
```

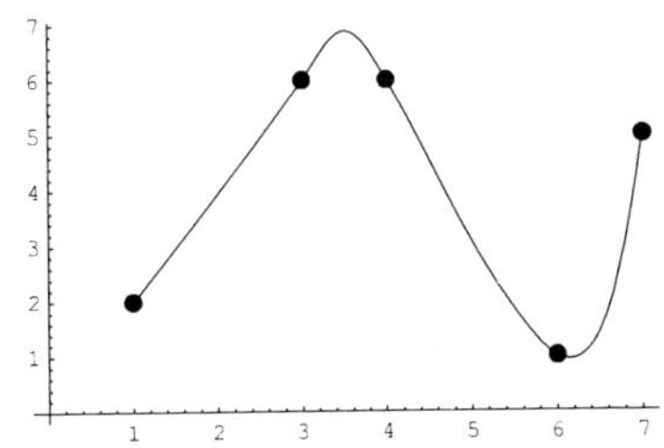

Wenn wir nur an einer grafischen Darstellung der Interpolation interessiert sind, können wir den Befehl `Spline` verwenden:

```
Show[Graphics[
Spline[daten, Cubic,
SplineDots -> {GrayLevel[0],
PointSize[0.03]}]]];
```

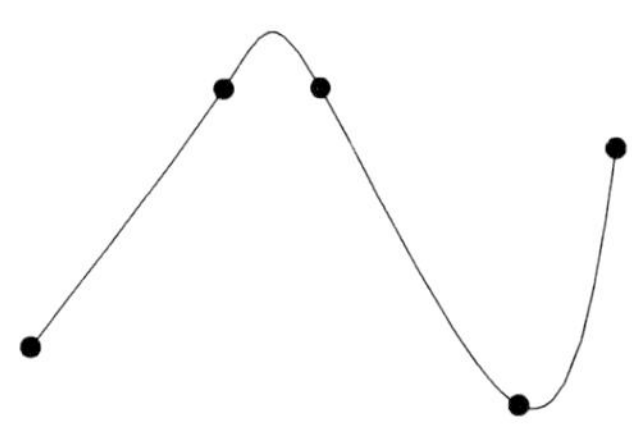

Vorgängerversionen: Benutzer von Versionen bis 5.2 finden die Funktionen des Pakets `Splines`` verteilt auf die Pakete `NumericalMath`SplineFit`` und `Graphics`Spline``. Informationen dazu finden sich in den entsprechenden Hilfeeinträgen der Rubrik *Add-ons: Standard Packages.*

Die Approximation von Funktionen via Interpolation findet zahlreiche Anwendungen, wie etwa bei der numerischen Lösung von Differentialgleichungen in Abschnitt 8.6. Wir wollen hier ein anderes Beispiel aufzeigen, nämlich die numerische Integration. Um ein bestimmtes Integral $\int_a^{a+h} f(x)\,dx$ einer Funktion f zu approximieren, kann man die Funktion in den $n+1$ äquidistanten Stellen $x_i = a + i \cdot h/n$, $i = 0, \ldots, n$, auslesen und auf diesen Punkten basierend ein Interpolationspolynom P_n berechnen. Da man ein Polynom problemlos exakt integrieren kann, wählt man nun die Approximation

$$\int_a^{a+h} f(x)\,dx \;\approx\; \int_a^{a+h} P_n(x)\,dx \;=:\; \sum_{i=0}^{n} w_i \cdot f(x_i). \tag{14.1}$$

Die sich hier ergebenden Faktoren w_i nennt man *Newton-Cotes-Gewichte*, die resultierenden Gesamtformeln zur approximativen Berechnung eines bestimmten Integrals führen zur Trapezregel ($n = 1$), Simpson-Regel ($n = 2$), usw. Zur Berechnung der Gewichte können wir seit Version 6.0 das Paket `NumericalDifferentialEquationAnalysis`` einsetzen, welches detailliert in der Hilfe unter *NumericalDifferentialEquationAnalysis/guide/NumericalDifferentialEquationAnalysisPackage* beschrieben wird.

```
Needs["NumericalDifferentialEquationAnalysis`"]

Clear[a, h, f]

nc4=NewtonCotesWeights[5,a,a+h]
```

$\{\{a, \frac{7h}{90}\}, \{a + \frac{h}{4}, \frac{16h}{45}\}, \{a + \frac{h}{2}, \frac{2h}{15}\}, \{a + \frac{3h}{4}, \frac{16h}{45}\}, \{a + h, \frac{7h}{90}\}\}$

```
NewtonCotesError[5,f,a,a+h]
```

$\frac{h^7 f^{(6)}}{1935360}$

Das Beispiel zeigt den Fall $n = 4$, also die Integration mit 5 Stützstellen. Die ausgegebene Liste zeigt die Pärchen (x_i, w_i), $i = 0, \ldots, 4$, die benötigt werden für die Approximation (14.1). Die letzte Ausgabe zeigt den Approximationsfehler, welcher von der 6. Ableitung von f abhängt, und insbesondere mit h stark wächst. Der Leser probiere dies beispielhaft für den Sinus aus:

```
N[Integrate[Sin[x], {x,a,a+h}]] /. {h->0.5, a->0}

N[Sum[nc4[[i,2]]*Sin[nc4[[i,1]]], {i,1,5}]] /. {h->0.5, a->0}
```

Wenn der Leser nun den Wert von h steigert, wird er auch ein Anwachsen des Approximationsfehlers beobachten. Lassen wir noch eine Tabelle der ersten, um h bereinigten Gewichte ausgeben:

```
Table[NewtonCotesWeights[n+1,a,a+h][[All,2]]/h, {n,1,6}] //TableForm
```

$\frac{1}{2}$	$\frac{1}{2}$					
$\frac{1}{6}$	$\frac{2}{3}$	$\frac{1}{6}$				
$\frac{1}{8}$	$\frac{3}{8}$	$\frac{3}{8}$	$\frac{1}{8}$			
$\frac{7}{90}$	$\frac{16}{45}$	$\frac{2}{15}$	$\frac{16}{45}$	$\frac{7}{90}$		
$\frac{19}{288}$	$\frac{25}{96}$	$\frac{25}{144}$	$\frac{25}{144}$	$\frac{25}{96}$	$\frac{19}{288}$	
$\frac{41}{840}$	$\frac{9}{35}$	$\frac{9}{280}$	$\frac{34}{105}$	$\frac{9}{280}$	$\frac{9}{35}$	$\frac{41}{840}$

Bislang waren die Stellen x_i, an denen die zu integrierende Funktion ausgelesen wurde, äquidistant gewählt. Gibt man diese Restriktion auf und versucht die Pärchen (x_i, w_i) so zu wählen, dass der Approximationsfehler in Formel (14.1) zumindest für Polynome möglichst hohen Grades verschwindet, so führt dies zur Gaußschen Quadratur. Auch diese Integrationsmethode ist bei Mathematica im eben betrachteten Paket verfügbar. In Analogie zu obigen Beispielen erhält man nun

```
gq4=GaussianQuadratureWeights[5,a,a+h]
```

$\{\{a + 0.0469101\,h, 0.118463\,h\}, \{a + 0.230765\,h, 0.239314\,h\}, \{a + \frac{h}{2}, 0.284444\,h\},$
$\{a + 0.769235\,h, 0.239314\,h\}, \{a + 0.95309\,h, 0.118463\,h\}\}$

```
GaussianQuadratureError[5,f,a,a+h]
```

$-3.94497\;10^{-13}\,h^{11}\,f^{(10)}$

Es sei dem Leser als Übung überlassen, das obige Beispiel des Sinus an die Gaußsche Quadratur anzupassen und den Integrationsfehler bei verschiedenen h zu untersuchen.

Vorgängerversionen: Benutzer von Versionen bis 5.2 finden die Newton-Cotes-Funktionen im Paket `NumericalMath`NewtonCotes`` und die Funktionen zur Gaußschen Quadratur im Paket `NumericalMath`GaussianQuadrature``. Informationen dazu finden sich in den entsprechenden Hilfeeinträgen der Rubrik *Add-ons: Standard Packages → NumericalMath.*

Ausblick: Neben der Interpolation mit Polynomen können auch trigonometrische Funktionen für diese Zwecke eingesetzt werden, was zur Fourier-Transformation eines Datensatzes führt. Hier bietet Mathematica die fest implementierten Funktionen `Fourier` und `InverseFourier` an, welche wir in Abschnitt 17.7 im Rahmen der Zeitreihenanalyse im Frequenzbereich genauer kennenlernen werden. Ferner werden seit Version 6.0 auch die Befehle `FourierDCT` und `FourierDST` für die diskrete Fourier-Cosinus- bzw. Fourier-Sinus-Transformation angeboten.

14.2 Numerische lineare Algebra

Eine Reihe von Problemstellungen der numerischen Mathematik betreffen das Gebiet der linearen Algebra, welches wir in Kapitel 9 bereits besprochen haben. Dazu gehören insbesondere effiziente Ansätze zur Lösung linearer Gleichungssysteme $\mathbf{A} \cdot \boldsymbol{x} = \boldsymbol{b}$ und zur Berechnung der Eigenwerte einer Matrix, was beides in diesem Abschnitt behandelt werden soll. Beginnen wir mit den Gleichungssystemen. In Mathematica können diese mit Hilfe des Befehls `LinearSolve` gelöst werden, siehe Beispiel 9.1. Per Hand wird man wohl eine Gauß-Elimination durchführen. Im Falle einer invertierbaren Matrix $\mathbf{A} \in \mathbb{R}^{n\times n}$ ist eine Gauß-Elimination letztlich gleichwertig zu einer *Dreieckszerlegung (LR-, LU-Zerlegung)* der Matrix $\mathbf{A}$: Für eine solche Matrix $\mathbf{A}$ gibt es stets eine Permutationsmatrix $\mathbf{P}$, so dass die Zerlegung $\mathbf{P}\cdot\mathbf{A} = \mathbf{L}\cdot\mathbf{R}$ möglich ist, mit einer unteren Dreiecksmatrix $\mathbf{L}$ mit lauter Einsen auf der Diagonale, und einer oberen Dreiecksmatrix $\mathbf{R}$. Hat man eine derartige Zerlegung bestimmt, so löst man das Gleichungssystem $\mathbf{A}\cdot\boldsymbol{x} = \boldsymbol{b}$ in zwei Schritten:

Vorwärtselimination: Berechne $\boldsymbol{y} := \mathbf{R}\boldsymbol{x}$ als Lösung des Systems $\mathbf{L}\boldsymbol{y} = \mathbf{P}\boldsymbol{b}$.

Rückwärtselimination: Berechne $\boldsymbol{x}$ als Lösung des Systems $\mathbf{R}\boldsymbol{x} = \boldsymbol{y}$.

Betrachten wir ein Beispiel:

$$\texttt{A=}\begin{pmatrix} -3 & 2 & 6 \\ 2 & 4 & -2 \\ 1 & 1 & 1 \end{pmatrix}; \quad \texttt{\{Z,pvec,c\}=LUDecomposition[A]}$$

$$\{\{\{1,1,1\},\ \{2,2,-4\},\ \{-3,\tfrac{5}{2},19\}\},\ \{3,2,1\},\ 1\}$$

Der Befehl `LUDecomposition` führt eine Dreieckszerlegung aus, wobei das erste Element der ausgegebenen Liste gleich $\mathbf{Z} := (\mathbf{L} - \mathbf{I}) + \mathbf{R}$ ist, das zweite Element die benötigte Permutation in Listenform und das dritte ein Schätzwert der Kondition $\mathrm{cond}_\infty(\mathbf{A})$. Um dieses Resultat in unsere Notation zu übersetzen, ist etwas Aufwand nötig: Die Matrix $\mathbf{R}$ entspricht dem oberen Dreieck (inklusive Diagonale) von $\mathbf{Z}$, was wir via Mathematica durch gewöhnliche Multiplikation zweier Listen herausfiltern können:

```
R=Z*Table[If[i<=j, 1, 0], {i,1,3}, {j,1,3}];
R //MatrixForm
```

$$\begin{pmatrix} 1 & 1 & 1 \\ 0 & 2 & -4 \\ 0 & 0 & 19 \end{pmatrix}$$

Die via `Table` definierte Matrix hat Einsen genau dort, wo die relevanten Elemente von $\mathbf{Z}$ stehen. Nun erhalten wir $\mathbf{L}$ gemäß Definition von $\mathbf{Z}$ als

```
L=Z-R+IdentityMatrix[3];
L //MatrixForm
```

$$\begin{pmatrix} 1 & 0 & 0 \\ 2 & 1 & 0 \\ -3 & \frac{5}{2} & 1 \end{pmatrix}$$

Schließlich können wir aus dem Permutationsvektor leicht eine Permutationsmatrix erzeugen:

```
P=Part[IdentityMatrix[3], pvec];
P //MatrixForm
```

$$\begin{pmatrix} 0 & 0 & 1 \\ 0 & 1 & 0 \\ 1 & 0 & 0 \end{pmatrix}$$

Prüfen wir nun, ob Mathematica richtig gerechnet hat:

```
L.R==P.A
```

True

Nun endlich können wir die Früchte unserer Bemühungen ernten und das Gleichungssystem $\mathbf{A} \cdot \boldsymbol{x} = \boldsymbol{b}$ mit $\boldsymbol{b} = (1, 2, 3)^\top$ in zwei Schritten lösen:

```
b={1,2,3}; y=LinearSolve[L, P.b]
```

{3,-4,20}

```
LinearSolve[R, y]
```

$$\left\{\tfrac{35}{19}, \tfrac{2}{19}, \tfrac{20}{19}\right\}$$

Wäre es uns hier ausschließlich um die Lösung des Gleichungssystems gegangen, hätten wir diese natürlich auch bequemer erhalten können. So kann man etwa im Anschluss an die Dreieckszerlegung gleich den Befehl `LUBackSubstitution` anwenden,

```
LUBackSubstitution[{Z, pvec, c}, b]
```

$\{\frac{35}{19}, \frac{2}{19}, \frac{20}{19}\}$

oder von vornherein `LinearSolve` einsetzen:

```
LinearSolve[A, b]
```

$\{\frac{35}{19}, \frac{2}{19}, \frac{20}{19}\}$

Bemerkung 14.2.1

Tatsächlich scheint es so, dass Mathematicas `LinearSolve` bei quadratischen Matrizen intern eine Dreieckszerlegung durchführt. Dies wird klar, wenn man sich die mit Version 5.0 erfolgte Modifikation von `LinearSolve` genauer ansieht. Wendet man diesen allein auf obige Matrix **A** an, so wird eine `LinearSolveFunction` erzeugt:

```
f=LinearSolve[A]
```

```
LinearSolveFunction[{3,3}, <>]
```

In diese Funktion kann man nun verschiedene Vektoren $\boldsymbol{b}$ einsetzen, das jeweilige Gleichungssystem wird effizient gelöst. Der Leser probiere **f[b]** aus. Grund für diese Effizienz ist eine Dreieckszerlegung:

```
f //InputForm
```

```
LinearSolveFunction[{3,3}, {1, True, {{{1,1,1},{2,2,-4},{-3,5/2,19}}, {3,2,1},
1}, {0, Automatic, Automatic}}]
```

Hier erkennt der Leser nun, dass offenbar im Hintergrund `LUDecomposition` ausgeführt wurde. •

Die Dreieckszerlegung kann übrigens auch eingesetzt werden, um die Determinante von **A** zu berechnen. Da die Determinante einer Dreiecksmatrix schlicht das Produkt der Diagonalelemente ist, ergibt sich die Determinante von **PA** als Produkt der Diagonalelemente von **R**. Da $\det \mathbf{P} = \pm 1$ ist, ist somit $\det \mathbf{A}$ vollständig bestimmt.

Eine analoge Anwendung ergibt sich übrigens auch für ein der Dreieckszerlegung verwandtes, aber numerisch robusteres Verfahren: die *QR-Zerlegung*. Eine jede Matrix $\mathbf{A} \in \mathbb{R}^{n \times n}$ lässt sich zerlegen zu $\mathbf{A} = \mathbf{Q}^\top \cdot \mathbf{R}$ mit einer orthogonalen Matrix **Q** (also $\det \mathbf{Q} = \pm 1$) und einer oberen Dreiecksmatrix **R**. Ausgehend von einer solchen Zerlegung löst man nun an Stelle des Systems $\mathbf{A} \cdot \boldsymbol{x} = \boldsymbol{b}$ das System $\mathbf{R}\boldsymbol{x} = \mathbf{Q}\boldsymbol{b}$. Probieren wir dies für obiges Beispiel aus:

```
{Q,R}=QRDecomposition[A];
Q //MatrixForm
```

$$\begin{pmatrix} -\frac{3}{\sqrt{14}} & \sqrt{\frac{2}{7}} & \frac{1}{\sqrt{14}} \\ \frac{37}{\sqrt{3990}} & 5\sqrt{\frac{10}{399}} & \frac{11}{\sqrt{3990}} \\ \frac{2}{\sqrt{285}} & -\sqrt{\frac{5}{57}} & \frac{16}{\sqrt{285}} \end{pmatrix}$$

```
R //Simplify //MatrixForm
```

$$\begin{pmatrix} \sqrt{14} & \frac{3}{\sqrt{14}} & -3\sqrt{\frac{7}{2}} \\ 0 & \sqrt{\frac{285}{14}} & \sqrt{\frac{133}{30}} \\ 0 & 0 & 2\sqrt{\frac{19}{15}} \end{pmatrix}$$

```
Simplify[Transpose[Q].R]==A
```

True

```
LinearSolve[R, Q.b]
```

$\{\frac{35}{19}, \frac{2}{19}, \frac{20}{19}\}$

Durch die zahlreichen Wurzeln sind die resultierenden Matrizen komplizierter, weswegen wir mehrmals `Simplify` einsetzen. Bei rein numerischer Lösung (welche sich durch Einfügen von `N` bei der Definition von $\mathbf{A}$ auslösen lässt) ist dies natürlich unnötig.

Zu guter Letzt kann man bei einer positiv definiten, symmetrischen Matrix $\mathbf{A} \in \mathbb{R}^{n\times n}$ das Gleichungssystem $\mathbf{A}\cdot\boldsymbol{x} = \boldsymbol{b}$ effizient lösen, indem man zuerst eine *Cholesky-Zerlegung* durchführt: Es gibt eine obere Dreiecksmatrix $\mathbf{R}$, so dass $\mathbf{A} = \mathbf{R}^\top\mathbf{R}$ ist. Hat man eine derartige Zerlegung bestimmt, so löst man das Gleichungssystem $\mathbf{A}\cdot\boldsymbol{x} = \boldsymbol{b}$ in zwei Schritten:

Vorwärtselimination: Berechne $\boldsymbol{y} := \mathbf{R}\boldsymbol{x}$ als Lösung des Systems $\mathbf{R}^\top\boldsymbol{y} = \boldsymbol{b}$.

Rückwärtselimination: Berechne $\boldsymbol{x}$ als Lösung des Systems $\mathbf{R}\boldsymbol{x} = \boldsymbol{y}$.

Betrachten wir ein Beispiel:

$$\mathtt{A=}\begin{pmatrix} 1 & 2 & 3 \\ 2 & 5 & 4 \\ 3 & 4 & 16 \end{pmatrix};$$

```
Eigenvalues[A] //N //Chop
```

{18.0119, 0.04221, 3.9459}

Da alle Eigenwerte positiv sind, ist $\mathbf{A}$ positiv definit. Führen wir nun die Cholesky-Zerlegung durch:

```
R=CholeskyDecomposition[A];
R //MatrixForm
```

$$\begin{pmatrix} 1 & 2 & 3 \\ 0 & 1 & -2 \\ 0 & 0 & \sqrt{3} \end{pmatrix}$$

```
Transpose[R].R==A
```

True

```
b={1,2,7}; y=LinearSolve[Transpose[R], b]
```

$\{1, 0, \frac{4}{\sqrt{3}}\}$

```
LinearSolve[R, y]
```

$\{-\frac{25}{3}, \frac{8}{3}, \frac{4}{3}\}$

Via **LinearSolve[A, b]** prüft man leicht nach, dass dies tatsächlich die korrekte Lösung ist. Auch die Cholesky-Zerlegung kann übrigens zur Determinantenrechnung einsetzt werden, hier ist nun $\det A = (\det R)^2$.

Wenden wir uns nun der Eigenwertproblematik zu. Prinzipiell scheint das hierzu nötige Vorgehen für die Matrix $\mathbf{A} \in \mathbb{R}^{n\times n}$ einfach: Über eine Determinantenberechnung erhält man das charakteristische Polynom, dessen Nullstellen dann die Eigenwerte sind. Aber genau die Nullstellenberechnung ist hier das Problem, da schon die Lösungsformeln für $n = 3$ und 4 sehr komplex sind. Ab $n \geq 5$ ist man ohnehin auf numerische Verfahren der Nullstellenbestimmung angewiesen. Für diesen Zweck bietet uns Mathematica eine Reihe von Befehlen an, siehe Abschnitt 11.3.

Ausblick: Numerische Verfahren zur Nullstellenbestimmung sind bis Version 5.2 auch in den Paketen `NumericalMath`IntervalRoots`` und `NumericalMath`InterpolateRoot`` implementiert. Ersteres enthält Intervallschachtelungsverfahren wie die Bisektion oder die Sekantenmethode, und ist nun im Netz verfügbar unter `library.wolfram.com/infocenter/MathSource/6779`. Das zweitgenannte Paket bietet über `InterpolateRoot` ein Interpolationsverfahren an, basierend auf den jeweils letzten vier Näherungswerten. Dieser Befehl findet sich seit Version 6.0 im Paket `FunctionApproximations``.

Ein völlig anderer Ansatz zur numerischen Eigenwertberechnung ergibt sich interessanterweise aus der QR-Zerlegung. In seiner einfachsten Form lautet der Algorithmus wie folgt:

1. Setze $\mathbf{A}_0 := \mathbf{A}$.
2. Für $k = 0, 1, \ldots$:
   Zerlege $\mathbf{A}_k$ zu $\mathbf{A}_k =: \mathbf{Q}_k^\top \cdot \mathbf{R}_k$ und berechne $\mathbf{A}_{k+1} := \mathbf{R}_k \cdot \mathbf{Q}_k$.

Ist $\mathbf{A}$ invertierbar mit betragsmäßig verschiedenen Eigenwerten $\lambda_1, \ldots, \lambda_n$, so konvergiert das Verfahren gegen eine Dreiecksmatrix mit Eigenwerten $\lambda_1, \ldots, \lambda_n$. Probieren wir dies aus, unter Verwendung einer Do-Schleife (siehe Abschnitt 21.2):

$$\mathbf{A=}\begin{pmatrix} 1 & 2 & 3 & 2 \\ 5 & 3 & -1 & 8 \\ 6 & -2 & -8 & 9 \\ 4 & 2 & 1 & 7 \end{pmatrix}; \textbf{ Eigenvalues[N[A]]}$$

```
{11.8983,-10.281,1.31432,0.0684181}
```

```
Ak=N[A];
Do[ {Q,R}=QRDecomposition[Ak]; Ak=R.Transpose[Q], {k,1,100}];
Ak //MatrixForm
```

$$\begin{pmatrix} 11.8983 & 7.17753 & 6.85966 & -0.598261 \\ -6.76131\times 10^{-6} & -10.281 & -4.66277 & 1.5253 \\ 4.78217\times 10^{-95} & 9.72269\times 10^{-89} & 1.31432 & -0.0454919 \\ -1.34791\times 10^{-223} & -2.1982\times 10^{-218} & -3.20184\times 10^{-129} & 0.0684181 \end{pmatrix}$$

Zu Vergleichszwecken haben wir die Eigenwerte mit Mathematicas Eigenvalues bestimmt. Anschließend haben wir 100 Schritte des obigen Algorithmus ausführen lassen und dabei offenbar die Eigenwerte in guter Genauigkeit erhalten. Trotzdem ist die Matrix noch immer recht weit von einer Dreiecksmatrix entfernt, denn das Element (2,1) der Matrix ist noch von Größenordnung 10^{-6}. Dies zeigt bereits, dass das Verfahren sehr langsam konvergiert; der Leser untersuche das Resultat bei nur 20 oder 50 Schritten. Damit einhergehend werden insgesamt sehr viele Rechenoperationen ausgeführt werden müssen. Eine erste Optimierung ergibt sich, wenn man die Matrix $\mathbf{A}$ zuerst auf Hessenberg-Form bringt: Eine jede Matrix $\mathbf{A} \in \mathbb{R}^{n\times n}$ ist ähnlich zu einer Hessenberg-Matrix $\mathbf{H}$, bei welcher unterhalb der ersten Nebendiagonalen nur Nullen stehen. Somit haben $\mathbf{A}$ und $\mathbf{H}$ die gleichen Eigenwerte. Insbesondere aber gilt: Wendet man obigen Algorithmus auf eine Hessenberg-Matrix an, so erhält man nach jedem Schritt erneut eine Hessenberg-Matrix! Modifizieren wir also obigen Code:

```
{T,H}=HessenbergDecomposition[N[A]];  H //MatrixForm
```

$$\begin{pmatrix} 1. & -4.10258 & -0.216266 & 0.349371 \\ -8.77496 & 3.23377 & -12.0926 & -8.32848 \\ 0. & -6.54236 & -2.17614 & -1.48208 \\ 0. & 0. & -0.570392 & 0.942374 \end{pmatrix}$$

Die Matrix $\mathbf{T}$ ist die Transformationsmatrix, welche zur Transformation von $\mathbf{A}$ nach $\mathbf{H}$ benötigt wird. Wenden wir nun auf $\mathbf{H}$ das Verfahren an:

```
Ak=H;
Do[ {Q,R}=QRDecomposition[Ak]; Ak=R.Transpose[Q], {k,1,100}];
Ak //MatrixForm
```

$$\begin{pmatrix} 11.8983 & 7.17753 & -6.85966 & 0.598261 \\ -6.76131\times 10^{-6} & -10.281 & 4.66277 & -1.5253 \\ 0. & -1.52148\times 10^{-89} & 1.31432 & -0.0454919 \\ 0. & 0. & -2.01514\times 10^{-128} & 0.0684181 \end{pmatrix}$$

Der Rechenaufwand pro Schritt wurde reduziert, das Verfahren konvergiert aber auch nicht zügiger als zuvor. Dies erreichen wir jedoch durch eine zusätzliche Shift-Strategie:

1. Setze $\mathbf{A}_{n,0} := \mathbf{A}$.
2. Für $m = n, n-1, \ldots, 1$:
   (a) Für $k = 0, 1, \ldots$:
      i. Wähle Shift $\sigma := (\mathbf{A}_{m,k})_{m,m}$.
      ii. Setze $\mathbf{A}^*_{m,k} := \mathbf{A}_{m,k} - \sigma \cdot \mathbf{I}_m$. (Vorwärtsshift)
      iii. Zerlege $\mathbf{A}^*_{m,k}$ zu $\mathbf{A}^*_{m,k} =: \mathbf{Q}^\top_{m,k} \cdot \mathbf{R}_{m,k}$.
      iv. Berechne $\mathbf{A}_{m,k+1} := \mathbf{R}_{m,k} \cdot \mathbf{Q}_{m,k} + \sigma \cdot \mathbf{I}_m$. (Rückwärtsshift)
   (b) Erhalte $\mathbf{A}_{m,\infty}$, und daraus Eigenwert $\lambda_m := (\mathbf{A}_{m,\infty})_{m,m}$.
   (c) Streiche letzte Zeile und Spalte von $\mathbf{A}_{m,\infty}$, erhalte $\mathbf{A}_{m-1,0}$.

Tatsächlich wird man die Schritte (i) bis (iv) nicht unendlich oft durchlaufen, sondern nur so lange, bis die Komponente $(\mathbf{A}_{m,k+1})_{m,m-1}$ nahe genug bei 0 ist. Dies lässt sich in Mathematica mit der `While`-Schleife (siehe Abschnitt 21.2) verwirklichen. Ferner bauen wir in den folgenden Code noch einen Zähler k ein, um bei jedem Eigenwert zu messen, nach wievielen Schritten wir die gewünschte Genauigkeit erreicht haben.

```
n=Length[A]; Ak=N[A];
Do[Ak=Take[Ak,m,m]; k=0;
While[Abs[Ak[[m,m-1]]]>10^-50,
k++;  shift=Ak[[m,m]];
Ak=Ak-shift*IdentityMatrix[m];
{Q,R}=QRDecomposition[Ak];
Ak=R.Transpose[Q]+shift*IdentityMatrix[m]];
Print[k," ",Ak[[m,m]]], {m,n,1,-1}]
```

```
8 11.8983
6 1.31432
3 0.0684181
0 -10.281
```

Zu Beginn der `While`-Schleife haben wir die Durchlaufbedingung formuliert: Erst wenn $|(\mathbf{A}_{m,k+1})_{m,m-1}| \leq 10^{-50}$ ist, akzeptieren wir die Approximation des Eigenwerts λ_m als akzeptabel und gehen zu $m-1$ über. Das ausgegebene Resultat rechtfertigt den Aufwand: Den ersten Eigenwert erhalten wir bereits nach 8 Schritten, anschließend wird die Matrix und somit der Rechenaufwand pro Schritt reduziert. Nunmehr genügen 6 Schritte, usw. Es sei dem Leser als Übung überlassen, das gleiche Verfahren auf $\mathbf{H}$ anzuwenden, was die Zahl der Rechenoperationen nochmals reduziert. Als Resultat wird letztlich

```
n=Length[H]; Ak=H;
⋮
```

```
6 1.31432
3 0.0684181
7 -10.281
0 11.8983
```

ausgegeben, d. h. die Eigenwerte werden in anderer Reihenfolge bestimmt.

Ausblick: Neben all den in diesem Abschnitt besprochenen Normalformen und Zerlegungen bietet Mathematica noch weitere an, siehe Kapitel 9 und dort insbesondere Tabelle 9.1. Einen guten Überblick kann man auch der Hilfe entnehmen, siehe die Einträge *guide/MatrixDecompositions* und *tutorial/AdvancedMatrixOperations*.

Teil III

Mathematica in der Praxis

Mathematica ist weit mehr als ein *system for doing mathematics by computer*, wie wir bereits im Vorwort festgestellt haben. Trotzdem mag der vorherige Teil II vielleicht gerade diesen Eindruck erweckt haben. Sicher, das Haupteinsatzgebiet von Mathematica ist und bleibt die Mathematik. Doch möchte dieser Teil ein möglicherweise zu einseitiges Bild korrigieren und demonstrieren, dass Mathematica mehr kann als nur Formeln vereinfachen, numerische Berechnungen anstellen und Graphen zeichnen. Deshalb verlassen wir in diesem Teil wieder die pure Mathematik und wenden uns möglichen praktischen Anwendungen zu. Dazu gehören das Schreiben von Texten (Kapitel 15), der Einsatz in der Lehre durch Präsentation und Animation (Kapitel 16), das erstaunlich umfangreiche Potential zur statistischen Datenanalyse (Kapitel 17), und die Verwendung von Mathematica als Simulationswerkzeug (Kapitel 18).

15 Texte schreiben mit Mathematica

Einer der großen Pluspunkte von Mathematica ist seit jeher das visuelle Erscheinungsbild der Notebooks. Mit Hilfe der Eingabepaletten kann man Formeln so eingeben, wie man sie auch per Hand auf dem Papier notieren würde: Ein Integral wird direkt mit dem Integralzeichen eingegeben, nicht durch ein Mathematica-internes Kommando, so dass auch eine nicht Mathematica-kundige Person ein fertiges Notebook bequem lesen kann. In dieser Hinsicht kann man Mathematica durchaus mit Officeprogrammen und deren Formeleditor vergleichen, mit dem Unterschied natürlich, dass man Formeln nicht nur eingeben, sondern auch gleich berechnen lassen kann.

Angesichts dieser Gestaltungsmöglichkeiten ist es nur konsequent, dass Mathematica auch die Fähigkeit zum Strukturieren von Texten mitbringt, so dass man komplette Texte in Mathematica verfassen und setzen kann. Besonders eindrucksvoll wird dies auch durch die bis Version 5.2 mitausgelieferte Mathematica-Version des Buches von Wolfram (2003) demonstriert. Von Version 4.2 bis 5.2 sind zudem noch die sog. *Author-Tools* implementiert, siehe Abschnitt 15.4, mit deren Hilfe man z. B. leicht ein Inhaltsverzeichnis erstellen kann. Diese und ähnliche Aspekte professioneller Texterstellung wollen wir in den nun folgenden Unterabschnitten besprechen. Die Erstellung von Präsentationsfolien behandeln wir dagegen in Abschnitt 16.2.

15.1 Textverarbeitung mit Mathematica

Die für Textverarbeitungsprogramme üblichen Formatierungsmöglichkeiten sind bei Mathematica im Menü *Format* implementiert. Zur Auswahl stehen dabei u. a.

Format	*Font:*	Aufruf eines traditionellen Schriftauswahlmenüs,
	Face:	Schriftstil (fett, kursiv, etc.) festlegen,
	Size:	Schriftgröße festlegen,
	Text Color:	Schriftfarbe festlegen,
	Background Color:	Hintergrundfarbe festlegen,

Bis Version 5.2 kann man über *Format* → *Font* nur die Schriftart festlegen, das traditionelle Schriftauswahlmenü findet sich unter *Choose Font*. Die Formatierungsmöglichkeiten können jeweils auf markierte Wörter oder ganze Zellen angewendet werden, sowie folgende Teilmenüs auf markierte Zellen:

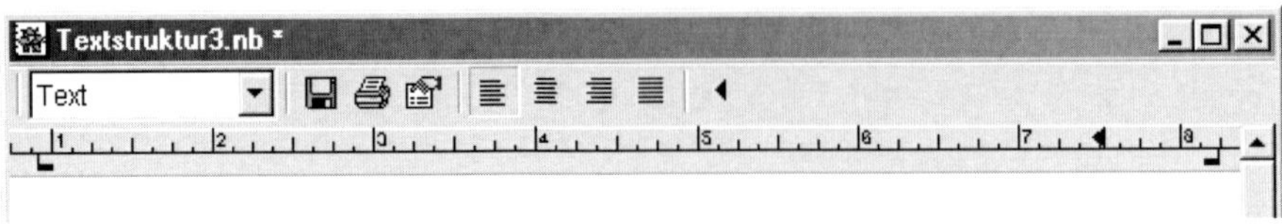

Abb. 15.1: *Zusätzliche Symbolleiste und Lineal für Notebooks.*

Format	*Text Alignment:*	Ausrichtung des Textes (linksbündig, etc.),
	Text Justification:	ermöglicht Blocksatz,
	Word Wrapping:	Zeilenumbruch festlegen,
	Cell Dingbat:	Zelle mit Aufzählungssymbol versehen,
Insert	*Horizontal Lines:*	horizontale Linie über/unter Zelle einfügen.

Letzteres ist bis Version 5.2 im Menü *Format* angesiedelt. Ferner werden auch eine Symbolleiste und ein Lineal für ein jedes Notebookfenster angeboten, siehe Abbildung 15.1. Diese kann man beim jeweils aktiven Notebook über *Format* → *Show ToolBar* bzw. *Format* → *Show Ruler* anzeigen lassen; seit Version 6.0 sind beide Menüpunkte nach *Window* gewandert. Nützlich kann es zudem sein, über *Format* → *Show Page Breaks* die aktuellen Seitenumbrüche anzeigen zu lassen (bis Version 5.2).

15.2 Texte strukturieren

Wie in Abschnitt 3.3 erläutert, sind Notebooks von Haus aus in eine Hierarchie von Zellen unterteilt. Dabei kann man einer jeden Elementarzelle über *Style*, oder durch die Tastenkombination Alt+*Nummer*, einen bestimmten Typ zuweisen. Diese Möglichkeit kann man zum Strukturieren von Texten nutzen. Als relevante Zelltypen gibt es hierbei, neben Input- und Output-Zellen für konkrete Berechnungen, die Typen *Title*, *Subtitle*, *Subsubtitle* (Alt+*1, 2, 3*) für den Titel eines Dokumentes, *Section*, *Subsection*, *Subsubsection* (Alt+*4, 5, 6*) für die Abschnitte und deren Überschriften, und schließlich *Text* (Alt+*7*) für Textpassagen. Je nach Zelltyp werden dabei neue übergeordnete Zellen erstellt. Bei *Title* etwa wird um das gesamte Notebook herum eine Zellklammer angelegt, bei *Section* eine, die alle weiteren Zellen bis zum nächsten *Section* umschließt. Ferner ändert sich insbesondere das Layout der Zellen, welches durch das gewählte Stylesheet bestimmt wird, siehe unten.

Die Auswirkungen einer solchen Strukturierung mögen an folgendem Beispiel demonstriert werden, und es sei dem Leser empfohlen, dieses auch selbst durchzuprobieren. Zuerst legen wir die sieben Input-Zellen wie im linken Teil von Abbildung 15.2 an. Nun markieren wir, von oben beginnend, Zellklammer für Zellklammer und ändern jeweils den Zelltyp zu *Title*, *Subtitle*, *Text*, *Section*, *Text*, *Subsection* und *Text*. Es resultiert das Layout wie im rechten Teil von Abbildung 15.2. Dieses hängt dabei vom gewählten Stylesheet des Notebooks ab, welches unter *Format* → *Style Sheet* eingesehen und geändert werden kann. Der Leser möge an dieser Stelle verschiedene Stylesheets durchprobieren, der Effekt ist unmittelbar zu sehen. Ferner lässt das Beispiel auch gut

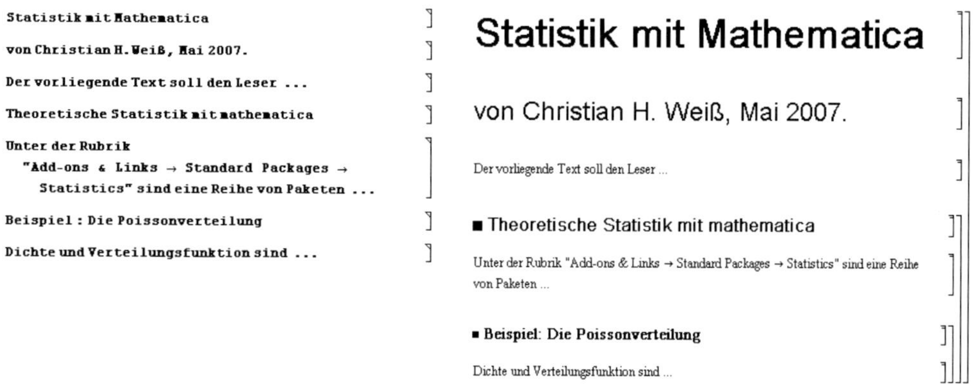

Abb. 15.2: *Strukturierung eines Notebooks: vorher – nachher.*

die oben angesprochene Änderung der Zellklammerung beobachten.

Auffallend ist zudem, dass den *Section-* und *Subsection*-Zellen ein Quadrat als Aufzählungszeichen vorangestellt wurde. Wie in Abschnitt 15.1 erläutert, kann man dieses über *Format → Cell Dingbat* ändern oder deaktivieren.

15.2.1 Exkurs: Notebooks und Zellen erzeugen

Zellen werden in Mathematica durch das Objekt `Cell` repräsentiert, welches die Syntax **`Cell[`***`Inhalt, Typ`***`]`** aufweist. Setzt man um diesen Ausdruck herum noch den Befehl `CellPrint`, so wird im Notebook eine neue Zelle des festgelegten Typs erzeugt:

```
Cell["Dies ist eine Textzelle.","Text"]

Cell[Dies ist eine Textzelle.,Text]

CellPrint[Cell["Dies ist eine Textzelle.","Text"]]
```

Dies ist eine Textzelle.

```
CellPrint[Cell["Dies ist eine Textzelle.","Input"]]

Dies ist eine Textzelle.
```

Markiert der Leser die Klammer der ausgegebenen Zellen und sieht nach Rechtsklick im PopUp-Menü unter *Style* nach, so wird er feststellen, dass im zweiten Beispiel tatsächlich eine Zelle des Typs *Text*, im dritten eine des Typs *Input* erzeugt wurde. Verwandt sind auch die mit Version 6.0 neugeschaffenen Befehle `TextCell`, `ExpressionCell` und `CellGroup`, welche Zellen im Text- bzw. Ausgabeformat anlegen bzw. Gruppen von Zellen erzeugen.

Letztlich zum gleichen Resultat gelangen wir unter Verwendung des Befehls `NotebookWrite`, welcher die Syntax **NotebookWrite[*Notebook,Daten*]** besitzt und an das spezifizierte Notebook die geg. Daten anhängt. Somit ergibt

```
NotebookWrite[SelectedNotebook[], Cell["Dies ist eine Textzelle.","Text"]]
```

Dies ist eine Textzelle.

das gleiche Resultat wie oben. Hier kann man nun aber auch ein anderes Notebook angeben, etwa eines, dass man gerade durch den seit Version 6.0 verfügbaren Befehl `CreateDocument` erzeugt hat. **CreateDocument[]** erzeugt ein leeres Notebook, **CreateDocument[*liste*]** ein Notebook, welches zu allen Elementen der Liste eine Zelle anlegt. Ferner kann man über eine Reihe von Optionen, welche der Leser nach Ausführung von **CreateDocument //Options** einsehen kann, die Eigenschaften des Notebooks beeinflussen. Betrachten wir ein einfaches Beispiel:

```
nb=CreateDocument[Cell["Überschrift","Section"], WindowSize -> {400,600},
WindowTitle -> "Mein Notebook"];
```

erzeugt ein neues Notebook, welches gemäß unserer Vorgabe die Fenstergröße 400×600 besitzt, mit „Mein Notebook“ an Stelle des sonst üblichen „Untitled-n“ überschrieben ist, und welches mit einer Zelle des Typs *Section* versehen wird. Ein solches Notebook wird durch ein `NotebookObject`-Objekt repräsentiert, welches wir in der Variablen *nb* abgelegt haben. Über diesen Identifizierer können wir nun auf das Notebook zugreifen und beispielsweise an der aktuellen Position des Cursors eine weitere Zelle einfügen:

```
NotebookWrite[nb, Cell["Dies ist eine Textzelle.","Text"]]
```

Weiterführende Informationen ... rund um Zellen und Notebooks findet der interessierte Leser in Abschnitt 2.11 des Buches von Wolfram (2003), welches bis Version 5.2 über das Hilfesystem verfügbar ist. Benutzern ab Version 6.0 seien dagegen die Einträge unter *tutorial/ManipulatingNotebooksOverview* anempfohlen.

15.3 Überschriften nummerieren

Ausgehend vom Beispiel aus Abschnitt 15.2, soll nun erläutert werden, wie bei einem fertig strukturierten Text die Abschnittsüberschriften laufend durchnummeriert werden können. Da in diesem Fall zusätzliche Aufzählungszeichen störend wirken, markieren wir den gesamten Notebookinhalt, über *Edit → Select All* oder durch Markieren der äußersten, zum *Title* gehörigen Zellklammer, und wählen *Format → Cell Dingbat → None.*

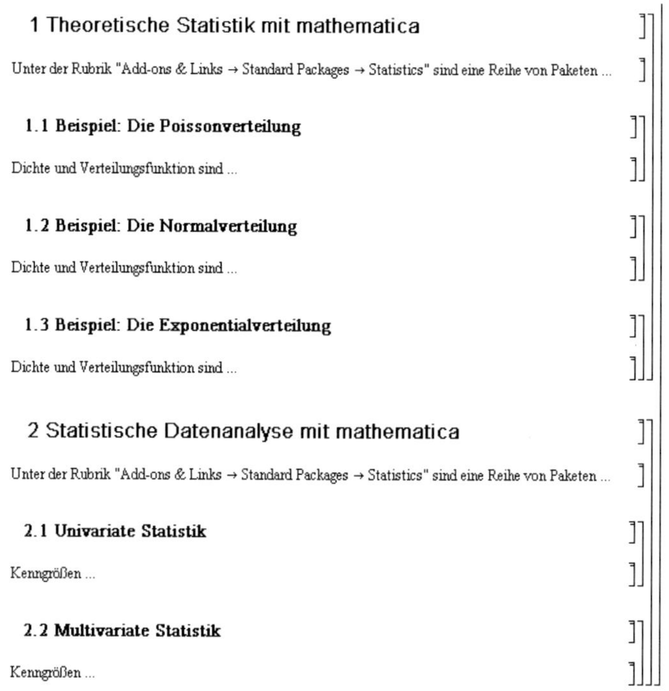

Abb. 15.3: *Überschriften mit Zählern nummerieren.*

Um nun die Überschriften zu nummerieren, kann man leider nicht einfach irgendeine Notebookoption aktivieren, sondern muss *Zähler* erstellen. Erläutern wir dies am obigen Beispiel. Dort hatten wir Abschnitte (*Section*) und Unterabschnitte (*Subsection*) erstellt, wünschenswert wäre also eine Nummerierung der folgenden Art: Abschnitte mit 1, 2, etc., und die zum n-ten Abschnitt gehörigen Unterabschnitte mit $n.1$, $n.2$, etc. Wir benötigen also einen Zähler für *Section*-Zellen, und einen für *Subsection*-Zellen. Dazu setzen wir den Cursor an den Anfang der ersten *Section*-Zelle und wählen *Input → Create Automatic Numbering Object → Counter Type: Section* (bis Version 5.2) bzw. *Insert → Automatic Numbering → Counter Type: Section* (ab Version 6.0). Sichtbar eingefügt wird die Zahl 1, tatsächlich verbirgt sich dahinter `CounterBox["Section"]`. Diesen Zähler können wir nun markieren, kopieren, einfügen, und solange die eingefügte Kopie innerhalb der *Section* 1 liegt, wird der Zähler den Wert 1 anzeigen. Fügen wir ihn innerhalb der nächsten *Section* ein, wird er automatisch den Wert 2 anzeigen, usw. Genauso erstellen wir einen *Subsection*-Zähler und kopieren diesen an die gewünschte Stelle, je nach Position wird auch dieser die passende Nummer anzeigen. Durch die Kombination *Section.Subsection* kann man Unterüberschriften wie gewünscht nummerieren, das Resultat kann wie in Abbildung 15.3 aussehen.

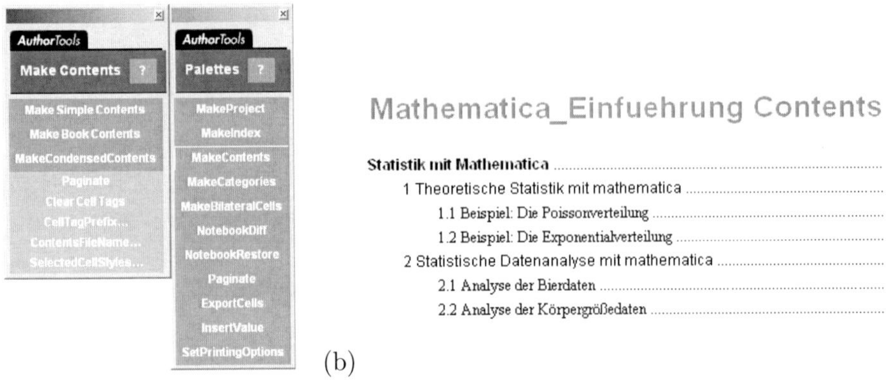

(a) (b)

Abb. 15.4: *AuthorTools und fertiges Inhaltsverzeichnis.*

15.4 Die AuthorTools einsetzen

Von Version 4.2 bis 5.2 bietet Mathematica die *AuthorTools* an, eine Reihe von Werkzeugen, welche die Dokumenterstellung weiter verbessern und erleichtern sollen. Das Hauptmenü der AuthorTools kann man via *File* → *Palettes* → *OpenAuthorTools* anzeigen lassen, und findet dort u. a. folgende Punkte

- *MakeProject* zur Verwaltung eines aus mehreren Notebooks bestehenden Projektes,
- *MakeIndex* zur Erstellung eines Stichwortverzeichnisses,
- *MakeContents* zur Erstellung eines Inhaltsverzeichnisses, etc.

Wir wollen hier beispielhaft die Verwendung der AuthorTools demonstrieren, indem wir zu einem gegebenen, strukturierten Notebook ein Inhaltsverzeichnis erstellen. Die dazu notwendigen Schritte sind simpel. Nach dem Aktivieren der AuthorTools-Palette klickt man auf *MakeContents*, woraufhin sich eine weitere Palette öffnet, vgl. Abbildung 15.4 (a). Von hier aus sind nun zwei Schritte durchzuführen: Zuerst muss das betrachtete Notebook mit Seitenzahlen versehen, also paginiert werden, was man über *Paginate* erreicht. Achtung: Hierbei speichert Mathematica die gemachten Änderungen automatisch ab, man lege also zuvor gegebenenfalls eine Sicherheitskopie an. Anschließend kann man das Inhaltsverzeichnis (in separatem Notebook) erstellen, indem man eine der Schaltflächen *Make Simple Contents*, *Make Book Contents* oder *Make Condensed Contents* wählt; ein Ergebnis bei *Make Book Contents* ist in Abbildung 15.4 (b) zu sehen.

Folgendes sollte noch erwähnt werden: Zuerst einmal sollte man darauf achten, dass vor einem jeden Klick in die AuthorTools-Palette auch wirklich das Zielnotebook aktiv ist. Ferner kann es passieren, dass die Kapitelnummerierung nicht übertragen wird, sondern nur Platzhalter der Art '0.0' o. Ä. angelegt werden. Dann muss man im Inhaltsverzeichnis manuell Zähler einfügen, siehe Abschnitt 15.3, diesmal des Typs TOCSection, TOCSubsection, etc.

Tipp!!!

Besitzer früherer Versionen sollten sich vor Umstieg auf Mathematica 6.0 oder später unbedingt eine Kopie des AuthorTools-Ordners sichern, d. h. den kompletten Ordner ...`\AddOns\Applications\AuthorTools`. Bei Version 6 kopiert man diesen Ordner dann einfach ins Verzeichnis `C:\Dokumente und Einstellungen\All Users\Anwendungsdaten\Mathematica\Applications`. Anschließend kann man die AuthorTools über das Menü *Palettes* wie gewohnt nutzen, wobei man zuvor über *Install Palettes* den neuangelegten Pfad zur Datei ...`\Applications\AuthorTools\FrontEnd\Palettes\OpenAuthorTools.nb` beschreiten muss.

15.5 Hyperlinks in Notebooks einfügen

In Notebooks kann man, vergleichbar einer HTML-Datei, auch Hyperlinks einfügen, sowohl welche, die auf andere Dateien bzw. eine Internetadresse deuten, als auch welche, die intern auf eine andere Stelle im Notebook verweisen, vergleichbar den Ankern bei HTML. Das dazu notwendige Vorgehen soll kurz beispielhaft demonstriert werden.

Nehmen wir an, wir wollen einen Verweis auf eine Internetadresse (analog: auf eine andere Datei) einfügen. Wir haben beispielsweise eine Textzelle angelegt mit folgendem Inhalt:

Für weitere Informationen konsultiere man die Wolfram Research Homepage.

Dabei wollen wir 'Wolfram Research Homepage' in einen Link umwandeln auf die Adresse `http://www.wolfram.com`. Um dies zu erreichen, markieren wir die Worte 'Wolfram Research Homepage', und gehen ins Menü *Input → Create Hyperlink...* (bis Version 5.2) bzw. *Insert → Hyperlink...* (seit Version 6.0). Es öffnet sich ein gleichnamiger Dialog, bei dem wir den Punkt *Destination notebook: Other notebook or URL* markieren und in das Textfeld die gewünschte URL, also `http://www.wolfram.com`, eingeben. Anschließend klicken wir auf *OK*, fertig. Die Worte 'Wolfram Research Homepage' sind nun farbig dargestellt und unterstrichen, und durch einen Klick darauf öffnet sich ein Browser mit der gewünschten Internetseite. Analog hätten wir auch auf eine andere, lokale Datei verweisen können, mit Hilfe des *Browse...*-Knopfes hätte man diese auswählen können.

Ein klein wenig aufwändiger ist es, einen Verweis innerhalb des Notebooks zu erzeugen. Dazu muss nämlich erst einmal eine Art 'Anker' erzeugt werden, bei Mathematica *Tag* genannt. Dies geschieht, indem wir der *Zelle*, auf die wir später verweisen wollen, einen Namen geben. Dazu müssen wir zuerst die Zellklammer der Zielzelle markieren, anschließend ins Menü *Find → Add/Remove Cell Tags...* (bis Version 5.2) bzw. *Cell → Cell Tags → Add/Remove Cell Tags...* (seit Version 6.0) wechseln. Wir landen im

Dialog *Edit Cell Tags*. Hier tragen wir im Feld *Cell Tag* den gewünschten Namen ein und klicken dann *Add*. Daraufhin kann der Dialog via *Close* geschlossen werden.

Anschließend verfahren wir wie oben, d. h. markieren das Wort, wo wir den Link hinsetzen wollen, und gehen ins *Hyperlink*-Menü. Im Listenfeld der Rubrik *Destination within notebook* sollte nun der gewählte Name zu finden sein. Man markiert *Cells with tag* und wählt den gewünschten Namen aus. Danach wieder *OK*, der Notebook-interne Verweis ist erstellt.

Kehren wir nochmals zum einleitenden Beispiel dieses Abschnitts zurück. Seit Version 6.0 wird für das Erzeugen von Links der Befehl `Hyperlink` angeboten, mit der Syntax **Hyperlink["*Text*", "*Link*"]**. So wird durch Ausführen von

```
Hyperlink["Wolfram Research Homepage", "http://www.wolfram.com"]
```

```
Wolfram Research Homepage
```

eine Ausgabezelle erzeugt, welche die Worte „Wolfram Research Homepage" anzeigt, nach deren Anklicken wir ins Internet zur spezifizierten Seite geleitet werden. Wollen wir dagegen wie oben einen ganzen Satz ausgeben, der den Link beinhaltet, müssen wir etwas mehr Arbeit in ein korrektes Kommando stecken. Mit Hilfe des seit Version 6.0 implementierten Befehls `Row` werden die Elemente der Liste, die als Argument übergeben wird, nebeneinandergesetzt. In Kombination mit den Befehlen `CellPrint` und `TextCell` aus Abschnitt 15.2.1 erhalten wir somit:

```
CellPrint[TextCell[
Row[{"Für weitere Informationen konsultiere man die ", Hyperlink["Wolfram
Research Homepage", "http://www.wolfram.com"], "."}], "Text"]]
```

Für weitere Informationen konsultiere man die `Wolfram Research Homepage`.

Optional kann man bei `Row` übrigens noch ein Trennzeichen angeben, die Syntax ist dann **Row[*liste*, "*Zeichen*"]**. Für den Spezialfall, dass man dabei den Zeilenumbruch '\n' wählt, erhält man das gleiche Resultat wie bei einfacher Anwendung von `Column`, d. h. der Listeninhalt wird untereinander in eine Zelle geschrieben.

15.6 Erstellte Texte in andere Formate exportieren

Zwar bietet Wolfram Research mit dem *Mathematica Player*, siehe Tabelle 1, eine kostenlose Software zum Betrachten von Notebooks an, trotzdem wird man in manchen Situationen einen mit Mathematica erstellten Text in ein anderes Format exportieren wollen. Das Thema Export von Notebooks bzw. Teilen davon hatten wir bereits in Abschnitt 4.3 behandelt, dort allerdings mit anderer Schwerpunktsetzung. In den folgenden Abschnitten soll stets die Frage des Exports eines vollständigen Notebooks in ein im Rahmen der Textverarbeitung gängiges Format wie PDF, HTML, LaTeX oder RTF besprochen werden.

15.6.1 Export nach PDF

Seit Version 6.0 ist ein Export nach PDF (bzw. auch nach PS) leicht möglich, über das Menü *File* → *Save As*. Bis Version 5.2 dagegen kann man lediglich einzelne Grafiken ins PDF-Format exportieren, indem man genau wie in Abschnitt 4.3 beschrieben das `Export`-Kommando zum Format `PDF` einsetzt. Der Export eines ganzen Notebooks dagegen ist nur über einen Umweg möglich, indem man etwa zuvor einen PDF-Drucker installiert und dann das Notebook darüber in eine PDF-Datei druckt. Ein kostenfreier PDF-Drucker für Windows XP ist das Programm *FreePDF*: `http://freepdfxp.de/`.

15.6.2 Export nach HTML

Der Export eines gegebenen Notebooks ins HTML-Format ist leicht zu praktizieren, man wählt schlicht *File* → *Save As Special* → *HTML* (bis Version 5.2) bzw. *File* → *Save As* (seit Version 6.0) und gibt den gewünschten Dateinamen (samt Endung `.html`) an, fertig. Stellt sich nun die Frage nach der Qualität der produzierten HTML-Datei. Zunächst einmal sieht das Resultat dem Original sehr ähnlich, was daran liegt, dass eine beachtliche Menge von GIF-Grafiken erzeugt wird, für jedes Bild, für nahezu jede Formel. Dies hat natürlich praktische Nachteile: Nicht nur mag das Laden der HTML-Datei gewisse Zeit beanspruchen; da ein Großteil des Inhalts in GIF-Grafiken abgelegt wurde, lassen sich entsprechende Textstellen nicht markieren und als Text kopieren. Teilweise wurde hier mit Version 5.0 Abhilfe geschaffen, indem die `<img>`-Elemente nun über einen aussagekräftigen Attributwert für `alt` verfügen. Ferner gäbe es auch noch die Möglichkeit des Exportes nach MathML.

Positiv bemerkenswert ist zudem, dass die erzeugten HTML-Dateien seit Version 5.0 den XHTML-Anforderungen des W3C-Konsortiums genügen, indem zur eigentlichen Datei auch eine DTD- und eine CSS-Datei erzeugt werden.

15.6.3 Export nach LaTeX

Die Exportmöglichkeit nach LaTeX ist zwar, genau wie die Ausgabeform `TeXForm`, siehe Abschnitt 5.3, ein traditioneller Bestandteil von Mathematica, ist aber, zumindest nach Meinung des Autors, noch immer wenig zufriedenstellend gelöst. Rein technisch gesehen ist lediglich *File* → *Save As Special* → *TeX* (bis Version 5.2) bzw. *File* → *Save As* (seit Version 6.0) zu wählen, die erzeugte TeX-Datei hat aber ihre Tücken. Bis einschließlich Version 5.0 lieferte eine TeX-Datei ein optisch dem Notebook sehr ähnliches Resultat. Aber die dazu nötigen Einstellungen waren derart komplex, dass wohl viele das Ganze dann lieber manuell in TeX aufgesetzt haben, mit Unterstützung von `TeXForm`. Wer sich für das nötige Prozedere interessiert, sei auf die Hilfedatei verwiesen.

Mit Version 5.1 wurde nun der Export deutlich vereinfacht, indem außer den standardmäßigen AMS-Paketen keine Zusatzanforderungen mehr an das installierte LaTeX-System gestellt werden. Dafür ist das Resultat nach Meinung des Autors bescheiden. Insbesondere fällt negativ auf, dass der bei TeX zugegebenermaßen problematische Fettdruck durch Verwendung des Kommandos `\pmb` realisiert wird, was nichts anderes als eine unschöne Überlagerung von Buchstaben bedeutet. Dass Fettdruck bei TeX auch mit Standardpaketen möglich ist, kann der Leser an Hand des vorliegenden Buches erkennen. Beim Konkurrenzprodukt MAPLE gibt es in dieser Hinsicht schon seit langem eine bessere Lösung.

15.6.4 Export nach RTF

Seit Version 6.0 kann man markierte Teile eines Notebooks über *File* → *Save Selection As* → *RTF* in eine RTF-Datei exportieren, bis Version 5.2 ist dieser Menüpunkt im Menü *Edit* angesiedelt. Um ein ganzes Notebook zu exportieren, wählt man seit Version 6.0 schlicht *File* → *Save As*. Bis Version 5.2 muss das Notebook erst via *Edit* → *Select All* vollständig markiert werden, anschließend wählt man *Edit* → *Save Selection As* → *RTF*. Zum Resultat sind analoge Bemerkungen wie in Abschnitt 15.6.2 zu HTML zu machen: Viele Teile des Notebooks werden einfach als Grafik in die RTF-Datei eingefügt, so dass der praktische Nutzwert zumindest eingeschränkt ist.

16 Präsentation, Interaktion und Animation

Schon Mathematicas Potential zur Textgestaltung, siehe Kapitel 15, und insbesondere die seit Version 4.2 verfügbaren AuthorTools waren ein Hinweis darauf, dass sich Mathematica vom reinen Rechenprogramm weg entwickeln würde. Mit Version 6.0 wurde in dieser Hinsicht ein sehr großer Schritt vollzogen und ein derart großes Potential an Präsentations-, Interaktions- und Animationsmöglichkeiten implementiert, dass es den Rahmen dieses Buches sprengen würde, wollten wir all diese Möglichkeiten vorstellen. Nichtsdestotrotz wollen wir, in der gebotenen Kürze, zumindest erläutern, wie man ausgegebene Resultate übersichtlich präsentiert (Abschnitt 16.1), ganze Notebooks in Präsentationsfolien umwandelt (Abschnitt 16.2), dynamische Objekte erzeugt (Abschnitt 16.3), interaktive Elemente in Notebooks einbaut (Abschnitt 16.4) und Grafiken animiert (Abschnitt 16.5).

16.1 Ausgaben in Notebooks anzeigen

Bis Version 5.2 hat man auf das Anzeigeformat ausgegebener Resultate wenig Einfluss. Durch Doppelklick auf eine umschließende Klammer kann man allenfalls die Anzeige der Ausgabe unterdrücken, siehe Bemerkung 3.3.1. Mit Version 6.0 wird nun eine Fülle neuer Ansichten (*Views*) angeboten, die sich nach Meinung des Autors vor allem in der Lehre gut einsetzen lassen. Einige dieser Ansichten wollen wir im Folgenden vorstellen; für weitere Informationen sei auf den Hilfeeintrag *tutorial/Views* verwiesen.

Die einfachste Ansicht ist `OpenerView`, welche als Argument eine Liste mit genau zwei Argumenten erwartet: Der Beschriftung, und dem anzuzeigenden Resultat. Dabei müssen sich diese beiden Argumente nicht auf Zeichenketten beschränken, wie im folgenden Beispiel, sondern können mit jeglichem Mathematica-Objekt (Formel, Grafik, ...) belegt sein:

```
OpenerView[{"Beschriftung", "Resultat"}]

 ▷Beschriftung    (* bzw. nach Klick auf ▷: *)    ▽Beschriftung
                                                    Resultat
```

Dabei ist es auch erlaubt, mehrere `OpenerView` ineinander zu verschachteln, bzw. zur Anordnung Kommandos wie `TableForm` oder `Grid` zu verwenden, siehe auch Abschnitt 4.2. Der Leser führe beispielsweise aus:

```
OpenerView[{"Beschriftung", TableForm[{OpenerView[{"Beschriftung1",
"Resultat1"}], OpenerView[{"Beschriftung2", "Resultat2"}]}]}]
```

Der Nutzen eines solchen Ansichtskonstrukts lässt sich durch folgendes Beispiel zum binomischen Lehrsatz besser verdeutlichen:

```
TableForm[Table[
OpenerView[{(a+b)^n, Expand[(a+b)^n]}],
{n,1,5}]]
```

▷ a+b
▷ $(a+b)^2$
▽ $(a+b)^3$
  $a^3+3\,a^2\,b+3\,a\,b^2+b^3$
▷ $(a+b)^4$
▷ $(a+b)^5$

Neben `OpenerView` gibt es eine Reihe weiterer Kommandos zur Gestaltung der Ausgabe, von denen wir noch kurz `TabView`, `MenuView` und `SlideView` vorstellen wollen. Die zwei ersten Befehle erwarten dabei als Argument eine Liste der Form {*Beschriftung1* -> *Resultat1*, ...}, während der dritte eine einfache Liste {*Ausdruck1*,...} erwartet. Folgende Beispiele demonstrieren die Unterschiede:

```
TabView[Table[(a+b)^n -> Expand[(a+b)^n], {n,1,5}]]
```

a+b	$(a+b)^2$	$(a+b)^3$	$(a+b)^4$	$(a+b)^5$
a + b				

```
MenuView[Table[(a+b)^n -> Expand[(a+b)^n], {n,1,5}]]
```

$(a+b)^4$ ▾

$a^4+4\,a^3\,b+6\,a^2\,b^2+4\,a\,b^3+b^4$

```
SlideView[Table[(a+b)^n -> Expand[(a+b)^n], {n,1,5}]]
```

|◂ ◂ ▸ ▸|

$(a+b)^3 \to a^3+3\,a^2\,b+3\,a\,b^2+b^3$

Im letzten Beispiel kann man sich mit Hilfe der Pfeiltasten durch die einzelnen 'Folien' durchklicken. Womit wir auch schon beim nächsten Thema wären ...

16.2 Präsentationsfolien erstellen

Nicht nur einzelne Ausgaben kann man auf Folien präsentieren, siehe den eben in Abschnitt 16.1 erläuterten Befehl `SlideView`, auch ganze Notebooks kann man in Präsentationsfolien umwandeln bzw. neue Notebooks von vornherein als Folien erzeugen. Dabei

(a) 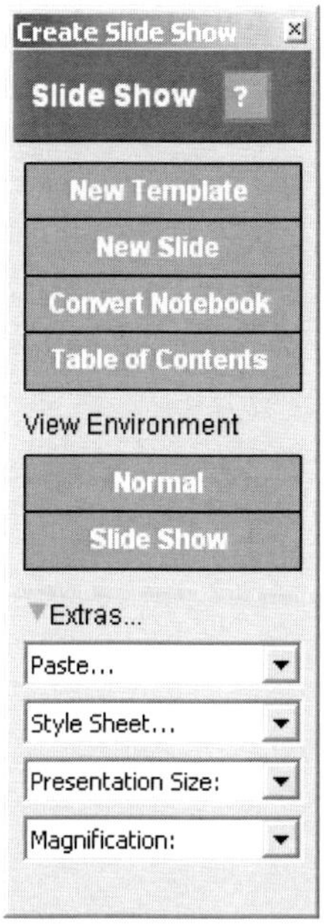

(b) 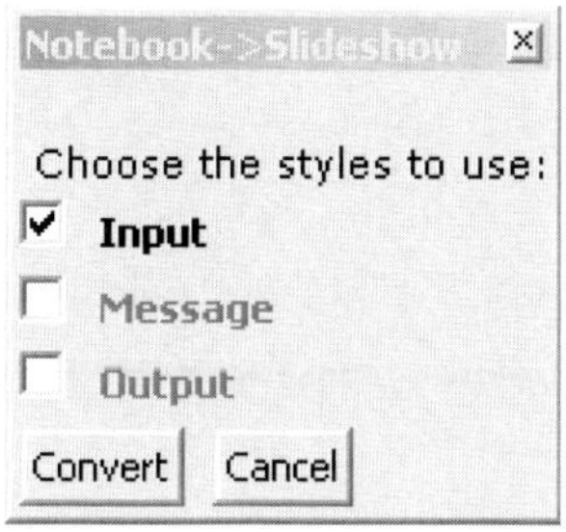

Abb. 16.1: *Die Palette* SlideShow *und der Dialog bei der Erzeugung von Folien.*

erweist sich die Palette *SlideShow*, aufzurufen via *Palettes* → *SlideShow*, als nützliches Werkzeug. Diese ist in Abbildung 16.1 (a) gezeigt. Um nun ein bestehendes Notebook in Präsentationsfolien umzuwandeln (als Beispiel verwenden wir dabei die ersten paar Zellen des Notebooks zu Abschnitt 8.4), wechseln wir durch Wahl der Schaltfläche *View Environment: Slide Show* in den Folienmodus. Auffälligste Auswirkung ist dabei, dass das Notebookfenster um eine Navigationsleiste erweitert wurde, wie es in Abbildung 16.2 oben zu sehen ist. Anschließend wählen wir auf der Palette *SlideShow* den Punkt *Convert Notebook*, woraufhin der Dialog aus Abbildung 16.1 (b) erscheint. Hier muss man nun die Zelltypen festlegen, die zu einem Folienwechsel führen. Wählen wir etwa, wie im Beispiel gezeigt, nur Zellen des Typs *Input* aus, so wird mit jeder neuen Eingabezelle eine neue Folie angefangen. Die dazugehörigen Ausgaben erscheinen mit auf dieser Folie. Bestätigt man schließlich die Auswahl in diesem Dialog mit *Convert*, so erscheinen die fertigen Präsentationsfolien aus Abbildung 16.2.

Betrachtet man die Präsentation im Folienmodus, wie in Abbildung 16.2 gezeigt, so kann man durch den Knopf links oben in die Vollbildanzeige wechseln (und später wieder in die Normalansicht zurückkehren), mit den Pfeiltasten in der Mitte der Navigationsleiste kann man sich durch die einzelnen Folien hindurchklicken. In die Präsentation kann man über die Schaltfläche *New Slide* der *SlideShow*-Palette neue Folien einfügen, wobei man dazu zuvor den Cursor am Ende der Folie positionieren sollte, in deren Anschluss die neue Folie eingefügt werden soll. Zum Löschen von Folien wechselt man zuerst über *View Environment: Normal* in den Standardmodus zurück, und kann dann entsprechende Zellen wie gewohnt löschen.

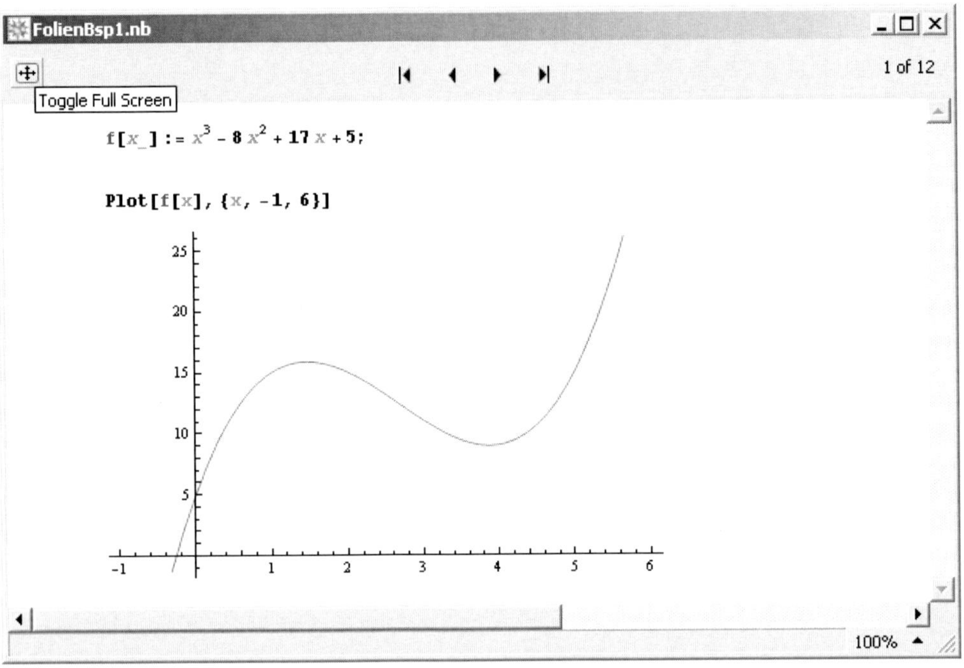

Abb. 16.2: Die fertigen Präsentationsfolien.

Abb. 16.3: Eine Vorlage zur Erzeugung von Präsentationsfolien.

Schließlich kann man auch, wie eingangs bereits erwähnt, über *File* → *New* → *Slide-Show*, direkt ein neues Präsentations-Notebook erzeugen. Dieses umfasst dann, wie in Abbildung 16.3 zu sehen, bereits drei Beispielfolien, die vom Benutzer vervielfältigt und mit Inhalt gefüllt werden können.

16.3 Dynamische Objekte erstellen

Seit Version 6.0 erlaubt es Mathematica, dynamische Objekte zu erzeugen, die sich bei Änderung automatisch aktualisieren. Zentral ist dabei der Befehl `Dynamic`, welcher sich auch im folgenden Abschnitt 16.4 in Kombination mit interaktiven Elementen einsetzen lassen wird. Die Syntax ist dabei denkbar einfach: **`Dynamic[`*`obj`*`]`** erweckt das Objekt *obj* 'zum Leben'. Betrachten wir dazu ein erstes Beispiel:

```
Clear[x]; Dynamic[x^2]                    x^2
```

Zuerst einmal scheint nichts Spektakuläres zu passieren, einzig die Ausführung von **`% //FullForm`** zeigt, dass sich hinter der Ausgabe x^2 ein dynamisches Objekt verbirgt. Die Dynamik wird aber sichtbar, wenn der Leser nun nacheinander die untenstehenden Eingaben ausführt und danach jeweils auf die obige Ausgabe des `Dynamic`-Befehls blickt: Diese nimmt nacheinander automatisch die Werte 9, 49, $(-3+2y)^2$ an.

```
x=3;

x=7;

x=2 y-3;
```

Noch eindrucksvoller ist das Ganze, wenn der Leser die folgende `Do`-Schleife ausführt, welche die Variable x im Sekundentakt die Werte von 1 bis 10 durchlaufen lässt:

```
Do[x=k; Pause[1], {k,1,10}];
```

Der hierbei verwendete Befehl `Pause` mit Syntax **`Pause[`*`n`*`]`** unterbricht die laufende Berechnung für n Sekunden. Informationen zur `Do`-Schleife finden sich in Abschnitt 21.2.

Bevor wir gleich in Abschnitt 16.4 den `Dynamic`-Befehl vermehrt einsetzen werden, betrachten wir noch zwei weitere Beispiele, die andeuten, welch breites Anwendungspotential dieser Befehl bietet. Im ersten Beispiel greifen wir auf den ebenfalls neuen Befehl `MousePosition` zurück, der die Bildschirmposition der Maus zum Zeitpunkt der Ausführung bestimmt und als Koordinatenpaar zurückgibt. Schließt man den Befehl noch zusätzlich in ein `Dynamic` ein, so wird die Maus die ganze Zeit über überwacht:

```
MousePosition[]                           {220,695}

Dynamic[MousePosition[]]                  {220,695}
```

wobei sich letztere Ausgabe mit jeder Mausbewegung ändert. Das zweite Beispiel ist etwas komplexer:

```
Dynamic[Refresh[DateString[], UpdateInterval -> 1]]
```

```
Tue 19 Feb 2008 13:04:06
```

Hierbei werden die beiden ebenfalls erst seit Version 6.0 verfügbaren Befehle `DateString`, siehe Abschnitt 19.1, und `Refresh` eingesetzt. **`DateString[]`** gibt das bei Ausführung aktuelle Datum wieder, mit `Refresh` innerhalb von `Dynamic` kann man den Takt des Aktualisierens festlegen, indem man bei `UpdateInterval` die gewünschte Sekundenzahl angibt. Als Resultat der obigen Eingabe haben wir eine Digitaluhr erhalten, die sich sekundenweise aktualisiert.

> **Weiterführende Informationen ...** zu Einsatzmöglichkeiten dynamischer Objekte findet der Leser in der Hilfedatei unter *tutorial/IntroductionToDynamic* und *tutorial/AdvancedDynamicFunctionality*.

16.4 Interaktive Elemente einsetzen

Seit Version 6.0 bietet Mathematica eine Reihe verschiedener Elemente an, welche die Interaktion mit dem Betrachter eines Notebooks erlauben. Einige wichtige Vertreter solcher Elemente sollen in diesem Abschnitt vorgestellt werden, wobei wir auf Möglichkeiten zur Erstellung interaktiver Grafiken gesondert im anschließenden Abschnitt 16.5 eingehen werden. Das wohl einfachste Element, welches als Mittel zur Interaktion eingesetzt werden kann, ist der Hyperlink, wie wir ihn in Abschnitt 15.5 bereits besprochen haben. Mathematica bietet aber auch Schaltflächen an. Mit **`Button["`*`Text`*`",`** ***`Code`*`]`** wird eine Schaltfläche mit der vorgegebenen Beschriftung erzeugt, die nach Klick den vorgegebenen Code ausführt. Ähnlich funktioniert **`DefaultButton[`*`Code`*`]`**, nur ist hier der resultierende Knopf mit 'OK' beschriftet. Den Befehl **`CancelButton[]`** kann man einsetzen, um die betreffende Ausführung abzubrechen und den Wert `$Canceled` zurückzugeben. Verwenden wir alle drei Typen von Schaltfläche in einem Beispiel:

```
DialogInput[DialogNotebook[
{TextCell["Berechne erste binomische Formel (a+b)^2?"],
DefaultButton[DialogReturn[Expand[(a+b)^2]]],
Button["Nein, trinomische Formel (a+b)^3", DialogReturn[Expand[(a+b)^3]]],
CancelButton[]}]]
```

$a^3+3\,a^2\,b+3\,a\,b^2+b^3$

Nach Ausführung der Eingabe öffnet sich der Dialog aus Abbildung 16.4 (a). Entscheidet sich der Benutzer etwa für den mittleren Knopf *Nein, ...*, so wird die angegebene trinomische Formel ausgerechnet und wie oben gezeigt ausgegeben. Untersuchen wir die Befehlszeile noch etwas genauer. Durch **`DialogInput[{`*`var`*`}, DialogNotebook[{`*`elem1`*`,`**

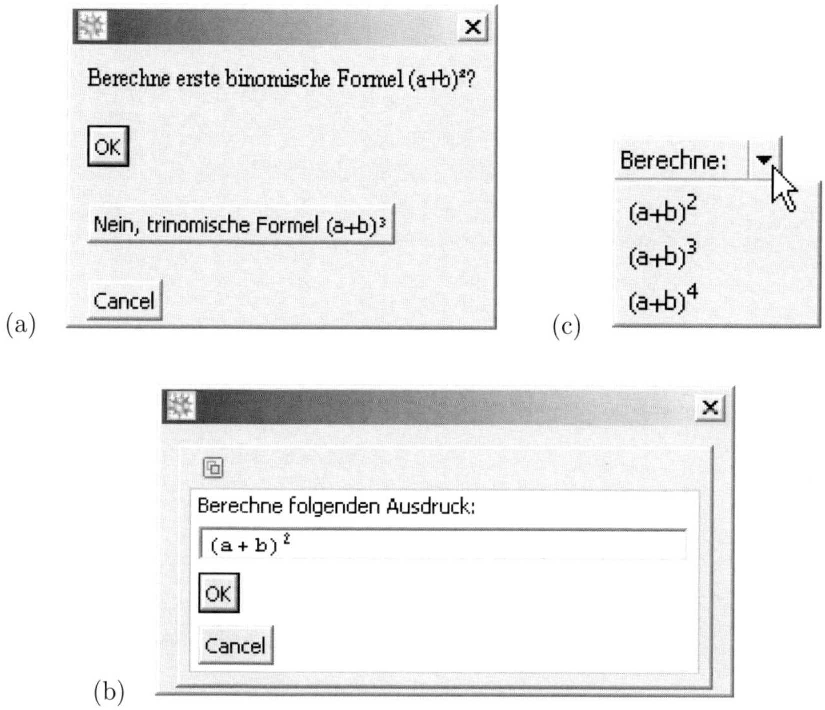

Abb. 16.4: *Schaltflächen, Dialoge und Auswahlmenü.*

...}]] wird ein Dialog erzeugt, auf dessen Oberfläche sich die gewählten Elemente befinden; im obigen Beispiel waren dies eine Beschriftung `TextCell` und drei Arten von Schaltflächen. Das erste Argument {*var*}, eine Liste lokaler Variablen, ist optional und wurde im obigen Beispiel auch nicht verwendet. Im gleich folgenden Beispiel kommt dieses Argument jedoch zum Einsatz. Innerhalb der zwei ersten `Button`-Kommandos haben wir den Befehl `DialogReturn` benutzt, welcher den Dialog schließt und die Kommandos in seinem Argument ausführt.

Sinnvoll in Dialogen einsetzbar ist auch das Eingabefeld mit Syntax **InputField[Dynamic[*x*]]**. Der jeweils aktuelle Inhalt des Eingabefelds wird der Variablen x zugewiesen und steht der weiteren Verarbeitung zur Verfügung. Im Beispiel

```
DialogInput[{x=(a+b)^2}, DialogNotebook[
{TextCell["Berechne folgenden Ausdruck:"],
InputField[Dynamic[x]],
DefaultButton[DialogReturn[Expand[x]]],
CancelButton[]}]]
```

$a^2+2\,a\,b+b^2$

erscheint der Dialog aus Abbildung 16.4 (b), in dessen Eingabefeld der Benutzer einen Ausdruck eingeben kann, der nach *OK* von Mathematica ausgerechnet wird. Hierbei

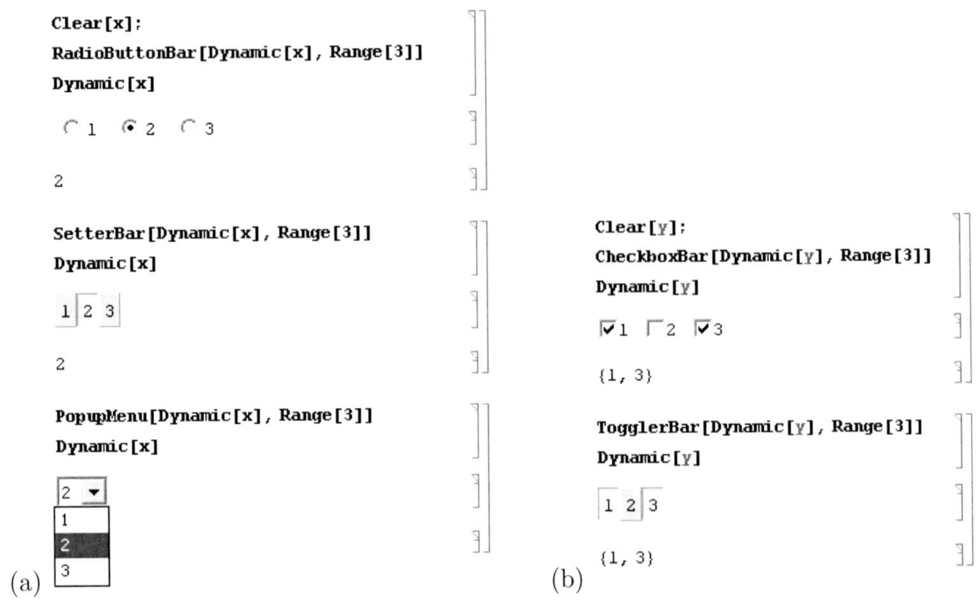

Abb. 16.5: *Erstellen von Optionsfeldern, Auswahlkästchen, -menüs und Schaltleisten.*

haben wir x als lokale Variable mit Startwert $(a+b)^2$ definiert, über das Eingabefeld dynamisch verändern lassen, und schließlich `Expand` auf den Inhalt von x angewendet.

Der zweite betrachtete Dialog räumte dem Benutzer mehr Möglichkeiten ein, erforderte aber auch gewisse Mathematica-Kenntnisse von diesem. Kehren wir kurz zum ersten Dialog zurück. Dessen Funktion kann man alternativ auch in ein Auswahlmenü verpacken. Das Auswahlmenü aus Abbildung 16.4 (c) wird erzeugt via

```
ActionMenu["Berechne:",
{"(a+b)^2" :> Print[Expand[(a+b)^2]],
"(a+b)^3" :> Print[Expand[(a+b)^3]],
"(a+b)^4" :> Print[Expand[(a+b)^4]]}]
```

$a^3+3a^2b+3ab^2+b^3$

Die Syntax des verwendeten Befehls `ActionMenu` ist einfach: **`ActionMenu["`*`Text`*`",`** **`{`*`Alt1,...`*`}]`** erzeugt ein mit *Text* beschriftetes Menü, welches die aufgelisteten Alternativen anbietet. Diese wiederum werden in der Syntax **`"`*`Text`*`" :>`** ***`Ausdruck`*** definiert. Im Beispiel ging es um die Berechnung von $(a+b)^n$ für $n=2,3,4$.

Der in Abschnitt 16.3 beschriebene `Dynamic`-Befehl lässt sich auch gut mit den Befehlen `RadioButtonBar` (Optionsfeld), `SetterBar` (Schaltleiste) und `PopupMenu` (Auswahlliste) kombinieren, bei denen jeweils *genau eine* der angebotenen Möglichkeiten gewählt werden muss, bzw. auch mit den Befehlen `CheckboxBar` (Auswahlkästchen) und `TogglerBar` (Schaltleiste), bei denen auch mehrere Punkte zugleich gewählt werden können. All diese Befehle sind in den Beispielen aus Abbildung 16.5 illustriert. Da die

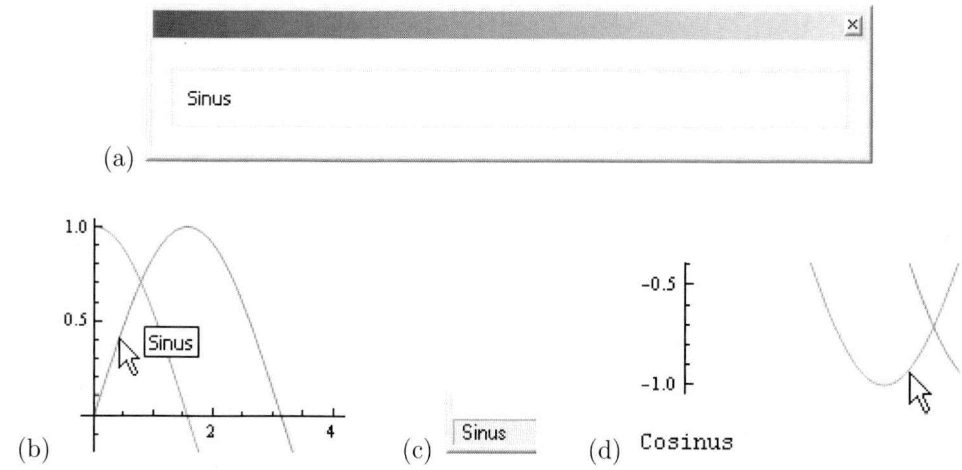

Abb. 16.6: *Interaktive Beschriftungen.*

Beispiele der linken bzw. rechten Seite jeweils die gleiche, dynamische Variable verwenden, ändern sie sich auch simultan, wie der Leser ausprobieren mag. Ansonsten besitzen alle fünf Befehle die gleiche Syntax, z. B. erzeugt **SetterBar[Dynamic[*x*], *liste*]** eine Leiste von Schaltern, welche die Werte der Liste widerspiegelt, und deren Auswahl in der Variablen x abgelegt wird.

Neben den bisherigen Beispielen der Interaktion, bei denen der Benutzer jeweils eine Entscheidung treffen musste, können für den Benutzer auch weiterführende Informationen in einem Notebook hinterlegt werden. Die wohl bekannteste Art der Informationsvermittlung ist dabei das PopUp-Fenster, bei Mathematica **PopupWindow[*Objekt*, *Information*]**. Dieses verbirgt sich hinter dem zu wählenden Objekt. Klickt der Benutzer dieses an, erscheint ein Fenster mit der vorgegebenen Information. Betrachten wir gleich ein komplexes Beispiel:

```
Plot[{PopupWindow[Sin[x],"Sinus"], PopupWindow[Cos[x],"Cosinus"]}, {x,0,10}]
```

Hier erscheint zunächst einfach eine Grafik mit Sinus- und Cosinuskurve. Mit beiden Graphen ist jedoch ein PopUp-Fenster verbunden. Klickt der Benutzer z. B. den Graphen der Sinusfunktion an, so erscheint ein Dialog mit dem Text 'Sinus', wie in Abbildung 16.6 (a) gezeigt. Natürlich sind auch längere Botschaften erlaubt. Völlig analoge Syntax besitzen auch die Befehle `Tooltip` und `StatusArea`, wobei im ersten Fall ein kleines Fähnchen mit dem vorgegebenen Text erscheint, dieser dagegen im zweiten Fall in die Statusleiste am unteren Fensterende eingeblendet wird. Die Abbildungen 16.6 (b) und (c) zeigen dies für folgendes Beispiel:

```
Plot[{Tooltip[Sin[x],"Sinus"], Tooltip[Cos[x],"Cosinus"]}, {x,0,10}]

Plot[{StatusArea[Sin[x],"Sinus"], StatusArea[Cos[x],"Cosinus"]}, {x,0,10}]
```

Schließlich kann man auch eine Kombination der Befehle `Annotation`, `MouseAnnotation` und `Dynamic` einsetzen. **`Annotation[`*`Objekt, Information,`*`"Mouse"]`** erzeugt dabei bei Mauskontakt eine Anmerkung, die über `MouseAnnotation[]` an beliebiger Stelle des Notebooks abgefragt werden kann. Das `Dynamic` bewirkt dabei, dass sich diese Ausgabe automatisch aktualisiert. Führt der Leser den Code

```
Plot[{Annotation[Sin[x],"Sinus","Mouse"],
Annotation[Cos[x],"Cosinus","Mouse"]}, {x,0,10}]
Dynamic[MouseAnnotation[]]
```

aus, so erscheint wieder eine Grafik wie oben, darunter aber noch eine Ausgabe, in der vermutlich gerade `Null` zu lesen ist. Führt der Leser nun aber den Mauszeiger z. B. zum Graphen der Cosinusfunktion, so wandelt sich der Text entsprechend in 'Cosinus' um, siehe Abbildung 16.6 (d).

Letztlich auch der Informationsvermittlung dient der Befehl **`Mouseover[`*`Ausdruck1, Ausdruck2`*`]`**, der solange den ersten Ausdruck anzeigt, bis der Benutzer die Maus darüber führt; dann wechselt die Anzeige zu Ausdruck 2. Der Leser probiere folgendes Beispiel aus:

```
Mouseover[(a+b)^2, a^2+2 a b+b^2]
```

Weiterführende Informationen ... zu Elementen, welche die Interaktion mit dem Betrachter des Notebooks erlauben, finden sich in der Hilfedatei. Gute Einstiegsmöglichkeiten bieten dabei die Adressen *guide/AnnotatingAndCombiningGraphics*, *guide/ControlObjects*, *tutorial/GeneralizedInput* und *tutorial/IntroductionToDynamic*.

16.5 Interaktive und animierte Grafiken erstellen

Der obige Abschnitt 16.3 zeigte, dass man etwa Formeln leicht in dynamische Objekte verwandeln kann. Das Haupteinsatzgebiet solcher Dynamisierungen sind aber wohl Grafiken, die wir bisher bewusst ausgespart haben. Dabei werden wir im Prinzip nur einen einzigen Befehl benötigen, um aus einer gewöhnlichen Grafik eine interaktive zu machen: `Manipulate`. In seiner einfachsten Fassung stimmt die Syntax von `Manipulate` mit der von `Table` überein, siehe auch Abschnitt 4.2: **`Manipulate[`*`Ausdruck[n]`*`,`** *`{n,min,max, schritt}`*`]`, wobei die Angabe der Schrittweite *schritt* auch hier optional ist. Nach Ausführung wird der *Ausdruck* in einem Dialog ausgegeben, wobei der Wert von n im festgelegten Bereich durch einen Schieberegler interaktiv bestimmt werden kann.

Um das Verständnis der Funktionsweise von `Manipulate` zu erleichtern, beginnen wir doch erst nochmal mit einem nicht-grafischen Beispiel, nämlich dem binomischen Lehrsatz aus Abschnitt 16.1. Aber schon dieses Beispiel wird zeigen, dass sich `Manipulate` vorzüglich in der Lehre wird einsetzen lassen:

```
Manipulate[(a+b)^n -> Expand[(a+b)^n],
{n,1,5}]
```

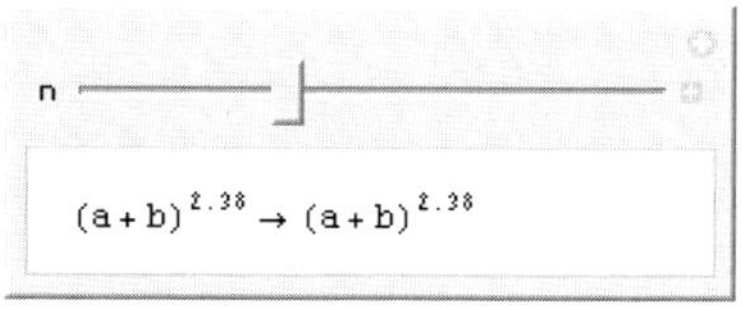

Ohne Angabe einer Schrittweite kann man über den Schieber nahezu jede reelle Zahl des Intervalls $[1;5]$ als Potenz n der Formel $(a+b)^n$ ansteuern, nicht nur natürliche Zahlen; insofern bleibt Expand wirkungslos. Schränken wir die Werte von n dagegen durch Vorgabe der Schrittweite 1 auf ganze Zahlen ein, erhalten wir die gewünschte Formel:

```
Manipulate[(a+b)^n -> Expand[(a+b)^n],
{n,1,5,1}]
```

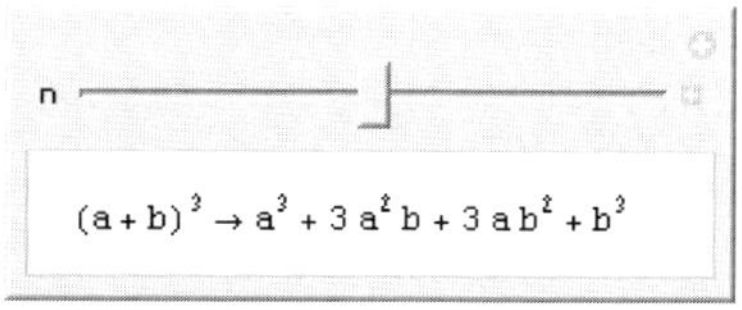

Durch Klick auf das Pluszeichen rechts neben dem Schieber klappt ein zusätzliches Menü auf:[1]

```
Manipulate[(a+b)^n -> Expand[(a+b)^n],
{n,1,5,1}]
```

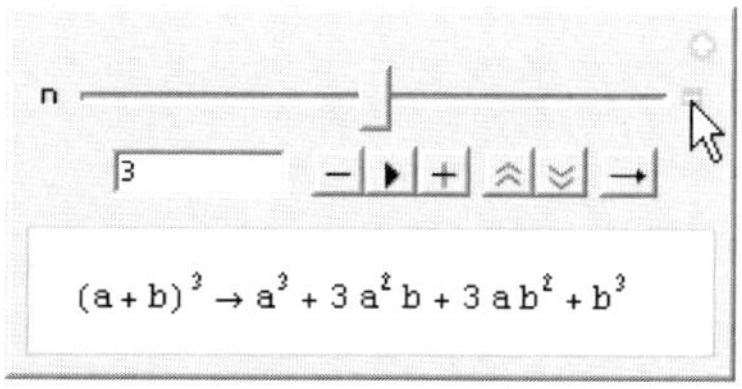

Mit dessen Hilfe kann man durch Klick auf die Schalter die Werte von n durchlaufen, außerdem wird der gerade aktuelle Wert angezeigt. Will man nur Letzteres erreichen, so genügt es, die Definition von n um ein Argument zu erweitern: **{n,1,5,1, Appearance -> "Labeled"}**. Wie der Leser erleben wird, wird nun rechts neben dem Schieber der aktuelle Wert angezeigt. Will man ferner für n einen Startwert vorgeben, etwa 3, so schreibt man statt **n** allein schlicht **{n,3}**. Per Voreinstellung ist der Schieber sonst stets ganz links, also beim Minimalwert. Insgesamt erhalten wir also:

```
Manipulate[(a+b)^n -> Expand[(a+b)^n],
{{n,3},1,5,1,Appearance -> "Labeled"}]
```

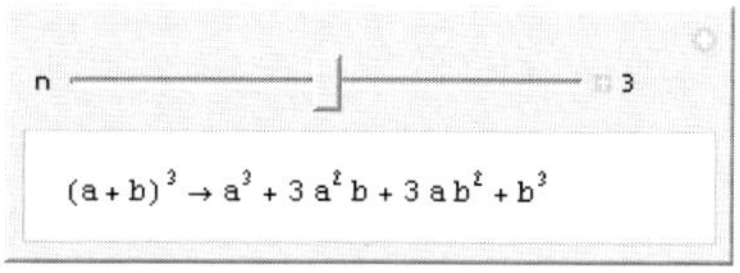

[1] Bei Klick auf das andere, umrundete Pluszeichen öffnet sich dagegen ein PopUp-Menü, mit dessen Hilfe man z. B. die aktuelle Einstellung des Schiebers in Form von Mathematica-Code einfrieren kann: *Paste Snapshot*.

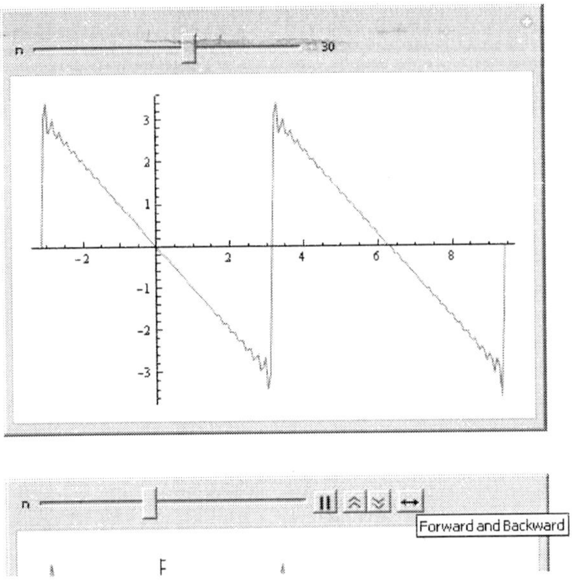

(a)

(b)

Abb. 16.7: *Die Fourier-Transformierte der Sägezahnfunktion interaktiv und animiert.*

Zu guter Letzt kann es wünschenswert sein, das Menü noch mit einer Überschrift zu versehen, und links vom Schieber einen etwas ausführlicheren Text als den Variablennamen allein hinzuschreiben. Der Leser führe dazu beispielsweise folgenden Code aus:

```
Manipulate[(a+b)^n -> Expand[(a+b)^n], Style["Binomischer Lehrsatz", Bold,
Medium], {{n,3,"Potenz n:"},1,5,1,Appearance -> "Labeled"}]
```

Kommen wir nun endlich zum eigentlichen Einsatzgebiet von `Manipulate`, dem Erzeugen interaktiver Grafiken. Ein simples Beispiel zeigt folgender Code, den der Leser ausführen möge:

```
f[x_,k_]:=2∑_{j=1}^{k} (-1)^j*Sin[j x]/j;

Manipulate[Plot[f[x,n], {x,-π,3 π}], {{n,5},1,50,1,Appearance -> "Labeled"}]
```

Dargestellt wird die Fourier-Transformierte der Sägezahnfunktion; steigert der Leser über den Schieber den Wert von n, wird sich die mittels `Plot` gezeichnete Funktion $f_n(x)$ immer mehr an Sägezahnform annähern. Einen beispielhaften Bildschirmausdruck zeigt Abbildung 16.7 (a).

Bemerkung 16.5.1

An dieser Stelle erwähnenswert ist es, dass man die bisher erzeugten interaktiven Ausgaben auch animieren kann. Dazu ist in den Beispielen schlicht `Manipulate` durch `Animate` zu ersetzen. Nach Ausführung und einigen Gedenksekunden bewegt sich dann der Schieber automatisch, und mit ihm verändert sich der dargestellte Ausdruck. Dies gilt auch für das im Anschluss gezeigte Beispiel mit mehreren Schiebereglern. Der Leser probiere dies für alle Beispiele aus. Ferner werden zusätzlich zum Schieberegler weitere Schalter angeboten, um die Animation zu unterbrechen, zu beschleunigen, zu verlangsamen und um die Richtung des bewegten Schiebers zu beeinflussen, siehe Abbildung 16.7 (b). •

Bisher haben wir immer nur einen Parameter variiert. `Manipulate` erlaubt aber durchaus die Vorgabe mehrerer Parameter, wobei dann für jeden ein eigener Schieberegler angelegt wird. Die grundsätzliche Syntax ist dabei

Manipulate[*Ausdruck[n1, ...]*, {*n1,min1,max1,schritt1*}, **...]**

wobei auch hier alle oben erwähnten Ergänzungen zu Vorgabewerten und/oder Beschriftungen gültig sind. Betrachten wir als Beispiel die Dichte der zweiparametrigen Normalverteilung $N(\mu, \sigma^2)$. Durch Ausführung des folgenden Codes erscheint der Dialog aus Abbildung 16.8:

```
dichte[x_,m_,s_]:=PDF[NormalDistribution[m,s],x];

Manipulate[Plot[dichte[x,m,s], {x,-5,5}, PlotRange -> {0,1}],
{{m,0,"μ"}, -10,10,Appearance -> "Labeled"},
{{s,1,"σ"}, 0.5,5,Appearance -> "Labeled"}]
```

Voreingestellt ist die Dichte der Standardnormalverteilung.

Für den Rest dieses Abschnitts soll beispielhaft demonstriert werden, dass die Interaktion des Benutzers nicht auf Schieberegler beschränkt sein muss. Beim Spezialfall zweier zu variierender Parameter etwa gibt es auch die Möglichkeit eines 2D-Gleiters, vergleichbar einem Mousepad:

```
dichte[x_,m_,s_]:=PDF[NormalDistribution[m,s],x];

Manipulate[Plot[dichte[x,par[[1]],par[[2]]], {x,-5,5}, PlotRange -> {0,1}],
{{par,{0,1},"(μ,σ)"}, {-10,0.5}, {10,5}}]
```

Offenbar musste die Syntax dahingehend modifiziert werden, dass nun ein zweidimensionaler Vektor namens *par* mit Startwert $(0, 1)$ und Beschriftung (μ, σ) zwischen $(-10, 0.5)$ und $(10, 5)$ variiert werden kann. Das Resultat zeigt Abbildung 16.9.

Eine dritte Möglichkeit der Interaktion besteht darin, dass vom Benutzer die Eingabe der offenen Parameter in Textfelder verlangt wird. Im folgenden Beispiel, siehe Abbildung 16.10, muss der Benutzer die gewünschte Funktion (in Mathematica-Bezeichnung) eingeben, anschließend aktualisiert sich die Grafik entsprechend. Vorgabe ist der Tangens:

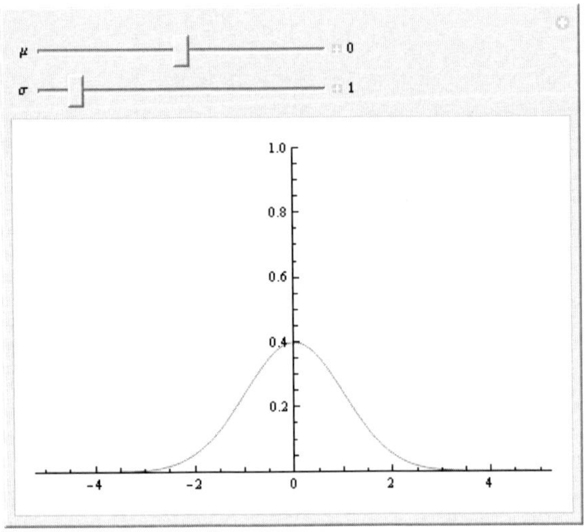

Abb. 16.8: *Dichte der Normalverteilung* $N(\mu, \sigma^2)$.

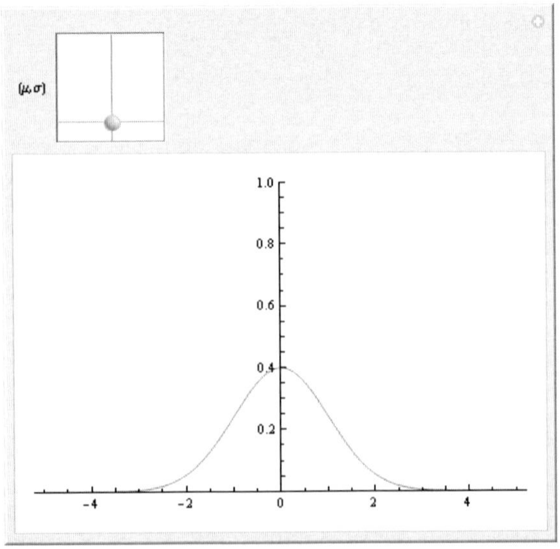

Abb. 16.9: *Dichte der Normalverteilung* $N(\mu, \sigma^2)$.

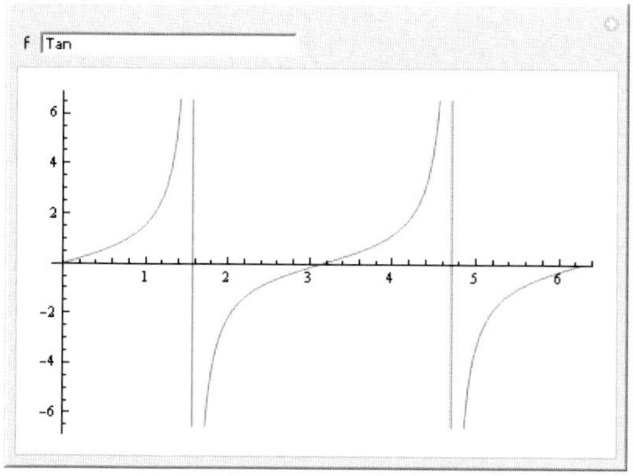

Abb. 16.10: *Funktionen zeichnen lassen, Vorgabe ist die Tangensfunktion.*

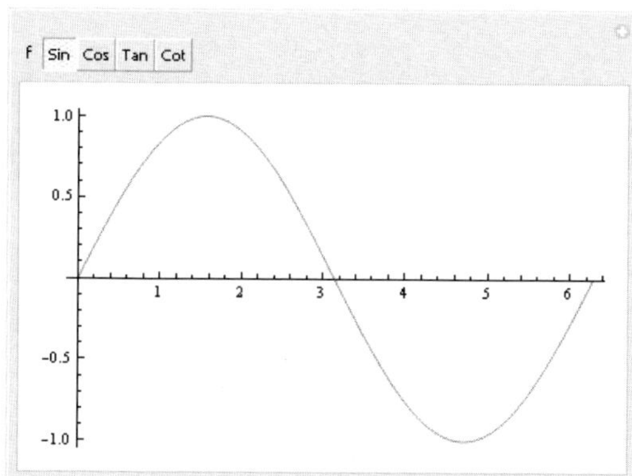

Abb. 16.11: *Die vier Winkelfunktionen zeichnen lassen.*

```
Manipulate[Plot[f[x], {x,0,2π}], {f,Tan}]
```

Ein Textfeld entsteht also, wenn für den Parameter keine Bereichsangabe gemacht wird. Gibt man stattdessen den Bereich in Listenform ein, werden entsprechend viele und beschriftete Schaltflächen angezeigt, siehe Abbildung 16.11:

```
Manipulate[Plot[f[x], {x,0,2π}], {f, {Sin,Cos,Tan,Cot}}]
```

Weiterführende Informationen ... zu Einsatzmöglichkeiten und Varianten von `Manipulate` findet der Leser in den folgenden Hilfeeinträgen: *ref/Manipulate*, *tutorial/IntroductionToManipulate* und *tutorial/AdvancedManipulateFunctionality*.

17 Statistische Datenanalyse und -modellierung

Neben dem großen Potential zur theoretischen Statistik, siehe Kapitel 13, bringt Mathematica ein noch reichhaltigeres Programm zur praktischen Statistik mit. Der Umfang dieses Programms hängt stark von der vorliegenden Version ab, denn im Laufe der Zeit gab es zahlreiche Ergänzungen: Version 4.2 brachte z. B. ein Paket zur Varianzanalyse, Version 5.0 ein Paket mit Grafiken wie Boxplots, Version 5.1 ein Paket zur Clusteranalyse, und mit Version 6.0 gab es eine umfassende Neugestaltung des Statistikangebots. Schon die Aufzählung dieser Neuerungen macht deutlich, dass Mathematica den üblichen Statistikpaketen immer näher kommt. Ferner ist auch klar, dass eine Behandlung aller statistischen Funktionalitäten den Rahmen dieses Buches bei Weitem sprengen würde.

Zu Beginn wollen wir uns in Abschnitt 17.1 kurz mit Fragen der Datenaufbereitung beschäftigen, um dann in Abschnitt 17.2 Werkzeuge grafischer Datenanalyse vorzustellen. In Abschnitt 17.3 befassen wir uns mit der deskriptiven Statistik, um dann mit Abschnitt 17.4 zur induktiven Statistik überzugehen. Dort werden wir Konfidenzintervalle behandeln, anschließend in Abschnitt 17.5 eine Reihe von Testverfahren. In Abschnitt 17.6 besprechen wir die Regressionsanalyse und beschließen das Statistikkapitel mit Abschnitt 17.7 zur deskriptiven Analyse von Zeitreihen. Zur fachlichen Vertiefung kann das Buch von Weiß (2006) herangezogen werden.

17.1 Datenaufbereitung

Bevor wir Mathematica zur Datenanalyse einsetzen können, müssen wir die Daten in geeignet gestalteten Listen ablegen. Dazu sind die Rohdaten zuerst zu importieren, womit wir uns bereits in Abschnitt 4.3 beschäftigt haben, siehe auch Beispiel 4.3.2. Dort hatten wir u. a. den Import aus Textdateien vorgestellt sowie das Einlesen von Daten aus ODS-, Excel oder Access-Dateien. Ferner ist seit Version 5.1 auch eine Anbindung an SQL-Datenbanken möglich; das genaue Vorgehen hierbei wird in Anhang B beschrieben.

Wenn die Daten dann in irgendwie gearteten Listen vorliegen, sind möglicherweise in einem zweiten Schritt Transformationen nötig, um die Organisation der Daten dem Problem anzupassen, Teile daraus zu extrahieren oder Daten aus verschiedenen Datenquellen geeignet zusammenzuführen. Dazu können die Befehle verwendet werden, welche wir in Abschnitt 4.2 behandelt haben. Benutzer bis Version 5.2 können auch auf zusätzliche Befehle des Pakets `Statistics`DataManipulation`` zugreifen, deren Funktionalität sich allerdings seit Version 6.0 durch fest implementierte Kommandos erreichen lässt, siehe etwa Beispiel 7.1.4.

Beispiel 17.1.1

Die Datei `MannFrau.txt`[1] enthält Angaben zum Alter und zur Körpergröße (in mm) von 199 britischen Ehepaaren. Jede Zeile des Datensatzes repräsentiert ein Ehepaar, wobei der erste Wert das Alter des Mannes wiedergibt, der zweite die Größe des Mannes, der dritte das Alter der Frau und der vierte die Größe der Frau. Die einzelnen Merkmale sind dabei durch Tabulatoren getrennt, so dass wir die Daten unter Angabe von **"TSV"** (tab-separated-values) importieren können:

```
mannfrau=Import["C:\\...\\MannFrau.txt", "TSV"];
Length[mannfrau]                                        199

Short[mannfrau]        {{49,1809,43,1590}, << 197 >>, {59,1720,56,1530}}
```

Dieser Datensatz hat leider eine für Mathematica hochproblematische Tücke: Es gibt fehlende Daten. Einige der befragten Damen waren nicht bereit, sich zu ihrem Alter zu äußern, weshalb das dritte Merkmal gelegentlich fehlt und bei Mathematica durch den Wert `Null` repräsentiert wird. Der Leser kann dies leicht nachprüfen, indem er **mannfrau** bzw. **mannfrau //TableForm** ausführt. Wie wir sehen werden, kann Mathematica leider nicht mit Fehldaten umgehen, schon eine simple Mittelwertberechnung scheitert:

```
Mean[mannfrau[[All,3]]]                        1/199 (6916 + 29  )

Mean[Select[mannfrau[[All,3]], NumberQ]]       3458/85
```

Das Element `Null` wird als Leerzeichen ausgegeben und kam offenbar 29 mal vor. Im zweiten Fall haben wir zuerst mit Hilfe des Befehls `Select` aus Tabelle 4.2 die rein numerischen Werte ausgesondert. Um dies bei einer jeden weiteren Berechnung nicht ständig von Neuem durchführen zu müssen, legen wir einen bereinigten Datensatz an, der nur vollständige Zeilen umfasst:

```
mannfraukorr=Select[mannfrau, Length[Select[#,NumberQ]]==4&];
Length[mannfraukorr]

170
```

Der Datensatz musste also um 29 Fälle reduziert werden. Hierbei haben wir zeilenweise nur die numerischen Werte abgefragt, formuliert mit Hilfe einer reinen Funktion, siehe Abschnitt 21.3. Davon haben wir nur vollständige Zeilen übernommen, also welche der Länge 4. Später wollen wir teilweise nur die Größendaten analysieren, bei denen ja eigentlich alle 199 Fälle vollständig sind; deshalb fragen wir diese nochmals extra ab:

[1]Aus: Hand et al.: *A handbook of small datasets.* Verlag Chapman & Hall, 1994.

```
mannfraugroesse=mannfrau[[All,{2,4}]]; Short[mannfraugroesse]
```

{{1809,1590}, {1841,1560}, ≪ 195 ≫, {1823,1630}, {1720,1530}}

Es wurden alle 199 Zeilen, aber nur die Spalten 2 und 4, übernommen. •

17.2 Grafische Darstellung von Daten

Da der Mensch visuell präsentierte Informationen sehr viel besser erfassen kann als etwa größere Zahlentableaus, spielen grafische Werkzeuge im Rahmen der Datenanalyse eine außerordentlich wichtige Rolle. Auch Mathematica bietet hier ein bescheidenes Repertoire an, welches wir im Folgenden kurz vorstellen wollen. Dabei unterscheiden wir zwischen Grafiken für Rohdaten, welche den Datensatz Punkt für Punkt wiedergeben, siehe die Abschnitte 17.2.1 und 17.2.2, und solchen Grafiken, welche die Daten in komprimierter Form zeigen, der Fragestellung entsprechend geeignet zusammengefasst; Letztere wollen wir in Abschnitt 17.2.3 behandeln.

17.2.1 Punktgrafiken ein- und zweidimensionaler Datensätze

In diesem und im folgenden Abschnitt wollen wir uns mit der punktweisen, grafischen Darstellung von Datensätzen befassen. Punktweise heißt, dass die Grafik den Datensatz nicht in komprimierter Form darstellt, sondern tatsächlich Datenpunkt für Datenpunkt wiedergibt. Die Daten müssen dazu in Listenform vorliegen, siehe die Abschnitte 4.2 und 17.1. Der grundlegende Befehl zum Zeichnen solcher Punktmengen ist dann `ListPlot`. Der Leser erinnert sich an dieser Stelle vielleicht an Beispiel 4.3.2, wo wir uns mit der Darstellung der Bierdaten befasst haben. Ferner findet `ListPlot` seine Anwendung auch weit über die Statistik hinaus, etwa bei der Darstellung von Zahlenfolgen, siehe Abschnitt 7.3, oder bei den Beispielen zur Polynominterpolation, siehe Abschnitt 14.1.

Stellt *liste* die zu zeichnende Liste von Werten dar, so lautet die nötige Syntax schlicht **ListPlot[*liste*, *Optionen*]**. Hierbei sind zwei Fälle zu unterscheiden: Ist die gegebene Liste eindimensional, so werden die Werte der Reihe nach, beginnend an der Stelle 1 der X-Achse, aufgetragen. Die zweite Möglichkeit besteht darin, dass die Liste aus lauter Wertepaaren besteht. Dann wird die erste Komponente eines jeden Paares als X-Koordinate, die zweite als Y-Koordinate aufgefasst.

Beispiel 17.2.1.1

Betrachten wir zu beiden Situationen je ein Beispiel: Bei den Bierdaten aus Beispiel 4.3.2 handelt es sich um eine Liste einzelner, aufeinanderfolgender Werte, die durch `ListPlot` der Reihe nach aufgetragen werden:

```
bier=Import["D:\\ ...\\Bier.txt",
"List"];
ListPlot[bier, Joined-> True ,
PlotStyle -> Black]
```

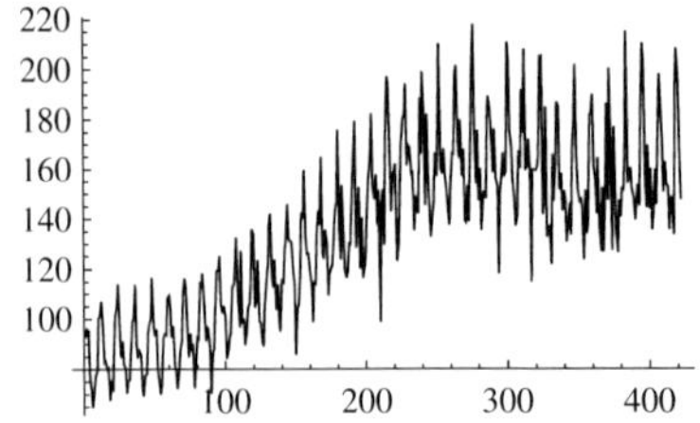

Hierbei haben wir die Option Joined (bis Version 5.2: PlotJoined) auf True gesetzt, um durch den Linienzug den Eindruck des zeitlichen Ablaufs zu verstärken. Für die Option PlotStyle sei auf Abschnitt 7.3 verwiesen, für weitere Optionen auf Abschnitt 6.2.

Bei den Mann-Frau-Daten aus Beispiel 17.1.1 dagegen könnte es interessant sein, die Körpergrößen der beiden Ehepartner punktweise gegeneinander aufzutragen, wobei hier Verbindungslinien stören würden:

```
ListPlot[mannfraugroesse,
PlotRange -> {{1600,2000}, {1400,1800}},
PlotStyle -> {Black, PointSize[0.02]}]
```

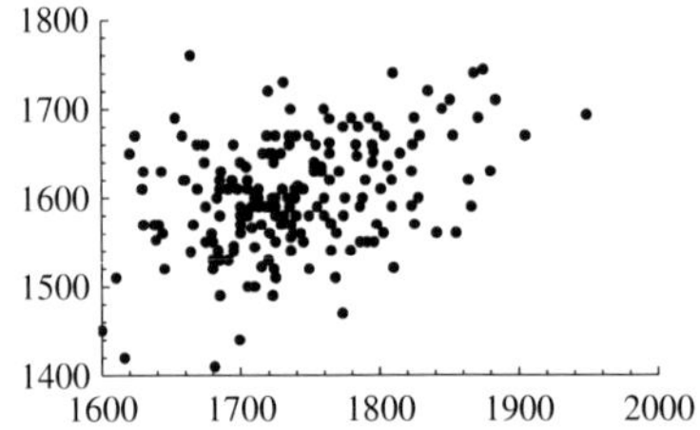

Der resultierende Scatterplot weist eine leichte Konzentration entlang der Hauptdiagonalen auf, was darauf hindeutet, dass die Merkmale Größe Mann und Größe Frau bei einem Ehepaar nicht unabhängig voneinander sind. Wir werden dies in den Beispielen 17.2.3.1 und 17.3.1 weiter untersuchen. •

Einen 3D-Scatterplot erstellt man übrigens seit Version 6.0 mit ListPointPlot3D, die Syntax ist **ListPointPlot3D[{{*x1*,*y1*,*z1*},...,}]**.

Genau wie beim Plot-Kommando aus Abschnitt 7.3.1 gibt es auch zu ListPlot Varianten, bei denen eine oder beide Achsen logarithmisch skaliert werden. Es sind dies die seit Version 6.0 fest implementierten Befehle ListLogPlot, ListLogLinearPlot und ListLogLogPlot.

Vorgängerversionen: Benutzer bis Version 5.2 benötigen für die logarithmischen Varianten von ListPlot das Paket Graphics`Graphics`, wo die Befehle, leicht abweichend zu oben, lauten: LogListPlot, LogLinearListPlot und LogLogListPlot. Dieses Paket enthält auch den Befehl ErrorListPlot für die unten zu besprechenden Grafiken mit Fehlerbalken. Ferner muss für 3D-Scatterplots ScatterPlot3D aus dem Paket Graphics`Graphics3D` verwendet werden.

Das bis Version 5.2 mitausgelieferte Paket `Graphics`Graphics`` bietet auch die Kommandos `TextListPlot` und `LabeledListPlot` an. Es sei dem Nutzer ab Version 6.0 empfohlen, dieses Paket von

`http://library.wolfram.com/infocenter/MathSource/6808`

herunterzuladen und, wie zum Ende von Abschnitt 3.5 beschrieben, in einem Ordner namens *AusWeb* abzulegen. Bei diesen beiden Befehlen kann man, genau wie bei `ListPlot`, eine Liste von Werten oder Wertepaaren angeben. Diese Liste wird dann der Reihe nach durchnummeriert ausgegeben. Bei `TextListPlot` wird an Stelle eines Punktes nur die Nummer gezeichnet, bei `LabeledListPlot` Punkt samt Nummer. Oder man gibt eine Liste von Tripeln an, dann wird das dritte Argument, welches auch ein Textwert sein kann, als Beschriftung an Stelle der Nummer verwendet. Ein Beispiel:

```
Needs["AusWeb`Graphics`"]

liste=Table[{k, √k, FromCharacterCode[64+k]}, {k,1,20}];

TextListPlot[liste];     LabeledListPlot[liste];
```

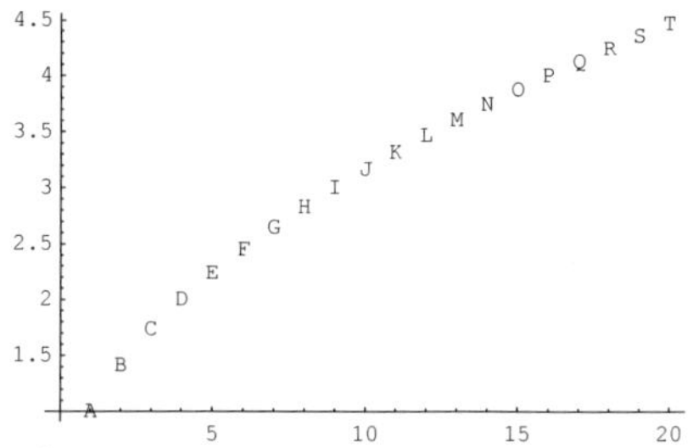

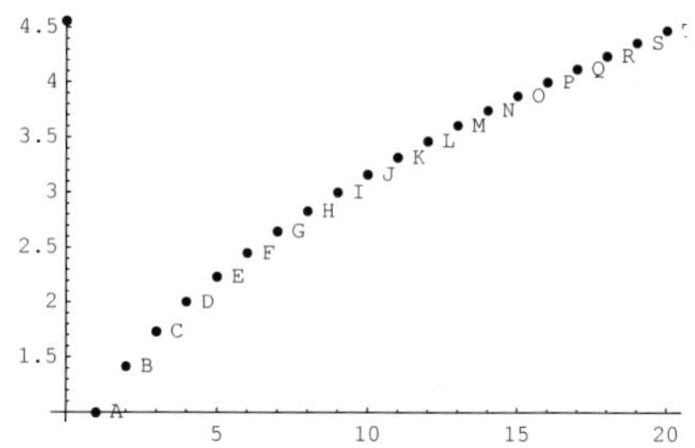

`FromCharacterCode` gibt dabei das zum Code gehörige Zeichen zurück; in umgekehrter Richtung funktioniert `ToCharacterCode`.

Der Befehl `ErrorListPlot` des Pakets `ErrorBarPlots`` schließlich erwartet eine Liste von Wertepaaren oder -tripeln, wobei der zweite bzw. dritte Wert als Länge des zu zeichnenden Fehlerbalkens interpretiert wird:

```
Needs["ErrorBarPlots`"]

ErrorListPlot[
{{2.5,0.3}, {0.7,0.5}, {1.2,0.8}, {1.7,0.4}},
PlotRange -> {{0,5}, {0,3}}]
```

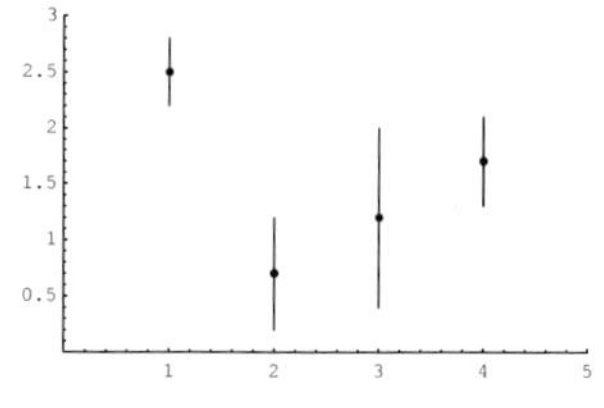

Zu guter Letzt wollen wir zu Abschnitt 6.1 zurückblicken. Dort hatten wir Grafikelemente mit Hilfe von `Show` überlagern lassen. Dies funktioniert nicht nur mit geometrischen Formen, sondern auch mit den verschiedenen `Plot`-Kommandos. So können wir etwa

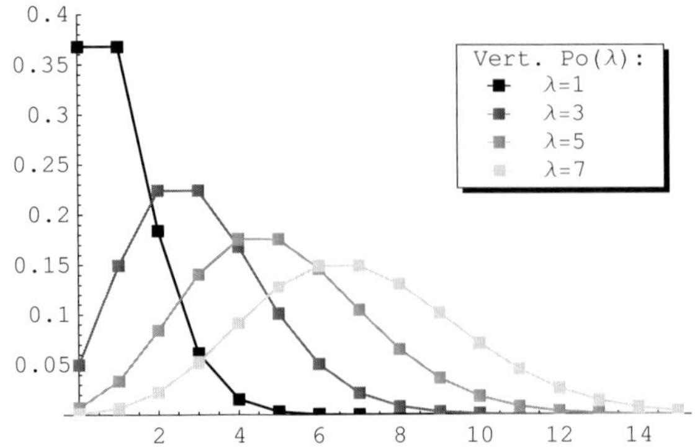

Abb. 17.1: *Poisson-Verteilung $Po(\lambda)$ für versch. Parameterwerte λ, siehe Beispiel 17.2.2.1.*

`Plot` und `ListPlot` kombinieren, was auch im Rahmen der statistischen Datenanalyse (Datensatz plus theoretische Kurve) von Interesse sein wird. Als Beispiel sei auf die Grafiken zur Polynominterpolation in Abschnitt 14.1 verwiesen.

17.2.2 Punktgrafiken mehrdimensionaler Datensätze

Seit Version 6.0 erlaubt es der `ListPlot`-Befehl, analog dem `Plot`-Befehl, auch höherdimensionale, also multivariate Datenmengen $\boldsymbol{x}_1, \ldots, \boldsymbol{x}_n \in \mathbb{R}^p$ darzustellen. Die univariaten Teildatensätze $x_{1,k}, \ldots, x_{n,k}$, $k = 1, \ldots, p$, müssen dabei in eigenen Listen abgelegt sein, d. h. gegebenfalls müssen die Daten noch transponiert werden. Anschließend kann man mit `ListPlot` diese Listen parallel ausgeben.

Beispiel 17.2.2.1

Die Poisson-Verteilung $Po(\lambda)$ mit Parameter $\lambda > 0$ ist bestimmt durch $P(X = x) = e^{-\lambda} \cdot \lambda^x / x!$, $x = 0, 1, \ldots$, siehe Beispiel 13.1. Diese kann man für verschiedene Parameterwerte zeichnen lassen:

```
dichte[x_,λ_]:=Exp[-λ] λ^x/x!;

ListPlot[Evaluate[Table[Table[{x,dichte[x,λ]}, {x,0,15}], {λ,1,7,2}]],
PlotRange -> {0,0.4}, Joined -> True,
PlotMarkers -> {{■,5},{■,5},{■,5},{■,5}},
PlotStyle -> {{Thickness[0.004],GrayLevel[0]},
{Thickness[0.004],GrayLevel[0.25]}, {Thickness[0.004],GrayLevel[0.5]},
{Thickness[0.004],GrayLevel[0.75]}}, BaseStyle -> {FontSize -> 12}]
```

Die ausgegebene Grafik entspricht der aus Abbildung 17.1, bis auf die dortige Legende. Durch die ineinandergeschachtelten `Table`-Kommandos werden vier Listen (für $\lambda = 1, 3, 5, 7$) mit je 16 Wertepaaren erzeugt, die parallel dargestellt werden. `Evaluate` stellt sicher, dass die `Table`-Kommandos ausgeführt werden, bevor `ListPlot` seine Anwendung findet. Mit **`PlotMarkers ->`** `{{`*`Symbol1, Größe1`*`},`

...} legt man die zu zeichnenden Symbole und deren Größe fest. Das Symbol ■ kann man dabei als \[FilledSquare] eintippen, siehe auch die Hilfeeinträge unter *guide/ShapesIconsAndRelatedCharacters*. Ansonsten werden nur noch Optionen aufgelistet, die wir bereits in den Abschnitten 6.2 und 7.3 besprochen haben. •

Vorgängerversionen: Zur Darstellung höherdimensionaler Datenmengen benötigt man bis Version 5.2 das Graphics`MultipleListPlot`-Paket: **MultipleListPlot[*liste1, liste2, ..., Optionen*]**. Dieses lässt sich problemlos mit dem Paket Graphics`Legend` kombinieren. Um etwa die Grafik aus Abbildung 17.1 zu erzeugen, muss der Code aus Beispiel 17.2.2.1 modifiziert werden zu:

```
MultipleListPlot[Evaluate[...],..., PlotJoined->True,
SymbolShape->{PlotSymbol[Box], ..., PlotSymbol[Box]},
SymbolStyle->{GrayLevel[0], ..., GrayLevel[0.75]}, PlotStyle->{...},
PlotLegend->{"λ=1", "λ=3", "λ=5", "λ=7"},
LegendLabel->"Vert. Po(λ):", LegendSize->{0.6,0.4},
LegendShadow->{.015,-.015}, LegendPosition->{0.3,0.1}];
```

Bisher noch nicht besprochene Optionen sind lediglich SymbolShape und SymbolStyle. Erstere legt das jeweils zu zeichnende Symbol (und optional dessen Größe) fest, etwa Box, Diamond, Star, Triangle oder Eigenkreationen via MakeSymbol. Zweitere bestimmt weitere Eigenschaften wie etwa die Farbe. Weitere Informationen hierzu sowie zu Fehlerbalken finden sich in der Hilfe: *Add-ons: Standard Packages → Graphics → MultipleListPlot.*

Leider lässt sich das seit Version 6.0 verfügbare PlotLegends`-Paket zum Erstellen einer Legende, welches wir bereits in Abschnitt 7.3.1 kennengelernt haben, nicht mit ListPlot kombinieren. Als 'manuelle' Lösung könnte man im ListPlot-Kommando aus Beispiel 17.2.2.1 zusätzlich anhängen:

```
..., Epilog->Inset[Framed[TableForm[
{{Style["—", GrayLevel[0], Bold], "λ=1"}, ...}]], {11,0.3}]
```

wobei man '—' als **[LongDash]** eingibt.

Wer mehrere Listen mit einer Legende darstellen will, dem sei empfohlen, die früheren Pakete Legend.m und MultipleListPlot.m herunter zu laden: http://library.wolfram.com/infocenter/MathSource/6818 bzw. .../6819. Werden diese etwa unter dem Pfad \AddOns\ExtraPackages\AusWeb abgelegt, so würde man die Pakete durch **Needs["AusWeb`MultipleListPlot`"]** bzw. **Needs["AusWeb`Legend`"]** laden können. Ansonsten ist vorzugehen, wie es oben im grauen Kasten unter „Vorgängerversionen" beschrieben wird.

Durch Kombination der Optionen Joined und Filling, bezüglich Letzterem siehe Abschnitt 7.3.1, kann man mehrere Listen durch einen Polygonzug verbinden und die Zwischenräume zwischen den sich so ergebenden Graphen farblich füllen lassen.

Daneben gibt es auch die standardmäßig integrierte 3D-Variante `ListPlot3D`, bei der die in einem dreidimensionalen Koordinatensystem gezeichneten Werte durch einen Flächengraphen verbunden werden. Als Argument wird eine Matrix von Z-Werten erwartet. Exakt genauso funktioniert `ListShadowPlot3D` aus dem Paket `Graphics3D.m`, siehe

`http://library.wolfram.com/infocenter/MathSource/6766`

nur dass hier wieder zusätzlich ein Schatten gezeichnet wird. Und auch die Kommandos `ListContourPlot` und `ListDensityPlot` für Konturengrafiken erwarten eine solche Matrix von Z-Werten als Argument, jetzt werden deren Werte jedoch farblich codiert, vgl. Abschnitt 7.3.3. Die 3D-Variante ist der Befehl `ListContourPlot3D`.

Vorgängerversionen: Benutzer bis Version 5.2 müssen das `FilledListPlot`-Kommando des Pakets ``Graphics`FilledPlot` `` verwenden, um die Räume zwischen den durch Polygonzüge verbundenen Daten farblich zu füllen. Ferner findet sich der Befehle `ListShadowPlot3D` im Paket ``Graphics`Graphics3D` `` bzw. `ListContourPlot3D` im Paket ``Graphics`ContourPlot3D` ``.

17.2.3 Elementare deskriptive Grafikwerkzeuge

Da Datensätze schnell so groß werden, dass sie der Mensch nicht mehr vollständig erfassen und überblicken kann, ist es eine wichtige Aufgabe der Statistik, Werkzeuge anzubieten, die den Datensatz in geeigneter Weise komprimieren, d. h. die gesamte Information des Datensatzes so reduzieren, dass bestimmte Eigenschaften leicht erkennbar werden. Dies kann durch Berechnung von Kennzahlen geschehen, siehe Abschnitt 17.3, oder durch geeignet konstruierte Grafiken. Derartige Grafiktypen finden sich seit Version 6.0 verstreut über die Pakete ``Histograms` ``, ``BarCharts` ``, ``PieCharts` `` und ``StatisticalPlots` ``. Einen Überblick bietet Tabelle 17.1, wobei Details zu Optionen bei den jeweils zugehörigen Hilfeeinträgen nachgelesen werden müssen. Wir wollen im Folgenden nur beispielhaft in dieses Repertoire hineinblicken.

Vorgängerversionen: Bis Version 5.2 sind die Grafikbefehle aus Tabelle 17.1 anders über die Pakete verteilt: ``Statistics`StatisticsPlots` `` entspricht ``StatisticalPlots` ``, verfügbar seit Version 5.0, und die übrigen Kommandos finden sich in den Pakten ``Graphics`Graphics` `` bzw. ``Graphics`Graphics3D` `` wieder.

Beispiel 17.2.3.1

Setzen wir die Analyse der Mann-Frau-Daten aus Beispiel 17.1.1 fort. Ein Histogramm der Körpergrößen der Ehemänner ist glockenförmig:

Befehl	Beschreibung
Im Paket `Histograms``:	
Histogram[*daten***]**	Erstellt Histogramm des Datenvektors *daten*. Die Kategoriengrenzen können über **HistogramCategories ->** {**x0,x1,...**} auch selbst bestimmt werden. Analog: **Histogram3D[**{{*x1*,*y1*},**...,**}**]**
Im Paket `BarCharts``:	
BarChart[*daten1***,...]**	Repräsentiert die Datenvektoren Wert für Wert als Balkendiagramm, wobei Balken zu verschiedenen Datensätzen nebeneinander gezeichnet werden. Bei **StackedBarChart[***daten1***, ...]** werden diese dagegen aufeinandergesetzt.
BarChart3D[*daten***]**	Balkengrafik der Datenmatrix *daten*, Werte werden zeilenweise abgetragen.
Im Paket `PieCharts``:	
PieChart[*daten***]**	Repräsentiert die Datenvektoren Wert für Wert durch Kreissektoren. Die Option **PieExploded ->** {{*n*, *d*}**,...,**} erlaubt es, den zum n-ten Datenwert gehörigen Sektor um den Abstand d herauszuschieben.
Im Paket `StatisticalPlots``:	
BoxWhiskerPlot[*daten***]**	Erstellt einzelnen Boxplot bei Datenvektor, spaltenweise Boxplots in einer Grafik bei Datenmatrix.
QuantilePlot[*daten1***,***daten2***]**	Erstellt Quantil-Quantil-Plot aus zwei Datenvektoren.
PairwiseScatterPlot[*daten***]**	Erstellt Scatterplotmatrix zur Datenmatrix *daten*, wobei je zwei Spalten gegeneinander aufgetragen werden.
ParetoPlot[*daten***]**	Erstellt Pareto-Diagramm des Datenvektors *daten*.
StemLeafPlot[*daten***]**	Erstellt Stamm-Blatt-Darstellung des Datenvektors *daten*.

Tabelle 17.1: *Auswahl grafischer Werkzeuge der statistischen Datenanalyse.*

```
Needs["Histograms`"]

Histogram[mannfraugroesse[[All, 1]]];
```

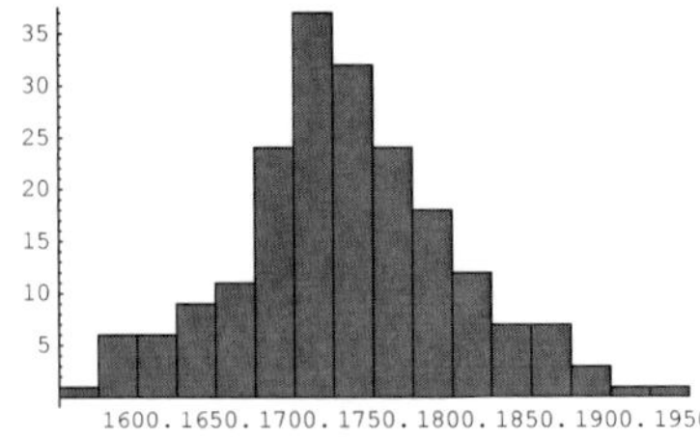

Dies führt zur Vermutung, dass eine Normalverteilung zur Modellierung geeignet sein mag. Die Symmetrie der empirischen Verteilungen kann man auch gut an den Boxplots ablesen, bei welchen die innere Linie, die den Median repräsentiert, jeweils mittig in der Box, begrenzt durch unteres und oberes Quartil, liegt:

```
Needs["StatisticalPlots`"]

BoxWhiskerPlot[mannfraugroesse];
```

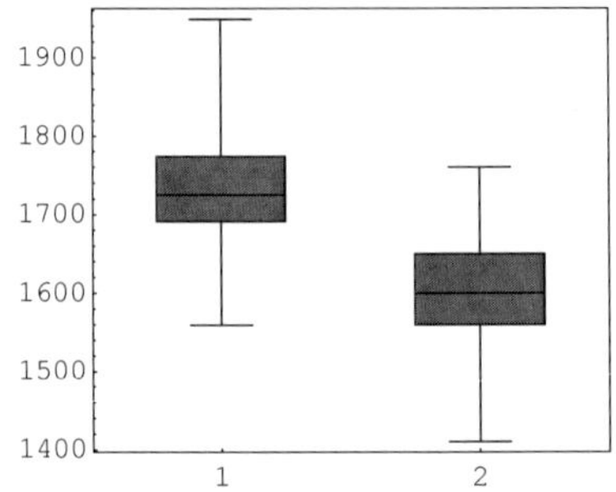

Schließlich können wir noch eine Scatterplotmatrix der kompletten, korrigierten Daten *mannfraukorr* aus Beispiel 17.1.1 erstellen. In jeder der Grafiken ist jedes der Ehepaare durch einen Punkt repräsentiert. Auf der Diagonale der Matrix wird auf beiden Achsen der Scatterplots exakt das gleiche Merkmal aufgetragen, entsprechend sammeln sich die Punkte auf der Diagonalen. Interessanter sind die Scatterplots, die neben der Diagonalen liegen: Der Scatterplot in Position (3,1) bzw. (1,3) etwa zeigt, dass das Alter der Ehepartner eine starke, lineare Abhängigkeit aufweist, d. h. kennt man das Alter des einen Partners, kann man das des anderen gut vorhersagen, wobei sich eine lineare Funktion als Vorhersagefunktion anbietet. Diese könnte man mittels der in Abschnitt 17.6 zu besprechenden Regressionsanalyse bestimmen.

```
PairwiseScatterPlot[mannfraukorr];
```

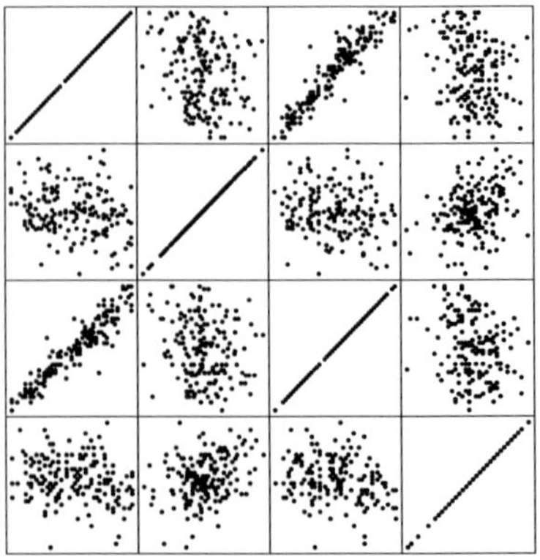

Auch wird im Scatterplot (4,2) bzw. (2,4) ein, wenn auch deutlich schwächer ausgeprägter, positiver Zusammenhang erkennbar: Größere Frauen bevorzugen tendenziell auch größere Männer und umgekehrt. Dies ist gerade der Scatterplot aus Beispiel 17.2.1.1. Die übrigen Kombinationen dagegen lassen eine leichte negative Abhängigkeit erkennen, d. h. fortgeschrittenes Alter scheint mit tendenziell geringerer Körpergröße einherzugehen. Wir werden diese Abhängigkeiten in Beispiel 17.3.1 weiter untersuchen. •

Auch das Analogon zum Histogramm bei bereits diskreten Daten, die *Häufigkeitstabelle*, ist verfügbar: Bis Version 5.2 im Paket `Statistics`DataManipulation`` als **Frequencies[*daten*]**, seither standardmäßig als **Tally[*daten*]**.

Beispiel 17.2.3.2

Als ein zweites Beispiel untersuchen wir folgende Daten[2] zum Steueraufkommen (in Mrd. Euro) in Deutschland aus dem Jahre 2004:

```
steuern={{"Eink", "Gew", "Ums", "Min", "sonst"}, {159.1, 28.4, 137.4,
41.8, 76.1}}; steuern //TableForm
```

Eink	Gew	Ums	Min	sonst
159.1	28.4	137.4	41.8	76.1

Die Kürzel der ersten Tabellenzeile stehen dabei für Einkommens-/Körperschaftssteuer, Gewerbesteuer, Umsatzsteuer, Mineralölsteuer und sonstige Steuereinnahmen. Wir wollen diesen kleinen Datensatz mit Hilfe von Balken- und Kreisdiagramm visualisieren. Dabei entnehmen wir jeweils die eigentlichen Daten der zweiten Zeile, die Beschriftungen der ersten:

```
Needs["BarCharts`"]; Needs["PieCharts`"]

BarChart[steuern[[2]], BarLabels -> steuern[[1]]];

PieChart[steuern[[2]], PieLabels -> steuern[[1]], PieExploded -> {{4, 0.25}}];
```

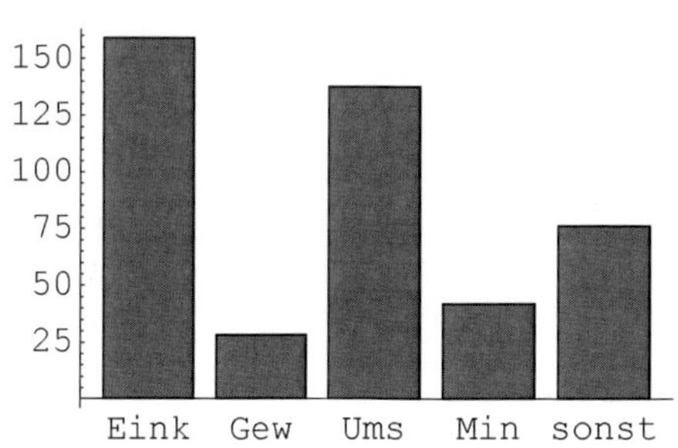

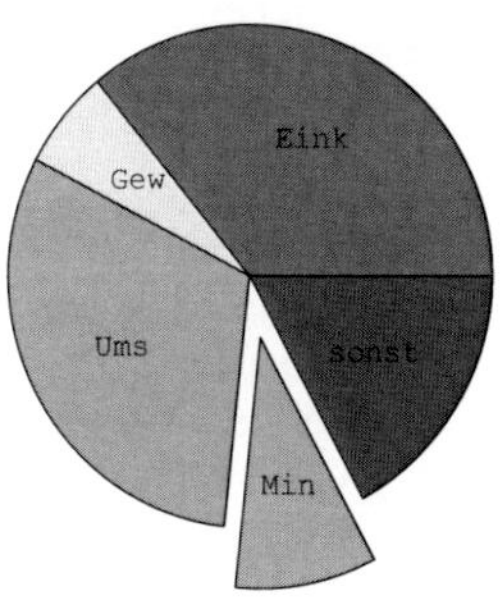

[2] Aus: *Deutschland in Zahlen 2006*, Institut der deutschen Wirtschaft, Köln, S. 68.

Hierbei haben wir den zur Mineralölsteuer (Wert Nr. 4) gehörigen Sektor um ein Viertel herausgeschoben, siehe auch Tabelle 17.1. •

17.3 Deskriptive und explorative Statistik

Mathematica bietet eine große Auswahl an Funktionen deskriptiver Datenanalyse, die es erlauben, die empirischen Gegenstücke zu den theoretischen Kenngrößen der Tabelle 13.3 zu berechnen, also empirische Mittelwerte, Streuungskennzahlen, etc. Seit Version 6.0 sind die meisten dieser Funktionen fest implementiert, wobei nicht mehr zwischen univariaten und multivariaten Daten unterschieden werden muss. Lediglich einige ausschließlich multivariate Funktionen sind nur über das neue Paket `MultivariateStatistics`` verfügbar.

Vorgängerversionen: Mit Ausnahme von **`Commonest[`*`daten`*`]`**, bis Version 5.2 war dies **`Mode[`*`daten`*`]`**, können auch Nutzer früherer Versionen als 6.0 die Funktionen aus Tabelle 17.2 (und einige mehr) verwenden, müssen dazu aber u. U. eines der Pakete `Statistics`DescriptiveStatistics`` oder `Statistics`MultiDescriptiveStatistics`` laden. Der Unterschied zwischen diesen beiden Paketen ist zunächst nur folgender: Im ersten Fall müssen die Daten univariat sein und in Form einer eindimensionalen Liste vorliegen, im zweiten Fall ist auch eine Datenmatrix erlaubt. Ferner bietet `Statistics`MultiDescriptiveStatistics`` auch die Funktionen des Pakets `MultivariateStatistics`` an.

Beispiel 17.3.1

Betrachten wir erneut die Körpergrößedaten aus Beispiel 17.1.1 und berechnen ein paar Kenngrößen:

```
N[Mean[mannfraugroesse]]                      {1732.49, 1601.95}

N[StandardDeviation[mannfraugroesse]]         {68.7507, 62.435}

N[Skewness[mannfraugroesse]]                  {0.118173, -0.113985}

N[Kurtosis[mannfraugroesse]-3]                {0.217769, 0.141329}
```

Wie nicht weiter überraschend, sind die Männer im Mittel etwa 13 cm größer als ihre Gemahlinnen, allerdings streuen ihre Größenwerte auch etwas stärker. Schiefe und Exzess liegen in beiden Fällen sehr nahe bei 0, so dass die Modellierung mit einer Normalverteilung denkbar scheint, siehe auch Beispiel 17.2.3.1.

Setzen wir nun die Untersuchung aus Beispiel 17.2.3.1 zur Abhängigkeit der Alters- und Größenmerkmale der Ehepaare fort.

Befehl	Beschreibung
Mean[*daten***]**	Arithmetisches Mittel der Liste oder Datenmatrix *daten*. Analog: **GeometricMean[***daten***]**, **HarmonicMean[***daten***]**.
TrimmedMean[*daten***,** $\{\alpha,\beta\}$**]**	Getrimmtes Mittel der Liste oder Datenmatrix *daten*, wobei die $\alpha \cdot 100\,\%$ kleinsten und $\beta \cdot 100\,\%$ größten Werte (je Spalte) ausgeschlossen werden.
Quantile[*daten*,α**]**	Empirisches α-Quantil der Liste oder Datenmatrix *daten*. Speziell: **Median[***daten***]** als 50 %-, und **Quartiles[***daten***]** als 25 %- und 75 %-Quantil.
Commonest[*daten***]**	Modus der Liste oder Datenmatrix *daten*.
Variance[*daten***]**	Empirische Varianz der Liste oder Datenmatrix *daten*.
StandardDeviation[*daten***]**	Standardabweichung der Liste oder Datenmatrix *daten*.
InterquartileRange[*daten***]**	Quartilsabstand (IQR) der Liste oder Datenmatrix *daten*.
CentralMoment[*daten***,***k***]**	k-tes empirisches Zentralmoment der Liste oder Datenmatrix *daten*.
Skewness[*daten***]**	Schiefe der Liste oder Datenmatrix *daten*.
Kurtosis[*daten***]**	4. standardisiertes Zentralmoment der Liste oder Datenmatrix *daten*.
Covariance[*daten1***,***daten2***]**	Empirische Kovarianz zwischen den *gleichlangen* Listen *daten1,2*. Auch **Covariance[***daten***]** für Kovarianzmatrix der Datenmatrix *daten*.
Correlation[*daten1***,***daten2***]**	Empirische Korrelation zwischen den *gleichlangen* Listen *daten1,2*. Auch **Correlation[***daten***]** für Korrelationsmatrix der Datenmatrix *daten*. Ferner rangbasierte Korrelationen **SpearmanRankCorrelation[***daten1***,** *daten2***]** und **KendallRankCorrelation[***daten1***,***daten2***]** über das Paket `MultivariateStatistics`` verfügbar.

Tabelle 17.2: *Auswahl wichtiger empirischer Kenngrößen.*

```
korrmat=
N[Correlation[mannfraukorr]];
korrmat //MatrixForm
```

$$\begin{pmatrix} 1. & -0.228646 & 0.93856 & -0.19619 \\ -0.228646 & 1. & -0.160658 & 0.30642 \\ 0.93856 & -0.160658 & 1. & -0.209706 \\ -0.19619 & 0.30642 & -0.209706 & 1. \end{pmatrix}$$

Die in Beispiel 17.2.3.1 grafisch aufgedeckten positiven und negativen Abhängigkeiten lassen sich auch gut an der Korrelationsmatrix ablesen, insbesondere das hohe Maß an linearer Abhängigkeit zwischen den Altersvariablen. Gerade bei großen Korrelationsmatrizen kann auch der in Abschnitt 7.1 diskutierte Befehl `MatrixPlot` sinnvoll eingesetzt werden, um einen schnellen Überblick über die (lineare) Abhängigkeitsstruktur zu erhalten:

```
MatrixPlot[korrmat,
ColorFunction -> (GrayLevel[Abs[1-#]]&)]
```

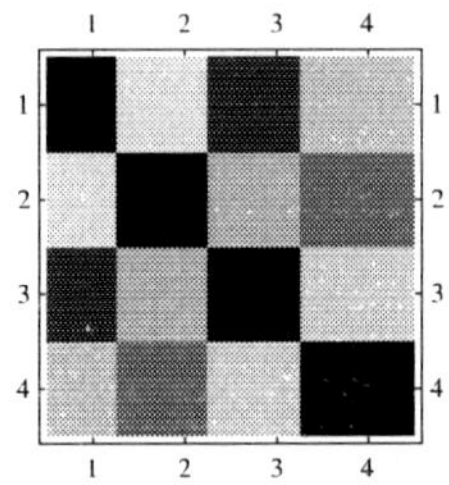

Hierbei werden hohen Absolutwerten an Korrelation dunkle Grautöne und umgekehrt zugeordnet.

Will man einen Linienplot der Datenspalten erstellen, um analog zu Beispiel 4.3.2 auf serielle Abhängigkeiten hin zu untersuchen, muss man die Daten spaltenweise auswerten. Für die Körpergrößen der Frauen muss der Leser z. B. **`ListPlot[mannfraugroesse[[All,2]], Joined -> True]`** ausführen (bis Vers. 5.2: `PlotJoined`). Alternativ könnte man auch **`Transpose[mannfraugroesse][[2]]`** schreiben, welches die Daten zuerst transponiert, so dass die resultierenden zwei inneren Listen dann jeweils eine der ursprünglichen Spalten umfassen. •

Ausblick: Auf Seiten explorativer Datenwerkzeuge ist insbesondere das seit Version 5.1 verfügbare Paket `Statistics`ClusterAnalysis`` (bis Version 5.2) bzw. `HierarchicalClustering`` (seit Version 6.0) zur Clusteranalyse zu erwähnen, welches u. a. die Befehle `FindClusters` zum Partitionieren von Daten und `DendrogramPlot` zum Erzeugen von Dendrogrammen anbietet. Aus Platzgründen muss auf den entsprechenden Hilfeeintrag *Add-ons: Standard Packages* → *Statistics* → *ClusterAnalysis* (bis Version 5.2) bzw. *HierarchicalClustering/tutorial/HierarchicalClusteringPackage* (seit Version 6.0) verwiesen werden.

17.4 Parameterschätzung und Konfidenzintervalle

Während deskriptive Statistik versucht, einen vorliegenden Datensatz zu beschreiben, und explorative Statistik, in einem solchen auffällige Muster zu entdecken, strebt die induktive Statistik nach allgemeingültigen Aussagen, über den konkreten Datensatz

Befehl	Beschreibung
MeanCI[*daten***]**	Konfidenzintervall für Erwartungswert, basierend auf t-Verteilung, mit **KnownVariance -> ***s0* auf Normalverteilung.
MeanDifferenceCI[*daten1***,** *daten2***]**	Konfidenzintervall für $\mu_1 - \mu_2$ beruhend auf Welch-Approximation. Bei optionalem Argument **EqualVariances -> True** beruhend auf exakter t-Verteilung, bei **KnownVariance ->** {*s01, s02*} auf Normalverteilung.
VarianceCI[*daten***]**	Konfidenzintervall für σ^2 beruhend auf χ^2-Verteilung.
VarianceRatioCI[*daten1***,** *daten2***]**	Konfidenzintervall für σ_1^2/σ_2^2 beruhend auf F-Verteilung.
NormalCI[*mw***,** *sigma0***]**	Konfidenzintervall für μ basierend auf Schätzwert *mw* und bekannter Standardabweichung σ_0. Analog: StudentTCI, ChiSquareCI, FRatioCI.

Tabelle 17.3: *Konfidenzintervalle für Erwartungswert- und Varianzschätzer.*

hinaus. Daten werden gezielt erhoben und als Realisation eines dahinterliegenden Zufallsphänomens begriffen, über welches letztlich Erkenntnisse gewonnen werden sollen. Die Kenntnis des Zufallsphänomens würde dann z. B. Prognosen bzgl. zukünftiger Realisationen erlauben. Zu diesem sehr umfangreichen Teilgebiet der Statistik bietet Mathematica Verfahren, welche sich grob in drei Gruppen einteilen lassen: Konfidenzintervalle (Abschnitt 17.4), statistische Testverfahren (Abschnitt 17.5) und Regression (Abschnitt 17.6). Darüber hinaus bringt Mathematica durch sein umfangreiches Reservoir an mathematischen Funktionalitäten und durch die Pakete zur theoretischen Statistik, siehe Abschnitt 13, alle Voraussetzungen mit, um eigenständig weitere Verfahren induktiver Statistik zu implementieren.

In diesem Abschnitt wollen wir uns mit Fragen der Parameterschätzung auseinandersetzen. Konnte man beispielsweise mit Hilfe von Histogramm und Quantilplot, siehe Tabelle 17.1, eine Normalverteilungsannahme bzgl. eines bestimmten Datensatzes bestätigen, so wird man in einem nächsten Schritt daran interessiert sein, die noch fehlenden Parameter der Normalverteilung, dies sind Erwartungswert und Varianz, zu schätzen. Prinzipiell bieten sich hierfür das arithmetische Mittel und die empirische Varianz an, siehe Abschnitt 17.3. Nachteil dieser *Punktschätzungen* ist es aber, dass sie keinerlei Auskunft über die Verlässlichkeit der Schätzung geben. Deshalb sollte eine Punktschätzung stets um eine *Bereichsschätzung*, also ein *Konfidenzintervall*, ergänzt werden. Die Berechnung von Konfidenzintervallen für Erwartungswert und Varianz normalverteilter Stichproben ist bei Mathematica über die Pakete `Statistics`ConfidenceIntervals`` (bis Version 5.2) bzw. `HypothesisTesting`` (seit Version 6.0) implementiert, siehe Tabelle 17.3. Diese Intervalle sind eigentlich allesamt auf normalverteilte Zufallsvariablen beschränkt, wobei Dank des zentralen Grenzwertsatzes auch eine Anwendung auf genügend große Datensätze anderer Verteilungen möglich ist.

Beispiel 17.4.1

Betrachten wir erneut die Mann-Frau-Daten aus Beispiel 17.3.1. Wir hatten festgestellt, dass beide Größendatensätze zumindest näherungsweise normalverteilt scheinen. Deshalb können wir die bei Mathematica implementierte Schätzung eines Konfidenzintervalls für den Erwartungswert der Männergröße ausführen lassen:

```
Needs["HypothesisTesting`"]

MeanCI[mannfraugroesse[[All,1]], ConfidenceLevel -> 0.99]

{1719.82, 1745.17}
```

Mit 99 % Sicherheit können wir also darauf vertrauen, dass die mittlere Körpergröße von Männern zwischen 1,71982 m und 1,74517 m liegt. •

17.5 Statistische Testverfahren und ANOVA

Statistische Testverfahren prüfen an Hand eines Datensatzes eine Hypothese über die dahinterliegende Grundgesamtheit. Dabei wird eine Teststatistik berechnet, die bei Zutreffen der Hypothese eine gewisse Eigenschaft erfüllen müsste. Ist diese Eigenschaft nun aber signifikant verletzt, so scheint die Hypothese, auf der diese Eigenschaft beruht, doch nicht zuzutreffen, sollte also abgelehnt werden. Auf diese Weise ist man zu einer klaren Entscheidung gelangt. Unangenehmer ist es, wenn man die Hypothese nicht ablehnen kann, denn Nichtablehnung ist nicht mit Zustimmung, sondern nur mit 'Stimmenthaltung' gleichzusetzen. Wir wollen die über das Paket `HypothesisTesting`` mitgelieferten statistischen Testverfahren vorstellen, welche in Tabelle 17.4 zusammengefasst sind. Diese sind eigentlich allesamt auf normalverteilte Zufallsvariablen beschränkt, wobei Dank des zentralen Grenzwertsatzes auch eine Anwendung auf genügend große Datensätze anderer Verteilungen möglich ist. Neben diesen Ein- und Zweistichprobenverfahren sind über das Paket `ANOVA`` auch die Mehrstichprobenverfahren der Varianzanalyse verfügbar, auf welche wir ebenfalls in diesem Abschnitt eingehen wollen.

Vorgängerversionen: Benutzer bis Version 5.2 werden in folgenden Paketen fündig: `Statistics`HypothesisTests`` bzw. `Statistics`ANOVA``, die Syntax der Befehle ist aber unverändert.

Beispiel 17.5.1

Betrachten wir erneut die Mann-Frau-Daten der Beispiele 17.3.1 und 17.4.1. Wir hatten festgestellt, dass beide Größendatensätze zumindest näherungsweise normalverteilt scheinen. Deshalb können wir jeweils die bei Mathematica implementierten Einstichprobenverfahren anwenden, *nicht* aber die Zweistichprobenverfahren, da

Befehl	Beschreibung
MeanTest[*daten,mu0***]**	Einstichproben-t-Test des Datenvektors *daten* bzgl. des hypothetischen Erwartungswertes μ_0. Mit dem optionalen Argument **KnownVariance ->** *s0* kann man im Falle bekannter Varianz stattdessen den Gauß-Test durchführen lassen.
MeanDifferenceTest[*daten1,daten2,delta***]**	Welch-Test zur Hypothese $\mu_1 - \mu_2 = \delta$. Bei optionalem Argument **EqualVariances -> True** wird der Zweistichproben-t-Test ausgeführt, bei **KnownVariance ->** {*s01,s02*} der Gauß-Test.
VarianceTest[*daten,s0***]**	χ^2-Test der Hypothese $\sigma^2 = s0$.
VarianceRatioTest[*daten1,daten2,f0***]**	F-Test der Hypothese $\sigma_1^2/\sigma_2^2 = f0$.
NormalPValue[*stat,* **TwoSided -> True]**	Der zum realisierten Wert *stat* einer standardnormalverteilten Teststatistik gehörige zweiseitige p-Wert. Lässt man die Option TwoSided weg, wird der einseitige p-Wert berechnet. Analog: **StudentTPValue[***stat,n***]**, **ChiSquarePValue[***stat, n***]**, **FRatioPValue[***stat,m,n***]**.

Tabelle 17.4: Elementare statistische Testverfahren.

zwischen den beiden Teilstichproben (Ehepaare!) offensichtlich Abhängigkeit besteht.

Nehmen wir an, zu testen wäre die Nullhypothese, dass Männer im Mittel 1,75 m groß sind. Da wir die Varianz nicht als bekannt voraussetzen können, ist der Einstichproben-t-Test das Mittel der Wahl:

```
Needs["HypothesisTesting`"]

MeanTest[mannfrau[[All,1]], 1750, TwoSided -> True, FullReport -> True]

{FullReport →  Mean      TestStat   Distribution
               1732.49   -3.59232   StudentTDistribution[198]  ,
TwoSidedPValue → 0.000413482}
```

Ohne **FullReport -> True** würde nur der p-Wert ausgegeben, der aber nur die Information wiedergibt, dass die von uns formulierte Hypothese abzulehnen ist: Lediglich mit einer Wahrscheinlichkeit von 0,0413482 % dürfte, würde die Hypothese zutreffen, die Teststatistik einen solchen Wert wie beobachtet (−3,59232) oder gar einen noch extremeren annehmen. Eine Betrachtung des Mittelwertes 1732,49 lässt erahnen, dass Männer wohl eher kleiner sind als vermutet. Ein wesentlich leichter interpretierbares Resultat liefert das Konfidenzintervall aus Beispiel 17.4.1: Dieses zeigt ebenfalls, dass der hypothetische Wert von 1,75 m abwegig war, denn er liegt nicht im berechneten Intervall (1,71982; 1,74517). Zusätzlich erkennen wir aber, wo der wahre Wert vermutlich tatsächlich liegt, nämlich in besagtem Intervall. •

Hat man mehr als nur zwei unabhängige Stichproben gegeben und will die Hypothese gleicher Erwartungswerte untersuchen, so ist man auf die Varianzanalyse des Pakets `ANOVA``, Befehl `ANOVA`, angewiesen. Analog zum Zweistichproben-t-Test muss auch hier vorausgesetzt werden, dass jede Teilstichprobe in sich ebenfalls unabhängig und normalverteilt mit gleichen Varianzen ist. Ferner muss folgendes Datendesign eingehalten werden: Bei einer k-faktoriellen ANOVA müssen die ersten k Datenspalten die Faktorcodes enthalten, die $(k+1)$-te Spalte die jeweiligen Messwerte, wie im Beispiel 17.5.2 unten. Wurden die Daten dann entsprechend in einer zweidimensionalen Liste *daten* arrangiert, so ist das weitere Vorgehen simpel:

ANOVA[*daten***]**	für $k = 1$, wobei auch Optionen möglich,
ANOVA[*daten*, *effekte*, *faktoren***]**	für $k \geq 2$, wobei auch Optionen möglich.

Auf mögliche Optionen gehen wir in Beispiel 17.5.2 ein. Für $k \geq 2$ müssen wir als drittes Argument eine Liste mit den Namen der Faktoren angeben, z. B. {**A,B,C**}. Mit diesen Bezeichnungen können wir nun die zu berücksichtigenden Effekte formulieren, etwa {**A,B,C,A*C,A*B*C**}: Es sollen also die drei Haupteffekte plus zwei Interaktionseffekte untersucht werden. Will man ein vollfaktorielles Design erreichen, schreibt man kurz {**A,B,C,All**}. Betrachten wir ein Beispiel:

Beispiel 17.5.2

Die forstwirtschaftliche Fakultät der Ludwig-Maximilians-Universität München untersuchte die Wirkung von Beregnung und Kalkung auf den pH-Wert des Waldbodens. Dabei wurden zwei Kalkungsarten 'ja' (=zusätzliche Kalkung) und 'nein' (=keine zusätzliche Kalkung) sowie drei Beregnungsarten 'keine' (=keine zusätzliche Beregnung), 'sauer' (=zusätzliche saure Beregnung) und 'normal' (=zusätzliche normale Beregnung) betrachtet. Entsprechend der sechs Kombinationsmöglichkeiten wurden sechs Parzellen gebildet, auf denen je eine dieser Möglichkeiten getestet wurde. Gemessen wurden die pH-Werte der dritten Spalte der Datei `ph.txt`, entnommen aus Weiß (2006), in den zwei ersten Spalten finden sich die jeweiligen Faktorcodes der oben genannten Faktoren Kalkung und Beregnung.

```
ph=Import["D:\\...\\ph.txt", "Table"]; Short[ph]
```

```
{{ja,keine,7.17}, ≪ 94 ≫, {nein,normal,3.85}}
```

Der Leser sei dazu aufgefordert zu prüfen, ob die Annahme gleicher Varianzen und der Normalverteilung tatsächlich gerechtfertigt ist. Anschließend können wir nun die Fragestellung untersuchen, ob die beiden Faktoren einen Einfluss auf den mittleren pH-Wert nehmen, d. h. wir prüfen mittels zweifaktorieller ANOVA die Hypothese, dass alle Haupt- und Interaktionseffekte identisch 0 sind (also doch keinen Einfluss nehmen). Dazu führen wir folgende Zeilen aus:

```
Needs["ANOVA`"]

ANOVA[ph, {kalk,regen,All}, {kalk,regen}, CellMeans -> False]
```

		DF	SumOfSq	MeanSq	FRatio	PValue
ANOVA →	kalk	1	196.282	196.282	1173.36	0.
	regen	2	3.17533	1.58767	9.49093	0.000181959
	kalk regen	2	2.18406	1.09203	6.52808	0.0022521
	Error	90	15.0554	0.167282		
	Total	95	216.697			

Das Resultat wird in Form einer ANOVA-Tafel ausgegeben, siehe Weiß (2006). In der letzten Spalte erkennen wir, dass alle drei p-Werte sehr klein, also alle drei Teilhypothesen abzulehnen sind. Hätten wir die Option `CellMeans` nicht deaktiviert, wäre zusätzlich noch eine Tabelle aller Teilstichprobenmittel ausgegeben worden; der Leser probiere dies aus.

Wollen wir die ANOVA auf die Haupteffekte beschränken, so erhielten wir

```
ANOVA[ph, {kalk,regen}, {kalk,regen}, CellMeans -> False]
```

		DF	SumOfSq	MeanSq	FRatio	PValue
ANOVA →	kalk	1	196.282	196.282	1047.47	0.
	regen	2	3.17533	1.58767	8.47272	0.000419397
	Error	92	17.2395	0.187386		
	Total	95	216.697			

Schließlich können wir auch eine Reihe von Post-Hoc-Tests durchführen lassen, z. B. die von Tukey und Bonferroni auf einem Signifikanzniveau von 1 %:

```
ANOVA[ph, {kalk,regen,All}, {kalk,regen}, CellMeans -> False,
PostTests -> {Tukey,Bonferroni}, SignificanceLevel -> .01]
```

```
                               Bonf.  {ja,nein}            Bonf.  {keine,normal}
{..., PostTests → {kalk →                        , regen →                        }}
                               Tukey  {ja,nein}            Tukey  {keine,normal}
```

Beide gelangen zum gleichen Resultat, nämlich dass sowohl Kalkung ja–nein als auch Beregnung keine–normal zu einem signifikanten Effekt auf den Erwartungswert führt. •

Weiterführende Informationen ... zur ANOVA mit zahlreichen Beispielen zur Modellspezifikation findet der Leser in der Hilfe: *Add-ons: Standard Packages* → *Statistics* → *ANOVA* (bis Version 5.2) bzw. *ANOVA/tutorial/ANOVA* (seit Version 6.0).

Befehl	Beschreibung
Regress[*daten*, {*f1(x)*,...}, *x*]	An die Liste *daten* von Datenpaaren (x_i, y_i) wird ein lineares Regressionsmodell $y(x) = \beta_0 + \beta_1 \cdot f_1(x) + \ldots$ angepasst. Mit **IncludeConstant -> False** kann man $\beta_0 := 0$ setzen. Die Ausgabe kann über **RegressionReport ->** {*Opt1*,...} festgelegt werden, wobei `ParameterTable`, die R^2-Werte `RSquared` und `AdjustedRSquared`, die mittlere Residuenquadratsumme `EstimatedVariance` und `ANOVATable` voreingestellt sind. Auch: `FitResiduals` (Liste geschätzte Residuen), `ParameterCITable` (mit Konfidenzintervall für Parameter), u. v. m.
Fit[*daten*, {*f1(x)*,...}, *x*]	Gibt das angepasste lineare Regressionsmodell $y(x) = \beta_0 + \beta_1 \cdot f_1(x) + \ldots$ aus.
NonlinearRegress[*daten*, *f(x; a1,a2,...)*, {*a1,a2*,...}, *x*]	An die Liste *daten* von Datenpaaren (x_i, y_i) wird ein Regressionsmodell $y(x) = f(x; a_1, a_2, \ldots)$ angepasst, wobei die Parameter $a_1, a_2, \ldots$ zu schätzen sind. Die Ausgabe kann über **RegressionReport ->** {*Opt1*,...} festgelegt werden, wobei u. a. `ANOVATable` und `ParameterCITable` voreingestellt sind.
FindFit[*daten*, *f(x; a1,a2,...)*, {*a1,a2*,...}, *x*]	Analog `NonlinearRegress`, schätzt aber lediglich die Parameter und gibt diese als Liste von Regeln zurück.

Tabelle 17.5: *Anpassung von Regressionsmodellen.*

17.6 Regressionsanalyse

Hat man, ähnlich wie in den Beispielen 17.2.3.1. und 17.3.1 beim Alter der Ehepartner, eine starke Abhängigkeit zwischen Merkmalen festgestellt, so liegt es nahe zu versuchen, diese Abhängigkeit durch ein Modell zu beschreiben, welches einem bei der Interpretation und Prognose dieses Phänomens hilfreich sein kann. Eine solche Modellanpassung kann man durch eine Regressionsanalyse erreichen, zu welcher uns Mathematica auch Hilfestellung gibt, linear oder auch nichtlinear. Wir wollen uns zu Beginn dieses Abschnitts das Paket `LinearRegression`` vornehmen, welches die Anpassung eines linearen Regressionsmodells an eine gegebene Menge von Datenpaaren erlaubt. Der dabei wesentliche Befehl `Regress` ist in Tabelle 17.5 erläutert.

Vorgängerversionen: Benutzer bis Version 5.2 benötigen für die lineare Regression das Paket `Statistics`LinearRegression``, für nichtlineare Regression dagegen das Paket `Statistics`NonlinearFit``. Letzteres umfasst die Befehle `NonlinearRegress` und `NonlinearFit`, wobei die Funktionalität von `NonlinearFit` mit Version 6.0 in den Befehl `FindFit` integriert wurde.

Weiterführende Informationen ... zur Regression findet der Leser in den Hilfeeinträgen *Add-ons: Standard Packages → Statistics → LinearRegression* und *NonlinearFit* (bis Version 5.2) bzw. *LinearRegression/tutorial/LinearRegression* und *NonlinearRegression/tutorial/NonlinearRegression* (seit Version 6.0).

Beispiel 17.6.1

Im Rahmen eines Experimentes wurde die Abnutzung von Reifen mit zwei unterschiedlichen Methoden, der Methode X ('weight method') und der Methode Y ('groove method'), untersucht. Jeder Reifentyp wurde beiden Methoden unterzogen, so dass der Datensatz `Reifen.txt`[3] mit insgesamt 16 Wertepaaren resultiert.

```
Needs["LinearRegression`"]
```

```
reifen=Import["C:\\...\\Reifen.txt", "Table"]; Short[reifen]
```

```
{{459,357}, {419,392}, {375,311}, ≪11≫, {137,115}, {114,112}}
```

Ein `ListPlot` der Daten zeigt, dass zwischen beiden Methoden ein linearer Zusammenhang zu bestehen scheint. Entsprechend versuchen wir ein Modell der Form $y(x) = \beta_0 + \beta_1\, x$ anzupassen:

```
Regress[reifen, {x}, x]
```

```
                     Estimate   SE          TStat      PValue
ParameterTable -> 1  13.5059    21.0476     0.641682   0.531446      ,
                  x  0.790212   0.0710387   11.1237    2.46 × 10^-8
RSquared -> 0.898357, AdjustedRSquared -> 0.891096, ...
```

```
Fit[reifen, {1,x}, x]
```

```
13.5059+0.790212 x
```

Man beachte, dass man bei `Fit` den konstanten Term als Funktion '1' extra erwähnen muss. Die geschätzten Modellparameter finden sich auch in der zuvor ausgegebenen Tabelle wieder. Die R^2-Werte sprechen für ein akzeptables Modell, die p-Werte der individuellen Parameter legen dagegen den Schluss nahe, dass $\hat{\beta}_0$ nicht signifikant von 0 abweicht und damit evtl. verzichtbar ist. Entsprechend versuche der Leser, das vereinfachte Modell $y(x) = \beta_1\, x$ an die Daten anpassen zu lassen, dazu ist **`Regress[reifen, {x}, x, IncludeConstant->False]`** auszuführen. Die entsprechende Modellfunktion ist:

```
Fit[reifen, {x}, x]                          0.833532 x
```

[3] Aus: NATRELLA, M.G.: *Experimental Statistics*. National Bureau of Standards Handbook 91, 1963.

Vergleichen wir abschließend beide Modelle grafisch miteinander:

```
Show[
ListPlot[reifen, PlotRange -> {{100,500},
{100,400}}, PlotStyle -> PointSize[0.025]],
Plot[Evaluate[Fit[reifen, {1,x}, x]],
{x,100,500}],
Plot[Evaluate[Fit[reifen, {x}, x]],
{x,100,500}, PlotStyle -> {GrayLevel[0.5]}]]
```

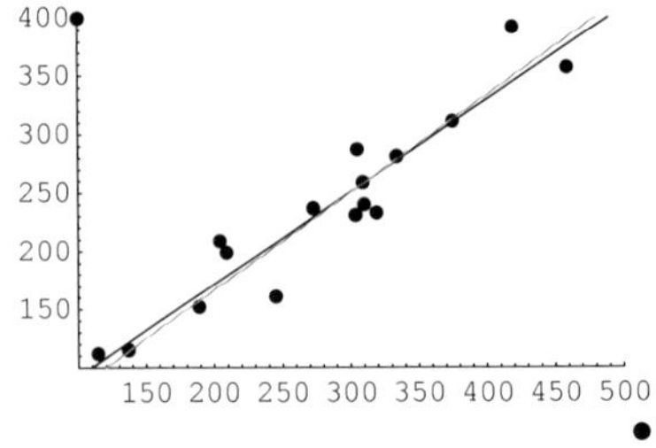

Daneben bietet Mathematica auch die Möglichkeit, nichtlineare Modelle anzupassen, nämlich mit Hilfe des Befehls `NonlinearRegress` des Pakets `NonlinearRegression`` sowie des fest implementierten Befehls `FindFit`.

Beispiel 17.6.2

Die Datei `Kupfer.txt`[4] enthält 236 Datenpaare, welche die thermische Ausdehnung von Kupfer in Abhängigkeit von der Temperatur, gemessen in K, beschreiben.

```
kupfer=Import["D:\\...\\Kupfer.txt", "Table"]; Short[kupfer]
```

```
{{24.41,0.591}, {34.82,1.547}, ≪ 233 ≫, {848.23,20.935}}
```

Wenn der Leser via **`ListPlot[kupfer]`** einen Scatterplot der Daten erstellt, wird er feststellen, dass zwischen beiden Merkmalen eine sehr starke, nichtlineare Abhängigkeit besteht. Wir wollen nun versuchen, den Daten ein rationales Modell der Form

$$f(x; a_1, \ldots, b_3) \;:=\; \frac{a_0 + a_1 \cdot x + a_2 \cdot x^2 + a_3 \cdot x^3}{1 + b_1 \cdot x + b_2 \cdot x^2 + b_3 \cdot x^3}$$

anzupassen. Dies erreichen wir wie folgt:

```
FindFit[kupfer, (a0+a1 x+a2 x^2+a3 x^3)/(1+b1 x+b2 x^2+b3 x^3), {a0,a1,a2,a3,b1,b2,b3}, x,
MaxIterations -> 1000]
```

```
{a0 -> 1.07764, a1 -> -0.122693, a2 -> 0.00408638, a3 -> -1.42627×10^-6,
b1 -> -0.00576099, b2 -> 0.000240537, b3 -> -1.23145×10^-7}
```

Die maximale Anzahl an Iterationen musste dabei auf 1000 erhöht werden, da die Schätzungen recht langsam konvergieren. Für jeden Koeffizienten wird in Form einer Liste von Regeln die zugehörige Punktschätzung ausgegeben. Wollen wir das gefundene Modell und die Daten grafisch vergleichen, können wir z. B. wie folgt vorgehen:

[4]Quelle: *NIST Engineering Statistics Handbook*, Kapitel 4. Download:
`http://www.itl.nist.gov/div898/handbook/`

```
f[x_]= (a0+a1 x+a2 x^2+a3 x^3)/(1+b1 x+b2 x^2+b3 x^3) /. %
```

$$\frac{1.07764-0.122693\,x+0.00408638\,x^2-1.42627\times10^{-6}\,x^3}{1-0.00576099\,x+0.000240537\,x^2-1.23145\times10^{-7}\,x^3}$$

```
modell=Plot[f[x], {x,0,900}];
daten=ListPlot[kupfer];
Show[modell,daten]
```

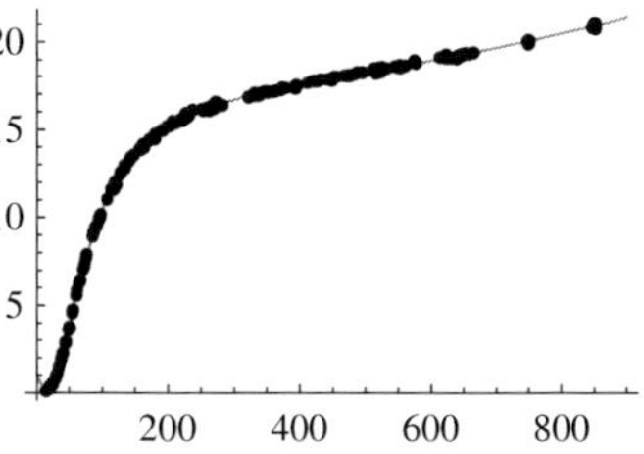

In der ersten Zeile wenden wir die eben gefundenen Regeln auf die Modellfunktion an, vgl. Abschnitt 21.6, und ersetzen damit die unbestimmten Parameter durch ihre Schätzwerte. Anschließend überlagern wir die zwei Grafiken mittels `Show`, siehe Abschnitt 6.1. Es zeigt sich, dass das gefundene Modell die Daten scheinbar recht gut beschreibt. Um das Modell weitergehend zu untersuchen, kann man nun auf die Funktionalität von `NonlinearRegress` zurückgreifen:

```
Needs["NonlinearRegression`"]

NonlinearRegress[kupfer, (a0+a1x+a2x^2+a3x^3)/(1+b1x+b2x^2+b3x^3), {a0,a1,a2,a3,b1,b2,b3}, x,
RegressionReport -> {ANOVATable,ParameterCITable}, MaxIterations -> 1000]
```

Das recht umfangreiche Resultat umfasst eine ANOVA-Tafel, vgl. Abschnitt 17.5, und Konfidenzintervalle für die geschätzten Parameter. Ferner kann sich der Leser via **RegressionReport -> {FitResiduals}** die geschätzten Residuen ausgeben lassen und mit deren Hilfe die Güte des Modells prüfen. •

Ausblick: Tatsächlich sind die eben besprochenen Befehle `Regress` und `NonlinearRegress` sogar zu einer multiplen Regression in der Lage, d. h. zwar mit einer Zielvariable y, aber mehreren erklärenden Variablen $x_1, \ldots, x_k$. Dazu müssen die Daten in der Reihenfolge {..., {*x1i*,...,*xki*, *yi*}, ...} arrangiert sein, d. h. mit der Zielvariablen in der letzten Spalte. Auch ist das letzte Argument der Befehle dann jeweils eine Liste der erklärenden Variablen {*x1*,...,*xk*, *y*}.

Lassen wir die bisher besprochenen, bei Mathematica fertig implementierten statistischen Verfahren Revue passieren, so ist festzustellen, dass Mathematica den professionellen Statistikpaketen (bisher) nur schwerlich das Wasser reichen kann. Dies gilt insbesondere auch für die in Abschnitt 17.7 noch zu besprechenden Zeitreihenwerkzeuge. Berücksichtigt man jedoch, dass man durch das enorme mathematische Potential auch leicht zusätzliche und evtl. völlig neuartige Verfahren verfassen kann, wendet sich das Blatt ein wenig.

17.7 Zeitreihenanalyse

In geringem Umfang bietet Mathematica auch Werkzeuge zur deskriptiven Analyse von Zeitreihen an. So sind beispielsweise eine Reihe von Glättungsverfahren und letztlich auch die Differenzen- und Integraloperatoren verfügbar, siehe Tabelle 17.6. Den Glättungsbefehl `MovingAverage` hatten wir bereits in Beispiel 4.3.2 kurz kennengelernt und dort festgestellt, dass die Bierdaten einen Trend und eine saisonale Schwankung der Periode 12 aufweisen. Folgen die Daten einem additiven Modell, so müsste man Trend und Saison durch geeignete Differenzenoperatoren entfernen können:

Beispiel 17.7.1

Setzen wir Beispiel 4.3.2 fort und wenden den Operator Δ_{12} auf die Zeitreihe an, so dass die resultierenden Daten frei von saisonalen Schwankungen sein müssten:

```
ListPlot[
ListConvolve[{1,0,0,0,0,0,0,0,0,0,0,0,-1},
daten], Joined -> True]
```

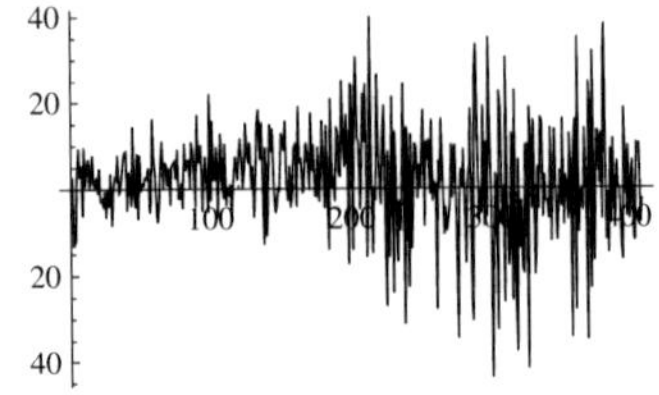

Offenbar sind u. a. deutliche Schwankungen des Mittelwertes festzustellen, weswegen wir anschließend noch den Differenzenoperator Δ anwenden:

```
ListPlot[Differences[
ListConvolve[{1,0,0,0,0,0,0,0,0,0,0,0,-1},
daten]], Joined -> True]
```

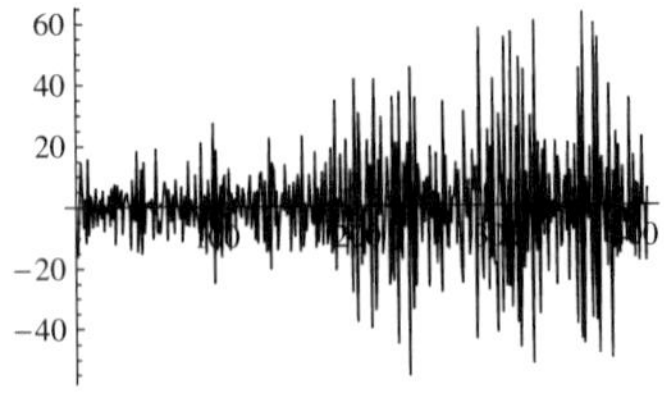

Das Resultat scheint nun einigermaßen mittelwertstationär zu sein, man bestätigt dies durch einen gleitenden Durchschnitt. Jedoch ändert sich die Streuung spürbar. Somit lässt sich an diese Reihe kein stationäres Zeitreihenmodell anpassen. Übrigens liefert auch die Annahme eines multiplikativen Modells, d. h. das gleiche Vorgehen mit den logarithmierten Daten, kein besseres Resultat, was dem Leser als Übung empfohlen wird. •

Vorgängerversionen: Die besprochenen Glättungsverfahren findet der Benutzer bis Version 5.2 im Paket `Statistics`DataSmoothing``, mit kleinen Änderungen: Der Befehl zur exponentiellen Glättung lautet `ExponentialSmoothing`, und da bei `MovingAverage` noch keine Gewichte angegeben werden dürfen, gibt es den Befehl **`LinearFilter[`*`daten`*`, {g0,...,gw}]`**.

Befehl	Beschreibung
MovingAverage[*daten*, *w*]	Gleitender Durchschnitt mit Fensterlänge w. Statt w kann auch eine Liste von Gewichten angegeben werden, um ein gewichtetes Mittel zu berechnen.
MovingMedian[*daten*, *w*]	Gleitender Median mit Fensterlänge w.
ExponentialMovingAverage[*daten*, α]	Exponentielle Glättung mit Parameter α, Startwert $z_0 := x_1$: $z_t = \alpha \cdot x_t + (1-\alpha) \cdot z_{t-1}$.
Differences[*daten*,*n*]	Ist Δ, definiert als $\Delta x_t = x_t - x_{t-1}$, der Differenzenoperator, so wird Δ^n auf die Daten angewendet. Ohne Angabe von n wird Δ angewendet.
ListConvolve[{1,0,...,0,-1}, *daten*]	Ist Δ_k, definiert als $\Delta_k x_t = x_t - x_{t-k}$, der versetzte Differenzenoperator, so wird Δ_k auf die Daten angewendet, falls die Liste im ersten Argument $k-1$ Nullen umfasst.
Accumulate[*daten*]	Wendet Integraloperator auf die Daten an, d. h. berechnet $z_t = z_{t-1} + x_t$, $t = 1, \ldots, T$, mit $z_0 := 0$.

Tabelle 17.6: *Transformation einer univariaten Zeitreihe* daten.

Ferner erlauben die Befehle **Fourier[*liste*, FourierParameters->{-1,1}]** bzw. **InverseFourier[*liste*, FourierParameters->{-1,1}]** die Fourier-Transformation einer Zeitreihe bzw. deren Umkehrung, siehe auch Abschnitt 8.5, was im Rahmen der Zeitreihenanalyse im Frequenzbereich von Interesse ist. Konkret kann man damit zwischen der Zeitdarstellung x_t und der Frequenzdarstellung $r_k + \mathrm{i} \cdot i_k$ wechseln, definiert gemäß

$$x_t = \sum_{k=1}^{n-1} \left(r_k \cdot \cos\left(2\pi \cdot \tfrac{k}{n} \cdot t\right) - i_k \cdot \sin\left(2\pi \cdot \tfrac{k}{n} \cdot t\right)\right), \qquad \text{bzw.}$$

$$\begin{aligned} r_k &= \tfrac{1}{n} \cdot \sum_{t=0}^{n-1} x_t \cdot \cos\left(2\pi \cdot \tfrac{k}{n} \cdot t\right), \\ i_k &= -\tfrac{1}{n} \cdot \sum_{t=0}^{n-1} x_t \cdot \sin\left(2\pi \cdot \tfrac{k}{n} \cdot t\right), \end{aligned} \qquad k = 0, \ldots, n-1.$$

Daraus lässt sich auch leicht das *Periodogramm* der Zeitreihe berechnen, mit $P(\frac{k}{n}) = n \cdot (r_k^2 + i_k^2)$, aus welchem man die dominanten Frequenzen bei der Fourier-Modellierung ablesen kann, siehe Weiß (2006).

Beispiel 17.7.2

Setzen wir die Beispiele 4.3.2 und 17.7.1 fort und erzeugen ein Periodogramm.

```
frequenz=Fourier[daten, FourierParameters -> {-1,1}];
n=Length[daten]
```

422

```
periodogrammroh=
n*Chop[frequenz*Conjugate[frequenz]];

periodogramm=Table[{k/n,
periodogrammroh[[k]]}, {k,1,Floor[n/2]}];

ListPlot[periodogramm, Joined -> True,
PlotRange -> {0,50000}]
```

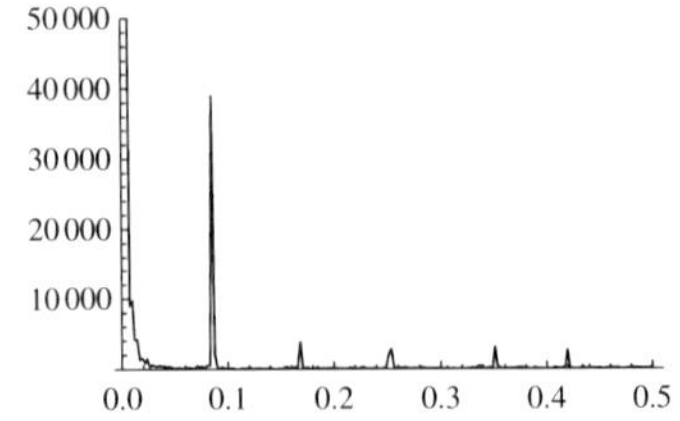

Zuerst berechnen wir eine Liste der n-fachen, komplexen Betragsquadrate $n\cdot(r_k^2+i_k^2)$, siehe Tabelle 5.3, wobei wir die Funktion `Chop` aus Abschnitt 5.2 verwenden, um numerische Fehler auszugleichen. Anschließend erstellen wir eine Liste der Pärchen $(\frac{k}{n}, P(\frac{k}{n}))$ mit $\frac{k}{n} \leq \frac{1}{2}$ und tragen diese schließlich in einer Grafik, dem Periodogramm, auf. Man erkennt gut die dominante Schwingung bei Frequenz $\frac{18}{211} \approx 0{,}0853081$, was einer Periode von ca. 12 entspricht, also gerade die saisonale Schwankung widerspiegelt. Gut erkennbar sind auch die anschließend folgenden Oberschwingungen, die durch Abweichungen von der Sinusform verursacht werden. •

18 Simulation und Zufall mit Mathematica

Unter einer *Simulation* versteht man ganz allgemein die Nachbildung eines Systems durch ein Modell. An diesem Modell kann man Untersuchungen durchführen und Situationen durchspielen, die am eigentlichen System nicht möglich wären, etwa da zu kostspielig, zu gefährlich, usw. Ein bekanntes Beispiel sind Simulationen von Unfällen zur Untersuchung der Sicherheit eines Fahrzeugs. Simulationen werden aber auch häufig in der Lehre eingesetzt, z. B. um komplizierte, physikalische Sachverhalte zu veranschaulichen oder um 'Trockenübungen' zu erlauben (Flugsimulator). Oftmals kommt bei Simulationen auch der Zufall ins Spiel, indem z. B. Ausgangssituationen für eine Simulation zufällig gewählt werden, oder weil es sich bei dem betrachteten System ohnehin um ein Zufallsphänomen handelt. Tatsächlich wird dabei aber meist nicht der 'echte' Zufall eingesetzt, sondern sog. *Pseudozufallszahlen* erzeugt, die auf den Betrachter zwar zufällig wirken, aber durch ein algorithmisches Verfahren streng determiniert sind. Bei Kenntnis des Verfahrens könnte man also eine jede dieser Zufallszahlen exakt vorhersagen. Das erste Verfahren zur Erzeugung solcher 'zufällig wirkender' Zahlen wurde 1946 von John v. Neumann vorgeschlagen, die sog. *Quadratmittenmethode*. Ausgehend von einem Startwert x_0 wird dabei die aktuell vorliegende Zahl x_k quadriert und die neue 'Zufalls'zahl x_{k+1} aus den mittleren Ziffern des Resultats gebildet. Ein Beispiel zum Startwert 12345:

```
n=5;
x=12345;

Do[
ziffern=IntegerDigits[x^2];
u=Ceiling[(Length[ziffern]-n+1)/2];
ziffern=Take[ziffern, {u,u+n-1}];
x=FromDigits[ziffern];
Print[x], {10}]
```

```
23990
55201
47150
23122
46268
40727
58688
44281
60806
97369
```

Der Befehl `IntegerDigits` wandelt dabei eine ganze Zahl in eine Liste ihrer Ziffern um, `FromDigits` verfährt genau umgekehrt.

Die heutzutage verwendeten Verfahren zur Erzeugung von Pseudozufallszahlen sind weitaus komplexer, Beispiele sind in der Hilfedatei unter *tutorial/RandomNumberGeneration* erläutert. Auch Mathematica bietet uns derartige Möglichkeiten an, etwa über

(a) 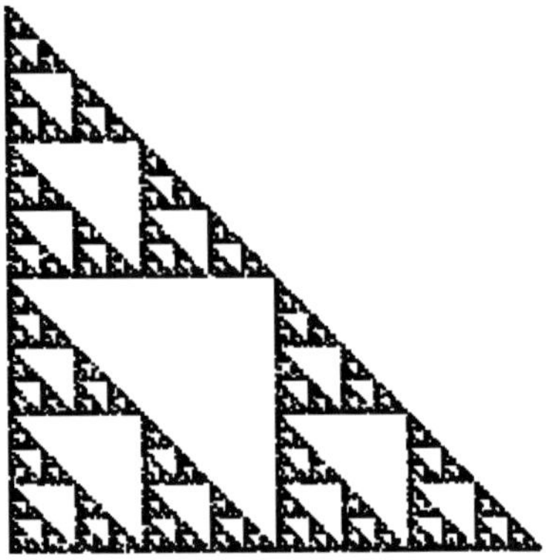 (b) 

Abb. 18.1: *Fraktale: Sierpinski-Dreieck und Schneeflocke.*

den Befehl `Random`. Die Angabe **`Random[]`** ohne jegliches Argument erzeugt auf dem Intervall [0; 1] gleichverteilte Zufallszahlen. Ansonsten kann man durch **`Random[`***`Zahlbereich`***`, {`***`a,b`***`}]`** Zufallszahlen des gewünschten Types, zwischen a und b liegend, erzeugen. Beispielsweise erzeugt **`Random[Integer, {-2,7}]`** ganzzahlige Zufallszahlen aus $\{-2, -1, \ldots, 7\}$ mit einer Wahrscheinlichkeit von je $\frac{1}{10}$, vgl. auch Abschnitt 5.1. Analoge Aussagen gelten für die mit Version 6.0 eingeführten Befehle `RandomInteger`, `RandomReal` und `RandomComplex`, bei denen natürlich die Zahlbereichsangabe entfällt.

Beispiel 18.0.1

Mit Hilfe *iterierter Funktionensysteme (IFS)* und einem Zufallszahlengenerator kann man Fraktale erzeugen. Man benötigt dazu eine geeignete Menge zweidimensionaler Fixpunkte $\{\boldsymbol{z}_1, \ldots, \boldsymbol{z}_k\}$, dann kann man durch die Rekursion $\boldsymbol{X}_n = \alpha \cdot \boldsymbol{X}_{n-1} + \boldsymbol{z}_{I_n}$, mit $0 < \alpha < 1$ ebenfalls geeignet gewählt, Punkte $\boldsymbol{X}_1, \boldsymbol{X}_2, \ldots \in \mathbb{R}^2$ erzeugen, die gezeichnet das gewünschte Fraktal ergeben. Der Zufall kommt hier in Form des zufälligen Indexes I_n ins Spiel, der gleichverteilt auf den möglichen Indexwerten $\{1, \ldots, k\}$ sein muss. Wir realisieren dies mit Hilfe des obigen `Random`-Befehls, wobei wir gleichwertig auch `RandomInteger` verwenden könnten:

```
fixpunkte={{-1,1}, {-1,-1}, {1,-1}}; α=1/2; X={0,0};

daten={};
Do[ X=α X+fixpunkte[[Random[Integer, {1,3}]]];
AppendTo[daten, X], {n,1,10000}];
ListPlot[daten, Axes->False, AspectRatio->1]
```

Im Beispiel haben wir den `AppendTo`-Befehl aus Tabelle 4.2, Seite 33, mit der `Do`-Schleife aus Abschnitt 21.2 kombiniert.[1] Das Resultat, welches übrigens durchaus ein

[1] Alternativ könnte man auch **`NestList[`***`f,x0,n`***`]`** verwenden, vgl. Abschnitt 21.5. `NestList` gibt eine Liste mit $x_0, \ldots, x_n$ aus, wobei sich $x_{k+1} = f(x_k)$ berechnet. Dies sei dem Leser als Übung überlassen.

paar Sekunden Rechenzeit erfordern kann, ist in Abbildung 18.1 (a) zu sehen: ein *Sierpinski-Dreieck* mit den Eckpunkten $(-1, 1)$, $(-1, -1)$ und $(1, -1)$. Der gewählte Startwert $(0, 0)$ ist ohne allzu großen Einfluss. Da hier eine Liste von Wertepaaren vorliegt, zeichnet `ListPlot` die Punkte bei den entsprechenden Koordinaten. Die Punktgröße könnte man hierbei über **`PlotStyle -> PointSize[`*`Wert`*`]`** beeinflussen, die beiden anderen, verwendeten Optionen hatten wir in Abschnitt 6.2.1 erläutert. •

Falls der Leser, genau wie der Autor, Fraktalen eine gewisse Faszination abgewinnen kann, so sei er dazu angeregt, im Beispiel folgende Modifikation vorzunehmen: An Stelle der drei obigen Fixpunkte gebe er die 13 Fixpunkte $(0, 0)$, $(\pm 1, 0)$, $(\pm 0{,}5, 0)$, $(\pm 0{,}5, \pm 0{,}866)$, $(\pm 0{,}25, \pm 0{,}433)$ vor, sowie den Wert $\alpha = \frac{1}{5}$. Bei der `Random`-Funktion ist der Wertebereich auf `{1,13}` zu setzen. Das Resultat sollte dann die Schneeflocke aus Abbildung 18.1 (b) sein.

Bemerkung 18.1

Vor Ausführung eines der `Random`-Befehle kann man den Zufallsgenerator via **`Seed-Random[`*`n`*`]`**, $n \in \mathbb{N}$, gezielt initialisieren (seed = Samen, Saat). Praktisch bedeutet dies, dass bei späterer Ausführung mit gleicher Initialisierung auch die gleiche Folge von Pseudozufallszahlen erzeugt wird, womit derartige 'Zufallsversuche' wiederholbar werden. Ferner kann man mit `SeedRandom` über die Option `Method` explizit eines der angebotenen Verfahren zur Zufallszahlerzeugung auswählen, siehe die Hilfeeinträge *ref/SeedRandom* und *tutorial/RandomNumberGeneration*. •

18.1 Stochastische Modelle simulieren

Für alle Verteilungen aus Kapitel 13 können entsprechend verteilte Pseudozufallszahlen erzeugt werden: **`Random[`*`vert`*`]`** gibt eine einzige Zufallszahl zurück, **`Random[`*`vert,n`*`]`** n Stück. Bei den mit Version 6.0 neugeschaffenen Befehlen **`RandomInteger[`*`vert, dims`*`]`**, **`RandomReal[`*`vert, dims`*`]`** und **`RandomComplex[`*`vert, dims`*`]`** kann auf Wunsch sogar eine Liste von Zufallszahlen zurückgegeben werden. Dabei ist an Stelle von *dims* entweder eine einzelne Zahl n anzugeben, dann wird eine eindimensionale Liste der Länge n generiert, oder eine Liste von Zahlen $\{n_1, \ldots, n_k\}$, dann wird eine k-dimensionale Liste des entsprechenden Ausmaßes erzeugt. Benutzer bis Version 5.2 erreichen dies mit dem Befehl **`RandomArray[`*`vert, dims`*`]`**.

Gemäß Herstellerversprechen erzeugen alle genannten Befehle identisch verteilte und voneinander unabhängige Zufallszahlen. Trotzdem kann man mit Hilfe dieser i. i. d.-Generatoren auch komplexere stochastische Prozesse nachahmen:

Beispiel 18.1.1

Wenn $(\epsilon_t)_{\mathbb{N}}$ ein Prozess unabhängiger und identisch normalverteilter Zufallsvariablen mit Erwartungswert 0 und Varianz σ^2 ist (weißes Rauschen), so kann man durch

$$X_t \;=\; \alpha \cdot X_{t-1} \;+\; \epsilon_t, \qquad X_0 \;\sim\; N(0, \sigma^2/(1-\alpha^2))$$

rekursiv einen autoregressiven Prozess erster Ordnung, kurz *AR(1)-Prozess*, definieren. Die Rekursion ist ähnlich zu jener der iterierten Funktionensysteme aus Beispiel 18.0.1. Wir wollen nun 200 Werte eines solchen Prozesses simulieren und zeichnen lassen. Dazu müssen wir für die Normalverteilung ein Paket laden, welches wir in Abschnitt 13 detailliert besprechen werden. Unter Verwendung des `AppendTo`-Befehls[2] aus Tabelle 4.2 auf Seite 33 können wir die Simulation wie folgt umsetzen:

```
epsilon:=Random[NormalDistribution[0,1]]; α=0.7;
X=Random[NormalDistribution[0, 1/(1-α²)]];

daten={};
Do[X=α X+epsilon; AppendTo[daten, X+5], {t,1,200}];

ListPlot[daten]   ListPlot[daten, Joined -> True]
```

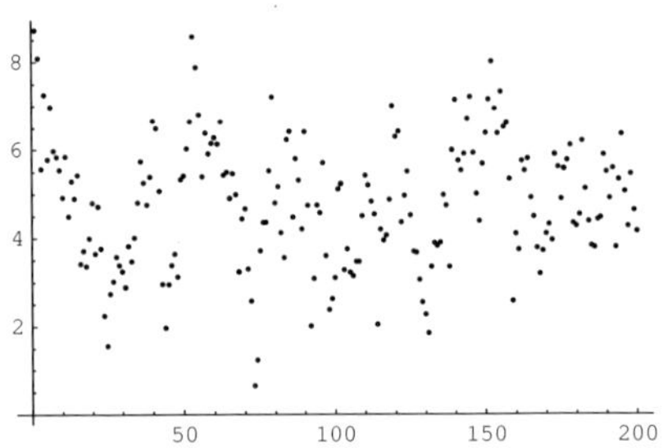

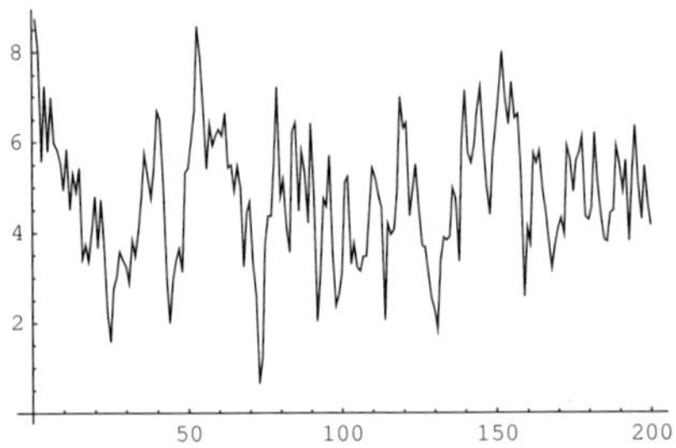

Mit Hilfe der `Do`-Schleife, siehe Abschnitt 21.2, und des obigen `Random`-Befehls (wir hätten hier auch `RandomReal` verwenden können) wird eine Zeitreihe erzeugt und in der Liste namens *daten* abgelegt. Genauer: Bei jedem Durchlauf der Schleife wird ein neuer Wert für X_t generiert und an die Liste *daten* angehängt. Es handelt sich also um eine eindimensionale Liste, die sich im dargestellten Beispiel zu {8,72938, 8,08998, 5,57033, ...} ergab. Um den Verlauf der Zeitreihe besser nachvollziehen zu können, haben wir von der `ListPlot`-Option `Joined` Gebrauch gemacht, wodurch die Punkte durch einen Polygonzug verbunden werden. Die über obige Rekursion definierte Abhängigkeit eines jeden Wertes von seinem Vorgänger ist deutlich zu erkennen, da die Werte nicht 'völlig chaotisch' hin- und herspringen, sondern längere Phasen des Auf- und Absteigens zu beobachten sind. •

Vorgängerversionen: Benutzer bis Version 5.2 müssen den Code aus Beispiel 18.1.1 ein wenig modifizieren: Zuerst ist das Paket `` Statistics`ContinuousDistributions` `` zu laden, später muss es bei `ListPlot` heißen: **`PlotJoined -> True`**.

In Beispiel 18.1.2 muss zusätzlich das Paket `` Statistics`DescriptiveStatistics` `` geladen werden, und ferner an Stelle von `` Histograms` `` das Paket `` Graphics`Graphics` ``.

[2] Alternativ könnte man hier wieder **`NestList[`***f*,*x0*,*n***`]`** verwenden, vgl. Abschnitt 21.5. Dies sei dem Leser als Übung überlassen.

Simulationen können nicht nur wie im obigen Beispiel zur Illustration stochastischer Modelle eingesetzt werden, sondern sind darüber hinaus ein wichtiges Hilfsmittel bei der Erforschung von deren Eigenschaften: Wenn mathematisch exakte Ausdrücke gar nicht oder nur schwer zu gewinnen sind, können umfangreiche Simulationsstudien zumindest deren Schätzung ermöglichen.

Beispiel 18.1.2

Die serielle Abhängigkeitsstruktur von Prozessen untersucht man mit Hilfe der Autokorrelationsfunktion, deren empirische Variante für eine Zeitreihe $X_1, \ldots, X_T$ gegeben ist durch $\hat{\rho}(k) = \left(\sum_{t=1}^{T-k}(X_t - \bar{X})(X_{t+k} - \bar{X})\right) / \left(\sum_{t=1}^{T}(X_t - \bar{X})^2\right)$. Die exakte Verteilung von $\hat{\rho}(k)$ ist nur schwer zu bestimmen, weswegen man sich meist mit asymptotischen Ausdrücken (für $T \to \infty$) begnügt. Im Falle eines AR(1)-Prozesses wie aus Beispiel 18.1.1, ist bekannt, dass $\hat{\rho}(1)$ asymptotisch normalverteilt ist mit Erwartungswert α und Varianz $(1 - \alpha^2)/T$. Inwiefern diese Verteilung aber im Falle endlicher Zeitreihen, wie sie in der Realität zwangsweise auftreten, zutreffend ist, kann man im Rahmen einer Simulationsstudie prüfen.

Simulieren wir also im Folgenden Zeitreihen zum Prozess aus Beispiel 18.1.1 und bestimmen deren empirische Autokorrelation. Genauer wollen wir 10.000 Zeitreihen der Länge $T = 100$ simulieren und zu jeder $\hat{\rho}(1)$ berechnen. Mit diesen 10.000 Daten wollen wir dann prüfen, ob die asymptotische Normalverteilung $N(0{,}7, 0{,}0051)$ ein passendes Verteilungsmodell für $\hat{\rho}(1)$ ist. Dazu modifizieren wir den Code aus Beispiel 18.1.1 wie folgt:

```
epsilon:=Random[NormalDistribution[0,1]]; α=0.7; T=100; tabAuto={};

Do[
X=Random[NormalDistribution[0, 1/(1-α^2)]];
daten={};
Do[ X=α X+epsilon; AppendTo[daten, X+5], {T}];
μ=Mean[daten];
AppendTo[tabAuto, (Σ_{t=1}^{T-1} (daten[[t]]-μ)*(daten[[t+1]]-μ)) / (Σ_{t=1}^{T} (daten[[t]]-μ)^2)],
{10000}];

Needs["Histograms`"]
Histogram[tabAuto]
```

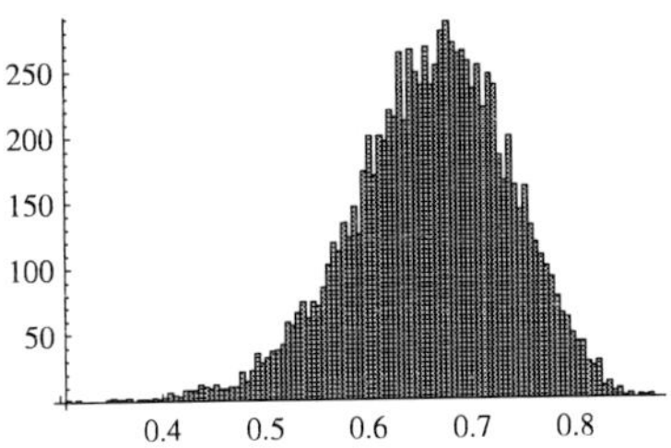

Auf den ersten Blick ist das Histogramm tatsächlich glockenförmig, bei genauerem Hinsehen wird aber eine leichte Linksschiefe sichtbar. Dies bestätigt man mit Mathematica:

```
Skewness[tabAuto]        -0.415834

Mean[tabAuto]            0.661429

Variance[tabAuto]        0.00575699
```

Auch liegt der Mittelwert unterhalb des asymptotischen Erwartungswertes von 0,7, es liegt also Verzerrung vor, wogegen die Varianz leicht über dem Wert von 0,0051 liegt. Der asymptotische Ausdruck scheint insgesamt also bei Zeitreihen der Länge 100 nur eine mittelprächtige Approximation zu sein. •

18.2 Zufallsstichproben ziehen

Neu sind seit Version 6.0 auch zwei Befehle, die es einem erlauben, aus einer gegebenen Liste von Daten eine Zufallsstichprobe zu ziehen: **RandomChoice[*liste,zahl*]** zum Ziehen *mit* Zurücklegen, **RandomSample[*liste,zahl*]** zum Ziehen *ohne* Zurücklegen. Das Ziehen ohne Zurücklegen findet zahlreiche praktische Anwendungen, etwa bei der Annahmestichprobenprüfung, bei der Wahlumfrage, oder beim Zahlenlotto '6 aus 49':

```
kugeln=Range[1,49]; RandomSample[kugeln,6]        {37,39,5,23,27,28}

RandomChoice[kugeln,6]                            {6,19,36,36,28,27}
```

In dieser Situation könnte `RandomChoice` zu bösen Überraschungen führen. Dagegen können wir `RandomChoice` einsetzen, um z. B. wiederholtes Würfeln zu simulieren:

```
wuerfel=Range[1,6]; RandomChoice[wuerfel,10]      {1,6,5,6,4,2,5,6,5,6}

Count[%,6]                                        4
```

Im Beispiel wurde vier Mal ein Sechser gewürfelt. Wenn wir uns für die zufällige Zahl an Sechsern bei zehn Würfen interessieren, so handelt es sich dabei um ein Phänomen, welches binomialverteilt sein sollte gemäß $B(10, \frac{1}{6})$. Prüfen wir dies in einer kleinen Simulationsstudie:

```
sechser={};
Do[AppendTo[sechser, Count[RandomChoice[wuerfel,10],6]], {1000}];

Needs["Histograms`"]

hist=Histogram[sechser,
HistogramRange ->{0,10}];
binom=Plot[1000*PDF[
BinomialDistribution[10,1/6],Round[x]],
{x,0,10}, PlotStyle ->{Black,Thick},
ExclusionsStyle ->Directive[Black,Thick]];
Show[hist,binom]
```

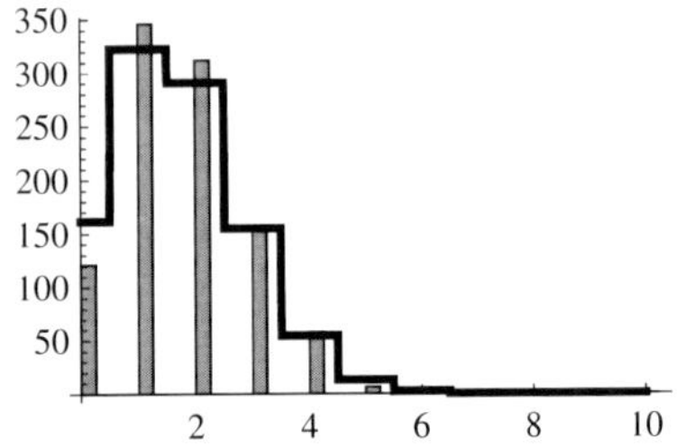

Hierbei haben wir uns der Binomialverteilung aus Tabelle 13.1 und der Dichtefunktion aus Tabelle 13.3 bedient. Die Angabe **ExclusionsStyle->Directive[...]** im `Plot`-Kommando wird seit Version 6.0 benötigt, wenn man wünscht, dass der Graph in Sprungstellen durchgezeichnet wird.

18.3 Exkurs: Zufall als Werkzeug in der Kunst

„Na, so ein Zufall!“ – Dieser Ausruf verdeutlicht, dass uns ein Ereignis zufällig erscheint, wenn es unerwartet eintritt, ohne erkennbaren Grund, und wenn es unvermeidlich ist. Trotzdem wird der Zufall gelegentlich auch ganz gezielt und kontrolliert eingesetzt, wie ein Werkzeug – man spricht dann von den sog. *Monte-Carlo-Methoden.* Derartige Monte-Carlo-Methoden, welche übrigens im Los-Alamos-Labor im Rahmen der Entwicklung der ersten Atom- und Wasserstoffbombe entstanden, siehe Weiß (2007), finden heutzutage Anwendung in sehr unterschiedlichen Bereichen wie Mathematik, Naturwissenschaften, Wirtschaftswissenschaften – und der Kunst! Mit Letzterem, dem Zufall als Werkzeug in der konkreten Kunst, wollen wir uns im Folgenden beschäftigen und zeigen, welch' kreatives Potential in Mathematica schlummert. Dabei soll uns das Werk des Künstlers *Herman de Vries* als Motivation dienen, welcher zwischen 1960 und 1975 eine Reihe von Bildern unter gezieltem Einsatz des Zufalls schuf: die sog. *Zufallsobjektivierungen*, von denen einige Beispiele z. B. auf den Seiten 19, 30-33 und 37 bei Gooding (2006) abgedruckt sind.

Zwischen 1952 und 1968 war de Vries als Forscher in der Biologie tätig. Wie er in einem Interview erläutert (de Vries, 1995, S. 46 ff), lernte er dabei den Zufall als Werkzeug kennen, um den persönlichen Einfluss des Untersuchenden bei biologischen Experimenten soweit wie möglich auszuschalten. Genau dieses Prinzip übertrug er dann auf sein künstlerisches Schaffen, indem der Zufall sein Werk von seinem subjektiven Einfluss befreien sollte und dadurch objektive Kunstwerke entstehen, welche *nichts anderes darstellen, als die Wirklichkeit* (de Vries, 1995, S. 30).

Weiterführende Informationen ... zu geschichtlichen Hintergründen der Monte-Carlo-Methode, deren Namensgebung und zu einem klassischen Anwendungsbeispiel findet der interessierte Leser bei Weiß (2007). Weitere Erläuterungen zu seinen Zufallsobjektivierungen gibt de Vries (1995), Leben und Werk des Künstlers stellt Gooding (2006) vor.

Auf Seite 26 ff erläutert de Vries (1995) an einem Beispiel, wie er bei der Schaffung seiner Zufallsobjektivierungen vorging: Zuerst legte er sich einen Plan zurecht, wie das Werk anzufertigen ist; im von ihm vorgestellten Beispiel sollten auf einem Papier ein großer Kreis aus Punkten entstehen sowie ein kleiner, darin befindlicher Kreis, vgl. Abbildung 18.2. Über die Position des kleines Kreises sollte dabei bereits der Zufall entscheiden. Auf dem Papier wurde dann ein Punktraster angebracht, welches Punkt für Punkt durchlaufen werden sollte. Lag der gerade betrachtete Punkt im großen Kreis, so sollte per Zufallsentscheid (mit Trefferwahrscheinlichkeit 20 %) bestimmt werden, ob der Punkt eingezeichnet würde oder nicht; für Punkte des kleinen Kreises lag die Trefferwahrscheinlichkeit dagegen bei 60 %. Bei der konkreten Ausführung dieses Plans setzte er dann den Zufall ein, indem er Zufallsziffern aus einem Tabellenwerk entnahm. Beispielsweise zeichnete er einen Punkt im großen Kreis genau dann, wenn die gezogene Ziffer eine 1 oder eine 2 war.

Dieser Idee folgend können wir nun Mathematica einsetzen, um ein solches Kunstwerk zu schaffen. Unsere Quellen des (Pseudo-)Zufalls werden dabei die Zufallsgeneratoren

Abb. 18.2: *Zufällige Wahl von Punkten in zwei Kreisflächen.*

Random, RandomReal oder RandomInteger sein. Das Beispiel aus Abbildung 18.2 wurde mit folgendem Code realisiert:

```
Clear[x,y]; n=50; p0=0.2; p1=0.6;
r1=RandomReal[{0.3,0.7}]; α1=RandomReal[{0,2 Pi}];
x1=r1 Cos[α1]; y1=r1 Sin[α1]; r2=0.3;

GraphicsGrid[Table[
If[(x/n)²+(y/n)²<1,
If[(x/n-x1)²+(y/n-y1)²<r2²,
If[RandomInteger[BernoulliDistribution[p1]]==1,
  Item[" ",Background -> Black],Item[" ",Background -> White]],
If[RandomInteger[BernoulliDistribution[p0]]==1,
  Item[" ",Background -> Black],Item[" ",Background -> White]]],
Item[" ",Background -> White]], {x,-n,n}, {y,-n,n}], Frame -> None]
```

Hierbei haben wir die Koordinaten $(x_1, y_1) = (r_1 \cos\alpha_1, r_1 \sin\alpha_1)$ des Mittelpunkts des kleinen Kreises bestimmen lassen, indem wir den Radius r_1 zufällig im Intervall $[0{,}3; 0{,}7]$ haben wählen lassen, und den Winkel α_1 zwischen 0 und 2π. Als Radius r_2 des kleines Kreises haben wir fest 0,3 gewählt. Durch die Vorgabe $n = 50$ haben wir die quadratische Bildfläche in 101×101 Kästchen unterteilt, die wir innerhalb des Table-Kommandos einzeln durchlaufen. Letztlich soll bei jedem Kästchen per Zufall entschieden werden, ob es schwarz oder weiß gefüllt wird, was wir beim verwendeten Befehl GraphicsGrid durch die Festlegung **Item[" ",Background -> Black]** bzw. **Item[" ",Background -> White]** erreichen. In einer Reihe von If-Bedingungen, siehe Abschnitt 21.1, wird über die Farbe des Kästchens entschieden: Die äußerste If-Bedingung prüft, ob wir uns gerade innerhalb des großen Kreises befinden; wenn nicht, dann die Farbe Weiß. Wenn doch, dann ist zu prüfen, ob wir sogar innerhalb des kleinen

(a) (b)
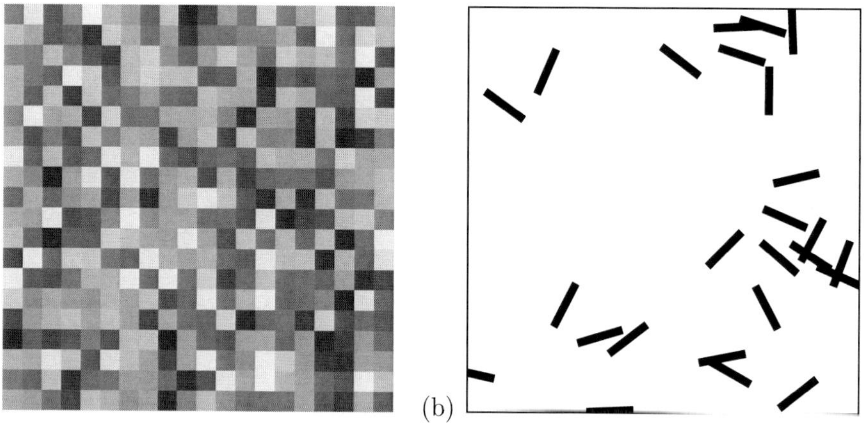

Abb. 18.3: *Zufällige Wahl von Farben in einem quadratischen Raster, und von Position und Winkel von Strichen.*

Kreises sind, was Einfluss auf die Trefferwahrscheinlichkeit nimmt. Die jeweils innerste `If`-Bedingung wertet dann die Zufallszahl aus; es handelt sich dabei um eine Bernoulli-verteilte Zahl, die nur die Werte 0 oder 1 mit vorgebbarer Wahrscheinlichkeit annimmt.

Lassen wir uns von weiteren Zufallsobjektivierungen, wie sie Herman de Vries geschaffen hat, anregen. Das Bild aus Abbildung 18.3 (a) haben wir ebenfalls unter Verwendung des Befehls `GraphicsGrid` erzeugt:

```
GraphicsGrid[
Table[Item[" ", Background -> Hue[Random[]]], {20}, {20}], Frame -> None]
```

Hier entscheidet die im Intervall [0; 1] gleichverteilte Zufallszahl über die Farbe des Kästchens, wobei wir die Farbdirektive `Hue` aus Tabelle 6.4 eingesetzt haben.

Bei den in den Abbildungen 18.3 (b) und 18.4 gezeigten Grafiken gehen wir ein wenig anders vor: Die schwarz umrahmte, quadratische Bildfläche erzeugen wir jeweils als **{EdgeForm[{Thick,Black}],White,Rectangle[{0,0},{1,1}]}**, und legen ferner eine Liste von Grafikobjekten an, die wir am Schluss allesamt, mit `Show` überlagert, anzeigen, vgl. Abschnitt 6.1. Der Code zu Abbildung 18.3 (b) etwa,

```
bild={Graphics[{EdgeForm[{Thick,Black}],White,Rectangle[{0,0},{1,1}]},
PlotRange -> {{0,1},{0,1}}]}; n=25; l=0.05; d=0.02;

Do[
α=Random[Real,{0,2Pi}]; x=Random[Real,{0,1}]; y=Random[Real,{0,1}];
AppendTo[bild, Graphics[{Thickness[d],
Line[{{x-l Cos[α],y-l Sin[α]},{x+l Cos[α],y+l Sin[α]}}] }]], {n}]; Show[bild]
```

(a) 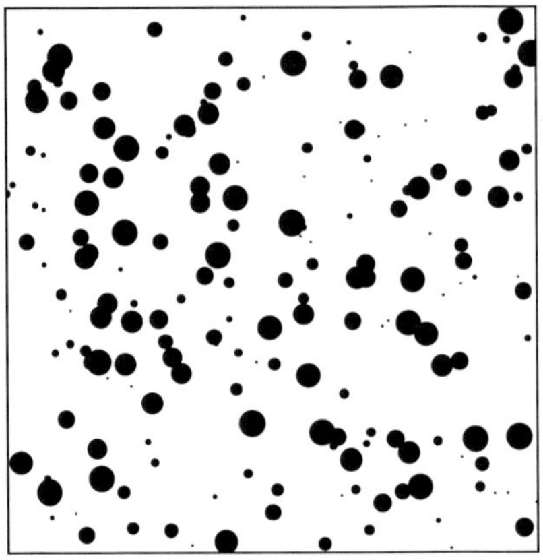 (b) 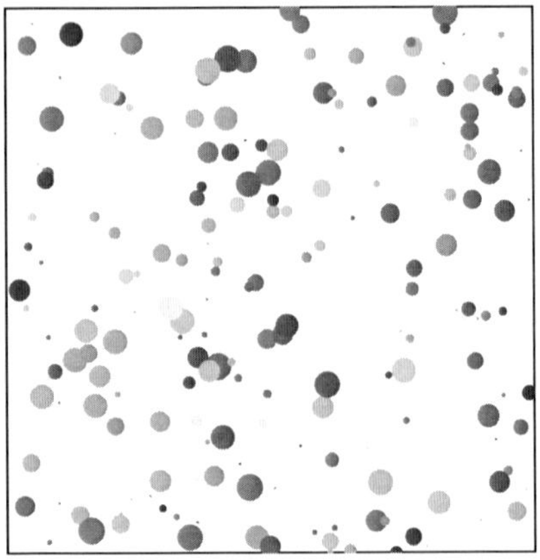

Abb. 18.4: *Zufällige Wahl der Größe und Position von Punkten, auch deren Farbe.*

zeigt, dass wir hier 25 Linien der Dicke d und Länge $2l$ erzeugen, deren Mittelpunkt und Winkel wir per Zufall bestimmen. Analog lassen wir für Abbildung 18.4 jeweils Position und Dicke kreisrunder Punkte zufällig bestimmen. In Abbildung 18.4 (a) wurden alle Punkte schwarz gezeichnet,

```
bild={Graphics[{EdgeForm[{Thick,Black}],White,Rectangle[{0,0},{1,1}]},
PlotRange -> {{0,1},{0,1}}]}; n=200;

Do[
r=Random[Real,{0,0.025}]; x=Random[Real,{0,1}]; y=Random[Real,{0,1}];
AppendTo[bild, Graphics[Disk[{x,y},r]]], {n}]; Show[bild]
```

wogegen wir bei Abbildung 18.4 (b) zusätzlich noch über die Farbe der Punkte haben entscheiden lassen:

```
bild={Graphics[{EdgeForm[{Thick,Black}],White,Rectangle[{0,0},{1,1}]},
PlotRange -> {{0,1},{0,1}}]}; n=200;

Do[
c=Random[Real,{0,1}];
r=Random[Real,{0,0.025}]; x=Random[Real,{0,1}]; y=Random[Real,{0,1}];
AppendTo[bild, Graphics[{Hue[c], Disk[{x,y},r]}]], {n}]; Show[bild]
```

Nach diesen Beispielen ist der Leser hoffentlich motiviert, mit der Hilfe von Mathematica in die Fußstapfen bekannter 'Zufallskünstler' wie etwa Herman de Vries, Ryszard Winiarski, Francois Morellet oder Kenneth Martin zu treten und selbst kreativ tätig zu werden.

Teil IV

Weitere Einsatzgebiete von Mathematica

Nach den Beispielen zum Einsatz von Mathematica zur Lösung praktischer Probleme im vorigen Teil III wollen wir mit diesem Teil die Besprechung von Mathematica abrunden und verbliebene Lücken schließen. Kapitel 19 wird zeigen, dass Mathematica auch Hilfsmittel zu sehr nicht-mathematischen Themen, wie etwa dem Zeichnen von Landkarten, bietet. In Kapitel 20 werden wir lernen, wie man mit Mathematica Zeichenketten bearbeiten kann, und Kapitel 21 schließlich soll die von Mathematica mitgelieferte Programmiersprache ein wenig vorstellen.

19 Diverse Zusatzfunktionalitäten

Neben den bisher besprochenen, primär mathematischen Leistungsmerkmalen von Mathematica bietet Selbiges auch Verfahren an, die mit Mathematik eher wenig zu tun haben. Es handelt sich dabei bis Version 5.2 um Zusatzpakete der Kategorie `Miscellaneous``, wie sie in der Hilfedatei unter *Add-ons: Standard Packages → Miscellaneous* beschrieben werden. Mit Version 6.0 wurde manches davon standardmäßig implementiert, anderes ist auch weiterhin nur über Pakete verfügbar. In den folgenden Abschnitten sollen einige, nach Meinung des Autors besonders gelungene Zusatzfunktionen vorgestellt werden, etwa kalendarische Funktionen in Abschnitt 19.1, physikalische und chemische Funktionen in Abschnitt 19.2 sowie geographische Funktionen in Abschnitt 19.3.

19.1 Kalendarische Berechnungen

Die elementarste Datum-Zeit-Funktion ist **`Date[`*`zone`*`]`**, welche einem die aktuelle Zeit der gewählten Zeitzone in der Form {*Jahr, Monat, Tag, Stunde, Minute, Sekunde*} wiedergibt. Ohne Vorgabe einer Zone wird die auf dem Computer eingestellte verwendet, welche man per **`TimeZone[]`** abfragen kann. Ansonsten ist an Stelle von *zone* eine Zahl zu setzen, die zur Greenwich-Zeit addiert werden muss, um die Zeit der entsprechenden Zeitzone zu erhalten. Zu guter Letzt gibt es noch die Funktion **`AbsoluteTime[`*`zone`*`]`**, welche die seit dem 01. 01. 1900, 00:00:00 Uhr, vergangene Zeit in Sekunden zurückgibt. Ein Beispiel:

```
TimeZone[]                          2.

Date[]                              {2007, 5, 26, 20, 51, 8}

AbsoluteTime[]                      3.389201468000000 × 10^9
```

Seit Version 6 wird zusätzlich zu `Date` noch `DateList` angeboten, welches den Funktionsumfang von `Date` umfasst, aber noch erheblich mehr zu bieten hat. Im obigen Beispiel hätten wir gleichwertig **`DateList[]`** ausführen können, eine Zeitzone gibt man nun via **`DateList[TimeZone -> `*`zone`*`]`** vor. Das Besondere bei `DateList` ist jedoch, dass es auch Zeichenketten interpretieren kann, vgl. Kapitel 20.1. Manchmal klappt dies ohne weitere Hilfestellung, manchmal auch nicht:

```
DateList["Aug 28, 1749"]            {1749, 8, 28, 0, 0, 0.}
```

```
datum="[23/Nov/2005:11:16:36 +0200]"; DateList[datum]
```

```
DateList::str: String [23/Nov/2005:11:16:36 +0200] cannot be interpreted as a date in
format Automatic.≫

DateList[[23/Nov/2005:11:16:36 +0200]]
```

Das zweite Beispiel ist ein Datumselement, wie es in einer LOG-Datei eines Servers zu finden war. Um dieses nun korrekt interpretieren zu können, müssen wir eine Übersetzungsregel definieren, die wir dann auf alle Zeilen der LOG-Datei anwenden könnten:

```
datelem={"[", "Day", "/", "MonthName", "/", "Year", ":", "Hour", ":",
"Minute", ":", "Second", " +0200]"};

datlist=DateList[{datum,datelem}]             {2005,11,23,11,16,36}
```

In einer Liste wurden hier abwechselnd die Trennzeichen und die Datumselemente genannt, z. B. kommt im Datumselement zuerst eine eckige Klammer '[', dann eine Zahl, welche den Tag festlegt, usw. Eine Auflistung aller erlaubten Datumselemente findet der Leser in der Hilfe unter *ref/DateString*, Rubrik *More Information*; dort mit aufgeführt sind auch die obigen Elementbezeichnungen `Day`, `MonthName`, etc. Schließlich übergibt man `DateList` dann eine Liste als Argument, deren erstes Element die zu übersetzende Zeichenkette und deren zweites die Übersetzungsregel ist.

Genau in die umgekehrte Richtung funktioniert der ebenfalls seit Version 6.0 verfügbare Befehl `DateString`, indem er aus einem Datum in Listenform eine Zeichenkette zusammensetzt:

```
DateString[datlist]                              Wed 23 Nov 2005 11:16:36

DateString[datlist, {"DayName", ", ", "Month-    Wednesday, November 23th 05
Name", " ", "Day", " th ", "YearShort"}]
```

Das zweite Beispiel zeigt, dass man dabei unter Verwendung der oben erwähnten Datumselemente viel gestalterische Freiheit hat. Schließlich sind noch die seit Version 6.0 implementierten Befehle `DatePlus` und `DateDifference` erwähnenswert, deren Funktionsweise aus folgendem Beispiel klar wird:

```
datlist2=DatePlus[datlist, {33,"Day"}]        {2005, 12, 26, 11, 16, 36}

DateDifference[datlist,datlist2,"Day"]        {33, Day}

DateDifference[datlist,datlist2,"Month"]      {1.09677, Month}
```

Das Paket `` Miscellaneous`Calendar` `` (bis Version 5.2) bzw. `` Calendar` `` (seit Version 6.0) erlaubt weitere kalendarische Berechnungen, die im Folgenden beispielhaft behandelt werden sollen. Datumsangaben sind dabei stets in der Form {*Jahr, Monat, Tag*} zu machen. Johann Wolfgang von Goethe erblickte das Licht der Welt am 28. 8. 1749, dies war ein Montag:

```
Needs["Calendar`"]
```

```
DayOfWeek[{1749, 8, 28}]                    Monday
```

Seinen 5000. Lebenstag konnte er am 18. 5. 1763 feiern:

```
DaysPlus[{1749, 8, 28}, 5000]               {1763, 5, 18}
```

Zwischem seinem Geburtstag und Neujahr 2008 liegen 94347 Tage:

```
DaysBetween[{1749, 8, 28}, {2008, 1, 1}]    94347
```

Bei den zwei ersten Befehlen hätte man an Stelle des standardmäßig voreingestellten gregorianischen Kalenders auch den julianischen oder islamischen Kalender wählen können. Dies erreicht man, indem man zusätzlich noch das Attribut `Calendar->`*`wert`* angibt, mit dem Wert `Julian` bzw. `Islamic`. Man kann ein gegebenes Datum aber auch direkt umrechnen:

```
CalendarChange[{2008, 1, 1}, Gregorian, Julian]

{2007, 12, 19}

CalendarChange[{2008, 1, 1}, Gregorian, Islamic]

{1428, 12, 22}
```

Zu guter Letzt kann man auch das Datum des Ostersonntags berechnen, diesmal mit optimierter Ausgabe:

```
ostern=EasterSunday[2009];
Print[DayOfWeek[ostern], ", ", ostern[[3]], ".", ostern[[2]], ".",
ostern[[1]]]

Sunday, 12.4.2009
```

Seit Version 6.0 kann man diese Ausgabe auch mit Hilfe des oben diskutierten Befehls `DateString` erreichen:

```
DateString[ostern, {"DayName", ", ", "Day", ".", "Month", ".", "Year"}]

Sunday, 12.4.2009
```

19.2 Einheiten, physikalische Konstanten und chemische Elemente

Seit Version 6.0 bietet Mathematica den Befehl **ElementData["*Element*", "*Eigenschaft*"]**, mit dessen Hilfe der Leser Eigenschaften chemischer Elemente abfragen kann, wie er dies sonst bei einem (sehr umfangreichen) Periodensystem tun würde. Allerdings kann der Befehl nur über Internetverbindung genutzt werden. Um die Bezeichnungen aller 118 Elemente abzufragen, führt man schlicht **ElementData[]** aus:

ElementData[] //Short	{Hydrogen,Helium,≪ 114 ≫,Ununseptium,Ununoctium}

Hierbei haben wir den Befehl Short aus Tabelle 5.6 eingesetzt, damit nur ein Teil der Liste angezeigt wird. Um nun herauszufinden, zu welchen Eigenschaften Informationen verfügbar sind, führt man **ElementData["Properties"]** aus. Die Bezeichnungen in der erzeugten Liste sind dabei weitestgehend selbsterklärend. Probieren wir ein paar Eigenschaften aus:

ElementData["Gold", "AtomicNumber"]	79
ElementData["Gold", "AtomicWeight"]	196.96655
ElementData["Gold", "MeltingPoint"]	1064.18
ElementData["Gold", "MeltingPoint", "Units"]	DegreesCelsius
ElementData["Gold", "BoilingPoint"]	2856.
ElementData["Gold", "CrustAbundance"]	3.1×10^{-9}
ElementData["Gold", "Density"]	1.93×10^{4}
ElementData["Gold", "ElectronConfigurationString"]	[Xe] $4f^{14}5d^{10}6s^{1}$

Gold schmilzt also bei 1064° C; die Einheit kann man stets durch das dritte Argument **"Units"** abfragen. Um Gold gar zum Verdampfen zu bringen (Siedepunkt), sind noch einige Grad Wärme mehr nötig. Der Anteil von Gold in der Erdkruste ist bekanntermaßen gering, die Dichte (in kg/m^3) von Gold dafür um so höher. Die Elektronenkonfiguration wird nur in gekürzter Fassung ausgegeben, nämlich nur jene Schalen, die über das Edelgas Xenon hinausgehen. Insgesamt gesehen hätte Gold folgende Konfiguration:

$$1s^2\ 2s^2 2p^6\ 3s^2 3p^6 3d^{10}\ 4s^2 4p^6 4d^{10} 4f^{14}\ 5s^2 5p^6 5d^{10}\ 6s^1$$

Darüber hinaus bietet Mathematica noch den Befehl ChemicalData an, der es bei völlig analoger Syntax erlaubt, Eigenschaften von vielen tausend chemischen Substanzen zu erfragen (bei funktionierender Internetverbindung):

ChemicalData[] //Short	{Hydrogen,Helium,≪ 18 176 ≫,Ununseptium}

```
ChemicalData["Alcohol"] //Short
```

{Methanol,Ethanol,≪ 90 ≫,Cyanocobalamin,Iodixanol}

```
ChemicalData["*thanol"] //Short
```

{2-Propoxyethanol,≪ 130 ≫,2-(4-Chlorophenyl)Ethanol}

```
ChemicalData["Ethanol", "FormulaDisplay"]
```

C_2H_6O

Unter diesen Substanzen befinden sich auch mehr als 90 Alkohole bzw. mehr als 130 Substanzen, welche die Buchstabenfolge „thanol" am Ende ihrer Bezeichnung haben. Zu guter Letzt haben wir die Formelschreibweise von Ethanol ausgeben lassen, wir können aber auch eine grafische Darstellung erfragen:

```
ChemicalData["Ethanol"]
```

```
ChemicalData["Ethanol", "MoleculePlot"]
```

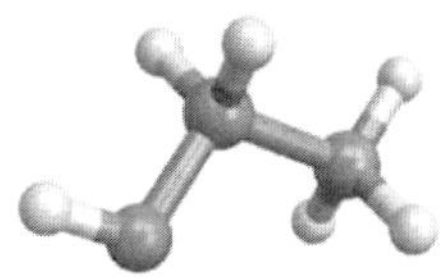

Eine Liste aller verfügbaren Eigenschaften fragt man wieder via **ChemicalData["Properties"]** ab.

Vorgängerversionen: Benutzern bis Version 5.2 steht an Stelle von `ElementData` das auch ohne Internetverbindung nutzbare Paket ``Miscellaneous`ChemicalElements` `` zur Verfügung. Durch Ausführung von **Elements** wird eine Liste aller Elemente angezeigt, und Eigenschaften eines bestimmten Elementes x fragt man immer gemäß ***Eigenschaft***`[`x`]` ab, wobei an Stelle von x eine der Bezeichnungen der Elementliste steht. So würde etwa **AtomicNumber[Gold]** die 79 ergeben. Für Art und Syntax der verfügbaren Eigenschaften sei der Leser auf den entsprechenden Hilfeeintrag *Add-ons: Standard Packages → Miscellaneous → ChemicalElements* verwiesen.

Ausblick: Der interessierte Leser sei noch auf den Befehl `IsotopeData` verwiesen, über den Eigenschaften verschiedener Isotope abgerufen werden können; analog oben erhält man eine Liste aller Isotope durch Ausführen von **IsotopeData[]**, eine Liste der Eigenschaften via **IsotopeData["Properties"]**. Teilchenphysiker werden dagegen bei `ParticleData` fündig, diese sollten entsprechend **ParticleData[]** und **ParticleData["Properties"]** ausführen.

Neben chemischen Elementen und deren Eigenschaften verfügt Mathematica auch über eine beachtliche Sammlung physikalischer Konstanten. Diese stehen nach Aufruf des

AccelerationDueToGravity	AgeOfUniverse	AvogadroConstant
BohrRadius	BoltzmannConstant	ClassicalElectronRadius
CosmicBackgroundTemperature	DeuteronMagneticMoment	DeuteronMass
EarthMass	EarthRadius	ElectronCharge
ElectronComptonWavelength	ElectronGFactor	ElectronMagneticMoment
ElectronMass	FaradayConstant	FineStructureConstant
GalacticUnit	GravitationalConstant	HubbleConstant
IcePoint	MagneticFluxQuantum	MolarGasConstant
MolarVolume	MuonGFactor	MuonMagneticMoment
MuonMass	NeutronComptonWavelength	NeutronMagneticMoment
NeutronMass	PlanckConstant	PlanckConstantReduced
PlanckMass	ProtonComptonWavelength	ProtonMagneticMoment
ProtonMass	QuantizedHallConductance	RydbergConstant
SackurTetrodeConstant	SolarConstant	SolarLuminosity
SolarRadius	SolarSchwarzschildRadius	SpeedOfLight
SpeedOfSound	StefanConstant	ThomsonCrossSection
VacuumPermeability	VacuumPermittivity	WeakMixingAngle

Tabelle 19.1: *Wichtige physikalische Konstanten.*

Paketes `Miscellaneous`PhysicalConstants`` (bis Version 5.2) bzw. `PhysicalConstants`` (seit Version 6.0) zur Verfügung. Die Bezeichnungen all dieser Konstanten sind in Tabelle 19.1 zusammengefasst. Da die Bezeichnungen selbsterklärend sind, wurde dabei auf eine deutsche Übersetzung verzichtet. Um den Wert einer bestimmten Konstante abzufragen, gibt man schlicht deren Namen ein und führt ihn aus. Etwa so:

```
Needs["PhysicalConstants`"]

AccelerationDueToGravity
```

$$\frac{9.80665\ \text{Meter}}{\text{Second}^2}$$

Astronomische Daten kann man über `AstronomicalData` erfragen, welches ebenfalls eine zu den anderen `Data`-Befehlen analoge Syntax aufweist. Insofern sollten folgende Beispiele leicht verständlich sein:

```
AstronomicalData[] //Short
```

{Acamar,Achernar,≪ 100 906 ≫,Zubenelhakrabi,Zubeneshamali}

```
AstronomicalData["Classes"]
```

{BarredSpiralGalaxy,...,Planet,...,Supergiant,WhiteDwarfStar,WolfRayetStar}

```
AstronomicalData["Planet"]
```

{Mercury,Venus,Earth,Mars,Jupiter,Saturn,Uranus,Neptune,Pluto}

```
AstronomicalData["Properties"]
```

{AbsoluteMagnitude,...,Satellites,...,VisualBandMagnitude}

```
AstronomicalData["Earth", "Satellites"]          {Moon}
```

Ausblick: Mathematica verfügt über weitere Pakete rund um die Physik. So bietet das Paket `Miscellaneous`ResonanceAbsorptionLines`` (bis Version 5.2) bzw. `ResonanceAbsorptionLines`` (seit Version 6.0) Befehle zur Resonanzabsorption an, `Miscellaneous`BlackBodyRadiation`` (bis Version 5.2) bzw. `BlackBodyRadiation`` (seit Version 6.0) zur Hohlraumstrahlung, und `Miscellaneous`StandardAtmosphere`` (bis Version 5.2) bzw. `StandardAtmosphere`` (seit Version 6.0) zu atmosphärischen Eigenschaften. Informationen zu den angebotenen Befehlen entnimmt der Leser bis Version 5.2 dem entsprechenden Hilfeeintrag der Rubrik *Add-ons: Standard Packages → Miscellaneous*, der Leser ab Version 6.0 schlägt nach unter *ResonanceAbsorptionLines/tutorial/ResonanceAbsorptionLines* bzw. *BlackBodyRadiation/tutorial/BlackBodyRadiation* bzw. *StandardAtmosphere/tutorial/StandardAtmosphere*.

Schießlich bietet Mathematica auch noch an, zwischen den verschiedensten Einheiten umzurechnen. Dazu benötigt man das Paket `Miscellaneous`Units`` (bis Version 5.2) bzw. `Units`` (seit Version 6.0). Im zugehörigen Hilfeeintrag *Add-ons: Standard Packages → Miscellaneous → Units* (bis Version 5.2) bzw. *Units/tutorial/Units* (seit Version 6.0) sind alle verfügbaren Einheiten tabelliert. Da diese mehr als vier DIN A4-Seiten füllen, wird an dieser Stelle auf eine Wiedergabe verzichtet. Vielmehr sollen die wichtigsten Umrechnungsmöglichkeiten des Paketes kurz vorgestellt werden. Dabei kann man zum einen eine bestimmte Einheit in eine explizit vorgebbare andere Einheit umrechnen, was mit Hilfe von **Convert[*x A*, *B*]** geschieht: x Einheiten `A` werden in eine passende Zahl an Einheiten `B` umgerechnet. Ein Beispiel:

```
Needs["Units`"]

Convert[1 Inch, Centimeter] //N          2.54 Centimeter
```

Da bei den Temperaturskalen gegebenenfalls eine Verschiebung des Nullpunkts in Kauf zu nehmen ist, gibt es hier ein eigenes Kommando: **ConvertTemperature[*x*, *A*, *B*]**.

ConvertTemperature[451, Fahrenheit, Centigrade] //N 232.778

Schließlich, und dies mag vielleicht von besonderem Nutzen sein, kann man zu einer gegebenen Einheit von Mathematica die passende `SI`-Einheit (Internationales System), `MKS`-Einheit (Meter/Kilogramm/Sekunde) oder `CGS`-Einheit (Zentimeter/Gramm/Sekunde) suchen lassen, indem man angibt: *System*[*x A*]. Zwei Beispiele:

SI[80 Mile/Hour] //N $\frac{35.7632\text{Meter}}{\text{Second}}$

CGS[80 Mile/Hour] //N $\frac{3576.32\text{Centimeter}}{\text{Second}}$

19.3 Geographische Funktionalitäten

Mathematica umfasst auch eine kleinere Sammlung geographischer Daten, mit deren Hilfe man Karten zeichnen oder Berechnungen anstellen kann. Für das Erstellen von Landkarten benötigt man das Paket `Miscellaneous`WorldPlot`` (bis Version 5.2) bzw. `WorldPlot`` (seit Version 6.0). Dieses dreht sich im Wesentlichen um einen einzigen, zentralen Befehl: `WorldPlot`. Da dieser Befehl eine Reihe von Optionen erlaubt, deren vollständige Beschreibung den Rahmen dieses Werkes sprengen würde, müssen wir für detailliertere Informationen auf die Hilfedatei, Eintrag *Add-ons: Standard Packages → Miscellaneous → WorldPlot* (bis Version 5.2) bzw. *WorldPlot/tutorial/WorldPlotting* (seit Version 6.0), verweisen. In den einfachsten Fällen jedoch lautet die Syntax wie folgt:

WorldPlot[*Länderliste***]** bzw. **WorldPlot[{***Länderliste, Farbliste***}]**.

Im ersten Fall wird eine Karte der aufgelisteten Länder angelegt, wobei die Länder mit Umrisslinien allein gezeichnet werden. Im zweiten Fall werden die Länder stattdessen in der vorgegebenen Farbe gezeichnet. Ein einfaches Beispiel:

```
Needs["WorldPlot`"]

WorldPlot[{{"Austria", "Germany", "Czech
Republic"}, {GrayLevel[0], GrayLevel[0.3],
GrayLevel[0.6]}}]
```

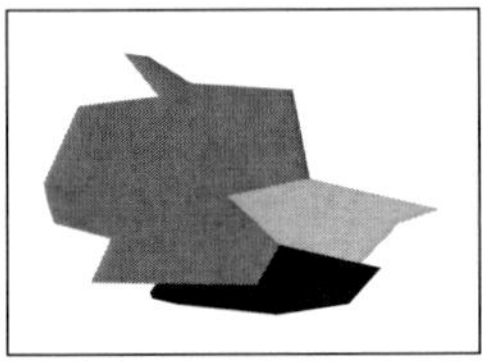

Man erkennt, dass die Länder im Detail recht einfach geschnitten sind. Überzeugende Grafiken erhält man nur dann, wenn man eine deutlich größere Zahl von Ländern darstellen will. Um sich dabei die Schreibarbeit etwas zu erleichtern, bietet Mathematica eine Reihe vorgefertigter Namenslisten an: `Africa`, `Asia`, `Europe`, `MiddleEast`, `NorthAmerica`, `Oceania`, `SouthAmerica` und `World`. Will der Leser feststellen, welche Landesnamen sich etwa hinter `Europe` verbergen, so führe er einfach das Kommando

Europe aus. Falls keine sonderlichen Ansprüche an die verwendeten Farben bestehen, kann man sich ebenfalls das Leben etwas erleichtern, indem man die Befehle RandomGrays bzw. RandomColors verwendet; beide erzeugen eine genügend große Liste zufällig ausgewählter Grauwerte bzw. Farben. Der Leser teste dies, indem er beispielsweise das Kommando **WorldPlot[{World, RandomGrays}]** ausführe.

Ferner gibt es, wie bereits erwähnt, eine Reihe von Optionen zur Darstellung der erzeugten Karte. Eine davon, WorldProjection, beschäftigt sich mit der Projektionsart der Karte. Im Folgenden sollen zwei Beispiele einen Eindruck von den möglichen Auswirkungen geben:

```
WorldPlot[{Europe, RandomGrays}, WorldProjection -> Orthographic]
```

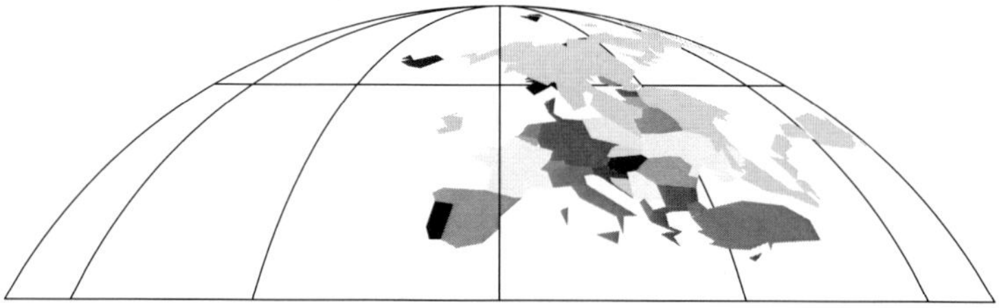

```
WorldPlot[{World, RandomGrays}, WorldProjection -> Orthographic]
```

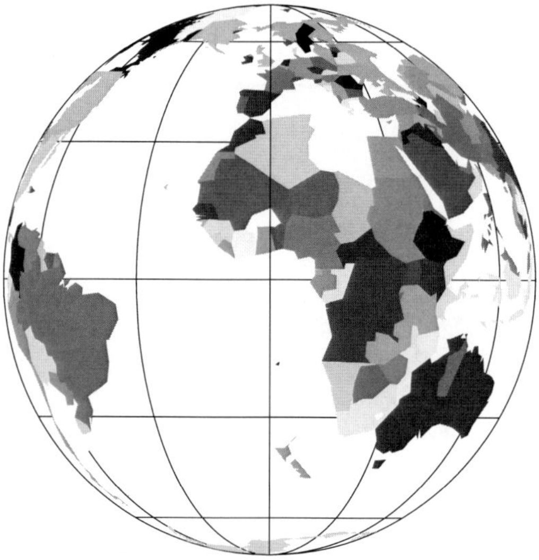

Seit Version 6.0 bietet Mathematica auch den Befehl CityData, mit dem man, bei funktionierender Internetverbindung, Daten zu jeder noch so kleinen Stadt abfragen kann. Wie bei den übrigen Data-Befehlen auch wird durch **CityData[]** allein eine Liste aller verfügbaren Städte ausgegeben – welche recht lang ist:

```
CityData[] //Short     {{Beijing,Beijing,China},≪ 163426 ≫,{Wotle,...t,...}}
```

```
CityData["Properties"]
```

```
{AlternateNames,Coordinates,Country,Elevation,FullName,Latitude,LocationLink,
Longitude,Name,Population,Region,RegionName,StandardName,TimeZone}
```

Bei der Verwendung von `Short` hat Mathematica hierbei eine etwas verwirrende Kürzung der Ortsnamen vorgenommen. Versuchen wir nun, uns zu dem sehr sehenswerten, in der bayrischen Rhön gelegenen Städtchen Ostheim vor der Rhön durchzuarbeiten und von diesem ein paar Daten abzufragen:

```
CityData[{All, "Germany"}] //Short

{{Berlin,Berlin,Germany},≪ 12594 ≫,{Nord...mert,...,...}}

CityData[{All, "Bavaria", "Germany"}] //Short

{{Munich,Bavaria,Germany},≪ 2052 ≫,{Bald...wang,...,...}}

CityData[{"Ostheim", "Bavaria", "Germany"}]

{Ostheim,Bavaria,Germany}

CityData[{"Ostheim", "Bavaria", "Germany"}, "Population"]

3729

CityData[{"Ostheim", "Bavaria", "Germany"}, "LocationLink"]

http://maps.google.com/maps?q=+50.47+10.22&z=12&t=h
```

Kopiert man den zuletzt ausgegebenen Link in das Adressfeld eines Internetbrowsers, so wird man zu einem Kartenausschnitt geführt, der tatsächlich gerade Ostheim vor der Rhön zeigt.

Vorgängerversionen: Benutzer bis Version 5.2 können ebenfalls Daten zu Städten abfragen, allerdings in weitaus geringerem Ausmaße. Dazu ist das Paket `Miscellaneous`CityData`` zu laden, welches ebenfalls über einen Befehl namens `CityData` verfügt. Mit `CityDistance` kann ferner der Abstand zweier Städte berechnet werden. Für weitere Informationen sei der Leser auf den entsprechenden Hilfeeintrag *Add-ons: Standard Packages → Miscellaneous → CityData* verwiesen.

Neu seit Version 6.0 ist auch der Befehl `CountryData`, der analog zu `CityData` Informationen zu verschiedenen Ländern liefert. Allerdings können wesentlich mehr Eigenschaften erfragt werden:

```
CountryData[] //Short          {Afghanistan,Albania,≪ 233 ≫,Zambia,Zimbabwe}
```

```
CountryData["Properties"] //Short        {AdultPopulation,≪ 221 ≫,WaterwayLength}
```

```
CountryData["G8"]
```

```
{Canada,France,Germany,Italy,Japan,Russia,UnitedKingdom,UnitedStates}
```

```
CountryData["Germany", "Population"]        8.26892 × 10^7
```

Sogar eine Umrisskarte wird zu jedem Land angeboten, welche wesentlich detaillierter ist als jene, die man mit `WorldPlot` erzeugen kann:

```
CountryData["Germany", "Shape"]
```

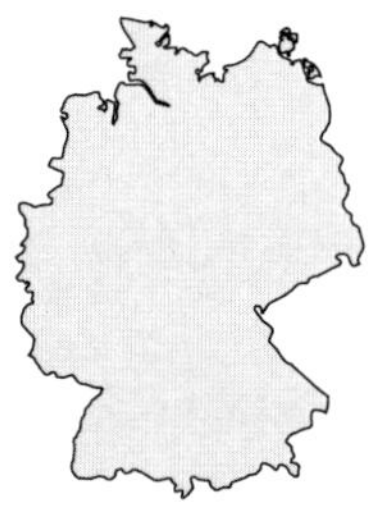

Ausblick: Mathematica bietet auch ein Paket zur Geodäsie (Vermessungskunde) an, nämlich `` Miscellaneous`Geodesy` `` (bis Version 5.2) bzw. `` Geodesy` `` (seit Version 6.0). Informationen hierzu findet der interessierte Leser in der Hilfedatei unter *Add-ons: Standard Packages → Miscellaneous → Geodesy* (bis Version 5.2) bzw. *Geodesy/tutorial/Geodesy* (seit Version 6.0).

19.4 Weitere Datensammlungen

Die eben besprochenen Datensammlungen sind nicht die einzigen, die Mathematica zu bieten hat. Der interessierte Leser kann sich auf folgende Weise über weitere derartige Datenbanken kundig machen: Bis Version 5.2 findet man alle nötigen Informationen in der Hilfedatei unter *Add-ons → Standard Packages → Miscellaneous*. Seit Version 6.0 empfiehlt sich ein anderes Vorgehen: In einem aktiven Notebook führe der Leser die Zeile **`?*Data`** aus; da alle relevanten Befehle auf `Data` enden, werden diese nun aufgelistet. Durch einen Klick auf den interessierenden Befehl werden weitere Informationen im Notebook angezeigt, oder man gibt den Befehl im Documentation Center ein, um eine ausführliche Beschreibung zu erhalten. Es sei allerdings erneut angemerkt, dass zur Ausführung der meisten dieser Befehle ein Internetzugang benötigt wird. Beispielhaft sollen nun noch zwei dieser weiteren `Data`-Befehle angesprochen werden, und zwar zuerst der uns schon aus Abschnitt 6.1 bekannte Befehl `ExampleData`. Führt der Leser

```
ExampleData[]          {AerialImage,Geometry3D,...,TestImage,Text,Texture}
```

aus, so werden die verfügbaren Kategorien angezeigt; mit dabei die uns schon bekannte Kategorie Geometry3D. Um herauszufinden, was nun wiederum innerhalb der einzelnen Kategorien angeboten wird, gibt man als Argument deren Namen an, etwa

```
ExampleData["Geometry3D"]

{{Geometry3D,BassGuitar}, ..., {Geometry3D,Cone}, ..., {Geometry3D,Zeppelin}}
```

Nun kann man einzelne Objekte via **ExampleData[{"*Kategorie*", "*Typ*"}]** aufrufen, der Leser führe z. B. **ExampleData[{"Geometry3D", "Cone"}]** aus.

Ein anderer Data-Befehl von großem Anwendungspotential ist FinancialData, mit dem man auf Daten einer ca. minütlich aktualisierten Finanzdatenbank zugreifen kann. Der Umfang dieser Datenbank lässt sich nach Ausführung der folgenden Befehle erahnen:

```
FinancialData["Groups"]          {Currencies,...,Futures,Indices,...,Stocks}

FinancialData["Frankfurt", "Members"] //Short

{F:1014866,F:101765,F:1030014,≪ 8928 ≫,F:ZYM,F:ZZ9,F:ZZS}
```

Eine der in Frankfurt (Kürzel *F*) gehandelten Aktien ist die der Deutschen Bank AG (Kürzel *DBK*), deren Kurs sich seit dem 1. Januar 2008 wie folgt entwickelt hat:

```
DateListPlot[
FinancialData["F:DBK", {2002,1,1}]]
```

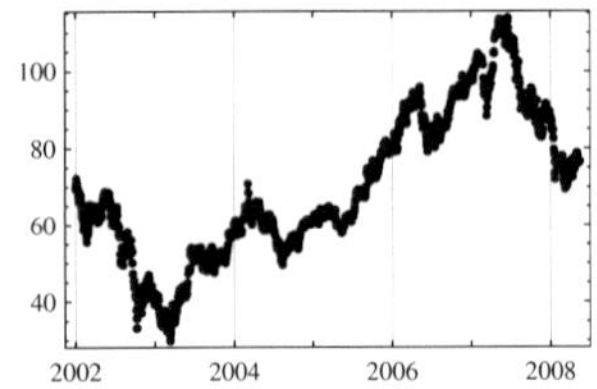

Der Befehl DateListPlot arbeitet dabei wie der gewöhnliche ListPlot-Befehl aus Abschnitt 17.2.1, mit dem Unterschied, dass das erste Argument der Wertepaare ein Datum sein muss, siehe Abschnitt 19.1. Des Weiteren bietet FinancialData z. B. die Möglichkeit, sich nach aktuellen Wechselkursen oder Rohstoffpreisen zu erkundigen:

```
FinancialData["Currencies"]      {AED,...,EUR,...,USD,...,XAU,...,ZWN}

FinancialData["EUR/USD"]         1.5663

FinancialData["XAU/EUR"]         584.193
```

Für einen Euro sind 1,5663 US-Dollar zu zahlen, für eine Unze Gold dagegen 584,193 Euro.

20 Sequenzen und Zeichenketten

In diesem Kapitel wollen wir uns mit Mathematicas Potential zur Sequenzanalyse auseinandersetzen. Mit Sequenz ist eine Reihe von Zeichen oder Buchstaben aus einem Alphabet $\mathcal{A}$ gemeint, wobei wir uns nicht nur auf Texte im eigentlichen Sinn beschränken wollen. Derartige Sequenzen werden auch in der Biologie untersucht: Gensequenzen werden über dem Alphabet $\mathcal{A} = \{a, c, g, t\}$ der vier Basen Adenin, Cytosin, Guanin und Thymin gebildet, Proteinsequenzen über dem Alphabet der zwanzig Aminosäuren $\mathcal{A} = \{A, R, N, D, C, Q, E, G, H, I, L, K, M, F, P, S, T, W, Y, V\}$. Auch wenn die Unterscheidung nicht scharf ist, wollen wir im Folgenden nur im Falle langer Sequenzen (komplettes Genom, kompletter Text, etc.) auch tatsächlich von *Sequenzen* sprechen, während wir kurze Teilabschnitte (Worte, etc.) daraus als *Zeichenketten* (engl.: strings) bezeichnen werden. Formal ist eine Zeichenkette $\boldsymbol{u}$ der Länge k ein Vektor aus $\mathcal{A}^k$ mit $k \in \mathbb{N}$. Bei Mathematica wird allerdings zwischen einem `String` und einer Liste von Symbolen unterschieden. Dies werden wir gleich in Abschnitt 20.1 klären, wo wir Mathematicas Funktionen rund um die Manipulation von Zeichenketten vorstellen werden. Anschließend in Abschnitt 20.2 werden wir uns mit der Ähnlichkeit von Zeichenketten und Sequenzen beschäftigen.

20.1 Zeichenketten bearbeiten

Mathematica erkennt eine eingegebene Zeichenfolge immer dann als Zeichenkette, also vom Typ `String`, wenn sich diese innerhalb von Anführungszeichen befindet. Betrachten wir beispielsweise die erste Zeile aus Theodor Fontanes „Herr von Ribbeck“ und verteilen diese auf drei Variablen:

```
s1="Herr von Ribbeck";
s2=" auf Ribbeck";
s3=" im Havelland"                              im Havelland
```

An Hand der Ausgabe lässt sich nicht erkennen, ob es sich dabei um eine Zeichenkette handelt. Sichtbar wird es nach Eingabe von `FullForm`:

```
s3 //FullForm                                   " im Havelland"
```

Alternativ können wir via `Head` direkt den Datentyp abfragen:

```
Head[s3]                                        String
```

Mathematica bietet eine große Auswahl an Befehlen, mit denen man Zeichenketten bearbeiten kann, siehe Tabelle 20.1. Diese weisen übrigens eine deutliche Analogie zu den Befehlen aus Tabelle 4.2 zur Bearbeitung von Listen auf. Tabelle 20.2 fasst Befehle zusammen, mit denen man Eigenschaften von Zeichenketten prüfen kann. All diese Befehle wollen wir nun beispielhaft untersuchen. So können wir etwa obige Zeichenketten via `StringJoin` zusammensetzen,

```
StringJoin[s1,s2,s3]        Herr von Ribbeck auf Ribbeck im Havelland

s1<>s2<>s3                  Herr von Ribbeck auf Ribbeck im Havelland

% //StringLength            41
```

was eine Zeichenkette der Länge 41 ergibt. Man kann die Reihenfolge der Zeichen umkehren,

```
StringReverse[s1]           kcebbiR nov rreH
```

oder alle Buchstaben in Großbuchstaben umwandeln:

```
ToUpperCase[s1]             HERR VON RIBBECK

UpperCaseQ[%]               False
```

Dass der Test auf Großbuchstaben trotzdem scheitert, liegt an den Leerzeichen. Man kann Teile einer Zeichenkette extrahieren, löschen, oder Neues einfügen,

```
StringTake[s1, {6,12}]          von Rib

StringDrop[s1, {6,12}]          Herr beck

StringInsert[s1, "iiii", 11]    Herr von Riiiiibbeck
```

wobei das Original s_1 die ganze Zeit über unberührt bleibt. Deren Elemente 5 und 9 sind Leerzeichen, die wir z. B. durch Tabulatoren '\t' ersetzen lassen können:

```
StringCount[s1, " "]                          2

pos=StringPosition[s1, " "]                   {{5,5}, {9,9}}

StringReplacePart[s1, "\t", pos]              Herr     von     Ribbeck

StringReplace[s1, {" " -> "\n", "i" -> "o"}]  Herr
                                              von
                                              Robbeck
```

Im letzten Beispiel hatten wir die Leerzeichen durch Zeilenumbrüche '\n' und 'i' durch 'o' ersetzen lassen. Muster kann man mit Hilfe von `StringExpression` und der Unter-

Befehl	Beschreibung
StringLength[*u*]	Länge der Zeichenkette ***u***.
Characters[*u*]	Liste der Zeichen von ***u***.
StringReverse[*u*]	Kehrt Reihenfolge der Zeichen in ***u*** um.
ToUpperCase[*u*]	Wandelt Zeichen von ***u*** in Großbuchstaben um. Analog **ToLowerCase**[*u*] für Kleinbuchstaben.
StringJoin[*u1*,...]	Setzt Zeichenketten $u_1, \ldots$ aneinander. Gleichwertig: *u1*<>*u2*<>...
StringInsert[*u*,*v*,{*n1*,...}]	Fügt vor den Elementen $u_{n_1}, \ldots$ von ***u*** die Zeichenkette ***v*** ein.
StringTake[*u*,{*m*,*n*}]	Entnimmt $(u_m, \ldots, u_n)$ aus Zeichenkette ***u***. Analog: StringDrop entfernt $(u_m, \ldots, u_n)$ aus Zeichenkette ***u***.
StringExpression[*u1*,...]	Erlaubt es, ein Muster einer Zeichenkette aus Ausdrücken $u_1, \ldots$ zusammenzusetzen. Gleichwertig: *u1*~~*u2*~~... Ähnlich auch RegularExpression. (seit V. 5.1)
StringCount[*u*,*Muster*]	Zählt alle Vorkommnisse des Musters in Zeichenkette ***u***. Analog: StringCases listet alle Vorkommnisse auf. StringPosition listet die Positionen aller Vorkommnisse auf.
StringSplit[*u*,*Muster*]	Ergibt Liste von Zeichenketten aus ***u***, welche durch Muster getrennt waren. (seit V. 5.1)
StringReplacePart[*u*,*v*,*Pos*]	Ersetzt die durch die Positionsliste festgelegten Teile von ***u*** jeweils durch ***v***.
StringReplace[*u*,*Regeln*]	Führt die gemäß der Regeln definierten Ersetzungen in ***u*** durch. Analog: StringReplaceList (seit V. 5.1), ergibt Liste aller Resultate mit genau einer Ersetzung.

Tabelle 20.1: *Zeichenketten bearbeiten.*

Befehl	Beschreibung
LetterQ[*u*]	Prüft, ob Zeichenkette u nur Buchstaben enthält.
DigitQ[*u*]	Prüft, ob Zeichenkette u nur Ziffern enthält.
UpperCaseQ[*u*]	Prüft, ob Zeichenkette u nur aus Großbuchstaben besteht. Analog **LowerCaseQ[*u*]** für Kleinbuchstaben.
StringMatchQ[*u,Must*]	Prüft, ob Zeichenkette u dem Muster entspricht.
StringFreeQ[*u,Muster*]	Prüft, ob kein Teil der Zeichenkette u dem Muster entspricht. (seit V. 5.1)

Tabelle 20.2: *Eigenschaften von Zeichenketten prüfen.*

striche aus Abschnitt 21.6 definieren. So kommt in s_1 ein 'e' gefolgt von genau einem Buchstaben zweimal vor:

```
StringCases[s1, StringExpression["e",_]]          {er, ec}
```

Zeichenketten kann man auch in Mathematica-Ausdrücke umwandeln und umgekehrt. Die Zeichenkette **"Sin[5]"** etwa kann man auf zweierlei Weise umwandeln:

```
ImportString["Sin[5]", "Expression"] //N          -0.958924

ToExpression["Sin[5]"] //N                        -0.958924
```

Der erste Ansatz bietet generell mehr Möglichkeiten, das zweite Argument kann alle unter **$ImportFormats** genannten Formate annehmen, siehe auch Abschnitt 4.3. Analoges gilt für den Befehl ExportString, welcher beispielsweise folgende Transformationen ermöglicht:

```
ExportString[{1,2,3}, "List"] //FullForm         "1\n2\n3\n"

ExportString[{1,2,3}, "Words"] //FullForm        "1 2 3 \n"

ExportString[{1,2,3}, "Expression"] //FullForm   "{1, 2, 3}\n"
```

Ebenfalls in dieser Richtung funktioniert ToString:

```
Map[ToString, {1,4,9,16}] //FullForm      List["1", "4", "9", "16"]

StringJoin[%] //FullForm                  "14916"
```

Hierbei haben wir ToString via Map, siehe Abschnitt 21.5, auf jedes Listenelement einzeln angewendet, weswegen eine Liste von Zeichenketten resultiert. Diese haben wir anschließend zu einer Zeichenkette fusioniert.

Weiterführende Informationen ... findet der Leser bis Version 5.2 unter *Built-in Functions: Programming → String Manipulation*. Seither empfehlen sich als Einstieg in die Hilfetexte die Adressen *guide/StringManipulation* und *guide/StringOperations*. Speziell mit Mustern befassen sich *tutorial/StringPatterns* und *tutorial/WorkingWithStringPatternsOverview*.

20.2 Ähnlichkeit von Zeichenketten

Insbesondere im Bereich der Biologie, bei der Analyse von Gen- und Proteinsequenzen, tritt häufig die Frage auf, wie man die Ähnlichkeit oder Unähnlichkeit solcher Sequenzen, bzw. von Teilen daraus, bestimmen kann. Ein naheliegender Ansatz, die Unähnlichkeit, also den Abstand, zweier Zeichenketten $\boldsymbol{u}, \boldsymbol{v} \in \mathcal{A}^k$ von *gleicher* Länge $k \in \mathbb{N}$ zu bestimmen, liegt darin zu zählen, in wievielen Komponenten sich beide Zeichenketten unterscheiden. Je verschiedener $\boldsymbol{u}$ und $\boldsymbol{v}$ sind, desto größer wird dieser Wert sein, der übrigens der *Hamming-Abstand* von $\boldsymbol{u}$ und $\boldsymbol{v}$ genannt wird. Bei Mathematica ist dieser über **HammingDistance[**u,v**]** implementiert. Etwas komplexer ist die Definition des *Editierabstands* zwischen zwei auch unterschiedlich langen Zeichenketten $\boldsymbol{u}$ und $\boldsymbol{v}$, bei Mathematica **EditDistance[**u,v**]**. Hier wird die minimale Anzahl an einelementigen Löschungen, Einfügungen und Ersetzungen gezählt, die nötig sind, um $\boldsymbol{u}$ in $\boldsymbol{v}$ zu überführen. Pro derartiger Operation fallen also die 'Kosten' 1 an. Bei beiden Abständen kann man durch die Option **IgnoreCase -> True** festlegen, dass nicht zwischen Groß- und Kleinschreibung unterschieden werden soll.

Beispiel 20.2.1

Betrachten wir wieder das Beispiel des Herrn Ribbeck. Wir erhalten die Abstände

```
HammingDistance["Ribbeck","robbeck"]                          2

HammingDistance["Ribbeck","robbeck", IgnoreCase -> True]      1
```

denn im ersten Fall wird auch zwischen 'r' und 'R' unterschieden. Bei gleichlangen Zeichenketten stimmen Hamming-Abstand und Editierabstand überein, denn jede Abweichung zieht eine Ersetzung nach sich:

```
EditDistance["Ribbeck","robbeck"]                             2
```

Der Editierabstand kann aber auch bei Zeichenketten unterschiedlicher Länge eingesetzt werden:

```
EditDistance["Ribbeck","Rribecck"]                            3
```

Hier kann man die erste Variante in die zweite überführen, indem man beispielsweise zwei Ersetzungen und eine Löschung vornimmt. •

Ein grafisches Werkzeug zum Vergleich zweier Sequenzen, das auf obigen Abstandsmaßen basieren kann, ist der *Dotplot*. Dieser lässt sich bei Mathematica mit dem Befehl `MatrixPlot` realisieren, den wir schon in Abschnitt 7.1 besprochen haben. Wir wollen dies auch gleich an einem realistischen Beispiel vorführen, dem Genom des Rinderleukämievirus (Bovine Leukämie)[1]. Dieses ist in der Datei `Bovine.txt` abgelegt, mit einer Base pro Zeile. Um nicht die ganzen Zeilenumbrüche (Symbol '\n') mit einzulesen, importieren wir die Daten in zwei Stufen:

```
bovine=StringJoin[Import["...\\Bovine.txt", "List"]];          8419
T=StringLength[bovine]
```

Durch `Import` erstellen wir zuerst eine Liste der Basen, die durch `StringJoin` in eine ununterbrochene Zeichenkette $(b_1, \ldots, b_{8419})$ umgewandelt wird. Deren Anfang sieht folgendermaßen aus:

```
StringTake[bovine, {1,12}]                    gaagcgttctcc
```

Wir wollen nun die zwei Teilsequenzen $(b_1, \ldots, b_{200})$ und $(b_{5001}, \ldots, b_{5100})$ auf Ähnlichkeit untersuchen und führen dazu folgende Zeilen aus:

```
bov1=StringTake[bovine, {1,200}];
bov2=StringTake[bovine, {5001,5100}];

abstd={};
Do[ AppendTo[abstd, {}];
Do[ AppendTo[abstd[[j]],
HammingDistance[StringTake[bov1,{i,i}], StringTake[bov2,{j,j}]]], {i,1,200}],
{j,1,100}];
MatrixPlot[abstd, ColorFunction -> (GrayLevel[#]&), ColorFunctionScaling -> False]
```

Es resultiert der Dotplot aus Abbildung 20.1. Da wir Zeichen für Zeichen mit dem Hamming-Abstand verglichen haben, wird bei Übereinstimmung (=ähnliche Stelle) ein schwarzer Punkt gezeichnet, ansonsten ein weißer. Offenbar ergeben sich keine längeren Übereinstimmungen, welche als schwarze Diagonalen in der Grafik erscheinen müssten.

Da ein solch elementarer Dotplot schnell unübersichtlich werden kann, hat man verschiedenste Filtertechniken entwickelt. So kann man etwa ein Fenster der Länge $w > 1$ über beide Sequenzen gleiten lassen und den jeweiligen Fensterinhalt vergleichen. Machen wir dies für $w = 5$:

[1]Quelle: `http://www.ncbi.nlm.nih.gov/entrez/viewer.fcgi??db=nucleotide&val=NC_001414`.

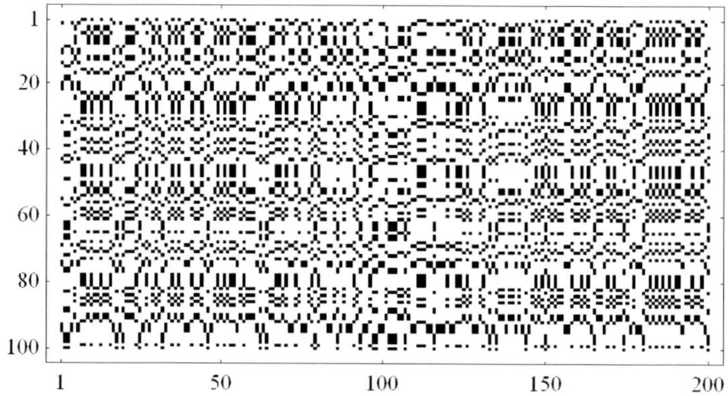

Abb. 20.1: *Dotplot der Bovinedaten mit $w = 1$.*

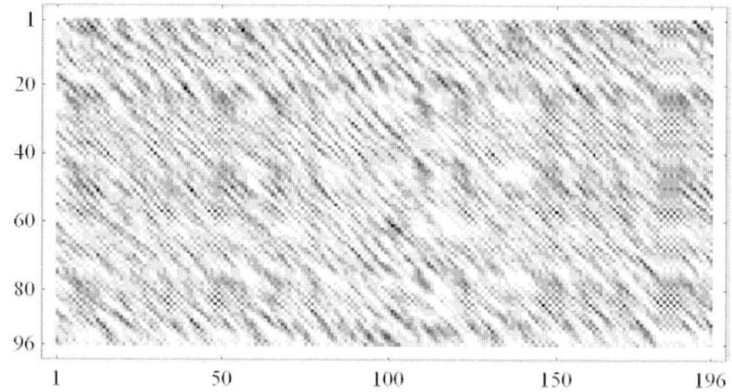

Abb. 20.2: *Dotplot der Bovinedaten mit Fensterlänge $w = 5$.*

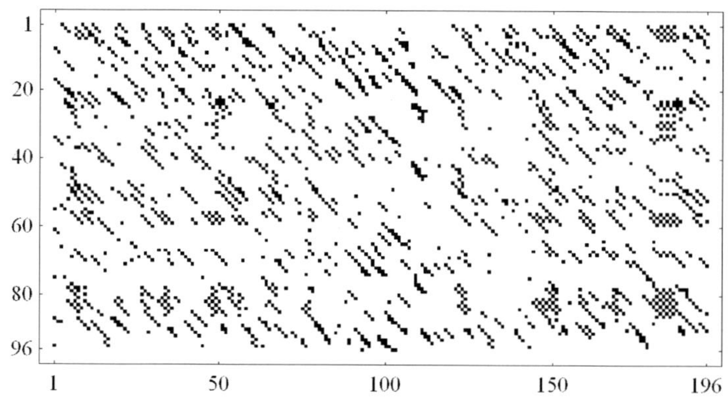

Abb. 20.3: *Dotplot der Bovinedaten mit $w = 5$ und maximaler Unähnlichkeit 2.*

```
abstd={}; w=5;
Do[ AppendTo[abstd, {}];
Do[ AppendTo[abstd[[j-w+1]],
HammingDistance[StringTake[bov1,{i-w+1,i}],StringTake[bov2,{j-w+1,j}]]],
{i,w,200}], {j,w,100}];
MatrixPlot[abstd/w, ColorFunction -> (GrayLevel[#]&),
ColorFunctionScaling -> False]
```

Nun resultiert der Dotplot aus Abbildung 20.2. Via `StringTake` haben wir immer Zeichenketten der Länge w aus beiden Sequenzen herausgegriffen und deren Abstand bestimmt, ein Wert, der zwischen 0 und w liegen muss. Durch **`abstd/w`** haben wir auf den Bereich zwischen 0 und 1 standardisiert. Großen Abständen werden wieder helle Farben zugeordnet, so dass umgekehrt dunkle Farben für große Ähnlichkeit der Zeichenketten sprechen.

Eine zusätzliche Filterung und wieder einen schwarzweißen Dotplot erhalten wir, wenn wir binärisieren, indem wir eine maximale Unähnlichkeit festsetzen:

```
abstd={}; w=5;
Do[ AppendTo[abstd, {}];
Do[ AppendTo[abstd[[j-w+1]],
If[HammingDistance[StringTake[bov1,{i-w+1,i}],StringTake[bov2,{j-w+1,j}]]<=2,
0, 1]], {i,w,200}], {j,w,100}];
MatrixPlot[abstd, ColorFunction -> (GrayLevel[#]&), ColorFunctionScaling -> False]
```

Im Beispiel haben wir durch eine `If`-Bedingung, siehe Abschnitt 21.1, festgelegt, dass Abstände ≤ 2 als ähnlich (Wert 0) angesehen werden, Abstände > 2 als unähnlich. Der resultierende Dotplot aus Abbildung 20.3 zeigt nun doch einige kürzere Diagonalen, als Bereiche größerer Ähnlichkeit im eben definierten Sinne.

Weiterführende Informationen ... zu bei Mathematica implementierten Abstandsmaßen findet der Leser in der Hilfe unter *guide/DistanceAndDissimilarityMeasures*. Neben den obigen und den in Tabelle 7.1 vorgestellten Abstandsmaßen werden dort auch solche speziell für binäre bzw. Boolsche Vektoren vorgestellt, wie etwa die Maße von Jaccard, Yule, usw.

21 Programmieren mit Mathematica

Neben all seinen Fähigkeiten zu mathematischen Berechnungen, grafischen Darstellungen und zur Textverarbeitung bietet Mathematica auch eine eigene Programmiersprache an, die sich natürlich mit den erstgenannten Möglichkeiten kombinieren lässt. Die Sprache ist an C angelehnt, unterscheidet sich dann aber doch im Detail. Wir wollen im Folgenden wesentliche Konzepte dieser Sprache kennenlernen, der Umfang dieses Buches gestattet allerdings keine allzu intensive Beschäftigung mit der Thematik.

Wenn man an eine Programmiersprache denkt, fallen einem u. a. folgende Elemente ein: Variablen und Felder (engl.: arrays) zum Ablegen von Werten, ferner Verzweigungen, Schleifen und Anweisungsverbunde. Mit dem erstgenannten Thema haben wir uns bereits in den Abschnitten 4.1 (Variablen) und 4.2 (Listen) auseinandergesetzt, so dass wir uns hier auf die übrigen Punkte konzentrieren werden: Verzweigungen in Abschnitt 21.1, Schleifen in Abschnitt 21.2, und die Themen Anweisungsverbund und funktionales Programmieren in Abschnitt 21.3. In einem Einschub werden wir in Abschnitt 21.4 lernen, wie man eigene Pakete erstellen kann; wie man Pakete lädt, hatten wir ja schon in Abschnitt 3.5 besprochen. Anschließend werden wir auf Mathematica-spezifische Elemente der Programmiersprache eingehen, nämlich die Anwendung von Funktionen auf Ausdrücke in Abschnitt 21.5 sowie Regeln und Muster in Abschnitt 21.6.

21.1 Verzweigungen

Bei Verzweigungen handelt es sich um bedingte Entscheidungen, die den weiteren Programmablauf beeinflussen. Von besonderer Bedeutung ist hierbei der Befehl `If` mit der Syntax **If[*bed*, *anw1*, *anw2*]**: Ist die Bedingung *bed* erfüllt, so werden die Anweisungen bei *anw1* ausgeführt, andernfalls die bei *anw2*. Einzelne Teilanweisungen werden dabei, wie gewohnt, durch Semikolon voneinander getrennt. Als Beispiel können wir die zusammengesetzte Funktion aus Abschnitt 8.1 mit Hilfe von `If` formulieren:

```
Clear[f];  f[x_]:=If[x<1, x, 2/x];
```

`If`-Bedingungen können auch verschachtelt werden:

```
Clear[f];  f[x_]:=If[1<=x<3, x, If[3<=x<5, 1/2 (x-5)^2+1, 1]];
```

Dies ist gerade die zusammengesetzte Funktion, die wir in Abschnitt 7.2 ab Seite 92 besprochen haben. Wem diese Ineinanderschachtelung zu unübersichtlich erscheint, kann stattdessen `Which` verwenden. **`Which[`***`bed1, anw1, bed2, anw2,`***`...]`** prüft der Reihe nach die Bedingungen *bed1*, *bed2*, etc., und führt jene Anweisung aus, die zur ersten wahren Aussage gehört (so es denn diese gibt). Völlig gleichwertig hierzu könnte man also auch definieren:

```
Clear[f];   f[x_]:=Which[1<=x<3, x, 3<=x<5, 1/2 (x-5)^2+1, x<1 || x>=5, 1];
```

Wenn auch nicht als guter Programmierstil angesehen, so besteht zumindest die Möglichkeit des Einsatzes von Sprungmarken und -befehlen. Erstere definiert man via **`Label[`***`name`***`]`**, Zweitere via **`Goto[`***`name`***`]`**. In Kombination mit `If` könnte ein einfaches Beispiel wie folgt aussehen:

```
Label[start]; Print["Hallo!"];              Hallo!
If[Random[] > 0.5, Goto[start],             Hallo!
Goto[ende]];                                Hallo!
Label[ende]; Print["Tschüss!"]              Tschüss!
```

Solange die erzeugte Zufallszahl größer als 0,5 ist, springt das Programm immer wieder zurück zu *start*, andernfalls zu *ende*. Offensichtlich sind Sprungbefehl und -marke zu *ende* verzichtbar.

21.2 Schleifen

Von großer Bedeutung für das Programmieren sind Schleifen. Die einfachste dieser Schleifen, `Do`, hatten wir u. a. bereits in Beispiel 18.1.1 angewendet. Bei **`Do[`***`anw`***`, {`***`t, t0, t1, s`***`}]`** durchläuft die lokale Variable t die Werte $t_0, t_0 + s, t_0 + 2s, \ldots$, so lange diese Werte $\leq t_1$ sind; bei jedem Durchlauf wird der Anweisungsblock *anw* ausgeführt. Für die Iteratoren dieser Schleife gelten dabei die gleichen Regeln wie beim `Table`-Kommando, siehe Tabelle 4.1 auf Seite 30: Gibt man s nicht an, so wird $s = 1$ gewählt, lässt man zusätzlich t_0 weg, so wird $t_0 = 1$ gesetzt. Falls man auch noch t weglässt, also nur noch `{t1}` angibt, so wird die Schleife einfach t_1-mal ausgeführt. Seit Version 6.0 kann man beim `Do`-Kommando, genau wie beim `Table`-Kommando aus Abschnitt 4.2.1, den Laufindex auch die Werte einer explizit vorgebbaren Liste durchlaufen lassen: **`Do[`***`anw`***`, {`***`t`***`,{`***`t1, t2, ...`***`}}]`**.

Die ersten fünf Quadratzahlen gibt man z. B. wie folgt aus:

```
t=-23;

Do[Print[t^2], {t,1,5}]                     1    4    9    16    25

t                                           -23
```

Hierbei wird deutlich, dass das t innerhalb der Schleife nur *lokal* definiert ist und das t außerhalb der Schleife nicht beeinflusst. Anders verhält es sich bei der `For`-Schleife, welche die Syntax **For[*init*, *bed*, *inkr*, *anw*]** besitzt. Zuerst werden die Anweisungen bei *init* ausgeführt, anschließend wird die Bedingung *bed* geprüft. Bei deren Zutreffen werden die Anweisungen bei *anw* und *inkr* (in dieser Reihenfolge) abgearbeitet. Der Anweisungsblock bei *anw* ist dabei optional.

```
For[t=1, t<=5, t++, Print[t^2]]        1    4    9    16    25

t                                       6
```

Hier wird nun t *global* verändert, ferner ist gut erkennbar, dass das Inkrement zuletzt ausgeführt wird. Genau wie bei C bewirkt eine jede Ausführung von **t++**, dass der Wert von t um 1 erhöht wird. Gleichwertig hätte man auch **t+=1** oder **t=t+1** schreiben können; **t+=*k*** bewirkt eine Erhöhung von t um k. Analog verwendet man bei Subtraktion **--** bzw. **-=*k***, bei Multiplikation ***=*k***, bei Division **/=*k***.

Eine dritte von Mathematica angebotene Schleife ist die While-Schleife, welche folgende Syntax aufweist: **While[*bed*, *anw*]**. Die Anweisungen werden so oft durchlaufen, wie die Bedingung erfüllt ist. Auch hier werden Variablen *global* geändert, etwa ist

```
t=1; While[t<=5, Print[t^2]; t++]      1    4    9    16    25

t                                       6
```

In manch einem Fall will man die Schleife nicht bis zum Schluss durchlaufen, sondern sie bei Eintreten gewisser Ereignisse vorzeitig verlassen. Durch **Break[]** verlässt man die innerste Schleife vollständig, bei **Continue[]** überspringt man die verbleibenden Anweisungen des aktuellen Durchlaufs. Im folgenden Beispiel wird Division durch 0 vermieden:

```
SeedRandom[13];
Do[x=Random[Integer, {0,5}]; If[x==0, Print[x]; Continue[]];Print[1/x], {t,1,10}]
```

$\frac{1}{3}$ 1 1 0 0 $\frac{1}{3}$ 0 $\frac{1}{5}$ $\frac{1}{2}$ $\frac{1}{2}$

```
SeedRandom[13];
Do[x=Random[Integer, {0,5}]; If[x==0, Print[x]; Break[]]; Print[1/x],
{t,1,10}]
```

$\frac{1}{3}$ 1 1 0

Immer wenn die aktuelle Zufallszahl, siehe auch Kapitel 18, gleich 0 ist, wird dieser Wert ausgegeben und anschließend im ersten Fall die verbleibenden Anweisungen des aktuellen Durchlaufs, insbesondere die Division $1/x$, übersprungen, im zweiten Fall die Schleife sogar endgültig verlassen. Durch die explizite Wahl des Startwertes via SeedRandom, siehe Bemerkung 18.1, wird sichergestellt, dass in beiden Fällen die gleiche Folge von Pseudozufallszahlen durchlaufen wird.

Übrigens wird in beiden Beispielen die Zählervariable t nicht explizit benötigt, es werden lediglich zehn Durchläufe erfordert. Deshalb könnte man hier auch an Stelle des Iterators {**t,1,10**} kurz {**10**} schreiben.

Beispiel 21.2.1

Nun haben wir genügend Wissen gesammelt, um ein echtes Anwendungsbeispiel besprechen zu können. Wir wollen das *Heronsche Verfahren* implementieren, mit welchem man näherungsweise den Wert der Wurzel $\sqrt{p}$, $p > 0$, bestimmen kann. Dieses auf Heron von Alexandria (ca. 60 n. Chr.) zurückgehende Intervallschachtelungsverfahren ist für seine rasche Konvergenz bekannt. Zu Beginn wählt man zwei Startwerte $0 < a_0 \leq b_0$ so, dass $a_0 \cdot b_0 = p$ ist. Ist $p > 1$, so wählt man z. B. $a = 1$ und $b = p$, ansonsten umgekehrt. Nun berechnet man rekursiv

$$a_{n+1} = \frac{2p}{a_n + b_n}, \qquad b_{n+1} = \frac{a_n + b_n}{2},$$

so dass stets $a_n \cdot b_n = p$ und $a_n \leq \sqrt{p} \leq b_n$ gelten. Man kann b_n als Näherungswert für $\sqrt{p}$ verwenden, $b_n - a_n$ gibt Auskunft über die Güte der Näherung.

Zu Beginn wollen wir uns damit begnügen, den Wert von $\sqrt{2} \approx 1{,}41421$ zu approximieren. Eine mögliche Realisation könnte wie folgt aussehen:

```
p=2.0; a=1; b=p;
While[b-a>10^-6, {a,b}={2p/(a+b), (a+b)/2}];
Print[b]; Clear[a,b,p];                          1.41421
```

Erst wenn eine Genauigkeit von zumindest 10^{-6} erreicht ist, bricht die `While`-Schleife ab und gibt den aktuellen Wert von b als Näherung für $\sqrt{2}$ zurück. Wie man durch Einfügen eines `Print`-Kommandos in die Schleife leicht nachprüft, wird diese Genauigkeit bereits nach fünf Schritten erreicht, es liegt die Schachtelung $[1;2] \supset [1{,}33333;1{,}5] \supset [1{,}41176;1{,}41667] \supset [1{,}14421;1{,}41422] \supset [1{,}41421;1{,}41421]$ vor.

Zum gleichen Resultat würden wir auch mit Hilfe einer `For`-Schleife gelangen. Eine Lösung wäre

```
p=2.0;
For[a=1; b=p, b-a>10^-6, {a,b}={2p/(a+b), (a+b)/2}];
Print[b]; Clear[a,b,p];                          1.41421
```

bei der auf das vierte Argument, *anw*, verzichtet wurde. Der Leser versuche eine passende `Do`-Schleife zu finden. Diese würde nach einer wählbaren Zahl von Schritten sogar automatisch abbrechen, auch wenn keine Genauigkeitsschwelle erreicht wurde, was Endlosschleifen vermeidet. •

Wir werden dieses Beispiel gleich im Anschluss, in Abschnitt 21.3, wieder aufgreifen.

21.3 Funktionen programmieren

Funktionen sind im Rahmen der Programmierung von äußerster Bedeutung. Die Definition 'mathematischer' Funktionen haben wir dabei bereits in Abschnitt 7.2 ausführlich besprochen; wie wir sehen werden, kann man auf gleiche Weise aber auch Codebausteine verpacken. Um das Thema Funktionen in diesem Buch aber von allen Seiten zu beleuchten, wollen wir uns zuvor noch kurz mit einer Mathematica-Spezialität beschäftigen, die wir bereits in Abschnitt 11.4 kurz kennengelernt haben: die *reinen Funktionen*. Diese können mit Hilfe des `Function`-Befehls oder des abschließenden Kürzels '`&`' definiert werden: **`Function[`*`Definition`*`]`** oder **`(`*`Definition`*`)&`**. Die Argumente reiner Funktionen werden mit Hilfe des Kreuzes '`#`' bezeichnet: **`#1`** für das erste Argument, **`#2`** für das zweite, usw., wobei man bei Funktionen einer Veränderlichen auch nur **`#`** allein verwenden kann. Betrachten wir ein erstes Beispiel:

`f=Function[#`^{2}`]`	`#1`^{2} `&`
`f //FullForm`	`Function[Power[Slot[1],2]]`
`f[x]`	`x`^{2}

Mathematica zeigt reine Funktionen in der Kurzschreibweise an, speichert sie intern aber via `Function`; das Kreuz '`#`' wird als Funktion `Slot` gespeichert. Wir hätten die Funktion f völlig gleichwertig auch via **`f=#1`^{2}`&`** oder **`f=(#`^{2}`)&`** definieren können. In eine reine Funktion kann man wie gewohnt Argumente einsetzen, wie die dritte Zeile zeigt. Wer sich an der Variablenbezeichnung mit dem Kreuz stört, kann eine reine Funktion auch ganz klassisch definieren, muss dann aber ein zweites Argument angeben:

`g=Function[y,y`^{2}`]`	`Function[y,y`^{2}`]`
`g //FullForm`	`Function[y,Power[y,2]]`
`g[x]`	`x`^{2}

Reine Funktionen mehrerer Veränderlicher definiert man analog:

`f2=Function[(#1+#2)`^{2}`]`	`(#1+#2)`^{2} `&`
`f2 //FullForm`	`Function[Power[Plus[Slot[1],Slot[2]], 2]]`
`f2[a, b]`	`(a+b)`^{2}

Auch hier hätte man f_2 äquivalent über **`f2=(#1+#2)`^{2}`&`** definieren können, oder, wenn einem die Variablenbezeichnung mit Kreuz fremd erscheint, mit selbst wählbaren Variablennamen:

```
g2=Function[{x,y}, (x+y)^2]          Function[{x,y}, (x+y)^2]

g2 //FullForm                        Function[List[x,y], Power[Plus[x,y],2]]

g2[a, b]                             (a+b)^2
```

In allen obigen Beispielen hatten wir die reine Funktion jeweils selbst in einer Variablen abgelegt; der Vorteil reiner Funktionen ist es aber gerade, dass man diese Speicherplatzbelegung umgehen kann:

```
(#1^3-5 #2*#3+7)&[x,y,z]             7+x^3-5 y z

Table[(#^2-3 #+1)&[x], {x,1,10}]     {-1,-1,1,5,11,19,29,41,55,71}
```

In beiden Fällen haben wir Argumente direkt in die reine Funktion eingesetzt.

Wir haben nun verschiedene Ansätze kennengelernt, wie man mathematische Ausdrücke als Funktion definieren kann. Tatsächlich kann man hinter einer Funktion auch ein komplettes Programm ablegen, so dass wir nicht bei einem jeden Einsatz den Code der programmierten Funktionalität von Neuem tippen müssen. Im Falle des Heron-Verfahrens aus Beispiel 21.2.1 ist dies möglich, indem man den gesamten Code zwischen runde Klammern `(...)` setzt:

```
wurzel[p_,e_]:=( If[p>1, a=1; b=p, a=p; b=1];
While[b-a>e, {a,b}={2p/(a+b), (a+b)/2}]; Print[b] )  /; p>0 && e>0;
```

Nun können sowohl das Argument p der Wurzelfunktion, als auch die Genauigkeitsschwelle e, frei bestimmt werden, mit der Einschränkung $p, e > 0$. Damit von Beginn an tatsächlich $b \geq a$ ist, wurde eine `If`-Bedingung definiert, ansonsten stimmt der Code mit dem aus Beispiel 21.2.1 überein. Probieren wir die *wurzel*-Funktion ein wenig aus:

```
wurzel[2.0, 0.0001]                  1.41422

wurzel[0.5, 0.0001]                  0.707108

wurzel[2, 0.0001]                    577/408

a                                    816/577

b                                    577/408
```

Die Berechnungen funktionieren einwandfrei, im Falle einer Angabe von 2 als ganzer Zahl wird sogar ein Bruch als Näherung ausgegeben. Ein Nachteil der bisherigen Lösung offenbart sich allerdings bei den zwei letzten Kommandos: Die Variablen a und b sind global definiert worden, belasten also auch nach Berechnung der Wurzel noch weiter den Arbeitsspeicher.

Diesen Nachteil umgeht man, wenn man den Anweisungsverbund stattdessen in einem

Module ablegt. Die Syntax ist **Module[**$\{x, y, \ldots\}$**,** *anw***]** bzw. **Module[**$\{x\text{=}x0, \ldots\}$**,** *anw***]**: Zuerst werden die *lokalen* Variablen festgelegt, evtl. wird diesen auch ein Startwert zugewiesen, dann folgen die übrigen Anweisungen. Im Beispiel des Heron-Verfahrens erhielte man:

```
Clear[a,b,wurzel];
wurzel[p_,e_]:=Module[{a,b}, If[p>1, a=1; b=p, a=p; b=1];
While[b-a>e, {a,b}={2p/(a+b), (a+b)/2}]; Print[b]]  /; p>0 && e>0;
```

```
wurzel[2.0, 0.0001]                         1.41422

a                                           a
```

Nun wurde a tatsächlich nur lokal mit Werten belegt.

Neben Module gibt es noch zwei weitere Möglichkeiten, einen Anweisungsverbund zu definieren. Eine davon ist With, welches ebenfalls die Syntax **With[**$\{x\text{=}x0, \ldots\}$**,** *anw***]** besitzt, bei dem aber $x, \ldots$ Konstanten sind. Entsprechend erzeugt

```
With[{x=5}, x=6; x]

Set::setraw: Cannot assign to raw object 5.

5
```

eine Fehlermeldung. Zu guter Letzt steht auch noch Block zur Verfügung. Im Gegensatz zu Module, mit dem es sich die Syntax teilt, können nun *globale* Variablen verändert werden, aber nur zeitweise! Nach Beenden von Block stehen die früheren Werte wieder zur Verfügung. Ein Beispiel:

```
Clear[a,x,f];  f=x^2;  Block[{x=a}, f]      a^2

f                                           x^2

Clear[a,x,f];  f=x^2;  Module[{x=a}, f]     x^2
```

Tatsächlich heißt die innerhalb von Module lokal definierte Variable nur scheinbar x, in Wirklichkeit ist ihr Name von der Form **x$***Nr* mit einer laufenden Nummer, z. B.

```
Module[{x}, x]                              x$14
```

Beispiel 21.3.1

Kehren wir zurück zu Beispiel 21.2.1 und legen noch etwas Feinschliff an. Die Funktion *wurzel* wurde zuletzt schon zufriedenstellend definiert, zur Sicherheit soll aber noch eine Obergrenze von Iterationsschritten eingebaut werden, um Endlosschleifen zu vermeiden. Gesetzt den Fall, dass die Funktion wegen dieser oberen Grenze abbricht, sollte dies dem Benutzer auch mitgeteilt werden. Das Unterdrücken solcher Warnmeldungen mit Hilfe von `Off` hatten wir schon in Bemerkung 4.1.2 kennengelernt, zum Erzeugen benötigt man `Message`. Fehlermeldungen werden in der Form *`Kategorie`*`::`*`Meldung`* benannt, also z. B.

```
a::abc="Aus `2` und `1` folgt `2`.";

Message[a::abc, 3, 7]

a::abc: Aus 7 und 3 folgt 7.
```

Durch `` `k` `` wird ein Platzhalter erzeugt, an dessen Stelle später das k-te Zusatzargument von `Message` eingefügt wird. Verbessern wir nun also die Wurzelfunktion ein weiteres Mal:

```
Clear[wurzel];

wurzel::fehler := "Nach `1` Iterationen wurde erst eine Genauigkeit von `2`
erreicht!"

wurzel[p_,e_:0.001,m_:100]:=Module[{a,b,n},
n=1; If[p>1, a=1.; b=N[p], a=N[p]; b=1.];
While[b-a>e && n<m, n+=1; {a, b}={2 p/(a+b), (a+b)/2}];
If[n>=m, Message[wurzel::fehler, n, b-a]; $Failed, b] ] /; p>0 && e>0;
```

Das Argument m gibt die obere Schranke vor; wird diese erreicht, so wird eine Fehlermeldung erzeugt und `$Failed` ausgegeben, ansonsten wie bisher der Näherungswert. Man beachte, dass wir die Argumente e und m als optional definiert haben; gibt der Benutzer diese nicht an, so wird der von uns verwendete Vorgabewert benutzt, siehe auch Anhang A.2. Testen wir dies:

```
wurzel[2, 10^-20]                       1.41421

wurzel[2, 10^-20, 5]

wurzel::fehler: Nach 5 Iterationen wurde erst eine Genauigkeit von 3.18...`*^-12
erreicht!

$Failed
```

Im ersten Fall verzichten wir auf Angabe von m, also wird $m = 100$ verwendet. Im zweiten Fall reichen fünf Iterationsschritte nicht zur gewünschten Genauigkeit. •

Nachdem wir nun die wichtigsten Aspekte rund um die Definition von Funktionen besprochen haben, soll als Nächstes die Anwendung von Funktionen auf Ausdrücke thematisiert werden, siehe Abschnitt 21.5. Da wir aber gerade in Beispiel 21.3.1 die Programmierung des Heron-Verfahrens erfolgreich abgeschlossen haben, wollen wir zuerst die Gelegenheit zu einem kleinen Einschub über das Erstellen von Paketen nutzen und unser erstes Paket, das Heron-Paket, verfassen.

21.4 Exkurs: Eigene Pakete erstellen

Dadurch, dass wir Mathematica-Code, in einem Anweisungsverbund verpackt, über Funktionen innerhalb des aktuellen Notebooks verfügbar gemacht haben, konnten wir unnötige Wiederholungen vermeiden und das Notebook kürzer und übersichtlicher halten. Konsequenterweise kann man sich nun fragen, ob man den Code auch über Sitzungen und Notebooks hinweg wiederverwenden kann. Die Antwort ist ja, dazu muss der Code lediglich in einem Paket abgespeichert werden, welches man später, wie in Abschnitt 3.5 beschrieben, laden kann.

Ein Paket, versehen mit der Endung `.m`, ist eine gewöhnliche ASCII-Datei, so dass man diese mit einem jeden Texteditor erstellen kann. Wer das Paket jedoch lieber über die Mathematica-Oberfläche eingeben will, der lege ein gewöhnliches Notebook an und deklariere darin *eine* Zelle als *Initialization Cell*, was man nach Markieren der Zellklammer über *Cell* → *Cell Properties* erreicht. In diese Zelle gibt man dann den vollständigen Paket-Quelltext ein (exakt so, wie man ihn auch in einem Texteditor gleich im ASCII-Format tippen würde). Speichert man nun das Notebook, etwa unter dem Namen `abc.nb`, so wird parallel dazu die ASCII-Datei `abc.m` erstellt, welche nur den Inhalt dieser Initialization Cell enthält.

Welchen Text hat man nun also, auf welche Weise auch immer, für ein Paket einzugeben? Zuoberst sollte innerhalb von Kommentaren **(*...*)** eine kurze Beschreibung des Paketes sein, der weitere Inhalt folgt innerhalb von **BeginPackage["***Kategorie`Paket`***"] ... EndPackage[]**. Im Falle des Heron-Verfahrens aus Beispiel 21.3.1 wäre es naheliegend, das Paket `Eigen`Heron`` zu taufen. Damit Mathematica bei späterem Laden via **Needs["Eigen`Heron`"]** die Paketdatei `Heron.m` auch tatsächlich findet, muss diese in einem Ordner namens `Eigen` abgelegt werden, welcher wiederum unter einem der Pfade bei **$Path** liegen muss. Ein möglicher Dateipfad wäre also `C:\...\AddOns\ExtraPackages\Eigen\Heron.m`.

Innerhalb von **BeginPackage[...] ... EndPackage[]** sollte zuerst für eine jede Funktion eine Kurzbeschreibung der Form *funktion***::usage:="***Text***";** angelegt werden, welche man später nach Laden des Pakets durch **?***funktion* abfragen kann. Anschließend folgen zwischen **Begin["***Kategorie`Paket`***Private`"] ... End[]** die eigentlichen Funktionsdefinitionen. In Abbildung 21.1 ist als Beispiel der Quelltext des Paketes `Heron.m` zu sehen. Man beachte, dass Mathematica für 'ß' und Umlaute eigene Befehlskürzel verwendet. Der Leser lade dieses Paket und teste die Funktion *heron*, welche die gleichen Resultate wie obige *wurzel*-Funktion liefern sollte. Durch **?heron** kann die Kurzbeschreibung abgefragt werden.

```
(* Wurzelberechnung bis zu vorgebbarer Genauigkeit mit Heron-Verfahren. *)
(* Christian Wei\[SZ], W\[UDoubleDot]rzburg, 2008 *)

BeginPackage["Eigen`Heron`"]
  heron::usage:="heron[p,e,m] berechnet die Wurzel von p>0 bis zu vorgebbarer
  Genauigkeit e>0 gem\[ADoubleDot]\[SZ] des Heron-Verfahrens.
  Dabei maximal m Iterationen. Vorgabewerte: e=0.001, m=100."

  Begin["Eigen`Heron`Private`"]
    heron::fehler:="Nach `1` Iterationen wurde erst eine Genauigkeit
    von `2` erreicht!"

    heron[p_,e_:0.001,m_:100]:=Module[{a,b,n},
      n=1;
      If[p>1, a=1.; b=N[p], a=N[p]; b=1.];
      While[b-a>e && n<m,
        n+=1; {a, b}={2 p/(a+b), (a+b)/2}];
      If[n>=m, Message[heron::fehler, n, b-a]; $Failed, b]
    ] /; p>0 && e>0;

  End[]
EndPackage[]
```

Abb. 21.1: *Quellcode des Paketes* Heron.m.

21.5 Funktionen auf Ausdrücke anwenden

Die bisher in diesem Kapitel besprochenen Konzepte finden sich in ähnlicher Form in gewöhnlichen Programmiersprachen wieder. In den verbleibenden Abschnitten werden wir nun auf vorgefertigte Elemente von Mathematicas Programmiersprache zu sprechen kommen, wie sie anderweitig nicht verfügbar sind, welche einem aber die Arbeit beim Programmieren wesentlich erleichtern. Beginnen wollen wir in diesem Abschnitt mit Befehlen, welche die Anwendung von Funktionen auf bestehende Ausdrücke erlauben. Dazu ist es wichtig, sich in Erinnerung zu rufen, dass alle Ausdrücke bei Mathematica letztlich als ineinanderverschachtelte Funktionen dargestellt werden. Diese interne Struktur eines Ausdrucks kann man sich jederzeit mit `FullForm` anzeigen lassen, siehe Abschnitt 5.3. So ist etwa

```
liste={{2,3},{7,4}};
liste //FullForm                          List[List[2,3], List[7,4]]
```

die Liste *liste* intern ein zweifach verschachtelter Ausdruck, bei dem die Funktion `List` sowohl als äußere als auch als innere Funktion verwendet wird. Ähnlich ist es beim Ausdruck

```
2 x-Cos[x] //FullForm                Plus[Times[2,x], Times[-1,Cos[x]]]
```

der nun gleich vier Ebenen aufweist: Auf Ebene 0 ist die Funktion `Plus`, auf Ebene 1 gibt es zweimal die Funktion `Times`, auf Ebene 2 die Argumente 2, x, -1 und die Funktion `Cos`, deren Argument x wiederum auf Ebene 3 ist. Die Zugehörigkeit einzelner Bestandteile zu verschiedenen Ebenen kann man auch leicht mit Hilfe des `TreeForm`-Kommandos aus Beispiel 12.2.2.2 nachvollziehen; der Leser führe **`liste //TreeForm`** und **`2 x-Cos[x] //TreeForm`** aus. Ferner kann man die entsprechenden Bestandteile in Listenform auch mit `Level` abfragen, welches die Syntax **`Level[`*`Ausdruck, Ebenen`*`]`** besitzt.

Bemerkung 21.1

Die Ebenen werden bei `Level`, wie auch bei den anschließend zu besprechenden Befehlen, stets wie folgt spezifiziert: Mit {*n*}, wobei $n \in \mathbb{N}_0$, wird f auf die Bestandteile der Ebene n angewendet, mit ***n*** allein, nun aber $n \in \mathbb{N}$, dagegen auf die Bestandteile aller Ebenen 1 bis n. Zu guter Letzt erzwingt {*n1,n2*} die Anwendung von f auf die Bestandteile der Ebenen n_1 bis n_2, wobei n_2 auch gleich `Infinity` gewählt werden darf. Der Leser sei dazu aufgefordert, mit `Level` und den Ebenenspezifikationen zu experimentieren; beispielsweise führe er **`Level[2 x-Cos[x], {`*`n`*`}]`** aus, mit $n = 0, \ldots, 3$. •

Da sich also bei einem jeden Mathematica-Ausdruck die einzelnen Bestandteile eindeutig bestimmten Ebenen zuordnen lassen, ist es möglich, Funktionen auf die Argumente bestimmter Ebenen anzuwenden. Ein Befehl, der dies erlaubt, ist `Map`. Dessen allgemeine Syntax ist **`Map[`*`f, Ausdruck, Ebenen`*`]`**, der die Funktion f auf alle Bestandteile des Ausdrucks in den vorgegebenen Ebenen anwendet. Nachdem wir **`Clear[f]`** ausgeführt haben, so dass f ohne bestimmte Belegung ist, können wir den Effekt von `Map` an Beispielen studieren:

`Map[f, liste, {0}]`	`f[{{2,3},{7,4}}]`
`Map[f, liste, {1}]`	`{f[{2,3}],f[{7,4}]}`
`Map[f, liste, 1]`	`{f[{2,3}],f[{7,4}]}`
`Map[f, liste, {2}]`	`{{f[2],f[3]},{f[7],f[4]}}`
`Map[f, liste, 2]`	`{f[{f[2],f[3]}],f[{f[7],f[4]}]}`

Der Unterschied zwischen den Ebenenspezifikationen mit {***n***} und ***n*** wird bei den zwei letzten Zeilen deutlich. Lässt man das optionale Argument *Ebenen* weg, so wird **`{1}`** als Voreinstellung verwendet, d. h. die Funktion f wird auf Ebene 1 angewendet. Für diesen Spezialfall gibt es ferner noch das Kürzel '`/@`':

`f /@ liste`	`{f[{2,3}],f[{7,4}]}`
`f /@ (2 x-Cos[x])`	`f[2 x]+f[-Cos[x]]`
`Map[f, 2 x-Cos[x], {2,3}]`	`f[2] f[x]+f[-1] f[Cos[f[x]]]`

Im dritten Beispiel haben wir f auf die Ebenen 2 bis 3 angewendet, wobei auf dritter Ebene nur das Argument x des Cosinus zu finden ist. Will man f auf allen Ebenen anwenden, so kann man **Map[*f*, *Ausdruck*, {0,Infinity}]** einsetzen, oder kurz **MapAll[*f*, *Ausdruck*]**:

```
MapAll[f, 2x-Cos[x]]                    f[f[f[2] f[x]]+f[f[-1] f[Cos[f[x]]]]]
```

Auch hier gibt es wieder eine Kurzschreibweise: '//@'. Der Leser probiere etwa **f //@ (2x-Cos[x])** aus. Schließlich gibt es noch die Variante `MapAt` mit der Syntax **MapAt[*f*, *Ausdruck*, *Pos*]**, welche f nur auf den an der vorgegebenen Position befindlichen Teil anwendet. Die Position gibt man nun abweichend zu Bisherigem in Form einer Koordinatenliste an. Auch hierzu ein Beispiel:

```
MapAt[f, liste, {1,2}]                  {{2,f[3]},{7,4}}
```

f wird nun auf Argument 1 der äußersten Funktion, und dort wiederum auf das zweite Argument angewendet.

Eng verwandt zu `Map` ist auch `Scan`, welches die gleiche Syntax besitzt. Im Gegensatz zu `Map` wird nun aber nicht der modifizierte Gesamtausdruck zurückgegeben, sondern f direkt auf die entsprechenden Argumente angewendet und jeweils das konkrete Resultat dieser Anwendung zurückgegeben. Der Unterschied zwischen `Scan` und `Map` wird deutlich, wenn der Leser etwa folgende Zeilen ausführt, bei denen die konkrete Funktion `Print` angewendet wird: **Scan[Print, liste]**, **Scan[Print, liste, {2}]** und **Scan[Print, liste, 2]**.

Schließlich ist auch noch `Apply` verwandt zu `Map`, ebenfalls wieder mit gleicher Syntax. Nun aber werden die ursprünglichen Funktionen auf den gewählten Ebenen durch f ersetzt. Beispielsweise ergibt

```
Apply[f, liste, {0}]                    f[{2,3},{7,4}]

Apply[f, liste, {1}]                    {f[2,3],f[7,4]}
```

d. h. im ersten Fall wurde das äußerste `List`-Kommando durch f ersetzt, im zweiten Fall die beiden inneren. Genau für die zwei gezeigten Fälle, Ebene {`0`} und {`1`}, gibt es auch wieder Kürzel, nämlich '@@' bzw. '@@@'. Der Leser prüfe dies nach, indem er **f @@ liste** bzw. **f @@@ liste** ausführe.

Sollen mehrere Funktionen ineinander verschachtelt werden, kann man auf die Befehle `Composition` und `ComposeList` zurückgreifen, deren Syntax und Auswirkung an folgendem Beispiel deutlich werden:

```
Clear[g,h];
Composition[f,g,h][x]                   f[g[h[x]]]

ComposeList[{f,g,h}, x]                 {x, f[x], g[f[x]], h[g[f[x]]]}
```

Man beachte, dass beide Befehle die Funktionen in genau umgekehrter Reihenfolge anwenden. In gewisser Weise verwandt ist die Familie der `Nest`-Befehle, nur dass hier eine einzige Funktion wiederholt angewendet wird. So ergeben

`Nest[f,x,4]`	`f[f[f[f[x]]]]`
`NestList[f,x,4]`	`{x, f[x], f[f[x]], f[f[f[x]]], f[f[f[f[x]]]]}`

Letztlich das gleiche Resultat wie bei `NestList` erhält man natürlich auch unter geschickter Verwendung etwa der `Do`-Schleife, allerdings ist `NestList` in manchen Fällen etwas flotter. Als Beispiel sei es dem Leser empfohlen, noch einmal den Code aus Beispiel 18.0.1 zur Erzeugung des Sierpinski-Dreiecks auszuführen, nachdem er den Code in **`Timing[...]`** eingeschlossen hat. Anschließend führe der Leser folgenden Code aus und vergleiche die angezeigte Rechenzeit:

```
Timing[ListPlot[
NestList[(α #+β fixpunkte[[Random[Integer, {1,3}]]])&, {0, 0}, 10000],
Axes -> False, AspectRatio -> 1]]
```

Hierbei haben wir die Rekursionsgleichung mit Hilfe einer reinen Funktion definiert, siehe Abschnitt 21.3. Ferner gibt es auch noch die Varianten `NestWhile` und `NestListWhile`, die sich von `Nest` und `NestList` dadurch unterscheiden, dass mit dem dritten Argument keine feste Zahl von Iterationen festgelegt wird, sondern dort eine Bedingung formuliert ist, die bei jedem Schritt geprüft wird und beim Resultat `False` zum Abbruch führt:

`NestWhile[#^2&, 2, (#<1000)&]`	`65536`
`NestWhileList[#^2&, 2, (#<1000)&]`	`{2,4,16,256,65536}`

Hier lassen wir, beginnend bei der 2, die jeweils aktuelle Zahl so lange quadrieren, bis sie nicht mehr kleiner als 1000 ist. Auch in diesem Beispiel haben wir uns wieder reiner Funktionen bedient.

Weiterführende Informationen ... zur Anwendung von Funktionen findet der Leser in der Hilfedatei unter *Built-in Functions: Programming → Functional Programming* (bis Version 5.2) bzw. unter *tutorial/FunctionalOperations-Overview* (seit Version 6.0), ferner sei auf Abschnitt 2.2 bei Wolfram (2003) verwiesen. Bei den genannten Einträgen werden auch eine Reihe weiterer High-Level-Funktionen wie `Fold`, `Thread`, `Inner`, `Outer`, usw., vorgestellt, siehe auch die im Tipp auf Seite 287 erwähnten Beispieldateien.

21.6 Muster und Regeln

Bei fortgeschrittenen Anwendungen von Mathematica stößt man immer wieder auf Situationen, in denen gewisse Bestandteile eines Ausdrucks zu identifizieren und zu manipulieren sind. Damit der Benutzer eine Beschreibung dieser Bestandteile formulieren kann, bietet Mathematica eine Reihe von Befehlen zur Mustererkennung an. Zentral ist dabei der Befehl `Blank`, der uns in Form seines abkürzenden Äquivalents, des Unterstrichs '_', schon häufiger begegnet ist, so im Abschnitt 7.1 bei `MatrixPlot` oder im Abschnitt 7.2 zu Funktionen. Auch in Anhang A.2 spielt das Thema Muster eine bedeutende Rolle.

Der einzelne Unterstrich '_' ist Platzhalter für *genau* einen Ausdruck, der doppelte Unterstrich '__' (`BlankSequence`) steht für *mindestens* einen Ausdruck, der dreifache Unterstrich '___' (`BlankNullSequence`) für *keinen oder beliebig viele* Ausdrücke. In Kombination mit weiteren Befehlen kann man nun Muster formulieren. So beschreibt beispielsweise {_} eine Liste mit genau einem Argument, {__} eine Liste mit mindestens einem Argument und {___} eine Liste mit beliebig vielen Argumenten. Testen wir dies an ein paar Beispielen:

```
MatchQ[{a}, {_}]            True

MatchQ[{a,b}, {_}]          False

MatchQ[{a,b}, {__}]         True

MatchQ[{}, {__}]            False

MatchQ[{}, {___}]           True
```

Der hier verwendete Befehl `MatchQ` prüft, ob der Ausdruck im ersten Argument zum Muster im zweiten passt. Das zweite Beispiel ergibt hierbei `False`, da das Muster Listen mit genau einem Argument beschreibt, während im vierten Beispiel die leere Liste zu einem Widerspruch bzgl. Listen mit mindestens einem Element führt.

Einem Platzhalter kann man einen Namen geben, indem man diesen vorneweg setzt, z. B. **x_** für einen Platzhalter namens x. Bei den obigen Beispielen wäre eine Namensgebung ohne Belang; benötigt werden Namen, wenn Mathematica mit den Ausdrücken, die sich an Stelle der Platzhalter befinden, irgendwelche Umformungen durchführen soll. Ein uns längst bekanntes Beispiel ist die Definition von Funktionen:

```
Clear[f]; f[x_,y_] := x+2y;

f[a]                        f[a]

f[a,b]                      a+2 b

f[a,b,c]                    f[a,b,c]
```

f ist hier als Funktion von genau zwei Argumenten definiert, deren erstes zum Zweifachen des zweiten addiert werden soll. Modifizieren wir die Definition ein klein wenig:

```
Clear[f]; f[x_,y__] := x+2y;
```

```
f[a]                                f[a]
```

```
f[a,b]                              a+2 b
```

```
f[a,b,c]                            a+2 b c
```

Nun sind zwei oder mehr Argumente erlaubt. Interessant ist, was mit dem dritten und weiteren Argumenten passiert: Wegen

```
x+2y //FullForm                     Plus[x, Times[2,y]]
```

steht das zweite Argument innerhalb von `Times`. Da alle weiteren Argumente dem zweiten Argument zugeordnet sind, werden diese als zusätzliche Argumente in die Funktion `Times` hineingeschrieben, weswegen also der Produktterm anwächst. Umgekehrt hätten wir entsprechend erhalten:

```
Clear[f]; f[x__,y_] := x+2y;
```

```
f[a,b,c]                            a+b+2 c
```

Setzen wir ins zweite Argument nun den Platzhalter aus drei Unterstrichen, so darf das zweite Argument auch völlig fehlen. Da **`Times[2]`** schlicht 2 ergibt, folgt also

```
Clear[f]; f[x_,y___] := x+2y;
```

```
f[a]                                2+a
```

```
f[a,b]                              a+2 b
```

```
f[a,b,c]                            a+2 b c
```

Zu guter Letzt hatten wir schon in Beispiel 21.3.1 kennengelernt, dass man einem Platzhalter auch einen Vorgabewert verleihen kann, der immer dann eingesetzt wird, wenn der entsprechende Ausdruck fehlt:

```
Clear[f]; f[x_,y_:7] := x+2y;
```

```
f[a]                                14+a
```

```
f[a,b]                              a+2 b
```

```
f[a,b,c]                            f[a,b,c]
```

Für weitere Beispiele zu Mustern sei der Leser auf Anhang A.2 verwiesen.

Nachdem wir nun durch Mustererkennung auf Bestandteile eines Ausdrucks zugreifen können, ist es von Interesse, wie man Transformationsregeln formulieren und anwenden kann. Regeln formuliert man als **Rule[*a*,*b*]** oder kurz *a* **->** *b* und meint damit die Ersetzung von a durch b. Derartige Regeln sind uns schon häufiger untergekommen, z. B. in Abschnitt 5.4 bei vorübergehenden Wertzuweisungen oder zu Beginn von Abschnitt 8.4 bei der Auswertung einer Lösungsmenge. Um Regeln nur auf bestimmten Ebenen eines Ausdrucks anzuwenden, siehe Bemerkung 21.1, kann man `Replace` verwenden, mit der Syntax **Replace[*Ausdruck, Regeln, Ebenen*]**. Lässt man das dritte Argument weg, wird als Vorgabe {0} angenommen, also werden die Regeln nur auf äußerster Ebene angewendet. Für die Anwendung der Regeln auf allen Ebenen bietet Mathematica zusätzlich noch das Kommando `ReplaceAll` an, welches wir in den oben genannten Beispielen schon in seiner Kurzform '`/.`' (Ersetzungsoperator) kennengelernt haben.

```
Replace[1+x+x^2, x -> a]                 1+x+x^2
Replace[1+x+x^2, x -> a, {1}]            1+a+x^2
ReplaceAll[1+x+x^2, x -> a]              1+a+a^2
1+x+x^2 /. x -> a                        1+a+a^2
```

Auf äußerster Ebene kommt x nicht vor, aber einmal auf erster Ebene und einmal auf zweiter (der Leser führe z. B. **1+x+x² //TreeForm** aus). Statt einer einzelnen Regel können wir auch stets eine Liste von Regeln übergeben:

```
ReplaceAll[1+x+x^2, {x -> a,x^2 -> x}]   1+a+x
```

Auf Ebene 0 wurde keine Übereinstimmung gefunden, auf Ebene 1 konnte jede Regel einmal angewendet werden. Da `ReplaceAll` offenbar in bereits vorgenommenen Ersetzungen nicht weitersucht, bleibt das nun auf Ebene 1 befindliche x unentdeckt. Für solche Fälle kann man `ReplaceRepeated` oder die gleichwertige Kurzform '`//.`' verwenden:

```
ReplaceRepeated[1+x+x^2, {x -> a,x^2 -> x}]   1+2 a
```

Zu guter Letzt wollen wir noch den Befehl `ReplaceList` besprechen. Genau wie bei der Voreinstellung von `Replace` wird hier nur die äußerste Ebene auf Anwendbarkeit der Regeln untersucht. Es resultiert nun aber eine Liste mit *allen* Möglichkeiten, gemäß welcher dort eine Ersetzung hätte durchgeführt werden können. Um dies an einem Beispiel zu verdeutlichen, wollen wir folgende Datensequenz betrachten:

```
daten={1,3,4,4,1,1,1,4,3,4};
```

Uns interessiert nun, ob und wie oft die Teilsequenz $(1, *, *, 4)$ darin vorkommt, d. h. eine 1, auf die genau drei Stellen später eine 4 folgt. Mit unseren Kenntnissen zur Musterbeschreibung übersetzen wir dies wie folgt:

```
muster={___,1,_,_,4,___};
```

An den Rändern haben wir den dreifachen Unterstrich gewählt, da dieser Platzhalter für keine oder beliebig viele Argumente ist. Lassen wir nun in den Daten nach dem Muster suchen:

```
ReplaceList[daten, muster -> 0]                {0,0,0}
```

Es wird eine neue Liste erzeugt, die laut unserer Vorgabe für jeden 'Treffer' eine 0 enthält. Offenbar gibt es derer drei: An den Positionen 1 und 4, 5 und 8 sowie 7 und 10 tritt jeweils das Pärchen $(1, 4)$ auf, mit einer Lücke der Größe 2 zwischen beiden Partnern.

Weiterführende Informationen ... rund um das Thema Muster und Regeln findet der Benutzer in der Hilfe, z. B. unter *Built-in Functions: Programming* → *Pattern Matching* und *Rule Application* (bis Version 5.2) bzw. unter *guide/Patterns*, *tutorial/PatternsOverview* und *tutorial/PatternsAndTransformationRules* (seit Version 6.0). Ferner seien Benutzer aller Versionen auf die Abschnitte 2.3 und 2.4 bei Wolfram (2003) verwiesen.

Neben vielen anderen Beispieldateien findet der Leser unter

`http://www.hs-weingarten.de/~kragler/public/`

von Herrn Prof. Dr. Robert Kragler ausgearbeitete Notebooks auch zum Thema Programmieren, diese in der Rubrik `Mathematica_Programmierung/`.

Teil V

Anhänge

A Ein Blick hinter die Kulissen ...

In Kapitel 1 haben wir diskutiert, was unter einem Computeralgebrasystem (CAS), ein solches ist Mathematica ja, zu verstehen ist. Letztlich kann ein (reines) CAS nur jene Probleme angehen, deren Lösung sich algebraisieren lässt. Als Beispiel hatten wir das Thema der Differentiation von Funktionen erwähnt: Obwohl die Ableitung einer Funktion über eine Grenzwertbeziehung und damit in analytischer, aber nicht algebraischer Weise definiert ist, kann man zu gegebener Funktion die Ableitung praktisch berechnen, wenn man ein paar elementare Ableitungen und Differentiationsregeln kennt. Unter diesen Voraussetzungen handelt es sich dann aber um ein algebraisches Problem, welches also prinzipiell einem CAS zugänglich ist. Tatsächlich kann Mathematica auch derartige Ableitungen berechnen, etwa mit Hilfe des in Abschnitt 8.2 besprochenen Befehls `D`. Um verstehen zu können, wie Mathematica dabei vorgeht, wollen wir 'das Rad neu erfinden', d. h. wir wollen unseren eigenen Ableitungsoperator definieren, wie es auch in Abschnitt 2.7 bei Koepf (2006) vorgeschlagen wird. Das gut lesbare Buch von Koepf (2006) ist übrigens generell einem jeden zu empfehlen, der mal etwas 'hinter die Kulissen' von Mathematica blicken will. Einen Ansatz zur Definition eines eigenen Integrationsoperators findet der interessierte Leser in Abschnitt 2.3 bei Wolfram (2003).

Wir wollen in diesem Kapitel wie folgt vorgehen: Zuerst wollen wir kurz zusammenfassen, wie 'algebraisches Differenzieren' theoretisch aussehen wird. Unsere Überlegungen wollen wir anschließend, soweit es geht, in Mathematica umsetzen. Dabei müssen wir insbesondere auf Mathematicas Fähigkeit zur Mustererkennung zugreifen, siehe Abschnitt 21.6. Die nötigen Kenntnisse sollen hier in einer solchen Form zusammengefasst werden, dass auch der Leser, der bisher Abschnitt 21.6 noch nicht durchgearbeitet hat, den Ausführungen dieses Anhangs leicht folgen kann. Zu guter Letzt nehmen wir dann unser eigentliches Ziel in Angriff, die Definition eines Ableitungsoperators.

A.1 Kurzübersicht: Differentiation von Funktionen

Die Ableitung einer differenzierbaren Funktion $f : \mathbb{R} \to \mathbb{R}$ an einer Stelle $x \in \mathbb{R}$ ist definiert als der Grenzwert des zugehörigen Differenzenquotienten, also

$$f'(x) \;=\; \lim_{h\to 0} \frac{f(x+h)-f(x)}{h}.$$

Einige wichtige elementare Beispiele sind etwa die Ableitungen der folgenden Funktionen:

$f(x)$	$f'(x)$
c (Konstante)	0
x^α	$\alpha \cdot x^{\alpha-1}$

$f(x)$	$f'(x)$
$\exp x$	$\exp x$
$\ln x$	x^{-1}

$f(x)$	$f'(x)$
$\sin x$	$\cos x$
$\cos x$	$-\sin x$

Zusammen mit der Kenntnis der folgenden Differentiationsregeln kann man die Ableitungen einer großen Vielfalt von Funktionstypen bestimmen:

- Summenregel: $(f+g)'(x) = f'(x) + g'(x)$;
- Produktregel: $(f \cdot g)'(x) = f'(x) \cdot g(x) + f(x) \cdot g'(x)$;
- Kettenregel: $(f \circ g)'(x) = f'(g(x)) \cdot g'(x)$.

Als eine erste Konsequenz erhält man aus Ketten- und Produktregel die Quotientenregel $(f/g)'(x) = (f'(x) \cdot g(x) - f(x) \cdot g'(x))/g^2(x)$, und schließlich die Ableitung von Funktionen wie

- $f(x) = 2x + 1$, nämlich $f'(x) = 2$ (Summen- und Produktregel),
- $f(x) = \tan x = \sin x / \cos x$, nämlich $f'(x) = 1/\cos^2 x$ (Quotientenregel),
- $f(x) = a^x = \exp(x \cdot \ln a)$, $a > 0$, nämlich $f'(x) = a^x \cdot \ln a$ (Ketten- und Produktregel), u. v. m.,

alles durch Anwendung der Regeln und der grundlegenden Ableitungen, aber ohne explizite Grenzwertberechnung. Dieses Vorgehen wollen wir auch Mathematica beibringen, zum zweiten Mal, denn eigentlich kann Mathematica das ja schon, siehe Abschnitt 8.2. Konkret wollen wir einen Ableitungsoperator `A` definieren, der, angewendet auf eine Funktion $f(x)$ eines Argumentes x, die Ableitung $f'(x)$ bestimmt. Das dazu nötige Hintergrundwissen in puncto Mathematica vermittelt der folgende Abschnitt A.2.

A.2 Mustererkennung mit Mathematica

Vereinfacht formuliert ist ein jeder Ausdruck von Mathematica eine Funktion, d. h. von der Bauart `Name[x1,x2,...]` mit einer bestimmten Zahl an Argumenten `x1,x2,...` Diese interne Darstellung kann man sich jederzeit von `FullForm` anzeigen lassen, wie in Abschnitt 5.3 erläutert. Selbst Operationen wie '`+`', '`*`', '`^`', etc., werden intern durch die Funktionen `Plus`, `Times` bzw. `Power` dargestellt. Insofern müssen auch Befehle, die z. B. Umformungen an einer Funktion (im klassischen Sinne) vornehmen sollen, wie etwa der von uns angestrebte Ableitungsoperator `A`, als eine Funktion definiert werden, welcher über die Argumente die nötigen Informationen über ihren konkreten 'Auftrag' mitgeteilt werden. Bei der Programmierung einer solchen Funktion greifen wir auf Mathematicas Potential zur *Mustererkennung* zurück. Dieses haben wir eigentlich schon in Abschnitt 21.6 erörtert. Damit aber auch jene Leser, die sich noch nicht durch das Programmierkapitel 21 durchgearbeitet haben, den weiteren Ausführungen folgen können, sollen die nötigen Aspekte der Mustererkennung hier kurz vorgestellt werden.

Ein *Muster* wird dabei mit Hilfe des Unterstrichs '_' ausgedrückt, der als Platzhalter dient, siehe auch Abschnitt 7.2. Um dem Platzhalter einen Namen zu geben, so dass man Mathematica anschließend erläutern kann, was es bei dessen Auftreten machen soll, setzt man vorneweg eine Bezeichnung, z. B. `x_` für einen Ausdruck names x. Ein Beispiel: Wenn wir wünschen, dass die Funktion f von ihrem Argument stets den Sinus berechnet, so bringen wir dies Mathematica wie folgt bei:

```
f[x_]:=Sin[x];

f[7 y-3]                                -Sin[3-7 y]
```

Das zu erkennende Muster ist hierbei das erste und einzige Argument, wir nennen es x, und damit soll die Berechnung $\sin x$ angestellt werden. Wollen wir bei Fehlen des Musters eine Fehlermeldung umgehen und stattdessen einen Vorgabewert verwenden, verwenden wir '_:', siehe auch die Abschnitte 21.3 und 21.6. Ein Beispiel:

```
g[x_:1]:=Sin[x];

g[7 y-3]                                -Sin[3-7 y]

g[]                                     Sin[1]
```

Es sind aber auch komplexere Muster erlaubt als nur das Argument der neu definierten Funktion. Wollen wir erreichen, dass eine Funktion h Summen in Produkte umwandelt, so können wir definieren:

```
h[a_+b_]:=a*b;

h[x+y]                                  x y

h[7 y-3]                                -21 y

h[2+3]                                  h[5]
```

Die Bestandteile des Musters sind nun also aus einer Summe herauszusuchen, d. h. letztlich die Argumente der innenstehenden Funktion `Plus`. Das letzte Beispiel scheitert dabei, da Mathematica in manchen Situationen automatisch Vereinfachungen durchführt, bevor es eine weitere Funktion anwendet. Dies wird uns im folgenden Abschnitt einiges Kopfzerbrechen bereiten.

Weiterführende Informationen zum Thema Muster findet der Leser in Abschnitt 21.6.

A.3 Algebraisches Differenzieren mit Mathematica

Nachdem wir in Abschnitt A.2 das nötige Wissen zu Mathematicas Fähigkeiten in puncto Mustererkennung gesammelt haben, wollen wir nun versuchen, einen Ableitungsoperator `A` zu definieren, der eine gegebene Funktion ableitet. Konkret: Wir wollen einen Befehl der Syntax **A[*f[x]*,*x*]**, der als Ausgabe die Ableitung $f'(x)$ liefert. Um dies zu erreichen, soll das Vorgehen aus Abschnitt A.1 umgesetzt werden.

Als erste Regel wollen wir dabei die Ableitung einer Konstanten, d. h. eines Ausdrucks frei von der betrachteten Variablen, implementieren. Dabei verwenden wir das Kommando `FreeQ`, welches prüft, ob ein gegebener Ausdruck c von einem anderen, etwa x, abhängt; ist dies nicht der Fall, d. h. ist c bzgl. x konstant, so wird `True` zurückgegeben.

```
A[c_,x_]:=0 /; FreeQ[c,x]

A[2 y+1,x]                          0

A[2 x+1,x]                          A[1+2 x,x]
```

Das Kommando '`/;`' ist hierbei der Bedingungsoperator, siehe Abschnitt 7.2. Offenbar funktioniert `A` bis dato korrekt, kann aber natürlich noch nicht die Funktion $2x+1$ nach x ableiten. Bringen wir also dem Operator als Nächstes bei, wie Potenzfunktionen x^α abzuleiten sind:

```
A[x_^(a_:1),x_]:=a x^(a-1) /; FreeQ[a,x]

A[x^3.2,x]                          3.2 x^2.2

A[x,x]                              1

A[1/x^2,x]                          -2/x^3
```

Der Operator `A` achtet nun also darauf, ob sein erstes Argument eine Potenz ist, d. h. von der Funktion `Power` umschlossen wird. Deren zweites Argument, also der Exponent, wird auf Konstantheit bzgl. x geprüft. Der Vorgabewert 1 wird dabei benötigt, da Mathematica, genau wie wir auch, die Potenz x^1 nicht als solche auszeichnet, sondern kurz x nennt. Der Operator arbeitet erneut wie gewünscht, erkennt sogar Brüche der Art $1/x^a$ als Potenz x^{-a}. Letzteres liegt schlicht daran, dass Mathematica einen solchen Bruch intern als negative Potenz speichert:

```
1/x^2 //FullForm                    Power[x,-2]

A[2 x+1,x]                          A[1+2 x,x]
```

Noch immer kann aber Mathematica die Funktion $2x+1$ nicht ableiten, da es sich dabei weder um eine Konstante, noch um eine reine Potenzfunktion handelt. Was `A` noch nicht kennt, sind Summen- und Produktregel. Bevor wir diese implementieren, bringen wir Mathematica erst noch die Ableitung von ein paar weiteren Standardfunktionen bei:

```
A[Log[x_],x_]:=1/x

A[Sin[x_],x_]:=Cos[x]

A[Cos[x_],x_]:=-Sin[x]
```

Auf die Exponentialfunktion verzichten wir vorerst, da diese im Gegensatz zu den anderen Funktionen bei Mathematica nicht als eigenständiger Funktionstyp implementiert ist:

```
Exp[x] //FullForm                    Power[E,x]

Log[x] //FullForm                    Log[x]
```

Nun ergänzen wir der Reihe nach die Summen- und Produktregel und testen diese an Beispielen:

```
A[f_+g_,x_]:=A[f,x]+A[g,x];

A[x+Sin[x],x]                        1+Cos[x]

A[2 x+1,x]                           A[1+2 x,x]

A[f_*g_,x_]:=A[f,x]*g+f*A[g,x];

A[2 x+1,x]                           2

A[x*Sin[x],x]                        x Cos[x]+Sin[x]

A[Sin[x]/(5 x^2),x]                  1/5 (Cos[x]/x^2 - 2 Sin[x]/x^3)
```

Im letzten Beispiel kommt A ohne Kenntnis der Ketten- bzw. Quotientenregel aus, da der Bruch intern recht günstig dargestellt wird:

```
Sin[x]/(5 x^2) //FullForm            Times[Rational[1,5],Power[x,-2],Sin[x]]
```

Implementieren wir schließlich noch die Kettenregel:

```
A[Sin[x^2],x]                        A[Sin[x^2],x]

A[g_[f_],x_]:=A[g[f],f]*A[f,x];

A[Sin[x^2],x]                        2 x Cos[x^2]
```

Bis zu dieser Stelle haben wir A exakt jenes Vorgehen beigebracht, wie wir es selbst gelehrt wurden. Wenn nun A noch wüsste, wie die Exponentialfunktion abzuleiten ist, und dass man beliebige Potenzen $a(x)^{f(x)}$, $a(x) > 0$, auch als $\exp(f(x) \cdot \ln a(x))$ schreiben kann, womit sie zusammen mit Ketten- und Produktregel abgeleitet werden könnten, wäre unsere Aufgabe gelöst. Hier jedoch beginnen die Probleme, die im Wesentlichen darauf beruhen, dass die Exponentialfunktion intern mit Hilfe von `Power` dargestellt wird, siehe oben. Deshalb müssen wir hier gleich einen Schritt weitergehen und Mathematica den allgemeinen Fall

$$\begin{aligned}\tfrac{d}{dx}\, a(x)^{f(x)} = \tfrac{d}{dx}\, \exp\left(f(x)\cdot \ln a(x)\right) &= \exp\left(f(x)\cdot \ln a(x)\right)\cdot \tfrac{d}{dx}\, \left(f(x)\cdot \ln a(x)\right)\\ &= a(x)^{f(x)}\cdot \tfrac{d}{dx}\, \left(f(x)\cdot \ln a(x)\right)\end{aligned}$$

beibringen, der dann als Spezialfall auch die Exponentialfunktion beinhaltet:

```
A[a_^f_,x_]:=a^f*A[f*Log[a],x];
```

A[Exp[x],x]	e^x
A[Exp[2 x],x]	$2\, e^{2x}$
A[2^x,x]	2^x Log[2]
A[x^x,x]	x^x (1+Log[x])

Damit haben wir einen sehr mächtigen Ableitungsoperator programmiert. Einen Überblick über die implemetierten Regeln erhält der Leser durch Ausführung von **?A**. Rein theoretisch müsste dieser nun auch in der Lage sein, weitere Funktionen wie etwa den Tangens abzuleiten, schließlich ist $\tan x = \sin x/\cos x$. Leider ist der Tangens als eigenständige Funktion implementiert, so dass Mathematica hier keinen Quotienten erkennt. Auch scheitert eine an sich plausible Regel wie **A[Tan[f_],x_]:=A[Sin[f]/Cos[f],x]**, da Mathematica leider vor Ausführung weiterer Kommandos den Bruch $\frac{\text{Sin[f]}}{\text{Cos[f]}}$ zurück nach `Tan[f]` verwandelt, man sich also im Kreise dreht. Um den Ableitungsoperator zu vollenden, müsste der Leser somit noch eine Reihe weiterer Funktionstypen wie Tangens, Cotangens, usw., direkt implementieren, was sicherlich eine sinnvolle Übung wäre.

B Anbindung an SQL-Datenbanken

In Abschnitt 4.3 haben wir kennengelernt, wie man aus einer Vielzahl verschiedener Dateitypen Daten nach Mathematica importieren kann. Mit dabei waren sogar Access-Datenbanken, die allerdings nur für begrenzte Datenmengen verwendet werden können. Für mächtigere Datenbanksysteme bietet Mathematica seit Version 5.1 den `DatabaseLink`` an, mit dem man an solche Datenbanken andocken kann, siehe Abschnitt B.2. Das notwendige Vorgehen soll hier beispielhaft am kostenlosen Datenbanksystem MySQL demonstriert werden; bei Datenbanken anderer Hersteller, inklusive Access-Datenbanken, ist ein analoges Vorgehen möglich. Informationen zum Programm MySQL und zur Sprache SQL findet der interessierte Leser im Anhang C.

Um an eine Datenbank anzudocken, werden wir in einem ersten Schritt eine sog. ODBC-Schnittstelle zur Datenbank anlegen, siehe Abschnitt B.1. Anschließend kann man von Mathematica aus leicht eine Verbindung zur Datenbank herstellen und Daten abfragen, siehe Abschnitt B.2. Durch **`DatabaseExplorer[]`** kann man dabei sogar eine grafische Benutzeroberfläche aktivieren, siehe Abschnitt B.3, mit der man bequem die Daten betrachten kann, bevor man Teile davon in das Notebook lädt.

B.1 Anlegen einer ODBC-Schnittstelle

Gehen wir im Folgenden vom Beispiel eines Handelsunternehmens aus. In der MySQL-Datenbank `verkauf`[1] befindet sich u. a. die Tabelle `deckung`, welche zu jedem durchgeführten Auftrag den zugehörigen Deckungsbeitrag enthält. Ferner sind diese Daten um die zuständige Abteilung und den zuständigen Mitarbeiter ergänzt. Der aufmerksame Leser wird übrigens bemerkt haben, dass wir genau die gleichen Daten schon in Abschnitt 4.3 kennengelernt haben, dort im Excel- und Accessformat. Damit das nun zu beschreibende Verfahren funktioniert, muss zusätzlich zu MySQL auch *MyODBC* installiert sein, vgl. Anhang C.

Um an die Datenbank anzudocken, richten wir zuerst einmal eine *ODBC*[2]-Schnittstelle zu dieser Datenbank ein. Anschließend wollen wir dann in Abschnitt B.2 mittels Mathematica über diese Schnittstelle auf die Datenbank zugreifen. Um für die Datenbank

[1] Datenbanken werden bei MySQL als eigener Unterordner im Verzeichnis `C:\Programme\...\MySQL\data` abgelegt. In der Datei `verkauf.zip` befindet sich der gepackte Ordner `verkauf`, welcher in dieses Verzeichnis zu entpacken ist. Alternativ kann man das Beispiel in Anhang C durchlaufen, dabei wird die genannte Datenbank erzeugt.

[2] *Open DataBase Connectivity* ist eine standardisierte Schnittstelle zum Zugriff auf Datenbanken.

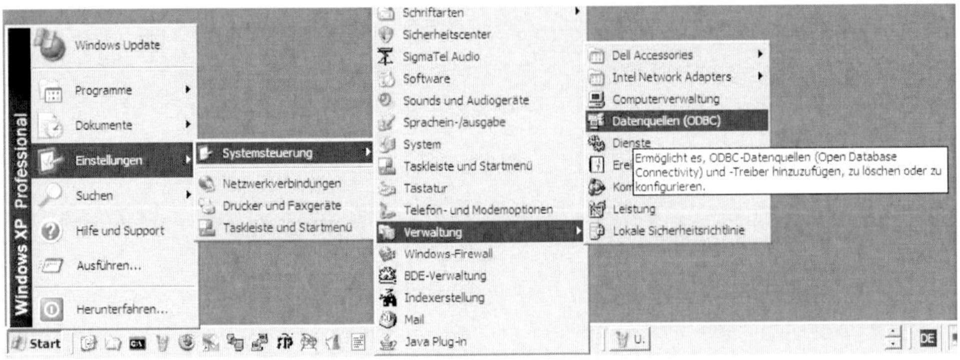

Abb. B.1: *Menü zum Anlegen einer ODBC-Schnittstelle.*

verkauf eine ODBC-Schnittstelle einzurichten, wechseln wir ins *Start*-Menü von Windows, und dort zu *Einstellungen* → *Systemsteuerung* → *Verwaltung* → *Datenquellen (ODBC)*, siehe Abbildung B.1. Es öffnet sich der Dialog aus Abbildung B.2, welcher bereits eine Reihe von fertigen ODBC-Schnittstellen anbietet.

Zur Erstellung einer neuen Schnittstelle betätigen wir den Knopf *Hinzufügen* und gelangen zum Dialog der Abbildung B.3. Hier wählen wir den installierten MyODBC-Treiber aus, vgl. Anhang C, und klicken auf *Fertig stellen.* Im anschließenden Dialog, siehe Abbildung B.4, müssen wir im Feld *Data Source Name* einen Namen für die Verknüpfung eintragen; im Beispiel tragen wir *Verkauf_MyODBC* ein. Unter diesem Namen wird die Verknüpfung dann als `.dsn`-Datei gespeichert. Bei *Server* trägt man *localhost* oder die IP-Adresse des Rechners ein, auf dem die Datenbank lagert, bei *User* einfach *Yes*, und schließlich bei *Database* den Namen der Datenbank.

Nach Bestätigung mit *OK* kommt man wieder zurück in das Ausgangsfenster aus Abbildung B.1, mit dem Unterschied, dass nun die gerade erstellte Verknüpfung sichtbar wird, siehe Abbildung B.5. Die Einrichtung der ODBC-Schnittstelle ist abgeschlossen.

B.2 Abfragen aus Datenbanken

Im vorigen Abschnitt B.1 haben wir kennengelernt, wie man zu einer Datenbank eine ODBC-Schnittstelle einrichtet und dieser einen Namen gibt. Im Beispiel hatten wir die MySQL-Datenbank *verkauf* betrachtet, und der zug. ODBC-Schnittstelle den Namen *Verkauf_MyODBC* gegeben. Damit ist die meiste Arbeit bereits getan, denn wie wir gleich sehen werden, müssen wir nun in Mathematica lediglich zwei Kommandos ausführen, um auf die Daten der Datenbank *verkauf* zugreifen zu können. Der erste dieser Schritte besteht dabei im Laden des Paketes `` DatabaseLink` ``.

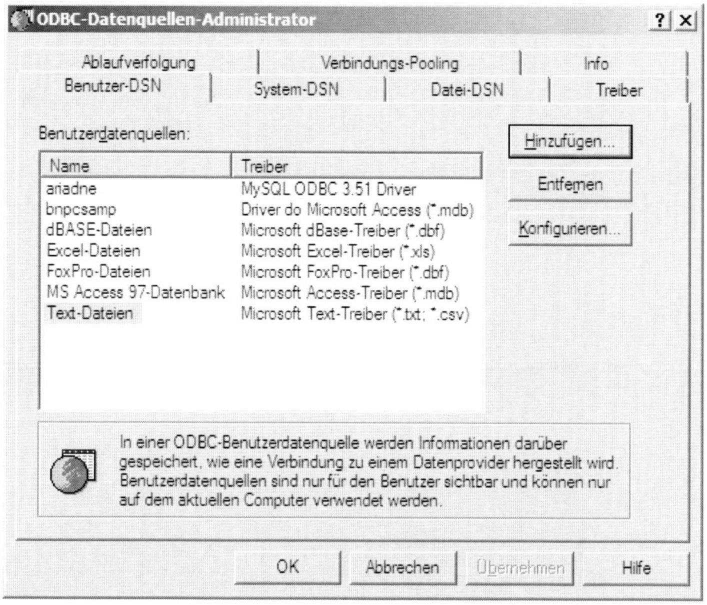

Abb. B.2: *Benutzerdatenquelle hinzufügen.*

Abb. B.3: *Datenbanktreiber auswählen.*

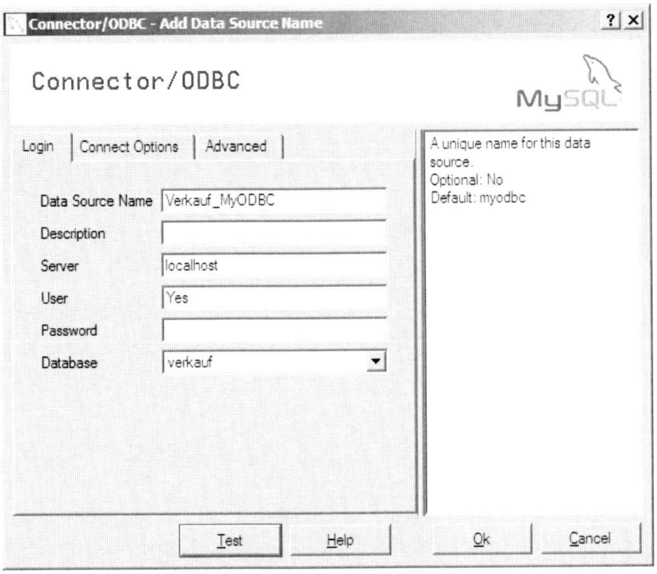

Abb. B.4: *Datenbankverbindung bestimmen.*

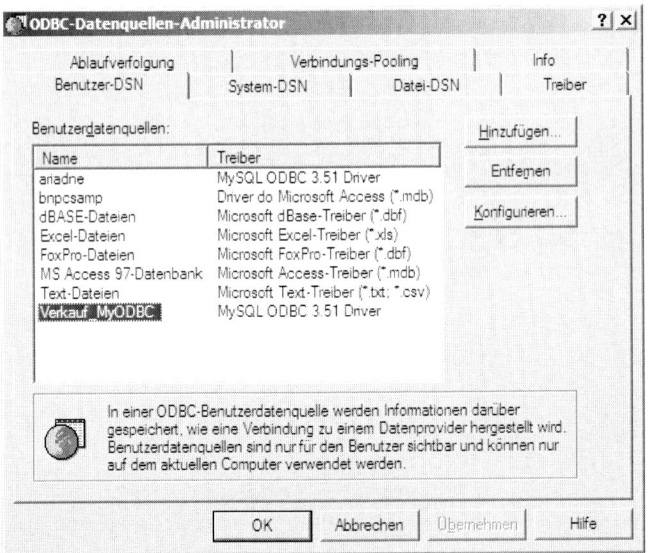

Abb. B.5: *Die neu erstellte Datenbankverknüpfung.*

Weiterführende Informationen ... zum Paket `DatabaseLink`` findet der Leser in der Hilfedatei unter *Add-ons: DatabaseLink* (bis Version 5.2) bzw. *DatabaseLink/tutorial/Overview* (seit Version 6.0). Wer ferner die Mathematica-eigenen Abfragekommandos verwenden möchte, an Stelle der Sprache SQL, der findet entsprechende Informationen unter *Add-ons: DatabaseLink → Data Commands → Mathematica-Based Queries* (bis Version 5.2) bzw. *DatabaseLink/tutorial/Overview* (seit Version 6.0), Rubrik *Data Commands → Mathematica-Style Queries*. Dort kann der Leser jeweils die Mathematica-eigenen Kommandos wie `SQLSelect`, ..., `SQLDropTable` einzeln ansteuern.

```
Needs["DatabaseLink`"]

verkauf=OpenSQLConnection[JDBC["odbc", "Verkauf_MyODBC"]]

SQLConnection[1, Open, Catalog→verkauf,
TransactionIsolationLevel→ReadCommitted]
```

Im zweiten Schritt haben wir dann schon die Verbindung zur Datenbank *verkauf* hergestellt, indem wir als Verbindungsart ODBC gewählt und den Namen der fertigen Schnittstelle genannt haben. Dieser Verbindung geben wir in Mathematica den Namen *verkauf*. Prüfen wir, welche Tabellen die Datenbank umfasst:

```
SQLTableNames[verkauf]

{deckung,transaktionen}

SQLTables[verkauf]

{SQLTable[deckung, TableType→TABLE],
SQLTable[transaktionen, TableType→TABLE]}
```

Wir wollen im Folgenden beispielhaft Daten aus der Tabelle *deckung* abfragen, siehe auch Abbildung 4.2 auf Seite 41. Diese umfasst folgende Spalten bzw. Variablen:

```
SQLColumnNames[verkauf, "deckung"]

{{deckung,auftrag}, {deckung,abteilung}, ..., {deckung,deckungsbeitrag}}

SQLColumns[verkauf, "deckung"]

{SQLColumn[{deckung,auftrag}, DataTypeName→integer, Nullable→0,
DataLength→11], ..., SQLColumn[{deckung,deckungsbeitrag},
DataTypeName→decimal, Nullable→1, ...]}
```

Das zweite Kommando liefert auch Informationen über den jeweiligen Variablentyp, z. B. ganze Zahlen oder Dezimalzahlen, und über die Zulässigkeit von Leerzellen.

Prinzipiell kann man von Mathematica aus auf zweierlei Art und Weise mit der Datenbank kommunizieren: Entweder durch Anwendung Mathematica-eigener Kommandos, oder durch die Sprache SQL. Nach Meinung des Autors ist der zweite Weg uneingeschränkt zu bevorzugen, da man sein Wissen über die Sprache SQL über Mathematica hinaus verwenden kann. SQL-Kommandos, wie sie in Anhang C erläutert werden, führt man mit Hilfe von `SQLExecute` aus:

```
SQLExecute[verkauf, "SELECT * FROM deckung"]

{{1705,A,xyz,1.56}, {1706,B,abc,-3.92}, {1707,B,uvw,11.65}, {1708,B,uvw,16.18}}
```

Das ausgeführte SQL-Kommando liefert den gesamten Inhalt der Tabelle *deckung* in Listenform, vgl. Abbildung 4.2 auf Seite 41 bzw. Anhang C.4. Durch Hintanhängen von **`//TableForm`** hätte man eine tabellarische Ausgabe erreicht, siehe Abschnitt 4.2.1. Der Einsatz von SQL ist dabei nicht auf Abfragen beschränkt, auch Kommandos zur Änderung der Datenbank können ausgeführt werden. Alles Weitere zu SQL findet der Leser in Anhang C.

Obwohl nach Meinung des Autors das Erlernen und Verwenden der Sprache SQL der empfehlenswertere Weg ist, sollen auch die Mathematica-eigenen Datenbankkommandos vorgestellt werden, welche sich in ihrer Syntax offenbar an der Sprache SQL orientieren: `SQLSelect` (Abfrage von Daten), `SQLCreateTable` (Erzeugen einer Tabelle), `SQLInsert` (Einfügen von Daten), `SQLUpdate` (Änderung von Daten), `SQLDelete` (Löschen von Daten) und `SQLDropTable` (Löschen einer Tabelle). Beispielhaft wollen wir auf das in der Praxis wohl wichtigste Kommando eingehen, `SQLSelect`. Obiger Komplettabfrage entspricht folgender Code:

```
SQLSelect[verkauf, "deckung"]

{{1705,A,xyz,1.56}, ..., {1708,B,uvw,16.18}}

SQLSelect[verkauf, "deckung", {"auftrag","abteilung"}]

{{1705,A}, {1706,B}, {1707,B}, {1708,B}}
```

Das zweite Kommando dagegen schränkt die Abfrage auf die Variablen *auftrag* und *abteilung* ein. Gerade bei großen Datenmengen kann es sinnvoll sein, nur eine Vorschau der Daten zu übermitteln, indem man die Zahl der Datenzeilen beschränkt:

```
SQLSelect[verkauf, "deckung", MaxRows -> 2, ShowColumnHeadings -> True]

{{auftrag,...,deckungsbeitrag}, {1705,A,xyz,1.56}, {1706,B,abc,-3.92}}
```

Zugleich haben wir bei diesem Beispiel auch die Variablennamen abgefragt. Als Analogon zur `WHERE`-Klausel bei SQL kann man bei der Abfrage zusätzliche Bedingungen angeben:

```
SQLSelect[verkauf, "deckung", SQLColumn["deckungsbeitrag"]>0]
```

```
{{1705,A,xyz,1.56}, {1707,B,uvw,11.65}, {1708,B,uvw,16.18}}
```

Hier wurden nur jene Zeilen abgefragt, deren Wert bei *deckungsbeitrag* positiv ist. Nachdem alle Daten korrekt übermittelt wurden, kann man die Verbindung zur Datenbank wieder beenden: **CloseSQLConnection[verkauf]**.

B.3 Der Database Explorer

Gerade bei umfangreichen Datenbanken kann eine grafische Oberfläche sehr angenehm sein, bei der die Daten als Tabellenblatt dargestellt werden, durch welches man bequem scrollen kann. Ist dann der interessante Teil der Daten klar, kann man diesen, wie in Abschnitt B.2 erläutert, per Abfrage in ein Notebook übertragen. Besitzt der Benutzer für das vorliegende Datenbanksystem keine spezielle grafische Oberfläche, so kann er die von Mathematica nutzen: den *Database Explorer*. Diesen aktiviert man von einem Notebook aus wie folgt:

```
Needs["DatabaseLink`"]

DatabaseExplorer[];
```

Nach Ausführung dieser Kommandos vergehen einige Sekunden, bis sich dann das Fenster aus Abbildung B.6 öffnet. Um zur gewünschten Datenbank zu gelangen, in unserem Fall die Datenbank *verkauf*, wählt man nun *File* → *Open Connection* und gelangt zum Dialog *Select Data Source* aus Abbildung B.7. Existiert hier bereits die Verbindung zur relevanten Datenbank, so wählt man diese aus, klickt *Connect* und gelangt gleich zurück zum Database Explorer, ähnlich wie ab Abbildung B.9.

Existiert die Verbindung dagegen noch nicht, so klickt man *New...* und gelangt zum Dialog aus Abbildung B.8. Hier sind nun einige Schritte zu durchlaufen, um letztlich die Verbindung zur Datenbank herzustellen. Leider unterscheiden sich diese Schritte etwas von Version zu Version; im Folgenden zeigen wir das Vorgehen bei Version 6.0. Im zweiten Schritt ist ein Name für die Verknüpfung zu vergeben, wir wählen *verkauf*. Es sei aber bemerkt, dass der Name *nicht* mit dem der Datenbank übereinstimmen muss. Bei Schritt 3, *Specify Visibility*, bestätigen wir die Voreinstellung *User Level*, bei Schritt 4 legen wir die Art der Verknüpfung fest: *odbc* bzw. *ODBC(DSN)*. Im 5. Schritt müssen wir bei *DSN* den Namen der ODBC-Verknüpfung eingeben, in unserem Fall *Verkauf_MyODBC*, und ggf. *Username* und *Password*. Im Beispiel lassen wir diese Felder aber leer. Ein Klick auf *Test* hilft uns festzustellen, ob bisher alle Angaben korrekt waren. Im sechsten und letzten Schritt schließlich wählen wir *Transaction isolation level: ReadCommitted* und geben bei *catalog* den Namen der Datenbank an: *verkauf*. Falls *Test* erneut befriedigend verläuft, können wir den Dialog beenden und kehren wieder zurück zum Dialog aus Abbildung B.7, wo nun die neue Verknüpfung *verkauf* zu sehen ist. Wir wählen diese aus und klicken *Connect*.

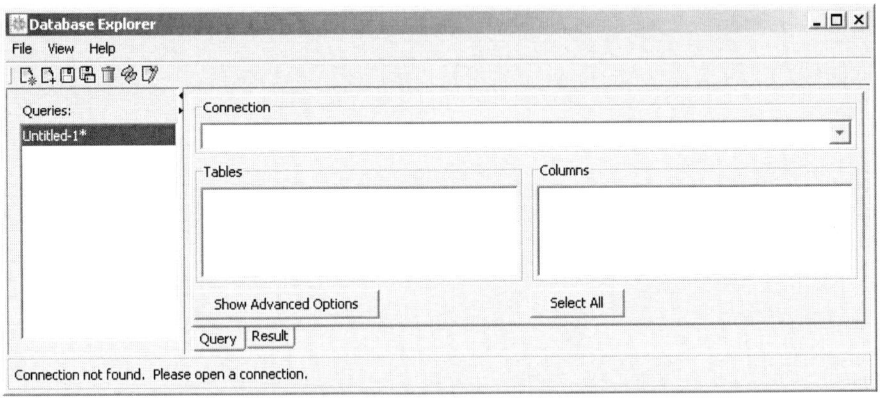

Abb. B.6: *Der Database Explorer direkt nach seinem Start.*

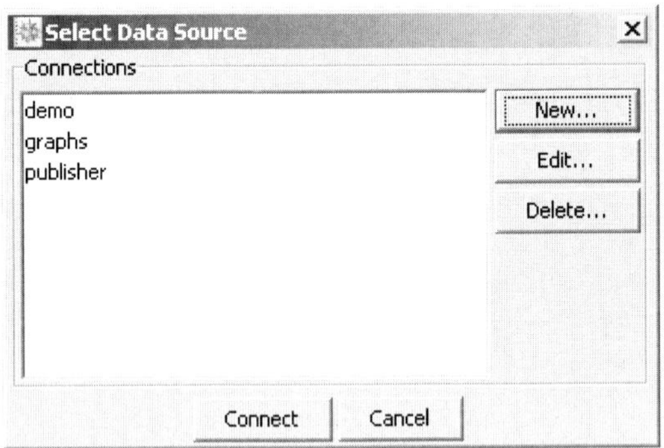

Abb. B.7: *Auswahl einer Verbindung.*

Im Database Explorer markieren wir im Feld *Connection* die Verbindung namens *verkauf*, siehe Abbildung B.9. Um nun eine Datenabfrage auszuführen, wählen wir die gewünschte Tabelle aus, z. B. *deckung*, und anschließend im Feld *Columns* die interessierenden Variablen der Tabelle. Wechselt man dann ganz unten von der Karte *Query* zur Karte *Results*, siehe Abbildung B.10, so kann man das Abfrageresultat einsehen. Zurück auf der Karte *Query* kann man die Abfrage modifizieren. Will man dabei, vergleichbar der `WHERE`-Klausel bei SQL, weitere Bedingungen formulieren oder eine Sortierung veranlassen, so muss man zuerst *Show Advanced Options* klicken. Dann erweitert sich der Dialog wie in Abbildung B.11. Durch *Hide Advanced Options* kommt man wieder zurück zum einfachen Dialog aus Abbildung B.9.

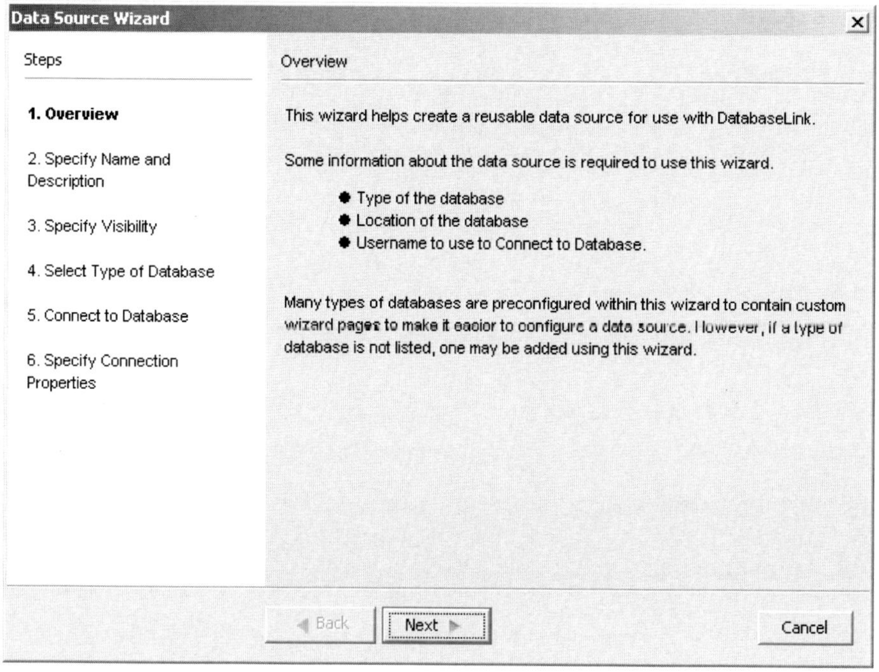

Abb. B.8: *Verbindung zu einer Datenbank herstellen.*

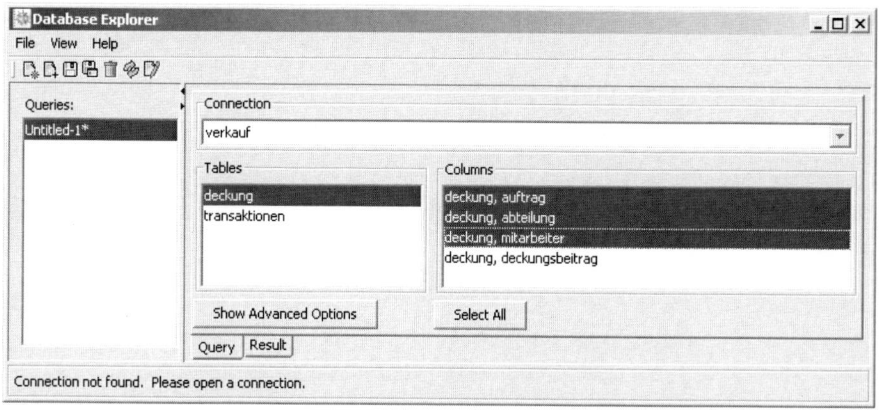

Abb. B.9: *Der Database Explorer: Auswahl dreier Variablen.*

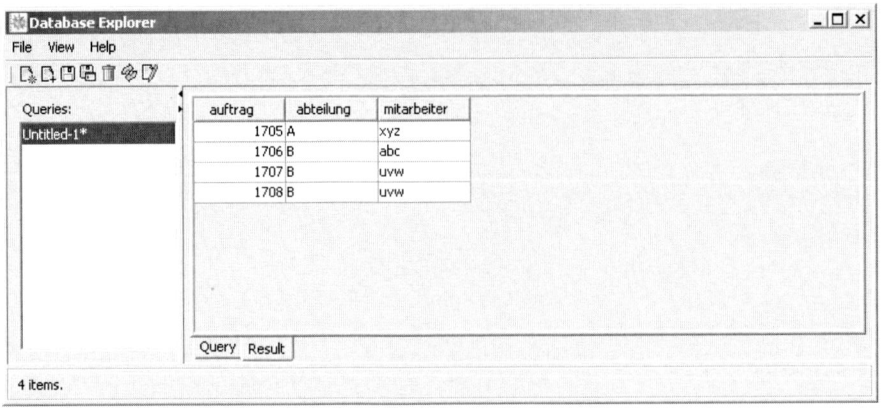

Abb. B.10: *Der Database Explorer: Resultat einer Abfrage.*

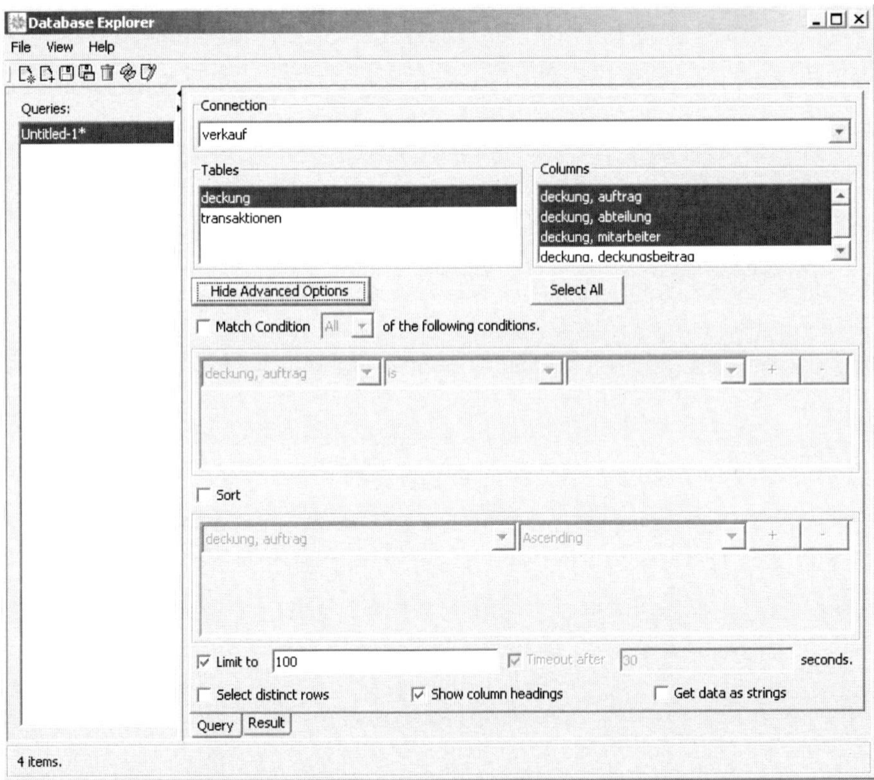

Abb. B.11: *Der Database Explorer mit zusätzlichen Abfrageoptionen.*

C Kleines MySQL-ABC

Zur Erstellung, Verwaltung und Kontrolle relationaler Datenbanksysteme hat sich als Quasi-Standard die *Structured Query Language (SQL)* etabliert. Der Befehlssatz von SQL umfasst alle Bestandteile, die für Datenbanksysteme erforderlich sind:

- *Data Definition Language (DDL)*: Es stehen Befehle wie `CREATE`, `ALTER`, `DROP`, etc. zur Verfügung.
- *Data Manipulation Language (DML)*: Es stehen Befehle wie `SELECT`, `UPDATE`, `INSERT`, `DELETE`, etc. zur Verfügung.
- *Data Control Language (DCL)*: Es stehen Befehle wie `COMMIT`, `ROLLBACK`, etc. zur Verfügung.

Im Folgenden soll ein kurzer Überblick über die Sprache SQL gegeben werden. Dabei wird zur Illustration das kostenlos erhältliche Datenbanksystem *MySQL* (im Internet unter `www.mysql.de`) verwendet, welches im Anschluss beschrieben wird. Weitere relationale Datenbanksysteme, welche auch eine auf SQL basierende Sprache verwenden, sind das ebenfalls kostenlose *PostGreSQL* (`www.postgresql.org`) oder kommerzielle Produkte von Oracle, Borland, Microsoft, etc. Für weitergehende Informationen zu MySQL sei auf Hinz (2002) verwiesen, Informationen zur Sprache SQL und zu relationalen Datenbanksystemen findet der Leser etwa bei Throll & Bartosch (2004).

C.1 Das Datenbanksystem MySQL

Um MySQL verwenden und Daten von Mathematica aus abfragen zu können, muss zumindest *MySQL* selbst sowie *MyOLEDB* bzw. *MyODBC* installiert sein. Um komfortabler arbeiten zu können, empfiehlt sich zudem die Installation einer grafischen Benutzeroberfläche wie etwa das *MySQL Control Center* oder der *MySQL Query Browser*. All diese Programme können für alle gängigen Betriebssysteme von der MySQL-Homepage `http://www.mysql.com` kostenlos heruntergeladen werden.

Im Folgenden gehen wir von der minimalen Installation aus, d. h. MySQL wurde ohne grafische Oberfläche installiert, so dass alle SQL-Kommandos von einem DOS-Fenster aus eingegeben werden müssen. Nehmen wir ferner an, dass MySQL unter dem Pfad `C:\Programme\MySQL` abgelegt wurde. Folgende Dateien sind für die Verwendung von MySQL von Belang, zu denen man am besten auch eine Verknüpfung legen sollte:

- Zu Beginn jeder Sitzung muss der Datenbankserver hochgefahren werden. Dies

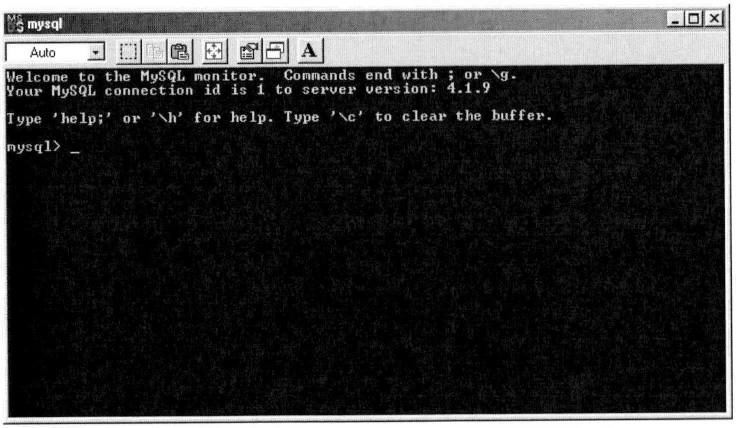

Abb. C.1: *Der Startbildschirm von MySQL.*

geschieht durch Ausführung der Datei `mysqld.exe`, welche im Ordner `C:\Programme\MySQL\bin` zu finden sein müsste.

- Anschließend kann MySQL durch Ausführung der Datei `mysql.exe` gestartet werden, welche ebenfalls im eben genannten Ordner liegen sollte. Es erscheint ein DOS-Fenster wie in Abbildung C.1.
- Treten während der Verwendung von MySQL Fragen auf, die über die hier beschriebenen Funktionalitäten hinausgehen, empfiehlt sich ein Blick in die Datei `manual.html`, welche zu finden sein sollte unter `C:\Programme\MySQL\doc`.
- Nach Abschluss der Arbeit mit MySQL verlässt man mit `EXIT` oder `QUIT` das Eingabefenster und fährt anschließend mit

```
C:\Programme\MySQL\bin\mysqladmin.exe -u root shutdown
```

den Datenbankserver herunter.

Wurde MySQL gestartet, so werden die SQL-Befehle stets hinter der Marke `mysql>` im Eingabefenster aus Abbildung C.1 eingegeben. Befehle müssen stets mit einem Semikolon '`;`' abgeschlossen werden. Durch Betätigen der Eingabetaste werden die Befehle dann ausgeführt. Drückt man dagegen die Eingabetaste, ohne dass ein Semikolon am Zeilenende steht, so wird der Befehl nicht ausgeführt. Stattdessen wird einfach eine neue Zeile begonnen, an deren Anfang die Marke `->` steht. Der Befehl der vorigen Zeile kann fortgesetzt werden. Somit hat man die Möglichkeit, etwa aus Gründen der Übersichtlichkeit, einen Befehl auf mehrere Zeilen zu verteilen und diesen erst dann auszuführen, wenn ein (notfalls auch alleinstehendes) Semikolon eingegeben wurde.

Aus Gründen besserer Lesbarkeit werden Befehle hier stets in Großbuchstaben geschrieben. Da MySQL selbst jedoch nicht zwischen Groß- und Kleinschreibung unterscheidet, ist dies für die Praxis ohne Belang.

C.2 Daten verwalten

Zur Illustration der SQL-Sprachstruktur in diesem und dem folgenden Abschnitt gehen wir vom Beispiel eines Handelsunternehmens aus. Die Waren, welche es seinen Kunden verkauft, sind durch eine Artikelnummer eindeutig gekennzeichnet. In der Datenbank *verkauf* werden in der Tabelle *transaktionen* nun folgende Daten gespeichert:

Jeder Posten bildet eine eigene Zeile. Als Primärschlüssel wird einfach eine zusätzliche Variable *id* angelegt, welche die Zeilen durchnummeriert. Jede Zeile enthält als weitere Attribute

- *auftrag*: Nummer des Auftrags, der evtl. aus mehreren Posten besteht.
- *abteilung*: Kennzeichen der Abteilung (A, B, C, ...), in welcher die Transaktion getätigt wird.
- *mitarbeiter*: Kennzeichen des Mitarbeiters (drei Kleinbuchstaben), welcher die Transaktion tätigt.
- *artikel/menge*: Artikelnummer/Umfang des Postens.
- *einkauf/verkauf*: Einkaufs-/Verkaufspreis des Einzelartikels.

Zuerst erstellen wir die Datenbank *verkauf*:

```
mysql> CREATE DATABASE verkauf;
```

Geben wir nun den Befehl

```
mysql> SHOW DATABASES;
```

ein, so erhalten wir z. B. das folgende Resultat:

```
+----------+
| Database |
+----------+
| mysql    |
| test     |
| verkauf  |
+----------+
3 rows in set (0.38 sec)
```

Neben der Datenbank *verkauf* sind standardmäßig noch die von MySQL mitgelieferten Datenbanken *mysql* und *test* vorhanden. Wollten wir die Datenbank *verkauf* wieder löschen, müssten wir

```
mysql> DROP DATABASE verkauf;
```

eingeben. Wir wollen aber stattdessen die Tabelle *transaktionen* erstellen. Dazu müssen wir zuerst per

```
mysql> USE verkauf;
```

in die Datenbank *verkauf* wechseln, um anschließend die Tabelle wie gewünscht zu erstellen:

```
mysql> CREATE TABLE transaktionen(
    -> id BIGINT UNSIGNED NOT NULL AUTO_INCREMENT
    -> PRIMARY KEY,
    -> auftrag INT UNSIGNED NOT NULL,
    -> abteilung CHAR,
    -> mitarbeiter CHAR(3) NOT NULL,
    -> artikel VARCHAR(15) NOT NULL,
    -> menge INT UNSIGNED NOT NULL,
    -> einkauf DECIMAL(5,2),
    -> verkauf DECIMAL(5,2) NOT NULL);
```

Die Bezeichnungen der Datentypen sind weitgehend selbsterklärend, die Einstellung `NOT NULL` bewirkt, dass eine Eingabe nur möglich ist, wenn das zugehörige Attribut nicht leer gelassen wird. `AUTO_INCREMENT` hat zur Folge, dass bei fehlender Eingabe von selbst weitergezählt wird. Der Datentyp `DECIMAL(5,2)` beschreibt Dezimalzahlen mit maximal 5 Vorkomma- und genau 2 Nachkommastellen. `VARCHAR(15)` bewirkt, dass Zeichenketten von Länge maximal 15 eingegeben werden können, bei geringerer Länge wird aber auch entsprechend weniger Speicherplatz verbraucht. Bei `CHAR(3)` dagegen werden unabhängig von der Länge der Zeichenkette (maximal 3) stets volle 3 Byte gespeichert. Weitere optionale Schlüsselwörter wären z. B. `DEFAULT 'abc'`, wenn bei fehlender Eingabe automatisch der Wert *abc* eingefügt werden soll, oder `UNIQUE`, wenn außer dem Wert `NULL` keine Werte doppelt vorkommen dürfen.

Alle eben eingegebenen Spezifikationen für die Variablen können via

```
mysql> DESCRIBE transaktionen;
```

abgefragt werden, und bei Bedarf könnte die Tabelle per

```
mysql> DROP TABLE transaktionen;
```

gelöscht werden. Außerdem können wir mit

```
mysql> SHOW TABLES;
```

alle Tabellen der Datenbank *verkauf* anzeigen lassen, momentan also

```
+-----------------+
| Tables_in_verkauf |
+-----------------+
| transaktionen   |
+-----------------+
1 row in set (0.03 sec)
```

Ferner kann man eine bestehende Tabelle modifizieren über Eingabe von

```
mysql> ALTER TABLE verkauf ...;
```

und an Stelle der Pünktchen schreibt man je nach Bedarf etwa

- `ADD abc INT UNSIGNED`, um *abc* als weitere Variable einzufügen,
- `MODIFY abc BIGINT NOT NULL`, um den Datentyp von *abc* zu verändern, wobei dies möglichst verlustfrei durchgeführt wird,
- `DROP COLUMN abc`, um *abc* wieder zu löschen,
- `RENAME verkaeufe`, um die Tabelle *verkauf* in *verkaeufe* umzubenennen,
- `ORDER BY mitarbeiter DESC`, um die Tabelle absteigend nach Mitarbeiterkennungen zu ordnen, wobei ohne `DESC` aufsteigend, oder mit `RAND()` an Stelle von `DESC` 'zufällig' sortiert würde.

C.3 Daten eingeben und ändern

Durch den Befehl

```
mysql> INSERT INTO transaktionen
    -> VALUES(NULL,1705,'A','xyz','a17-02345',
    -> 3,1.47,1.99);
```

wird eine vollständige Zeile in die Tabelle *transaktionen* eingegeben, vollständig abgesehen vom Wert für *id*: Durch das Eingeben von `NULL` wird automatisch weitergezählt, in unserem Fall also eine 1 eingefügt.

Wollen wir zwei nur unvollständige Zeilen eingeben, etwa ohne Wert bei *id* und *abteilung*, so müssen wir alle Variablen gezielt ansprechen:

```
mysql> INSERT INTO
    -> transaktionen(auftrag,mitarbeiter,artikel,menge,
    -> einkauf,verkauf)
    -> VALUES(1706,'abc','a23-98765',5,1.23,0.99),
    -> (1706,'abc','x85-13579',1,10.21,7.49);
```

Wenn wir nun den Inhalt der Tabelle per

```
mysql> SELECT * FROM transaktionen;
```

abfragen, erhalten wir das Resultat

```
+---+-----+-------+------+---------+-----+-----+-----+
| id | auf- | abtei- | mitar- | artikel   | menge | ein-  | ver- |
|    | trag | lung   | beiter |           |       | kauf  | kauf |
+---+-----+-------+------+---------+-----+-----+-----+
| 1  | 1705 | A      | xyz    | a17-02345 | 3     | 1.47  | 1.99 |
| 2  | 1706 | NULL   | abc    | a23-98765 | 5     | 1.23  | 0.99 |
| 3  | 1706 | NULL   | abc    | x85-13579 | 1     | 10.21 | 7.49 |
+---+-----+-------+------+---------+-----+-----+-----+
3 rows in set (0.00 sec)
```

Die fehlenden Abteilungswerte können nun nachträglich ergänzt werden. Nehmen wir etwa an, Mitarbeiter *abc* arbeitet in Abteilung *B*, dann würde man schreiben:

```
mysql> UPDATE transaktionen SET abteilung='B'
    -> WHERE mitarbeiter='abc';
```

`WHERE`-Spezifikationen können auch komplexer sein, durch Verwendung von `AND`, `OR`, etc., und Vergleichsoperatoren enthalten wie `=`, `<`, `<=`, etc. Ferner könnten wir gezielt Zeilen löschen, etwa via

```
mysql> DELETE FROM transaktionen
    -> WHERE mitarbeiter='xyz' OR einkauf>4;
```

Daten können auch aus Textdateien eingelesen werden. Dabei müssen jedoch die Werte zeilenweise mit allen Spalten in der richtigen Reihenfolge angegeben sein, wobei `NULL` durch den Wert `\N` ausgedrückt wird. Die verschiedenen Variablen müssen durch ein einheitliches Trennzeichen (z. B. Tabulator, Leerzeichen, etc.) separiert sein. Beispielsweise enthalte die Datei `Daten.txt`, abgelegt im Ordner `C:\temp`, die folgenden Zeilen:

```
\N 1707 B uvw s15-22082 4 0.56 2.39
\N 1707 B uvw s15-22082 1 0.56 2.39
\N 1707 B uvw r41-12345 10 2.74 2.99
\N 1708 B uvw s15-22082 7 0.56 2.39
\N 1708 B uvw j36-98765 1 5.12 8.49
```

Dann können wir diese Daten in die Tabelle *transaktionen* laden via

```
mysql> LOAD DATA LOCAL INFILE 'C:\\temp\\Daten.txt'
    -> INTO TABLE transaktionen
    -> FIELDS TERMINATED BY ' ';
```

Trennzeichen war hierbei ein Leerzeichen. Man beachte, dass man '\' als '\\' schreiben muss. Die Tabelle *transaktionen* enthält nun

```
+---+-----+------+-------+----------+-----+------+-----+
| id| auf-| abtei-| mitar-| artikel  |menge| ein- | ver-|
|   | trag| lung | beiter|          |     | kauf | kauf|
+---+-----+------+-------+----------+-----+------+-----+
| 1 | 1705| A    | xyz   | a17-02345| 3   | 1.47 | 1.99|
| 2 | 1706| B    | abc   | a23-98765| 5   | 1.23 | 0.99|
| 3 | 1706| B    | abc   | x85-13579| 1   | 10.21| 7.49|
| 6 | 1707| B    | uvw   | r41-12345| 10  | 2.74 | 2.99|
| 5 | 1707| B    | uvw   | s15-22082| 1   | 0.56 | 2.39|
| 4 | 1707| B    | uvw   | s15-22082| 4   | 0.56 | 2.39|
| 7 | 1708| B    | uvw   | s15-22082| 7   | 0.56 | 2.39|
| 8 | 1708| B    | uvw   | j36-98765| 1   | 5.12 | 8.49|
+---+-----+------+-------+----------+-----+------+-----+
8 rows in set (0.33 sec)
```

Gelegentlich sind in einer Textdatei manche Werte, etwa Textwerte, durch ein spezielles Zeichen eingeschlossen, z. B. ein Anführungszeichen. Dann müsste man zusätzlich noch `ENCLOSED BY '"'` anhängen.

C.4 Daten abfragen und exportieren

Wie weiter oben bereits gesehen, kann man Daten mittels

```
mysql> SELECT ... FROM ... WHERE ...;
```

abfragen. Optional können noch angehängt werden

- `GROUP BY variable`, um die Werte gemäß den Werten der Variablen *variable* zu gruppieren und ggfs. zusammenzufassen,
- `ORDER BY variable`, um die Werte gemäß den Werten der Variablen *variable* zu ordnen,
- `HAVING ...`, wobei an Stelle der Pünktchen eine Bedingung steht. `HAVING` funktioniert genau wie `WHERE`, nur bezieht sich diese weitere Einschränkung schon auf das vorläufige Resultat der Abfrage: die Erfüllung der Bedingung wird nicht im gesamten Datensatz untersucht, sondern nur im schon durch `WHERE` eingeschränkten.

Das Resultat einer Abfrage kann auch in einer eigenen Tabelle abgelegt werden. Sind wir etwa an den Deckungsbeiträgen interessiert, die jeder Auftrag einbringt, so speichern wir diese in der Tabelle *deckung* ab:

```
mysql> CREATE TABLE deckung
    -> (auftrag INT NOT NULL PRIMARY KEY,
    -> abteilung CHAR, mitarbeiter CHAR(3),
    -> deckungsbeitrag DECIMAL(7,2)) AS
    -> SELECT auftrag, abteilung, mitarbeiter,
    -> SUM(menge*(verkauf-einkauf)) AS deckungsbeitrag
    -> FROM transaktionen
    -> GROUP BY auftrag ORDER BY auftrag;
```

Hierbei werden die Daten nach *auftrag* gruppiert und über alle Posten je Auftrag summiert, gemäß der Formel `SUM(menge*(verkauf-einkauf))`. Das Ergebnis wird in der Variablen *deckungsbeitrag* abgelegt. Tabelle *deckung* enthält nun folgende Daten:

```
+--------+----------+-----------+----------------+
| auftrag | abteilung | mitarbeiter | deckungsbeitrag |
+--------+----------+-----------+----------------+
| 1705    | A        | xyz       | 1.56           |
| 1706    | B        | abc       | -3.92          |
| 1707    | B        | uvw       | 11.65          |
| 1708    | B        | uvw       | 16.18          |
+--------+----------+-----------+----------------+
4 rows in set (0.00 sec)
```

Für derartige Zusammenfassungen bzw. *Aggregationen* bietet MySQL neben der Funktion `SUM` auch `COUNT` (zum Zählen der Zeilen), `AVG` (arithmetisches Mittel), `MIN` (Minimum), `MAX` (Maximum), sowie `STD` (Standardabweichung) an.

Resultate können außerdem, mit analoger Syntax wie bei `LOAD DATA...`, in Textdateien exportiert werden, beispielsweise via

```
mysql> SELECT * INTO OUTFILE 'C:\\temp\\Deckung.txt'
    -> FIELDS TERMINATED BY '\t'
    -> OPTIONALLY ENCLOSED BY '"'
    -> FROM deckung;
```

Die neue Datei `Deckung.txt` würde die folgenden Zeilen enthalten:

```
1705  "A"  "xyz"  1.56
1706  "B"  "abc"  -3.92
1707  "B"  "uvw"  11.65
1708  "B"  "uvw"  16.18
```

Hierbei bewirkt `TERMINATED BY '\t'`, dass die Variablen durch Tabulatoren getrennt werden. Das `OPTIONALLY` vor `ENCLOSED BY '"'` hat zur Folge, dass nur Textwerte durch Anführungszeichen eingegrenzt werden.

C.5 Tabellen zusammenfassen

Die Tabelle *transaktionen* könnte in einer ähnlichen Fassung online entstanden sein, wobei ein jeder Artikel, der in der Kasse registriert wird, zu einer neuen Zeile der Tabelle führt. Die Tabelle *deckung* bietet dann interessierende Informationen im nötigen Detail an. Allerdings sind beide Tabellen in ihrer momentanen Fassung nicht auf Speicherökonomie ausgelegt, tatsächlich sind zahlreiche Informationen redundant vorhanden: In der Tabelle *transaktionen* etwa sind die Variablen *abteilung*, *einkauf* und *verkauf* eigentlich überflüssig, denn hätte man z. B. eine kompakte Mitarbeitertabelle, die zu jedem Mitarbeiter die zugehörige Abteilung enthält, so müsste man den Abteilungswert nicht für jeden Posten extra speichern. Analog wäre eine gesonderte Tabelle mit Artikelinformationen wie Einkaufs- und Verkaufspreis sinnvoller. Eine Mitarbeitertabelle kann man erzeugen und um einen weiteren Mitarbeiter ergänzen wie folgt:

```
mysql> CREATE TABLE mitarbeiter
    -> (mitarbeiter CHAR(3) NOT NULL PRIMARY KEY,
    -> abteilung CHAR) AS
    -> SELECT mitarbeiter, abteilung FROM transaktionen
    -> GROUP BY mitarbeiter;
mysql> INSERT INTO mitarbeiter VALUES ('rst','A');
```

Als Resultat erhält man die Tabelle *mitarbeiter*, bestehend aus

```
+------------+----------+
| mitarbeiter | abteilung |
+------------+----------+
| abc        | D        |
| uvw        | B        |
| xyz        | A        |
| rst        | A        |
+------------+----------+
 4 rows in set (0.00 sec)
```

Analog würde man bei der Artikeltabelle verfahren.[1] Anschließend könnte man aus der Tabelle *transaktionen* die Variablen *abteilung*, *einkauf* und *verkauf* löschen. Dies wollen wir aber an dieser Stelle unterlassen, da die Tabelle in anderen Teilen des Buches noch benötigt wird. Stattdessen 'ignorieren' wir für den Rest des Abschnitts die bestehende Existenz dieser drei Variablen.

Nachdem nun unsere Daten auf eine Vielzahl von Tabellen platzsparend verteilt vorliegen, müssen diese bei Abfragen wieder geeignet zusammengefügt werden. Dazu kann man sich der JOIN-Verknüpfung von MySQL bedienen. Die Eingabe von

```
mysql> SELECT a.id,a.auftrag, b.abteilung,
    -> b.mitarbeiter, a.artikel
    -> FROM transaktionen AS a
    -> INNER JOIN mitarbeiter AS b


-> ON a.mitarbeiter=b.mitarbeiter
-> ORDER BY a.id;
```

ergibt folgende Tabelle:

[1]Schemata für das sinnvolle Zerlegen von Datentabellen zur Vermeidung von Redundanz werden übrigens durch eine Reihe aufeinander aufbauender, sog. *Normalformen* beschrieben. Hierzu sei auf die Literatur verwiesen.

```
+---+--------+----------+------------+---------+
| id | auftrag | abteilung | mitarbeiter | artikel |
+---+--------+----------+------------+---------+
| 1  | 1705    | A          | xyz          | a17-02345 |
                          ⋮
| 8  | 1708    | B          | uvw          | j36-98765 |
+---+--------+----------+------------+---------+
8 rows in set (0.05 sec)
```

Diese Tabelle stellt also schlicht einen Auszug der vollständigen Transaktionsdaten dar, zusammengesetzt aus Werten von *id*, *auftrag* und *artikel* der Tabelle *transaktionen*, sowie *abteilung* und *mitarbeiter* der Tabelle *mitarbeiter*. Die Anweisung `INNER JOIN...ON` bewirkt, dass genau jene Werte beider Tabellen zusammengefügt werden, bei denen die Mitarbeiterkennungen übereinstimmen *und* in *beiden* Tabellen zugleich vorkommen. Der Mitarbeiter *rst* der Tabelle *mitarbeiter*, der an keiner der Transaktionen beteiligt war, kommt deshalb nicht im Abfrageresultat vor. Bei der Formulierung der Abfrage haben wir übrigens von Abkürzungen Gebrauch gemacht: Statt `transaktionen.id` etwa schreiben wir kurz `a.id`, da wir via `AS` die Tabelle *transaktionen* mit dem Kürzel `a` versehen haben.

Hätten wir dagegen in obiger Abfrage `RIGHT JOIN` statt `INNER JOIN` geschrieben, so würde das Abfrageresultat beginnen mit folgender Zeile:

```
+---   +--------+----------+------------+---------+
| id   | auftrag | abteilung | mitarbeiter | artikel |
+---   +--------+----------+------------+---------+
| NULL | NULL    | A          | rst          | NULL      |
                          ⋮
```

`RIGHT JOIN` berücksichtigt auf jeden Fall *alle* Mitarbeiter der rechts von der `JOIN`-Anweisung stehenden Tabelle, und dies ist im Beispiel gerade *mitarbeiter*. Deshalb erscheint nun auch Mitarbeiter *rst*, jedoch mit einigen `NULL`-Werten, da er an keiner Transaktion beteiligt war. Ferner werden *nur* jene Posten der links stehenden Tabelle *transaktionen* aufgenommen, zu denen sich auch Mitarbeiterkennungen in *mitarbeiter* finden. Somit verhält sich `RIGHT JOIN` nach links wie `INNER JOIN`, ist nach rechts aber 'großzügiger'. Völlig analog ist die Verknüpfung `LEFT JOIN` definiert. Ferner können auch mehr als zwei Tabellen über verschachtelte `JOIN`-Anweisungen miteinander verknüpft werden.

Literaturverzeichnis

ALTEN, H.-W., DJAFARI NAINI, A., FOLKERTS, M., SCHLOSSER, H., SCHLOTE, K.-H., WUSSING, H.: *4000 Jahre Algebra – Geschichte, Kulturen, Menschen.* Springer Verlag, Berlin, Heidelberg, 2003.

BASLER, H.: *Grundbegriffe der Wahrscheinlichkeitsrechnung und statistischen Methodenlehre.* 11. Auflage, Physica Verlag, Heidelberg, 1994.

BOSCH, S.: *Algebra.* 6. Auflage, Springer Verlag, Berlin, Heidelberg, 2006.

BUNDSCHUH, P.: *Einführung in die Zahlentheorie.* 6. Auflage, Springer Verlag, Berlin, Heidelberg, 2008.

FREITAG, E., BUSAM, R.: *Funktionentheorie 1.* 4. Auflage, Springer Verlag, Berlin, Heidelberg, 2006.

GOODING, M.: *herman de vries – chance and change.* 1. Auflage, Zweitausendeins Verlag, Frankfurt am Main, 2006.

GRABMEIER, J., KALTOFEN, E., WEISPFENNING, V. (Hrsg.): *Computer Algebra Handbook.* Springer Verlag, Berlin, Heidelberg, 2003.

HERRMANN, N.: *Höhere Mathematik.* Oldenbourg Wissenschaftsverlag, München, 2004.

HILBE, J.M.: *Mathematica 5.2: A Review.* The American Statistician 60(2), S. 176-186, 2006.

HINZ, S.: *MySQL 4.0 Referenzhandbuch.* 2002. Download als `refman-4.0-de.a4.pdf` unter `http://dev.mysql.com/doc/`.

KAPLAN, M.: *Computeralgebra.* Springer Verlag, Berlin, Heidelberg, 2005.

KOEPF, W.: *Computeralgebra – Eine algorithmisch orientierte Einführung.* Springer Verlag, Berlin, Heidelberg, 2006.

KOSHY, T.: *Discrete mathematics with applications.* Elsevier Academic Press, Burlington, USA, 2004.

KOWALSKY, H.-J., MICHLER, G.O.: *Lineare Algebra.* 12. Auflage, Walter de Gruyter Verlag, Berlin, 2003.

LÜNEBURG, H.: *Von Zahlen und Größen – Dritthalbtausend Jahre Theorie und Praxis.* Birkhäuser Verlag, Basel, 2008.

STOER, J.: *Numerische Mathematik 1.* 9. Auflage, Springer Verlag, Berlin, Heidelberg, 2005.

STOER, J., BURLISCH, R.: *Numerische Mathematik 2.* 5. Auflage, Springer Verlag, Berlin, Heidelberg, 2005.

THROLL, M., BARTOSCH, O.: *Einstieg in SQL.* Galileo Press GmbH, Bonn, 2004.

DE VRIES, H.: *to be – texte - textarbeiten - textbilder.* 1. Auflage, Cantz Verlag, Berlin, Stuttgart, 1995.

WALTER, W.: *Gewöhnliche Differentialgleichungen.* 7. Auflage, Springer Verlag, Berlin, Heidelberg, 2000.

WALTER, W.: *Analysis 1.* 7. Auflage, Springer Verlag, Berlin, Heidelberg, 2007.

WALTER, W.: *Analysis 2.* 5. Auflage, Springer Verlag, Berlin, Heidelberg, 2005.

WALZ, A.: *Maple 7 – Rechnen und Programmieren.* 2. Auflage, Oldenbourg Wissenschaftsverlag, München, 2002.

WEIß, C.H.: *Datenanalyse und Modellierung mit STATISTICA.* Oldenbourg Wissenschaftsverlag, München, 2006.

WEIß, C.H.: *Zufall als Werkzeug – Monte-Carlo-Methoden in der Kunst.*
In: LAUTER, M., WEIGAND, H.-G. (Hrsg.): *Ausgerechnet ... Mathematik und Konkrete Kunst*, Spurbuchverlag, Baunach, S. 57-59 und S. 160, 2007.

WOLFRAM, S.: *The Mathematica Book.* 5. Auflage, Wolfram Media, 2003. Download:
`http://documents.wolfram.com/mathematica/Mathematica_V5_Book.zip`

Deutschsprachige Dokumentation zu Version 4:
`http://documents.wolfram.com/v4-de/`.

Index